工业和信息化普通高等教育
“十二五”规划教材立项项目

21世纪高等院校信息与通信工程规划教材
21st Century University Planned Textbooks of Information and Communication Engineering

移动通信技术

张玉艳 于翠波 编著

Mobile Communications Technology

精品系列

人民邮电出版社
北京

图书在版编目（CIP）数据

移动通信技术 / 张玉艳，于翠波编著. -- 北京 :
人民邮电出版社，2015.1(2021.1重印)
21世纪高等院校信息与通信工程规划教材
ISBN 978-7-115-35222-4

Ⅰ. ①移… Ⅱ. ①张… ②于… Ⅲ. ①移动通信－通
信技术－高等学校－教材 Ⅳ. ①TN929.5

中国版本图书馆CIP数据核字(2014)第241543号

内容提要

本书较全面地介绍了移动通信技术基础和移动通信应用系统。全书共分 8 章，基本内容包括：移动通信概述；无线移动信道的特性及描述；移动通信的基本技术；移动通信网组网的基本原理；移动通信的实际应用系统，包括 GSM 移动通信系统、WCDMA 移动通信系统和 LTE 移动通信系统；移动通信设备中天馈系统的介绍。

本书可作为普通高等院校通信工程、电子信息等专业相关课程的教材，也可作为通信工程技术人员的参考用书。

◆ 编　　著　张玉艳　于翠波
　责任编辑　滑　玉
　责任印制　沈　蓉　彭志环

◆ 人民邮电出版社出版发行　　北京市丰台区成寿寺路 11 号
　邮编　100164　　电子邮件　315@ptpress.com.cn
　网址　http://www.ptpress.com.cn
　北京天宇星印刷厂印刷

◆ 开本：787×1092　1/16
　印张：17.25　　　　2015 年 1 月第 1 版
　字数：420 千字　　　2021 年 1 月北京第 9 次印刷

定价：46.00 元

读者服务热线：(010)81055256　印装质量热线：(010)81055316
反盗版热线：(010)81055315

前 言

据国际电信联盟（ITU）预测，到 2014 年底，全球移动用户数将达到 73 亿，将超过 70 亿的全球人口总数。移动通信已如水跟空气一样无处不在。因此，作为移动通信技术使用者，为了更好地利用这种技术，我们有必要学习移动通信的基本工作原理。编者基于多年移动通信原理及技术的教学、研究工作，结合移动通信基本原理及移动通信技术最新发展编写了本书。全书在内容选取和编写上具有以下特点。

（1）首先全面介绍了移动通信基本技术及工作原理，主要内容包括移动通信信道的描述、数字调制技术、扩频技术、抗衰落技术及蜂窝组网技术。

（2）内容紧扣移动通信的发展需求和未来移动通信的发展趋势，在介绍了移动通信的基本技术后，增加了 GSM 移动通信系统、WCDMA 移动通信系统、LTE 移动通信系统等内容。

（3）增加了移动通信工程实践中所需的天馈系统的介绍。

（4）本书叙述摒弃烦琐的理论推导和分析计算。

（5）为便于自学，本书在每一章首先给出该章的主要内容介绍，然后编排了小结和练习题等内容，有助于学生巩固所学的基本概念和知识。

全书共分 8 章：第 1 章介绍移动通信的特点、发展历史，移动通信的应用和发展趋势；第 2 章介绍无线移动信道特性和描述方法，无线移动信道对接收信号的影响；第 3 章介绍移动通信的基本技术，重点介绍调制、解调的基本概念及应用，扩频系统的工作原理及应用，多址接入技术，抗衰落技术等基本概念；第 4 章介绍蜂窝组网技术，并给出蜂窝网络设计应用实例；第 5 章介绍 GSM 移动通信系统的网络结构、空中接口的工作原理，GPRS 和 EDGE 的技术特点；第 6 章介绍 WCDMA 移动通信系统的网络结构、空中接口各层原理、呼叫的建立过程和 HSPA 网络技术；第 7 章介绍 LTE 网络主要网元及接口的功能，LTE-A 标准和关键技术。第 8 章介绍天馈系统的基本原理及应用。

本书由张玉艳、于翠波共同编写。其中第 1 章、第 2 章、第 4 章、第 6 章、第 7 章由张玉艳编写，第 3 章、第 5 章、第 8 章由于翠波编写。

由于编者水平有限，书中错误不当之处难以避免，敬请读者批评指正。

编　者

2014 年 5 月

目　录

第1章 概述

移动通信是通信领域中最有活力、最有发展前途的一种通信方式。它的发展与普及改变了社会，也改变了人类的生活方式，因而具有广阔的发展前景。为了更好地掌握移动通信技术，本章概要地介绍移动通信的特点、移动通信的发展和移动通信的应用系统。本章主要内容如下。

① 移动通信的概念、特点和分类。

② 移动通信的发展历史，我国移动通信的发展概况。

③ 第二代（2G）移动通信系统的特点，介绍不同标准的 2G 移动通信系统。

④ 第三代（3G）移动通信系统的特点，介绍不同标准的 3G 移动通信系统。

⑤ 卫星移动通信系统和数字集群移动通信系统的特点和标准。

⑥ 无线局域网（WLAN）的概念，重点介绍 802.11 系统标准。

⑦ LTE 移动通信系统的特点。

1.1 移动通信的概念及特点

未来通信的目标是任何人在任何时间、任何地点可以与其他任何人进行任何方式的通信。随着社会的发展，人们对通信的需求日益迫切，对通信的要求也越来越高。电报、电话、广播、电视、卫星、Internet 等技术的发展和应用引领着人们一步步向未来通信的目标靠近。显然，没有移动通信，未来通信的目标是无法实现的。

1.1.1 移动通信概念

移动通信是指通信双方至少有一方在移动中（或者临时停留在某一非预定的位置上）进行信息传输和交换，这包括移动体（车辆、船舶、飞机或行人）和移动体之间的通信，移动体和固定点（固定无线电台或有线用户）之间的通信。采用移动通信技术和设备组成的通信系统即为移动通信系统。

严格说来，移动通信属于无线通信的范畴，无线通信与移动通信虽然都是靠无线电波进行通信的，但却是两个概念。无线通信包含移动通信，但无线通信侧重于无线，移动通信更注重于其移动性。

1.1.2 移动通信的主要特点

1. 移动网络和固定网络的区别

（1）数字移动通信系统的结构框图

图 1-1 所示为一个典型的数字移动通信系统框图，由发送端、接收端和传输介质三部分组成，发送端和接收端分别对应 4 个单元：信源和信宿，信源编码和译码，信道编码和译码，调制和解调。

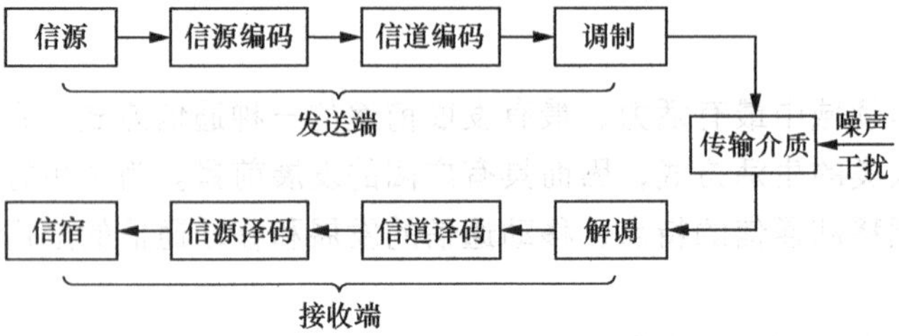

图 1-1 典型的数字移动通信系统框图

① 信源和信宿。信源是指发送信息的单元，信宿是指接收信息的单元，通信就是在信源与信宿之间传输信息的过程。

② 信源编码和译码。信源编码的目的是压缩数据率，去除信号中的冗余，提高传输的有效性；信源译码是信源编码的逆过程。

③ 信道编码和译码。信道编码的目的是增加信息的冗余，使其具有检错和纠错的能力，试图以最少的监督码元为代价，换取可靠性的最大程度的提高；信道译码是信道编码的逆过程，也是实现检错和纠错的过程。

④ 调制和解调。调制是指载波调制，目的是实现频谱搬移，使调制后的信号适应无线信道的特点，适合在无线信道传输；解调是调制的逆过程。

⑤ 传输介质。传输介质为发射端和接收端提供了连接的物理信道。传输介质可以为携带电信号的一对明线；可以为已调光波束上携带信息的光纤；可以为以声波方式传输信息的海洋信道；可以为数据存储介质，如磁盘、光盘等；也可以为自由空间，携带信息的信号通过天线在空间辐射传输，即为我们在移动通信中经常提到的无线移动信道。

无线移动信道是移动通信信号传输的载体，决定了移动通信和有线通信的区别。

（2）移动通信和有线通信的区别

有线通信，比如目前我国广泛应用的公用交换电话网（PSTN），其终端固定在某一地点，传输通过陆地中继线路进行，中继线路包括光纤、铜缆、微波中继及卫星中继等。PSTN 中的网络配置是静态的，信道是封闭的，且是人造的，从而是优质的。除非终端用户改变地点或所需业务变更，网络需重新配置，否则网络不需改变配置。

移动通信中，终端是移动的，网络配置是动态的，无线网络必须每隔很短的时间就为用户重新配置一次，保证用户在移动时能实现漫游和无缝切换。无线网络提供给用户的带宽会受到射频带宽资源的限制。无线信道是开放的，存在各种干扰和噪声，引起信号的多径效应和衰落现象，所有的移动通信技术都是为了克服和消除这些影响，用以解决移动通信中信息传输的有效性、可靠性和安全性问题的。下面介绍移动通信的主要特点。

2．移动通信的主要特点

（1）移动通信必须利用无线电波进行信息传输

移动通信利用无线电波在空间进行开放式传播来实现信息传输，这种传播介质允许通信中的用户在一定范围内自由活动，其位置不受束缚，移动通信系统的性能与无线电波的传播特性紧密相关。

（2）移动通信是在复杂的干扰环境中运行的

在无线通信中，承载信息的传输手段为电磁波信号，电磁波信号在传输过程不可避免地要受到噪声或干扰的破坏。噪声是指与信号无关的一些破坏性因素，如各种工业噪声、交流声、脉冲噪声、大气噪声、宇宙噪声以及由元器件内部各种微观粒子的热骚动所产生的热噪声等。干扰则是指与信号有关的一些破坏性因素。移动通信系统中的干扰是指终端自身产生的干扰、终端间和终端与基站间的相互干扰。不同的系统，关注的干扰源不同，一般包括同频干扰、邻频干扰、互调干扰、多址干扰，以及近端无用强信号对远端有用弱信号的干扰（称为“远近效应”）等。故在设计移动通信系统时，必须采用抗干扰、抗衰落技术对抗和减少这些有害干扰的影响。

（3）移动通信可以利用的频谱资源有限

目前陆地移动通信系统的频段范围主要在UHF频段。电磁波频谱特性具有有限性、非消耗性、三维性、易受污染性和共享性等特点。如何提高通信系统的通信容量，始终是移动通信发展中的焦点。为了解决这一矛盾，一方面要开辟和启用新的频段，向更高的频段延伸；另一方面要研究各种新技术和新措施，以压缩信号所占的频带宽度，提高频谱利用率。可以说，为了满足对移动通信业务量与日俱增的需求，移动通信系统的发展和后续演进都与频谱效率的不断提高紧密相关。

（4）由于通信用户的随机移动性，网络管理和控制必须有效

移动用户需要在任何地点、任何移动速度下都能得到可靠的通信服务，所以移动用户的移动是在通信区域内的不规则运动。移动通信网络必须具备很强的管理和控制功能，比如用户的位置登记和定位，通信链路的建立和拆除，信道的分配和管理，通信的计费、鉴权、安全和保密管理，以及用户越区切换和漫游的控制等。

（5）移动终端必须适于在移动环境中使用

对移动终端的主要要求是体积小、重量轻、省电、操作简单、携带方便和维修方便，还应保证在震动、冲击、高低温变化等恶劣环境中正常工作。为了满足不同人群的需要，移动终端必须能适应新技术、新业务的发展。移动终端的设计和制造是移动通信系统运营良好的重要保证。

1.1.3 移动通信系统的分类

依据不同的划分标准，移动通信系统有多种分类方法。

① 按使用对象不同，可分为民用移动通信系统和军用移动通信系统。

② 按使用环境不同，可分为地面移动通信系统、水上移动通信系统和空中移动通信系统。

③ 按多址方式不同，可分为频分多址（FDMA）移动通信系统、时分多址（TDMA）移

动通信系统和码分多址（CDMA）移动通信系统。

④ 按覆盖范围不同，可分为广域移动通信系统和局域移动通信系统。

⑤ 按业务类型不同，可分为电话移动通信系统、数据移动通信系统和多媒体移动通信系统。

⑥ 按工作方式不同，可分为单工移动通信系统、双工移动通信系统和半双工移动通信系统。

⑦ 按服务范围不同，可分为专用移动通信系统和公用移动通信系统。

⑧ 按信号形式不同，可分为模拟移动通信系统和数字移动通信系统。

1.2 移动通信的发展历史

通常 1897 年被认为是人类移动通信元年。这一年，马可尼在固定站与一艘拖船之间完成了一项无线通信试验，实现了在英吉利海峡行驶的船只之间保持持续的通信。这第一次向世人展示了无线电通信的魅力，由此揭开了世界移动通信历史的序幕。

移动通信的出现，为人们带来了无线电通信的更大自由和便捷。移动通信已经成为现代社会中不可或缺的生活必需品和通信手段。现代移动通信技术的发展始于 20 世纪 20 年代，大致经历了 7 个发展阶段，但真正发展却开始于 20 世纪 40 年代中期。

第 1 阶段从 20 世纪 20 年代至 20 世纪 40 年代，为早期发展阶段。在此期间，首先在短波几个频段上开发出专用移动通信系统，其代表是美国底特律市警察使用的车载无线电系统。该系统工作频率为 2MHz，到 20 世纪 40 年代提高到 30～40MHz。可以认为这个阶段是现代移动通信的起步阶段，特点是专用系统开发，工作频率较低。

第 2 阶段从 20 世纪 40 年代中期至 20 世纪 60 年代初期。在此期间，公用移动通信业务开始问世。1946 年，根据美国联邦通信委员会（FCC）的计划，贝尔公司在圣路易斯城建立了世界上第一个公用汽车电话网，称为“城市系统”。当时使用 3 个频道，间隔为 120kHz，通信方式为单工。随后，联邦德国（1950 年）、法国（1956 年）、英国（1959 年）等国家相继研制了公用移动电话系统。美国贝尔实验室解决了人工交换系统的接续问题。这一阶段的特点是从专用移动网向公用移动网过渡，接续方式为人工，移动通信网的容量较小。

第 3 阶段从 20 世纪 60 年代中期至 20 世纪 70 年代中期。在此期间，美国推出了改进型移动电话系统（Improved Mobile Telephone Service，IMTS），使用 150MHz 和 450MHz 频段，采用大区制、中小容量，实现了无线频道自动选择，并能够自动接续到公用电话网。联邦德国也推出了具有相同技术水平的 B 网。可以说，这一阶段是移动通信系统改进与完善的阶段，其特点是采用大区制、中小容量，使用 450MHz 频段，实现了自动选频与自动接续。

第 4 阶段从 20 世纪 70 年代中期至 20 世纪 80 年代中期。20 世纪 70 年代，美国贝尔实验室提出了蜂窝小区和频率复用的概念，现代移动通信开始发展起来。1978 年，美国贝尔实验室开发了高级移动电话系统（Advanced Mobile Phone Service，AMPS），这是第一种真正意义上的具有随时随地通信的大容量的蜂窝移动通信系统。其他工业化国家也相继开发出蜂窝式公用移动通信网。日本于 1979 年推出 800MHz 汽车电话系统（HAMTS），在东京、大阪、神户等地投入商用。联邦德国于 1984 年完成 C 网，频段为 450MHz。英国在 1985 年开发出全接入通信系统（Total Access Communication System，TACS），首先在伦敦投入使用，以后覆盖了全国，频段为900MHz。法国1986年开发出Radiocom 2000系统。加拿大推出450MHz移动电话系统（Mobile Telephone System，MTS）。瑞典等北欧四国于1980年开发出NMT-450（Nordic Mobile Telephone，NMT）移动通信网，并投入使用，频段为450MHz。这些系统都是双工的基于频分多址（Frequency Division Multiple Access，FDMA）的模拟制式系统，被称为第一代蜂窝移动通信系统。这一阶段的特点是蜂窝状移动通信网络结构成为实用系统，并在世界各地迅速发展。移动通信大发展的原因，除了用户要求迅猛增加这一主要推动力之外，还有技术进步所提供的条件。首先，微电子技术在这一时期得到长足发展，使得通信设备的小型化、微型化有了可能性，各种轻便电台被不断地推出。其次，提出并形成了移动通信新体制。随着用户数量增加，大区制所能提供的容量很快饱和，这就必须探索新体制。在这方面最重要的突破是贝尔试验室在20世纪70年代提出的蜂窝网的概念。蜂窝网，即所谓小区制，由于实现了频率再用，大大提高了系统容量。可以说，蜂窝概念真正解决了公用移动通信系统要求容量大与频率资源有限的矛盾。第三方面进展是随着大规模集成电路的发展而出现的微处理器技术日趋成熟以及计算机技术的迅猛发展，从而为大型通信网的管理与控制提供了技术手段的保证。

第5阶段从20世纪80年代中期开始至20世纪90年代后期。20世纪80年代中期，随着日益增长的业务需求，推出了数字移动通信系统。第一个数字蜂窝标准GSM（Global Standard for Mobile Communications）是基于时分多址（TDMA）方式，于1992年由欧洲提出。美国提出了两个数字标准，分别为基于TDMA的IS-54和基于窄带CDMA的IS-95。日本第一个数字蜂窝系统是个人数字蜂窝（PDC）系统，于1994年投入运行。在这些数字移动通信系统中，应用最广泛、影响最大的是采用TDMA技术的GSM系统和采用CDMA技术的IS-95系统。从此移动通信跨入了第二代数字移动通信系统。

第6阶段从20世纪90年代后期至21世纪初。20世纪90年代后期，移动通信业务和移动通信用户呈高速增长趋势。随着全球经济一体化和社会信息化的进展，在移动通信中多媒体业务和IP业务的比例高速增长，这使得第二代通信系统在系统容量和业务种类上逐渐趋于饱和，很难满足个人通信的要求。为了适应用户对不同业务，如会议、多媒体、数据接入、Internet等的要求，移动通信需要高到2Mbit/s的数据速率和更严格的服务质量（QoS）。另一方面，近十年技术的进步，特别是微电子、数字信号处理等方面的进步，CDMA多址方式在移动通信中的应用等，又为移动通信的发展创造了技术条件。市场和技术的双重驱动，为第三代移动通信系统的发展奠定了基础。

20世纪90年代末开始是第三代（3G）移动通信技术发展和应用阶段。1999年11月5日，在芬兰赫尔辛基召开的ITU TG8/1第18次会议上最终确定了3类共5种技术标准作为第三代移动通信的基础，其中WCDMA、CDMA2000和TD-SCDMA是3G的主流标准，国际电信联盟在2000年5月批准了针对3G网络的IMT-2000无线接口的5种技术标准。

随着信息社会对无线Internet业务需求的日益增长，第三代移动通信系统2Mbit/s的最高传输速率已远远不能满足需求，第三代移动通信系统正逐步采用各种速率增强型技术。CDMA2000 lx系统增强数据速率的下一个发展阶段称为CDMA2000 lxEV，其中EV是Evolution（演进）的缩写，意指在CDMA2000 lx基础上的演进系统。新的系统不仅要和原有系统保持后向兼容，而且要能够提供更大的容量，更佳的性能，满足高速分组数据业务和语音业务的需求。CDMA2000 lxEV又分为两个阶段：CDMA2000 lxEV-DO和CDMA2000 lxEV-DV。WCDMA和TD-SCDMA系统增强数据速率技术为HSDPA/HSUPA，HSDPA/HSUPA统称HSPA，HSPA+是在HSPA基础上的演进。3G无线系统高速解决方案需要数据传输具有非对称性、峰值速率高、激活时间短等特点，能够更加有效利用无线频谱资源，增加系统的数据吞吐量。

第7阶段从21世纪初至今。近年来，随着第三代移动通信系统在全球范围内的推广商用，移动业务主体开始向更高速率、更高质量的无线通信业务逐步转变，如多媒体业务、在线游戏等。虽然3G移动通信系统相比于2G网络有了更大的容量和更好的服务质量，但仍存在一定的局限性，比如不同通信速率、不同频段的不同业务间的无缝漫游等。为了满足用户的进一步需求，2004年底，3G技术长期演进（Long Term Evolution，LTE）项目被启动，LTE技术降低了系统延迟，提高了小区容量，改善了边缘用户的吞吐量性能，在最大20MHz带宽下能够提供下行100Mbit/s和上行50Mbit/s的峰值速率。

在2005年10月18日结束的ITU-R WP8F第17次会议上，IMT-Advanced通信系统的概念被ITU-R提出。按照ITU的定义：IMT-2000技术和IMT-Advanced技术拥有一个共同的前缀"IMT"，表示移动通信；当前的WCDMA，CDMA2000，TD-SCDMA及其增强型技术统称为IMT-2000技术；未来新的空中接口技术，叫作IMT-Advanced技术。根据国际电联（ITU）的工作计划，在2008年年初将开始公开征集下一代通信技术IMT-Advanced标准，并开始对候选技术和系统做出评估，最终选定相关技术作为4G标准。这标志着第四代（4G）移动通信系统的标准化进程正式启动。

LTE系统相对于3G标准在各个方面都有了不少提升，具有相当明显的4G技术特征，但并不能完全满足IMT-Advanced提出的全部技术要求，因此LTE不属于4G标准。为了实现IMT-Advanced的技术要求，3GPP标准化组织提出了增强型长期演进（LTE-Advanced，LTE-A）计划。LTE-A系统是LTE的长期演进版本，LTE-A支持与LTE的前后向兼容性，采用原LTE的全部功能。LTE-A的终端可以接入LTE（Rel-8）系统，LTE终端也可以使用LTE-A系统提供的频点。作为LTE进一步发展的驱动力，LTE-A期望在同等的成本效率下提供更高的数据传输速率，并且作为4G技术，能够完全满足ITU提出的IMT-Advanced需求。

1.3 常用的无线通信系统

随着移动通信技术的不断发展，移动通信应用领域不断扩大，落后的移动通信系统不断被淘汰，如无线寻呼系统、第一代模拟蜂窝移动通信系统、无绳电话系统等，新的、先进的移动通信系统不断涌现。下面简单介绍在用的、典型的移动通信系统，主要包括第二代移动通信系统、第三代移动通信系统、卫星移动通信系统、数字集群移动通信系统、无线局域网和LTE移动通信系统。

1.3.1 第二代移动通信系统

20世纪60年代末，美国贝尔实验室提出了蜂窝通信系统的概念和理论，移动通信的应用得到了普及，通常将空中接口部分采用模拟技术的蜂窝移动通信系统称为第一代移动通信系统。2000年左右，各国逐步关闭了模拟蜂窝移动通信系统。数字蜂窝移动通信系统称为第二代（2G）移动通信系统。相比于第一代移动通信系统，2G移动通信系统具有以下特点。

① 业务范围扩大，除提供话音业务外还提供数据、图像等多种非话业务。

② 抗干扰性强，通信的安全保密性好。

③ 提高了网络管理和控制的有效性和灵活性，易于实现国际漫游。

④ 设备成本降低，用户终端的体积和重量变小。

⑤ 频谱利用率高，可以提高系统容量。

2G 移动通信系统主要包括下面几种标准：1991 年美国提出的先进的数字移动电话系统（D-AMPS）；1992 年欧洲推出的全球移动通信系统（GSM）；1993 年日本提出的个人数字蜂窝（PDC）；1993 年美国提出的 IS-95，即 N-CDMA。各个标准的主要系统参数如表 1-1 所示。

表 1-1　　　　第二代移动通信系统的主要参数

各 项 指 标	GSM	IS-95	D-AMPS	PDC
上行频段/MHz	890～915	824～849	824～849	810～830 或 1 429～1 453
下行频段/MHz	935～960	869～894	869～894	940～960 或 1 477～1 501
调制方式	GMSK	OQPSK（上行） QPSK（下行）	π/4-QPSK	π/4-QPSK
载波带宽/kHz	200	1 250	25	30
语音编码方式	RELP-LTP	QCELP	VSELP	VSELP
信道编码方式	CRC+卷积码	CRC+卷积码	CRC+卷积码	CRC+卷积码
信道数据速率/（kbit/s）	270.833	1 228.8	48.6	42
语音编码速率/（kbit/s）	13	8	8	6.7
多址方式	TDMA/FDMA	CDMA/FDMA	TDMA/FDMA	TDMA/FDMA

IS-95 由于采用码分多址方式（CDMA），除了具有前面介绍的第二代移动通信系统的优势外，还具有如下特点。

① 频谱利用率比 FDMA、TDMA 高得多。

② 支持软切换技术。

在 2G 向第三代（3G）移动通信系统的过渡过程中出现了多种移动通信技术。下面主要介绍 GSM 和 IS-95 的演进技术。

1997 年欧洲提出 GSM 系统的演进版——2.5G 的通用分组无线业务（General Packet Radio Service，GPRS）技术，1999 年提出 2.75G 的 GSM 演进的增强数据速率（Enhanced Data rate for GSM Evolution，EDGE）技术，让使用 900MHz、1 800MHz、1 900MHz 频段的网络提供第三代移动通信网络的部分功能，并且能大大改进目前在 GSM 系统上提供的标准化服务。

美国电信工业协会（TIA）于 1999 年 7 月公布的 CDMA2000 Release 0 版本为 CDMA2000 标准的第一个版本。它沿用 IS-95B 的开销信道，并增加了新的业务信道和补充信道。2000 年 3 月，3GPP2 完成了 Release A 版本，增加了新的开销信道及相应的信令。2002 年 4 月，3GPP2 公布的 Release B 版本与 Release A 版本基本相同，只做了很少的改动。

1.3.2 第三代移动通信系统

1. 第三代移动通信标准

第三代移动通信标准通常指无线接口的无线传输技术标准。截至 1998 年 6 月 30 日，提交到 ITU 的陆地第三代移动通信无线传输技术标准共有 10 种。ITU 延续了在多址接入方面以码分多址（CDMA）为主，辅以时分多址或者两者相结合的策略。1999 年 11 月 5 日在芬兰赫尔辛基召开的 ITU TG8/1 第 18 次会议上最终确定了 5 种技术标准作为第三代移动通信的基础，如表 1-2 所示。

表 1-2　IMT-2000 无线接口的 5 种技术标准

多址接入技术	正 式 名 称	习 惯 称 呼
CDMA	IMT-2000 CDMA-DS	WCDMA
	IMT-2000 CDMA-MC	CDMA2000
	IMT-2000 CDMA-TDD	TD-SCDMA/UTRA-TDD
TDMA	IMT-2000 TDMA-SC	UWC-136
	IMT-2000 TDMA-MC	EP-DECT

采用码分多址接入（CDMA）技术的 3 种候选方案成为第三代移动通信的主流标准。3 种主流标准的工作方式分别为频分双工—直接系列扩频（FDD-DS）、频分双工—多载波（FDD-MC）和时分双工（TDD），对应的标准分别为 WCDMA、CDMA2000 和 TD-SCDMA/UTRA-TDD。

（1）IMT-2000 CDMA-DS

IMT-2000 CDMA-DS 又称宽带码分多址（Wide band CDMA，WCDMA）。WCDMA 的核心网基于演进的 GSM/GPRS 网络技术，空中接口采用 DS-CDMA 多址方式。

WCDMA 技术可在同一个载频内对同一用户同时支持语音、数据和多媒体业务；基站收发信机之间可以不用全球定位系统（GPS）同步；采用优化的分组数据传输方式；支持不同载频之间的切换；采用上、下行快速功率控制；反向采用导频辅助的相干检测技术，解决了 CDMA 中反向信道容量受限的问题；还采用了自适应天线、多用户检测、分集接收和分层小区结构等技术。

（2）IMT-2000 CDMA-MC

IMT-2000 CDMA-MC 又称 CDMA2000。CDMA2000 是基于 IS-95 标准的各种 CDMA 制造厂家的产品和不同运营商的网络构成的一个家族概念，从 IS-95 演进而来的 CDMA2000 标准是一个体系结构，称为 CDMA2000 家族，它包含一系列子标准，经过融合后含多载波（Multi-Carrier，MC）方式，即单载波（1x）、三载波（3x）等。

CDMA2000 可支持语音、分组和数据等业务，并且可实现 QoS 的协商。CDMA2000 沿用了 IS-95 的主要技术和基本技术思路，如帧长为 20ms、软切换和功率控制技术、需要 GPS 同步等，同时也在提高性能和容量上做了一些实质性的改进。

（3）IMT-2000 CDMA-TDD

IMT-2000 CDMA-TDD 目前包括低码片速率 TD-SCDMA 和高码片速率 UTRA-TDD 两个技术。TD-SCDMA（Time Division Synchronous CDMA）采用时分—同步码分多址技术。

UTRA-TDD 采用通用陆地无线接入—时分双工技术。TD-SCDMA 是中国提出的国际标准，目前已经在我国国内建网，而 UTRA-TDD 标准制定现在已处于停顿状态，所以通常提到 IMT-2000 CDMA-TDD 即指 TD-SCDMA。

TD-SCDMA 采用时分双工（TDD）技术，频谱分配上更加容易，且由于时隙等资源的灵活调配，在提供上下行非对称的高速数据方面有很大的优势。TD-SCDMA 系统上下行使用相同频率，上下行链路的传播特性相同，易于引入智能天线、多用户检测等新技术，有利于提高无线频谱利用率。

2．3 大主流技术标准性能对比

3G 的 3 大主流技术的网络基础、核心网、空中接口、码片速率、载频间隔、扩频方式、同步和功控速度等主要技术特点如表 1-3 所示。

表 1-3　　3G 的主流标准性能对比

标准 性能指标	WCDMA	CDMA2000	TD-SCDMA
核心网	GSM MAP	ANSI-41	GSM MAP
带宽	5MHz	1.25MHz	1.6MHz
多址方式	CDMA	CDMA	CDMA/TDMA
码片速率	3.84Mchip/s	1.228 8Mchip/s	1.28Mchip/s
双工方式	FDD/TDD	FDD	TDD
帧长	10ms/15 时隙/帧	5、10、20、40、80ms/16 时隙/帧	5×2ms/7×2 时隙/2 子帧/帧
语音编码	自适应多速率语音编码器（AMR）	可变速率声码器 IS-773、IS-127	自适应多速率语音编码器（AMR）
信道编码	卷积码和 Turbo 码	卷积码和 Turbo 码	卷积码和 Turbo 码
信道化码	前向 OVSF，扩频因子 512～4； 反向 OVSF，扩频因子 256～4	前向：Walsh 和长码； 反向：Walsh 和准正交码	OVSF，扩频因子 16～1
扰码	前向：18 位 GOLD 码； 反向：24 位 GOLD 码	长码和短 PN 码	扰码，长度固定为 16
功率控制	开环+闭环	开环+闭环	开环+闭环
切换	软切换	软切换	接力切换
导频结构	上行专用导频； 下行公共或专用导频	上行专用导频； 下行公共或专用导频	下行公共导频 DwPTS； 上行同步 UpPTS
基站同步	同步/异步	GPS 同步	同步

1.3.3 卫星移动通信系统

随着数字蜂窝网的发展，地面移动通信达到无缝覆盖，实现在任何地方都做到可靠通信是移动网络的目标之一。但受到地形和人口分布等客观因素的限制，这一问题现在不可能解决，在将来的几年甚至几十年也很难得到解决。这不是因为技术上不能实现，而是由于在这些地方建立地面通信网络耗资过于巨大。而卫星通信有着良好的地域覆盖特性，正好是对地面移动通信的补充。

卫星移动通信系统是指利用人造地球通信卫星作为空间链路的一部分进行移动通信业务的通信系统，如图 1-2 所示。卫星移动通信不受地理条件的限制，具有全球范围的覆盖面，信道频带宽，通信容量大，电波传播稳定，通信质量好。但卫星通信系统造价昂贵，运行费用高。

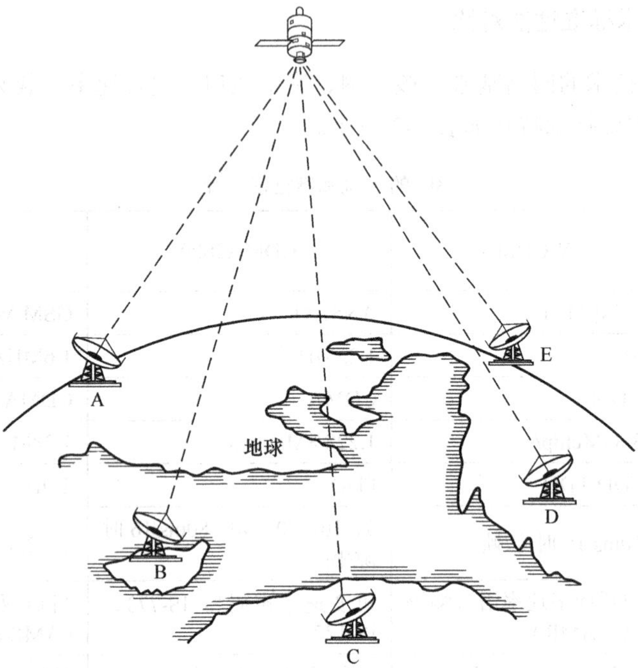

图 1–2　卫星通信示意图

下面以对地静止卫星通信系统为例，如图 1-3 所示，简单介绍卫星移动通信系统的工作原理。

对地静止卫星是指卫星的运行轨道在赤道平面内，轨道离地面高度约为 35 800km（经常称 36 000km）。卫星运行方向与地球自转方向相同，绕地球一周的公转时间为 24 小时，与地球自转一周的时间相同。地球上的地球站与卫星的相对位置如同静止一样，故称对地静止卫星通信系统，也称地球同步卫星通信系统。

如图 1-3 所示，若以 120° 的等间隔在同步轨道上配置三颗卫星，则在地球表面上除两极地区外，其他区域都在覆盖范围之内，部分区域为两颗卫星波束覆盖的重叠地区。因此，可借助于在重叠区内的地球站作为中继站，实现不同卫星覆盖的地球站之间的通信。按图 1-3 所示等间隔配置三颗同步卫星，就可以实现全球通信，这一特点是任何其他通信方式所不具备的。

卫星通信系统由通信地球站分系统（简称地球站）、通信卫星、跟踪遥测及指令系统和监控管理系统 4 大部分组成，其中的地球站是卫星系统与地面公众网的接口，地面用户通过地球站出入卫星系统形成链路。卫星在空中起中继站的作用，即把地球站发上来的电磁波放大后再返送回另一地球站。跟踪遥测及指令系统的任务是对卫星上的运行数据及指标进行跟踪测量，并对卫星在轨道上的位置及姿态进行监视与控制。监控管理系统的功能并不直接用于通信，而是在通信业务开通前和开通后对卫星通信的性能及参数进行监测和管理。

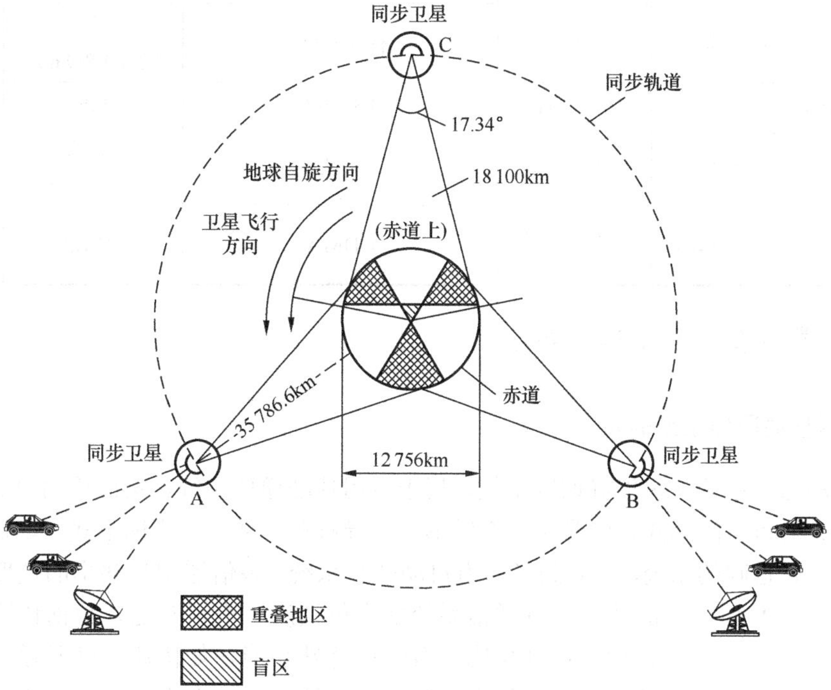

图 1-3 对地静止卫星的配置

自 1982 年国际移动卫星组织的全球移动通信网正式提供商业通信以来，各国相继推出了许多相同或不相同的系统。其中比较著名的有美国 Loral/Qualcomm 公司开发的“全球星”（GLOBALSTAR）系统；美国摩托罗拉（Motorola）公司开发的“铱卫星移动通信系统”（IRIDIUM）；美国 Me Caw 移动通信公司和微软公司、波音公司共同研制的“TELEDESIC 卫星”系统等。表 1-4 所示为部分低轨道卫星移动通信系统的部分参数。

表 1-4　　低轨道移动卫星通信系统的部分参数

系统名称		ARIES	TELEDESIC	ELLIPSO BOREALIS	ELLPSO CONCORDLA	GLOBALSTAR	IRIDIUM
轨道高度/km		圆 1 018	圆 700	椭圆 520/7 800	圆 7 800	圆 1 389	圆 780
倾角		90°	98.2°	116.5°	0°	47° 52°	86.4°
周期		105.5′	98.77′	180′	280′	113.53′	100′13′
轨道平面数		4	21	3	1	8　8	6
每平面卫星数		12	40	5	9	3　6	11
总卫星数		48	840	15	9	24　48	66
频率	用户链路	L/S 频段	Ka 频段	L/S/C 频段		上行 L 频段 下行 S 频段	L 频段
	系统控制链路	C 频段	Ka 频段	L/S/C 频段		C 频段	Ka 频段

续表

<table>
<tr><th colspan="2">系 统 名 称</th><th>ARIES</th><th>TELEDESIC</th><th>ELLIPSO BOREALIS</th><th>ELLPSO CONCORDLA</th><th>GLOBALSTAR</th><th>IRIDIUM</th></tr>
<tr><td rowspan="2">业务</td><td>语音</td><td>有</td><td>有</td><td colspan="2">有（4.8）</td><td>有（2.4/4.8/9.6）</td><td>有（2.4/4.8）</td></tr>
<tr><td>数据/（kbit/s）</td><td>2.4</td><td>16～2 048</td><td colspan="2">0.3～9.6</td><td>9.6</td><td>2.4</td></tr>
<tr><td colspan="2">估计成本/美元</td><td><5 亿</td><td>90 亿</td><td colspan="2">6 亿</td><td>17 亿（48 颗星）</td><td>33.7 亿</td></tr>
<tr><td colspan="2">多址方式</td><td>CDMA</td><td>上行 FDMA；下行 ATDM</td><td colspan="2">CDMA</td><td>CDMA</td><td>TDMA</td></tr>
</table>

1.3.4 数字集群移动通信系统

1. 集群移动通信系统的特点

集群移动通信系统又称集群调度系统，属于专用移动通信系统。集群移动通信系统的发展历经一对一对讲机的形式、同频单工组网形式、异频单（双）工组网形式、单信道一呼百应以及进一步带选呼的系统，发展到多信道自动拨号系统。多信道用户共享的调度系统称为集群通信系统。目前流行的数字集群通信系统能提供调度、电话互连、数据传输、短消息收发等多种功能，与公共移动通信网相比，有一些特殊功能，如快速调度群呼、组呼、通播、直通、强拆、强插、缩位寻址、优先呼叫、滞后进入、动态重组、环境侦听、控制转移、自动重发等。数字集群的应用遍及铁路、公路交通、民航、公安系统、海关、税务等各行各业。按照信道占用频道方式的不同，集群系统可分为消息集群、传输集群和准传输集群等 3 种。

与蜂窝移动通信系统相比，集群移动通信系统主要有如下特点。

① 集群通信系统属于专用移动通信网，适用于在各个行业（或几个行业合用）中间进行调度和指挥，对网中的不同用户常常赋予不同的优先等级和特殊功能。蜂窝通信系统属于公众移动通信网，适用于各阶层和各行业中个人之间通信，一般不分优先等级。

② 集群通信系统具有指挥调度业务的特征，集群通信系统的主要业务是无线用户和无线用户之间的通信。蜂窝通信系统却有大量的无线用户与有线用户之间的通话业务。在集群通信系统中也允许有一定的无线用户与有线用户之间的通话业务，但一般只允许这种话务量占总业务量的 5%～10%。此外，集群通信系统通常具有一定的限时功能，蜂窝通信系统对通信时间一般不进行限制。

③ 集群通信系统一般采用半双工（现在已有全双工产品）工作方式，因而一对移动用户之间进行通信只需占用 1 个频道。蜂窝通信系统都采用全双工工作方式，因而一对移动用户之间进行通信必须占用 1 对频道。集群通信系统的频率利用率高，但从通信习惯来讲，蜂窝移动通信系统相对要方便一些。

④ 在蜂窝通信系统中，可以采用频道再用技术来提高系统的频率利用率；而在集群系统中，主要通过改进频道共用技术来提高系统的频率利用率。

⑤ 早期的集群通信系统为大区制覆盖方式，不需要切换和漫游功能，相比蜂窝移动通信

系统，价格较便宜。随着集群移动通信系统覆盖区域变大，集群通信系统也可以增加漫游和切换功能，网络管理将变得复杂，网络造价升高。

集群移动通信系统和蜂窝移动通信系统各有所长，在实际使用中应根据目标用户的需求，选择合适的通信系统。

2. 集群移动通信系统的组网

集群通信系统的组网均以基本系统为模块，并用这些模块扩展为区域网。根据覆盖的范围及地形条件，基本系统可由单基站或多基站组成。

集群系统组网初期首先建立基本系统的单区网。因为它的用户数要比公用网少得多，通常采用大区制、小容量网络。当覆盖范围达不到要求时，就将基本系统的单基站设计为多基站。而当覆盖区域再扩大，用户增加，就发展成以基本系统为基本模块，把基本模块叠加成为多区的区域网，甚至成为多区、多层次网络，这就构成了一个或几个大区域，甚至在全国范围或跨国间联网了。

集群通信的控制方式主要有两种，即集中式控制方式和分散式控制式方式。两种方式的结构基本上都由基地台（转发器或中继器）、系统管理终端、系统集群逻辑控制部分、调度台和用户台（车载台和手持机）组成。只不过集中式控制方式的系统，其集群逻辑控制是由系统控制器承担，而分散式控制方式的系统无系统控制器集中控制，而是由每个转发器上的逻辑单元分散处理。

集中式控制方式的单区单基站系统的基本结构如图 1-4 所示，由移动台、调度台、基站、系统控制中心和系统管理终端组成。

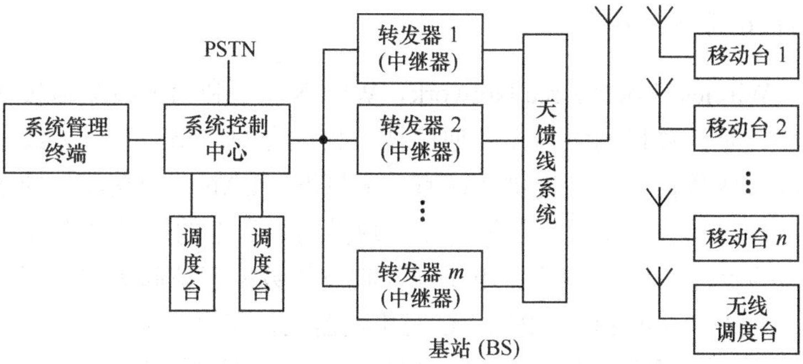

图 1-4 集中式控制方式的单区单基站系统的基本结构

① 移动台包括车载台、便携台和手持机，工作方式有单工和双工。移动台主要由收发信机、控制单元、天线和电源等组成。

② 调度台分为无线和有线调度台两种。无线调度台由收发信机、控制单元、操作台、天馈线及电源等组成；有线调度台可以是接到控制台的电话机或带显示的操作台。通常一个群用户有一个调度台。

③ 基站由转发器（中继器）、天线共用器、天馈线系统和电源等设备组成。

④ 系统控制中心由系统控制器、无线接口电路、交换矩阵、集群控制逻辑电路、有线接口电路、监控系统、电源组成。

⑤ 系统管理终端主要由计算机及系统管理软件组成，并与系统控制器相连。

3. 典型的集群移动通信技术

目前在我国使用的数字集群技术主要有欧洲的 Tetra 系统、Motorola 公司的 iDEN 系统、华为公司开发的 GT800 系统和中兴公司开发的 GoTa 系统。

Tetra 是由欧洲电信标准协会制定的数字集群标准。Tetra 标准大量借鉴了 GSM 概念，基于 TDMA 方式，采用与 GSM 类似的逻辑信道，支持蜂窝式连续覆盖。Tetra 标准在指挥调度方面考虑较多，定义了不同的网络工作方式，规定了语音、电路数据、短数据消息、分组数据等业务以及多种附加业务。

iDEN（集成数字增强型网络）系统是由 Motorola 研制、生产的一种数字集群移动通信系统。IDEN 系统是基于 TDMA 多址方式的调度通信/蜂窝电话集成系统。它在传统大区制调度通信的基础上，大量吸收了数字蜂窝通信的优点，增强了电话的互连功能，并采用小区复用蜂窝结构，提高了网络的覆盖能力。

华为公司开发的 GT800 系统基于 GSM 技术，增加了用户接入管理平台（VPN 客户可直接管理本群用户）、智能业务平台和计费平台。满足了专业用户对数据应用的需求，克服了现有集群技术在数据应用方面的局限性。

中兴公司开发的 GoTa 系统的空中接口在 CDMA2000 技术基础上进行了优化和改造，具有快速接入、高信道效率和频谱使用率、较高的用户私密性、易扩展性和支持业务种类多等技术优点。

1.3.5 无线局域网

1. 无线局域网的概念及特点

无线局域网（Wireless Local Area Network，WLAN）是利用无线通信技术在一定的局部范围内建立的网络，是计算机网络与无线通信技术相结合的产物。它以无线多址信道作为传输介质，利用电波完成数据交互，提供传统有线局域网（LAN）的功能，构成可以互相通信和实现资源共享的网络体系，使用户能够真正实现随时、随地的宽带网络接入。WLAN 能执行像文件传输、外设共享、Web 浏览、电子邮件收发和数据库访问等传统网络通信功能。

WLAN 提供无线对等（如 PC 对 PC、PC 对集线器或打印机对集线器）和点到点（如 LAN 到 LAN）连接的数据通信系统。WLAN 通过电磁波传送和接收数据，代替了常规 LAN 中使用的双绞线、同轴线路或光纤。

WLAN 中常用的通信协议，比如 IEEE802.11 及其相关衍生协议，均位于网络协议模型底部的第 1 层与第 2 层，这样做的好处是可以和其他原有的上层网络协议与应用程序兼容，也就是说本来在以太网络上执行的程序，无须为了更换无线网络设备而重新编写，只要安装适当的驱动程序，就可以使用 WLAN，享受无线上网的便利。与有线网络相比，WLAN 具有以下特点。

① 移动性好。在无线局域网的信号覆盖范围内，各节点可随意移动，通信范围不受环境条件的限制，拓宽了网络的覆盖范围。WLAN 能够在不同运营商和不同国家的网络间漫游。无线局域网能够为覆盖范围内的移动用户提供接入网络的功能，可以实时获取信息。无线局域网中接入点（AP）支持的范围在室外为 300m，在办公环境中最大为 10～100m。

② 安装方便，不受地理环境限制。无线局域网不用将网线穿墙过顶，免去了大量的布线工作。无线技术可以使用户将网络延伸到线缆无法连接的地方，只需通过增加 AP 及相应的软件设置即可对现有网络进行有效扩展。无线网络受自然环境、地形及灾害影响小，无线通信覆盖范围大，几乎不受地理环境限制；有线通信受地势影响，不能任意铺设。

③ 运营成本低、回报高。使用无线局域网可以减少对布线的需求和开支，架设无线链路无须架线挖沟，还可根据客户需求灵活定制专网，线路开通速度快，可以为用户提供灵活性更高、移动性更强的信息获取方法。尽管无线局域网硬件的初始投资要比有线硬件高，但是无线网络减少了布线的费用。在需要频繁移动和变化的动态环境中，无线局域网的投资回报更高。

④ 安全性高。无线局域网采用了如下安全措施：采用扩频技术，使监听者难以捕捉到有用的数据；采取网络隔离及网络认证措施；设置严密的用户口令及认证措施，防止非法用户入侵；设置附加的第三方数据加密方案，即使信号被监听也难以理解其中的内容。对于有线局域网中的诸多安全问题，在无线局域网中基本上可以避免。

⑤ 可靠性高。通过使用与以太网类似的连接协议和数据包确认，提供可靠的数据传送和网络带宽。

作为有线网络的无线延伸，WLAN 的应用范围非常广泛。WLAN 可以广泛应用在社区、游乐园、旅馆、机场车站等区域实现旅游休闲上网；可以应用在政府办公大楼、校园、企事业等单位实现移动办公及上课等；还可以应用在医疗、金融证券等方面，实现医生在路途中对病人的网上诊断，实现金融证券网上交易等。WLAN 也适合应用在一些特殊的场景，比如矿山、水利、油田、港口、码头、江河湖区、野外勘探、军事流动网和公安流动网等。

2. WLAN 的网络结构

WLAN 有两种主要的拓扑结构，即自组织网络（Ad Hoc）和基础结构网络（Infrastructure Network）。

（1）自组织型 WLAN

自组织型 WLAN 如图 1-5 所示，属于 Ad Hoc 模式，是一种对等模型的网络，也称为无中心网络（或无 AP 网络）。自组织网络由一组有无线接口卡的无线终端，特别是移动电脑组成，直接进行通信而不与 AP 或有线网络连接。用 Ad hoc 模式通信的两个或多个无线终端就形成了一个独立基础服务集（Independent Basic Service Set，IBSS）。构成这个网络的终端要有相同的工作组名、扩展服务集标识号（Service Set Identifier，SSID）和密码，在 WLAN 的覆盖范围之内，进行点对点或点对多点之间的通信。SSID 用来区分不同的网络，最多可以有 32 个字符，无线网卡设置了不同的 SSID 就可以进入不同网络。

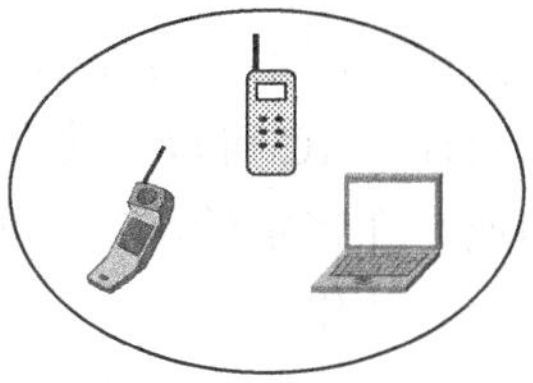
图 1-5 自组织型 WLAN 示意图

组建自组织 WLAN 不需要增添任何网络基础设施，仅需要移动节点及配置一种普通的协议。但由于该协议所有节点具有相同的功能，因此实施复杂并且造价昂贵。自组织 WLAN 不能采用全连接的拓扑结构。因为对于两个移动节点而言，某一个节点可能会暂时处于另一个节点传输范围以外，它接收不到另一个节点的传输信号，因此无法在这两个节点之间直接建立通信。

（2）基础结构型 WLAN

基础结构型 WLAN 利用了高速的有线或无线骨干传输网络。在这种拓扑结构中，移动节点在基站（BS）的协调下接入到无线信道，建立与终端的通信，如图 1-6 所示。在目前的实际应用中，大部分无线 WLAN 都是基于基础结构网络。下面以 802.11 协议的 WLAN 为例，介绍 WLAN 的网络结构。

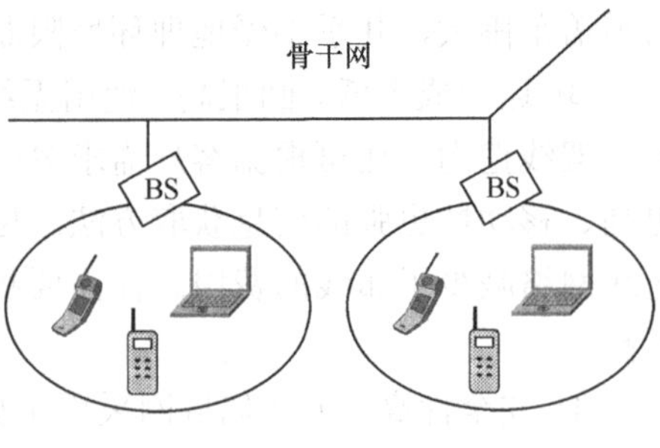

图 1-6 基础结构型 WLAN 示意图

（3）802.11 协议的 WLAN 网络结构

① 网络参考模型。无线局域网由端站（STA）、接入点（AP）、接入控制器（AC）、AAA 服务器、Portal 服务器以及网元管理单元组成，其网络参考模型如图 1-7 所示。

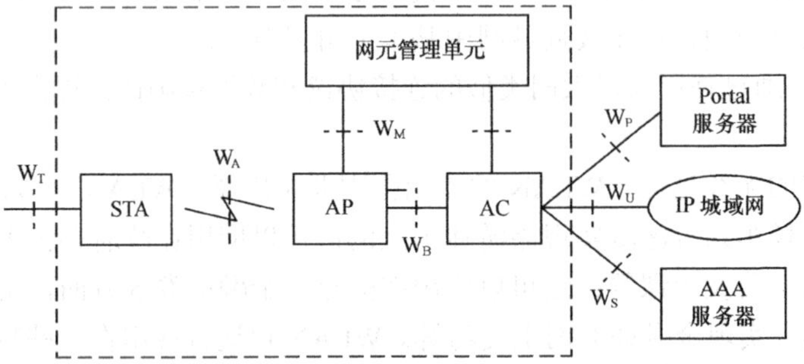

图 1-7 无线局域网网络参考模型

② 网络单元功能。图 1-7 所示无线局域网网络参考模型中，各个网络单元的功能如下所述。

- 端站（STA）是无线网络中的终端，可以通过接口接入计算机终端，也可以是非计算机终端上的嵌入设备，终端通过空中接口接入 AP。
- 接入点（AP）通过空中接口与终端（STA）进行通信，AP 和 STA 均为可以寻址的实体，AP 与 AC 通过 W_B 接口采用有线方式连接。
- 接入控制器（AC）在无线局域网和外部网之间充当网关功能。AC 将来自不同 AP 的数据进行汇聚，与 Internet 相连；AC 支持用户安全控制、业务控制、计费信息采集及对网络的监控；AC 可以直接和 AAA 服务器相连，也可以通过 IP 城域骨干网（支持 Radius 协议）相连；在特定的网络环境下，接入控制器（AC）和接入点（AP）对应的功能可以在物理实现上一体化。
- AAA 是验证、授权和记账（Authentication、Authorization、Accounting）3 个英文单词的简称，其主要目的是管理哪些用户可以访问网络服务器，具有访问权的用户可以得到哪些服务，如何对正在使用网络资源的用户进行记账。AAA 服务器在物理上可以由具备不同功能的独立的服务器构成，即认证服务器、授权服务器和计费服务器，它们要求支持 Radius 协议，在 IETF 的 RFC 2865 和 KFC 2866 中定义。
- Portal 服务器负责完成 WLAN 用户门户网站的推送，Portal 服务器为必选网络单元。

图 1-7 所示无线局域网网络参考模型中，各个接口定义如下。

- W_A 接口。STA 和接入点之间的接口，即空中接口。

- W_B接口。接入点和接入控制器之间的接口，为逻辑接口。
- W_T接口。STA 和用户终端之间的接口，为逻辑接口。
- W_U接口。公共无线局域网（PWLAN）与 Internet 之间的接口。
- W_S接口。AC 与 AAA 服务器之间的接口，为逻辑接口。
- W_P接口。AC 与 Portal 服务器之间的接口，为逻辑接口。
- W_M接口。无线局域网（WLAN）网元与网元管理单元之间的接口，为逻辑接口。

3. WLAN 标准

在 WLAN 迅猛发展的同时，WLAN 的标准之争也成为众多厂商和运营实体非常关注的一个话题。主要有美国电子电气工程师协会（IEEE）的 802.11 系列标准，欧洲电信标准协会（ETSI）大力推广的 HipperLAN1/HiperLAN2 标准，日本的多媒体移动接入通信促进委员会（MMAC）致力推广的 HiSWANa/HisWANb 标准等。

（1）802.11 系列标准

1990 年，IEEE 802 标准化委员会成立 IEEE 802.11 无线局域网（WLAN）标准工作组，为工作在 2.4GHz 开放频段的无线设备制订全球标准，并于 1997 年 6 月公布了 802.11 标准，它是第一代无线局域网标准之一，主要用于解决办公室局域网和校园网中用户终端的无线接入。该标准定义了物理层工作在 2.4GHz 的 ISM 频段，采用红外、DSSS（直接序列扩频）或 FSSS（跳频扩频）技术，传输速率最高达到 2Mbit/s，但在传输距离、安全性、电磁兼容能力及服务质量方面均不尽如人意。此后 IEEE 802.11 无线局域网标准工作组不断推出了 802.11x 系列标准，x 表示该标准负责的不同技术领域。无线局域网标准体系如表 1-5 所示。

表 1-5　无线局域网标准体系

标准编号	负责的技术领域
IEEE 802.11（11/1997）	无线局域网物理层和介质接入控制层规范
IEEE 802.11a	无线局域网物理层和介质接入控制层规范——5GHz 频段高速物理层规范
IEEE 802.11b	无线局域网物理层和介质接入控制层规范——2.4GHz 频段高速物理层扩展
IEEE 802.11d	物理层方面的特殊要求
IEEE 802.11e	IEEE 802.11 MAC 层增强——服务质量保证（QoS）
IEEE 802.11f	支持 IEEE 8002.11 的接入点互操作协议（IAPP）
IEEE 802.11g	2.4 GHz 频段高速物理层（20 Mbit/s 以上）扩展
IEEE 802.11h	额外定义了物理层方面的要求（诸如信道化和跳频模式等）
IEEE 802.11i	无线局域网介质接入控制层安全性增强规范
IEEE 802.11j	日本所采用的等同于 802.11h 的协议
IEEE 802.11k	射频资源管理
IEEE 802.11m	对 IEEE 802.11 规范体系进行维护、修正和改进
IEEE 802.11n	高速物理层和介质接入控制层规范
IEEE 802.11o	VoWLAN（Voice over WLAN）规范
IEEE 802.11p	车载环境下的无线通信
IEEE 802.11q	VLAN 的支持机制

续表

标 准 编 号	负责的技术领域
IEEE 802.11r	快速漫游
IEEE 802.11s	Mesh 网状网
IEEE 802.11t	无线网络性能预测
IEEE 802.11u	与其他网络的交互性
IEEE 802.11v	无线网络管理

ISM 频段即工业、科学和医用频段。世界各国均保留了一些无线频段，以用于工业、科学研究和微波医疗方面的应用。应用这些频段无需许可证，只需要遵守一定的发射功率（一般低于 1W），并且不要对其他频段造成干扰即可。ISM 频段在各国的规定并不统一。如在美国有 3 个频段即 902～928MHz，2 400～2 483.5MHz，5 725～5 850MHz，而在欧洲 900MHz 的频段则有部分用于 GSM 通信。2.4GHz 为各国共同的 ISM 频段。因此无线局域网、蓝牙、ZigBee 等无线网络，均可工作在 2.4GHz 频段上。

1999 年，IEEE 制定了补充标准 802.11b，它是当前应用最为广泛的 WLAN 标准，工作在 2.4GHz 的 ISM 频段，采用 DSSS/CCK（补码键控）技术，数据传输速率高达 11Mbit/s。在射频情况较差时，可将速率降低至 5.5Mbit/s、2Mbit/s 和 1Mbit/s。

1999 年，IEEE 还制定了补充标准 802.11a，工作在 5GHz 的频段，它采用 OFDM（正交频分复用）技术，支持的数据速率最高可达 54Mbit/s。

2003 年，IEEE 提出了对 802.11b 的一种高速物理层扩展标准 802.11g，同 802.11b 一样，它工作于 2.4GHz ISM 频带，但采用了 OFDM 技术，可以实现最高 54Mbit/s 的数据速率，这与 802.11a 相当，并且兼容 802.11b 设备。

2006 年，IEEE 成立 IEEE 802.1ln 工作小组，制定一项新的高速无线局域网标准 IEEE 802.11n。协议为双频工作模式（包含 2.4GHz 和 5GHz 两个工作频段）。这样 IEEE 802.1ln 保障了与以往的 IEEE 802.1la，b，g 标准的兼容。IEEE 802.11n 计划采用 MIMO 与 OFDM 技术相结合，采用智能天线技术及高性能传输技术等，使传输速率成倍提高。

几种典型的 802.11 系列标准主要技术特点如表 1-6 所示。

表 1-6　典型的 802.11 系列标准主要技术特点

标 准	802.11b	802.11a	802.11g	802.11n
发布时间	1999 年 7 月	1999 年 7 月	2003 年 6 月	2006 年 1 月
工作频段	2.4～2.483 5GHz	5.15～5.35GHz 5.475～5.725GHz	2.4～2.483 5GHz	2.4～2.483 5GHz 5.15～5.850GHz
有效带宽	5.5MHz	24.7MHz	24.7MHz	100MHz 以上
无交叠信道	3	11	3	1
编码技术	CCK	OFDM	CCK/OFDM	MIMO/OFDM
最高速率	11Mbit/s	54Mbit/s	54Mbit/s	300～600Mbit/s
兼容性	通过 Wi-Fi 认证的产品之间可以互通	与802.11b/g不兼容	向下兼容 802.11b	向下兼容 802.11a、802.11g 和 802.11b

Wi-Fi（Wireless Fidelity）英文原意为无线保真，实际是 IEEE 802.11b 的别称，是一个无

线网络通信技术的品牌，由 Wi-Fi 联盟（Wi-Fi Alliance）所持有。该联盟成立的目的是改善基于 IEEE 802.11 标准的无线网络产品之间的互通性。Wi-Fi 联盟成立于 1999 年，当时的名称叫做无线以太网相容联盟（Wireless Ethernet Compatibility Alliance, WECA）。在 2002 年 10 月，正式改名为 Wi-Fi 联盟。

随着技术的发展，以及 IEEE 802.11a 及 IEEE 802.11g 等标准的出现，现在 IEEE 802.11 这个标准已被统称作 Wi-Fi。从应用层面来说，要使用 Wi-Fi，用户首先要有 Wi-Fi 兼容的用户终端。伴随着 Intel 公司提出的笔记本电脑芯片组——“迅驰”被越来越多的人认可，这一技术也逐渐成为了大家关注的话题。很多手机厂商，特别是以生产智能手机为主的厂商开始将 Wi-Fi 引入自己的产品当中。

（2）HipperLAN1/HiperLAN2 标准

HiperLAN1 发布于 1996 年，它工作于 5GHz 频段，采用的调制方式为高斯滤波最小移频键控（GMSK），HiperLAN1 提供的数据速率最高可达 25Mbit/s。整体上 HiperLAN1 与 IEEE 802.11b 是相当的。HiperLAN2 是 HiperLAN1 的第二代版本，于 2000 年年底通过 ETSI 批准成为正式标准。它对应于 IEEE 802.11a，工作在 5GHz 频带，采用 OFDM 技术，并且具备动态频率选择（DFS）和发送功率控制（TPC）等功能，支持最高数据速率为 54Mbit/s。在 MAC 层，HiperLAN2 采用预留 TDMA 多址方式，动态 TDD 双工方式，并且能够在高吞吐率下支持 QoS，从而为视频流和话音等实时应用提供支持。

（3）HiSWANa/HisWANb 标准

HiSWANa 工作于 5GHz 频段，HiSWANb 工作于 25/27GHz 频段，支持数据速率为 6～54Mbit/s，采用 OFDM 调制、TDMA 多址方式和 TDD 双工方式等技术。

在无线局域网技术的进一步发展方面，目前的研究呈现出如下特点：一是研究工作向更高数据速率（>100Mbit/s）、更高频带方向发展；二是积极研究无线局域网与 3G 乃至 4G 蜂窝移动通信网络的互通与融合。

1.3.6 LTE 移动通信系统

LTE 是 3GPP 主导的一种先进的空中接口技术，被认为是准 4G 技术。LTE 区别于以往的移动通信系统，它完全是为了分组交换业务来优化设计的，无论是无线接入网的空中接口技术还是核心网的网络结构都发生了较大的变化。LTE 规范的第一个版本，第 8 版（R8），完成于 2008 年春季，商业网络在 2009 年年底开始运营。3GPP LTE（R8）的主要性能指标描述如下。

① 支持 1.25～20MHz 带宽，提供上行 50Mbit/s、下行 100Mbit/s 的峰值数据速率。

② 提高小区边缘的比特率，改善小区边缘用户的性能。

③ 频谱效率达到 3GPP R6 的 2～4 倍。

④ 降低系统延迟，用户面延迟（单向）小于 5ms，控制面延迟小于 100ms。

⑤ 支持与现有 3GPP 和非 3GPP 系统的互操作。

⑥ 支持增强型的广播组播（MBMS）业务。

⑦ 实现合理的终端复杂度、成本和耗电。

⑧ 支持增强的 IP 多媒体子系统（IP Multimedia Subsystem，IMS）和核心网。

⑨ 取消 CS（电路交换）域，CS 域业务在 PS（分组交换）域实现。

⑩ 以尽可能相似的技术同时支持成对和非成对频段。

⑪ 支持运营商间的简单邻频共存和邻区域共存。

LTE 系统相对于 3G 标准在各个方面都有了不少提升，具有相当明显的 4G 技术特征，但并不能完全满足 IMT-Advanced 提出的全部技术要求，因此 LTE 不属于 4G 标准。为了实现 IMT-Advanced 的技术要求，3GPP 标准化组织提出了增强型长期演进（LTE-Advanced，LTE-A）计划。那些构成 LTE-Advanced 的功能正是 LTE 规范第 10 版（R10）的部分内容。LTE-A 关注于提供更高的能力，如增加峰值数据率，下行 3Gbit/s，上行 1.5Gbit/s。频谱效率从 R8 的最大 16bit/s/Hz 提高到 30bit/s/Hz。同一时刻活跃的用户数、小区边缘性能都有很大提高。LTE-A 系统的几个主要目标如下。

① 在 LTE 系统设计的基础上进行平滑演进，使 LTE 与 LTE-A 之间实现两者的相互兼容。任何一个系统的用户都能够在这两个系统接入使用。

② 进一步增强系统性能。LTE-A 系统能够全面满足 ITU 提出的 IMT-Advanced 的技术性能要求，提供更快的峰值速率和更高的频谱效率，同时显著提升小区边缘性能。

③ 可以灵活配置系统使用的频谱和带宽，充分利用现有的离散频谱，将其整合为最大 100MHz 的带宽供系统使用。这些整合的离散频谱可以在一个频带内连续或者不连续，甚至是频带间的频段，这些频段的带宽同时也是 LTE 系统支持的传输带宽。

④ 网络自动化、自组织能力功能需要进一步加强。

1.4 我国移动通信的发展概况

我国移动通信的发展起步较晚，但经过 20 多年的发展，其市场的发展速度和规模令世人瞩目，呈超常规、跳跃式的发展。自 1987 年广州邮电部门开通了我国第 1 个模拟 900MHz 蜂窝移动电话 TACS 系统以来，20 多年来我国移动电话用户数变化如下。

① 1987 年年底，我国蜂窝移动通信的用户仅有 3 200 户。

② 1997 年年底，我国移动电话用户数达 1 310 万。

③ 1998 年年底，我国移动电话用户达数 2 498 万。

④ 1999 年年底，我国移动电话用户数达 4 330 万。

⑤ 2000 年年底，我国移动电话用户数达 8 530 万。

⑥ 2001 年年底，我国移动电话用户数达 14 481.2 万。

⑦ 2002 年 12 月底，我国移动电话用户数达 20 661.6 万。

⑧ 2003 年 12 月底，我国移动电话用户数达 26 869.3 万。

⑨ 2004 年 12 月底，我国移动电话用户数达 33 482.4 万。

⑩ 2005 年 12 月底，我国移动电话用户数达 39 342.8 万。

⑪ 2006 年 12 月底，我国移动电话用户数达 46 108.2 万。

⑫ 2009 年 7 月，我国移动电话用户数达到了 70 300.0 万。

⑬ 2011 年 1 月，我国移动电话用户数达到了 116 400.0 万。

截至 2013 年 12 月底，全国移动电话用户数已达到 122 911 万。

从 1987 年至 2008 年，我国移动通信行业先后出现了 A、B、C、D、G 5 种移动通信制式。2009 年 1 月，工业和信息化部确认国内第三代移动通信牌照发放给 3 家运营商，为中国移动（TD-SCDMA）、中国电信（CDMA2000）和中国联通（WCDMA）发放了3张3G牌照。下面简单介绍不同制式的移动通信系统在我国的发展情况。

① A网和B网的发展。1987年，我国各地分别建设了移动电话网，分别采用了爱立信和摩托罗拉两大移动电话系统，结果形成了A网和B网两个系统，均属于模拟网。A网的应用地区是北京、天津、上海以及除河北、山东以外的其他省和地区。B网的主要地区是北京、天津、河北、辽宁、江苏、浙江、四川、黑龙江、山东等地。A网地区使用A网的手机，B网地区使用B网的手机，1996年实现全国联网，2001年年底，我国关闭了模拟网。

② G网的发展。1993年，我国开始建设全球通（GSM）数字移动电话网，G网工作于900MHz频段，频带比较窄。相比于模拟移动通信系统，GSM系统具有通信质量好、安全保密、漫游范围广泛及支持许多新的业务功能。随着近年来移动电话用户的迅猛增长，由于频率资源的限制，许多地区的G网已出现容量不足的状态。目前GSM系统是移动运营商承载话音业务的主要网络。

③ D网的发展。D网是指DCS1800系统的移动电话网，网络的运行机制和现有的GSM900系统完全一致，但工作于1 800MHz频段。为了解决GSM900M频段资源明显不足的问题，越来越多的移动通信运营商开始采用1 800MHz与900MHz双频段组网技术。利用1 800MHz比较宽松的频段资源（1 805～1 880MHz，1 710～1 785MHz），能够既经济又有效地缓解GSM900的容量压力，从根本上解决网络容量不足的问题。

④ GPRS网的发展。2002年5月17日，中国移动正式开通GPRS网络，标志着我国移动通信进入GPRS网络发展阶段。GPRS网络引入了数据分组的功能，与GSM网络基于信令信道提供数据业务相比，数据传输速率更高、信息更长。GPRS系统采用与GSM系统相同的频段、频带宽度、突发结构、无线调制标准、跳频规则以及相同的TDMA帧结构。GPRS在信道分配、接口方式、数据传输等方面体现了分组业务的特点。在GSM网络的基础上构建GPRS网络时，GSM系统中的绝大部分部件都不需要做硬件改动，只需做软件升级。

⑤ C网的发展。我国CDMA网几乎是与G网同时建设的，早期称为长城网。2001年5月，联通开始在全国300个城市，以“小容量、广覆盖”的方案，建设IS-95B系统；2002年1月8日，正式放号开通，2002年6月，又开始了CDMA2000 1x的升级；至2004年年底中国CDMA2000 1x网络用户已突破7 000万，且用户数急剧上升。

⑥ TD-SCDMA网的发展：TD-SCDMA是我国自主研制的3G标准，2000年5月，ITU公布TD-SCDMA正式成为ITU第三代移动通信标准3G国际标准的一个组成部分，与欧洲WCDMA、美国CDMA2000并列为三大主流3G国际标准。TD-SCDMA于2008年4月1日由中国移动主导进行试商用。TD-HSDPA/HSUPA是TD-SCDMA的下一步演进技术，随后演进到LTE TDD。

⑦ WCDMA网的发展：WCDMA是GSM的升级技术，其演进顺序是GSM、GPRS、EDGE、WCDMA，当然也可以跳过其中的一个或多个系统。WCDMA系统也是全球3G技术中用户最广、技术和商业应用最成熟的系统。WCDMA的下一步演进技术是HSPA、LTE，其中HSDPA和HSUPA统称HSPA。

⑧ CDMA2000 1x EV-DO网的发展：CDMA2000 1xEV-DO是CDMA技术的升级，相对

于 GSM/WCDMA 的应用，CDMA2000 1xEV-DO 设备厂家和终端厂商较少，产业链基本由美国高通把控。CDMA2000 运营商还是会升级到 CDMA2000 1x EV-DO Rev.A，并最终演进到 LTE。

⑨ LTE 移动通信系统的应用：2013 年 12 月 4 日，工业和信息化部发布公告向中国移动、中国电信和中国联通颁发“LTE/第四代数字蜂窝移动通信业务（TD-LTE）”经营许可。中国移动是启动 4G 业务的最先试水者，获得牌照的同时启动了 LTE 商用网络。

小　　结

1. 移动通信是指通信双方至少有一方在移动中进行信息传输和交换。无线移动信道是移动通信信号传输的载体，决定了移动通信和有线通信的区别。移动通信的特点为利用无线电波进行信息传输，频谱资源有限，网络管理和控制必须有效，对移动终端要求高。

2. 第二代移动通信系统主要包括先进的数字移动电话系统（D-AMPS）、全球移动通信系统（GSM）、个人数字蜂窝（PDC）及 N-CDMA。

3. 1999 年 11 月 5 日在芬兰赫尔辛基召开的 ITU TG8/1 第 18 次会议上最终确定了 5 种技术标准作为第三代移动通信的基础，采用码分多址接入技术（CDMA）的 3 种候选方案成为第三代移动通信的主流标准，对应的标准分别为 WCDMA、CDMA2000 和 TD-SCDMA/UTRA-TDD。

4. 卫星移动通信系统是指利用人造地球通信卫星作为空间链路的一部分进行移动通信业务的通信系统。卫星通信系统由通信地球站分系统（简称地球站）、通信卫星、跟踪遥测及指令系统和监控管理系统 4 大部分组成。

5. 集群移动通信系统属于专用移动通信系统，与蜂窝移动通信系统相比具有自身特点。集群通信系统的组网以基本系统为模块，并用这些模块扩展为区域网。基本系统可由单基站或多基站组成。我国使用的数字集群技术主要为 Tetra、iDEN、GT800 和 GoTa。

6. 无线局域网是计算机网络与无线通信技术相结合的产物。与有线网络相比，WLAN 具有移动性好、安装方便、不受地理环境限制、运营成本低、回报高、安全性高和可靠性高的特点。WLAN 基础结构网络由端站（STA）、接入点（AP）、接入控制器（AC）、AAA 服务器、Portal 服务器以及网元管理单元组成。

7. LTE 系统相对于 3G 标准在各个方面都有了不少提升，具有相当明显的 4G 技术特征，但并不能完全满足 IMT-Advanced 提出的全部技术要求，因此 LTE 不属于 4G 标准。为了实现 IMT-Advanced 的技术要求，3GPP 标准化组织提出了增强型长期演进（LTE-Advanced，LTE-A）计划。

习　　题

1. 简述移动通信的概念及特点。
2. 简述现代移动通信技术发展的不同阶段，各阶段标志性的技术是什么。
3. 简述卫星通信的基本原理。
4. 比较数字集群通信系统与蜂窝移动通信的异同。

5. 画出 WLAN 网络参考模型图，介绍主要网元和接口的功能。
6. 介绍第二代、第三代蜂窝移动通信在我国的应用情况。
7. 介绍第四代移动通信系统在我国的应用。

第2章 无线移动信道

无线移动信道是移动通信的传输介质，无线通信系统中所有的信息都在这个信道中传输。无线通信系统的通信能力和服务质量、无线通信设备要采用的无线传输技术与信道性能的好坏相关，这要求我们必须了解无线移动信道的特性。本章主要内容如下。

① 无线移动信道特性及所需基本知识。

② 无线环境下的噪声与干扰。

③ 电磁波与无线电频谱的基本概念。

④ 无线电波传播环境介绍。

⑤ 无线电波传播基本机制，主要介绍直射、反射、折射、绕射的基本原理。

⑥ 阴影效应和多径效应，重点分析多普勒效应、多径信道描述方法、多径接收信号的特点。

⑦ 移动信道传播损耗预测模型。

2.1 无线移动信道特性

无线移动信道的电波传播特性与传播环境——地貌、人工建筑、气候特征、电磁干扰情况、通信体移动速度和使用的频段等密切相关。无线通信系统的通信能力和服务质量、无线通信设备要采用的无线传输技术都与无线移动信道性能的好坏密切相关。因此，要想在比较有限的频谱资源上尽可能高质量、大容量地传输有用的信息，就要求我们必须了解无线移动信道的特性。

2.1.1 无线移动信道与无线电信号

移动通信系统的性能主要取决于信号通过无线移动信道的能力，无线移动信道与有线信道不同，不是固定、可预见的，而是具有很强的随机性，属于时变信道。通信理论中根据信道特性参数随外界各种因素的影响而变化的快慢，通常将信道分为恒参信道和变参信道。恒参信道的传输特性的变化量极微小且变化速度极慢，或者说在足够长的时间内，其参数基本不变；而变参信道的传输特性随时间的变化较快。无线移动信道属于典型的变参信道。

无线电信号通过无线移动信道时会遭受来自不同途径的衰减损害，按引起衰减的类型分类，主要分为3种类型，即自由空间传播损耗、阴影衰落和多径衰落；按照传统的传输模型分类，分为大尺度衰落模型和小尺度衰落模型。

1．无线移动信道的损耗

① 自由空间传播损耗。无线电波在理想的空间中传播时，电磁波的能量不会被障碍物所吸收，也不存在电波的反射、折射、绕射、色散和吸收等现象，但是随着传播距离增大，电磁能量在扩散过程中产生球面波扩散损耗。

② 阴影衰落。由于电波传播遇到建筑物等阻挡，形成电波阴影区，阴影区的电场强度减弱的现象称为阴影效应。引起的衰落幅度服从对数正态分布（正态衰落或高斯衰落）。

③ 多径衰落。由于移动传播环境的多径传输而引起的衰落。当接收信号中无主导信号时，衰落振幅服从瑞利分布（瑞利衰落）。当接收信号中有主导信号时，衰落振幅服从莱斯分布。多径衰落使信号电平起伏不定，严重时将影响通话质量。

移动信道的主要特征是多径衰落。

图 2-1 所示为典型的实测接收信号场强变化图。图中 T-R 距离指发射机和接收机之间的距离。由于多径效应引起多径衰落，接收信号强度出现快速、大幅度的周期性变化，称为多径快衰落，也称小区间瞬时值变动，衰落深度可达 30～40dB。随着 T-R 距离的不断增加，接收信号的场强也在逐渐下降。

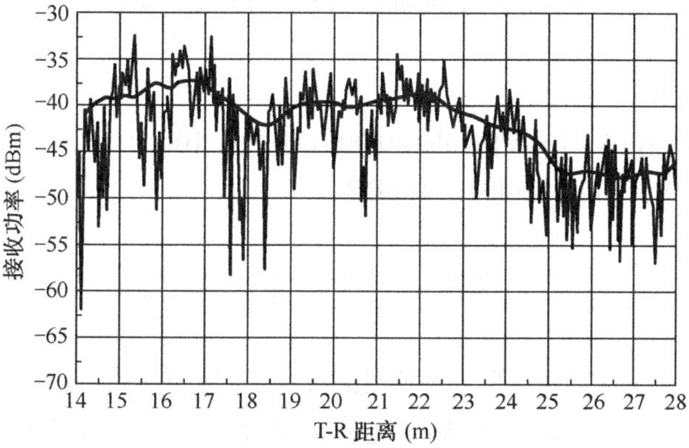

图 2-1 接收信号场强变化图

2．小尺度衰落和大尺度衰落

① 在数十倍波长的范围内，通常几个波长或短时间（微秒级）内，接收信号场强的瞬时值呈现快速变化的特征，这是由多径衰落引起的，又称为快衰落。有些文献称这种衰落为小尺度衰落。在数十倍波长范围内对信号求平均，可得到短区间中心值。

基于多径时延扩展，将小尺度衰落分为平坦衰落和频率选择性衰落；基于多普勒扩展，小尺度衰落也被分为快衰落和慢衰落。

② 在数百倍波长的区间内，通常几百米或几千米范围内，信号的短区间中心值也出现缓慢变动的特征，这就是阴影衰落。在较大区间内对短区间中心值求平均，可得长区间中心值。

③ 长区间中心值随距离基站的位置变化而变化，距离越远，衰减越大，称为传输损耗。

②和③引起的衰落被称为大尺度衰落。

从无线系统工程的角度看，传播损耗和阴影衰落主要影响无线区的覆盖。合理的设计总可以消除这种不利的影响。而多径衰落严重影响信号传播质量，并且是不可避免的，只能采用抗衰落技术来减小其影响。

2.1.2 无线电信号描述

1. 信号强度的表示方法

在分析信号的电波传播时，需要以数值来表示信号的强弱。信号强度最简单的表示方法是用功率，工程上常用分贝来表示信号的强度。下面介绍信号强度的不同表示形式。

（1）dBW 和 dBm

dBW 和 dBm 都是表征功率绝对值的值，也可以认为以 1W 和 1mW 功率为基准的一个比值。计算公式为

$$P(\text{dBm})=10\log[P(\text{mW})/(1\text{mW})] \quad (2\text{-}1)$$

$$P(\text{dBW})=10\log[P(\text{W})/(1\text{W})] \quad (2\text{-}2)$$

［**例 2-1**］（a）如果发射功率为 1mW，折算为 dBm 后为多少 dBm？

（b）对于 40W 的功率，按 dBm 单位进行折算后的值应为多少？

（c）对于 40W 的功率，按 dBW 单位进行折算后的值应为多少？

解：

（a）10lg[1(mW)/1mW]=0dBm。

（b）10lg[40×1 000(mW)/1mW]=10lg(40 000)=10lg4+10lg10+10lg1 000=46dBm。

（c）10lg[40(W)/1W]=10lg4+10lg10=16dBW。

（2）分贝

分贝（dB）定义为两个参数（如功率、电压、电流）之比的对数单位，用来表征两个物理量的相对大小关系。

① 若两个功率之比为 K_P,则两个功率之比的分贝值为 $10\lg K_P$（dB）。

② 若两个电压（或电流）之比为 K_V，考虑到 $P=U^2/R$，则两个电压（或电流）之比的分贝值为 $20\lg K_V$（dB）。

［**例 2-2**］（a）设两个信号的功率 P_1=10W，P_2=20W，计算 P_2/P_1 的比值，表示为分贝值为多少？

（b）设两个信号的电压 U_1=10V，U_2=20V，计算 U_2/U_1 的比值，表示为分贝值为多少？

（c）如果甲的功率为 46dBm，乙的功率为 40dBm，问甲比乙大多少？

解 （a）设两个信号的功率 P_1=10W，P_2=20W，$K_P=P_2/P_1=2$ 倍，表示为分贝值为 $10\lg K_P$=3dB。

（b）设两个信号的电压 U_1=10V，U_2=20V，$K_V=U_2/U_1=2$ 倍，表示为分贝值为 $20\lg K_V$=6dB。

（c）如果甲的功率为 46dBm，乙的功率为 40dBm，则可以说，甲比乙大 6dB。

（3）dBmV 和 dBμV

dBmV 和 dBμV 都是表征电压绝对值的值，也可以认为以 1mV 和 1μV 电压为基准的一个比值。计算公式为

$$U(\text{dBmV})=20\log[U(\text{mV})/(1\text{mV})] \quad (2\text{-}3)$$

$$U(\text{dB}\mu\text{V})=20\log[U(\mu\text{V})/(1\mu\text{V})] \quad (2\text{-}4)$$

［例 2-3］（a）如果电压 U 为 1mV，折算为 dBmV 后的值为多少？

（b）对于 1V 的电压，按 dBmV 单位进行折算后的值应为多少？

（c）对于 1mV 的电压，按 dBμV 单位进行折算后的值应为多少？

解：（a）20lg[1（mV）/1mV]=0dBmV

（b）20lg[1×1 000（mV）/1mV]=20lg（1 000）=60dBmV。

（c）20lg[1×1 000（μV）/（1μV）]=60dBμV。

（4）负载 R 两端电压与电阻上的功率 P 的换算关系

假定电压单位为 dBμV，功率单位为 dBm，负载 R 两端电压与电阻上的功率 P 的换算关系为 $P=U^2/R$。

$$P(\text{mW})\times 10^{-3}=U(\mu\text{V})\times 10^{-12}/R$$

两边取对数得

$$P(\text{dBm}) = U(\text{dB}\mu\text{V}) - 90 - 10\times \lg R \tag{2-5}$$

在 PHS 系统中，其天馈阻抗为 50Ω，$P(\text{dBm}) = U(\text{dB}\mu\text{V}) - 107$。

2．天线增益的表示方法

天线增益是指在输入功率相等的条件下，实际天线与无方向性理想点源天线在空间同一点处所产生的信号功率密度之比；也可以定义为使接收点场强相同时，无方向性的理想点源天线所需的输入功率与被测天线所需的输入功率之比。

对于同一个天线，如果参考基准不一样，得出的增益系数是不同的。参考基准为全方向性天线时得到的增益系数为 G_i，参考基准为偶极子时得到的增益系数为 G_d，用分贝表示为 dBi 和 dBd。dBi 和 dBd 是表示天线增益的值（功率增益），两者都是一个相对值。通常用于表示同一个天线增益时，用 dBi 表示出来的数值比用 dBd 表示出来的数值要大 2.15dB，即 0dBd=2.15dBi。

［例 2-4］对于一面增益为 16dBd 的天线，其增益折算成单位为 dBi 时，应为 18.15dBi（一般忽略小数位，为 18dBi）。

GSM900 天线增益可以为 13dBd（15dBi），GSM1800 天线增益可以为 15dBd（17dBi）。

3．等效全向辐射功率

等效全向辐射功率（EIRP）定义为供给天线的功率和在给定的方向上相对于无方向天线的增益的乘积，表示发射机获得的在最大天线增益方向上的最大发射功率。设发射机功率为 P_T，馈线损耗为 L_T，天线增益为 G_T，天线发出的等效全向辐射功率（EIRP）为

$$EIRP=P_T\cdot\frac{G_T}{L_T} \tag{2-6}$$

若发射机功率（P_T）用 dBW 表示，馈线损耗（L_T）和天线增益（G_T）用 dB 表示，则有

$$EIRP=P_T+G_T-L_T \tag{2-7}$$

若发射机功率（P_T）用 dBm 表示，馈线损耗（L_T）和天线增益（G_T）用 dB 表示，则有

$$EIRP=P_T+G_T-L_T+30\text{dB} \tag{2-8}$$

4．灵敏度

灵敏度是衡量物理仪器的一个标志，特别是电学仪器尤其注重仪器灵敏度的提高。无线电接收机的灵敏度可以理解为无线电接收机对输入电波的反应程度。

严格地说，无线电接收机灵敏度定义为误码率或误帧率不超过某个指定的值时的最小接收功率，这个指标用来表征一个接收机能正确解调接收到的信号时所需的最小功率，或者换句话说，保证接收机仍能正常通信的最小功率，否则接收机是无法正确地解调、解码的。接收机的灵敏度越好，就意味基站发出的功率可以越小，对于码分多址系统就意味着系统的容量越大。同时接收机的灵敏度越好，也就意味着在相同条件下，小区基站所覆盖的区域可以越大。接收机的灵敏度越高，接收机的制造成本越高。

GSM 接收机的灵敏度要求接收到的信号为–102dBm 时，误码率（BER）要小于等于2.44%。

CDMA2000 接收机的灵敏度要求接收到的信号为–104dBm 时，误帧率（FER）要小于等于 0.5%。

2.2 无线环境下的噪声与干扰

在无线通信中，承载信息的传输手段为电磁波信号，电磁波信号在传输过程中不可避免地要受到噪声或干扰的破坏。

噪声是指与信号无关的一些破坏性因素，如各种工业噪声（Industrial noise）、交流声（Hum noise）、脉冲噪声（Pulse noise），银河系噪声（Galactic noise）、大气噪声（Atmospheric noise）、太阳噪声（Solar noise）等宇宙噪声（Comic noise）以及由元器件内部各种微观粒子的热骚动所产生的热噪声（Thermal noise）等。

干扰（Interference）则是指与信号有关的一些破坏性因素。如符号间干扰（Inter-symbol interference）、同信道干扰（Co-channel interference）、邻近信道干扰（Adjacent channel interference）、阻塞干扰（Jamming interference）以及各种人为的故意干扰（如军事通信或雷达系统中的瞄准干扰）等。

噪声及干扰与一般信号不同。信号是指承载信息的一个时间波形或其他函数。尽管信号中也有所谓随机信号，表面上看来与噪声或干扰无异，但是它的某些参数却是受所承载信息支配的。而噪声及干扰则完全不同，它们是一些独立于所需信息的随机过程。

2.2.1 噪声

噪声分为内部噪声和外部噪声。

内部噪声主要是指系统设备自身间产生的各种噪声。如由元器件内部各种微观粒子的热骚动所产生的热噪声，真空管中电子的起伏性发射或半导体中载流子的起伏变化引起的散弹噪声及交流声等。内部噪声的瞬时值服从高斯分布，又称高斯噪声或白噪声。

外部噪声包括自然噪声和人为噪声。自然噪声主要有大气噪声、太阳噪声和银河系噪声，太阳噪声和银河系噪声也可统称为宇宙噪声。人为噪声是指各种电气设备中电流或电压急剧变化而产生的电磁辐射，如汽车点火系统、电机电器、电力线等产生的电磁辐射，可以经电力线和接收机天线间的电容性耦合进入接收机。人为噪声多属于脉冲干扰，但在城市中由于大量汽车和工业电气干扰的叠加，合成噪声将不再是脉冲性的，其功率谱密度与热噪声相似。在城市中各种噪声源比较集中，故城市的人为噪声（也称城市噪声）比郊区大，大城市的人为噪声比中小城市大。随着汽车数量的日益增多，汽车点火系统噪声已成为城市噪声的重要来源。

外部噪声对通信质量影响较大，美国国际电话电报公司发布的各种噪声的功率与频率的关系如图 2-2 所示。

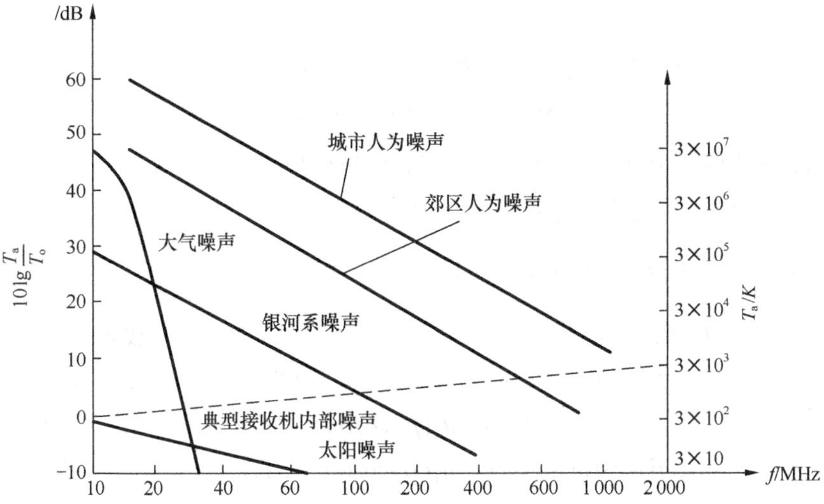

图 2-2 各种噪声的功率与频率的关系

图 2-2 中给出 6 种噪声的功率与频率的关系，除典型的接收机内部噪声外，其余 5 种均为外部噪声。纵坐标为等效噪声系数（$10\lg\frac{T_a}{T_0}$）的分贝数和环境噪声温度$\frac{T_a}{K}$。T_a 为噪声温度；K 为玻尔兹曼常量，$K=1.38\times10^{-23}$ J/K；T_0=290K 为参考温度。

由图 2-2 可见，当工作频率在 100MHz 以上时，大气噪声和宇宙噪声都比接收机内部噪声小，可忽略不计。在 30～1 000MHz 频段，人为噪声较大，尤其是城市噪声影响较大，在移动通信系统设计时不能忽略。

2.2.2 干扰

移动通信系统中的干扰是指终端自身产生的干扰、终端间和终端与基站间的相互干扰，一般包括同频干扰、邻频干扰、互调干扰、阻塞干扰和带外干扰等。

1. 同频干扰

由相同频率的无用信号对同频有用信号接收机造成的干扰称为同频干扰。在移动通信系统中，为了提高频谱利用率，蜂窝系统中采用了频率复用技术，频率复用的无线小区相距越远，同频干扰就越小，频率利用率越低。

为了避免同频干扰，定义了射频防护比的数值。射频防护比是满足接收质量要求时的射频信号与干扰信号之比。射频防护比不仅与调制方式、电波传播特性、通信可靠性有关，还与无线小区的半径和工作方式等有关。必须保证接收机输入端的有用信号电平与干扰电平之比（C/I）大于射频防护比。对应于不同信号和不同干扰，射频防护比可以不同。如 GSM 系统中要求 $C/I \geqslant 9\text{dB}$。

2. 邻频干扰

邻频干扰是指相邻的或邻近的频率之间的干扰，是由于接收滤波器不理想，导致邻频信号落入接收机通带内所造成的干扰。如果邻频用户在离用户接收机距离很近的位置发射，将会引起远近效应。

下面介绍引起邻频干扰的简单原理，假设单音调频波为

$$S(t) = \cos(\omega_0 t + \beta \sin \Omega t) \tag{2-9}$$

式中，ω_0为载波角频率，β为调制指数，Ω为调制信号角频率。

将式（2-9）按级数展开合并运算后可写为

$$\begin{aligned} S(t) &= \sum_{n=-\infty}^{\infty} J_n(\beta)\cos[(\omega_0 + n\Omega)t] \\ &= J_0(\beta)\cos\omega_0 \text{t} && \text{载频} \\ &\quad + J_1(\beta)\cos(\omega_0 + \Omega)t - J_1(\beta)\cos(\omega_0 - \Omega)t && \text{第1对边频} \\ &\quad + J_2(\beta)\cos(\omega_0 + 2\Omega)t - J_1(\beta)\cos(\omega_0 - 2\Omega)t && \text{第2对边频} \\ &\quad + J_3(\beta)\cos(\omega_0 + 3\Omega)t - J_1(\beta)\cos(\omega_0 - 3\Omega)t && \text{第3对边频} \\ &\quad + \cdots \\ &\quad + J_n(\beta)\cos(\omega_0 + n\Omega)t - J_n(\beta)\cos(\omega_0 - n\Omega)t && \text{第}n\text{对边频} \\ &\quad + \cdots \end{aligned} \tag{2-10}$$

式中，$J_n(\beta)$是 n 和β的函数，称为β的第一类 n 阶贝塞尔函数，其值可查表或查曲线得到。由式（2-10）可见，调频波具有无限多对边频分量，用频谱表示出来，如图 2-3 所示。

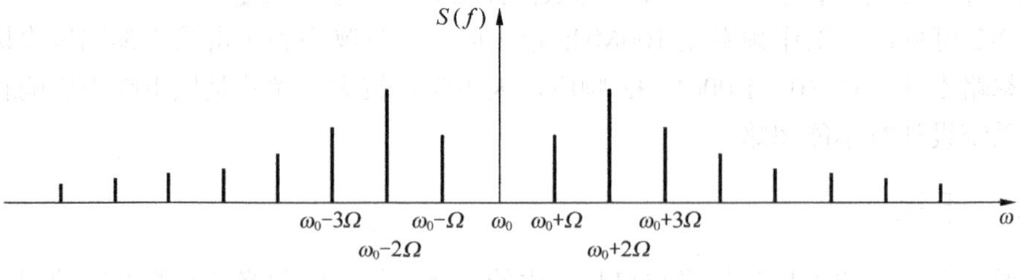

图 2-3 调频波频谱

调频波的频带宽度为无限大，但当 $n>4$ 后，幅度将越来越小。边频分量落入邻频接收机的通带内将造成干扰。

一般来说，产生干扰的移动台距基站越近，路径传播损耗越小，则邻频干扰就越严重。但基站发射机对移动台接收机的邻频干扰却不严重，这是因为移动台接收机有信道滤波器，移动台接收的有用信号功率远大于邻频干扰功率。如果采用精确的滤波技术和合适的信道分配策略可以减小邻频干扰。

3. 互调干扰

互调干扰是指两个或多个不同频率信号作用在通信设备的非线性器件上，产生同有用信号频率相近的组合频率，如果新频率正好落在接收机共用信道带宽内，则形成对该接收机的干扰，称为互调干扰。

互调干扰的起因是器件的非线性。在移动通信系统中，互调干扰主要有3种类型。

① 发射机互调干扰。发射机互调干扰是由于多部不同频率的发射机同时使用所产生的特殊干扰。当多部发射机设置在同一个地点时，无论它们是分别使用各自的天线还是共用一副天线，它们的信号都可能通过电磁耦合或其他途径泄漏到其他的发射机中，从而产生互调干扰。

② 接收机互调干扰。一般接收机前端射频通带较宽，如有两个或多个干扰信号同时进入高频放大器或混频级，由于非线性作用，各干扰信号就可能彼此作用产生组合频率。如果新的频率落入接收机频带内，就会形成接收机的互调干扰。为了保证互调干扰在环境噪声电平以下，一般对接收机的互调指标有严格的要求。

③ 外部效应引起的互调。在天线、馈线、双工器等处，由于接触不良或不同金属的接触，也会产生非线性作用，由此出现互调现象。这种现象只要采取适当措施，便可以避免。

接收机中产生互调干扰的基本原理如下。假定输入回路选择性较差，同时有频率为 ω_A、ω_B、ω_C 的干扰信号进入接收机，而我们需要的信号频率为 ω_0。一般非线性器件的输出电流 i_c 与输入电压 u 的关系式可用幂级数表示如下：

$$i_c = a_0 + a_1 u + a_2 u^2 + \cdots + a_n u^n \tag{2-11}$$

式中，a_0，a_1，a_2，…，a_n 为非线性器件的特性参数，通常 n 值越大，系数越小。

将输入信号 $u = A\cos\omega_A t + B\cos\omega_B t + C\cos\omega_C t$ 代入式（2-11），取 n=3，展开并观察所含的频率成分，可发现产生的谐波及组合频率如下：

$$\begin{cases}\omega_A、\omega_B、\omega_C \\ 2\omega_A、2\omega_B、2\omega_C \\ 3\omega_A、3\omega_B、3\omega_C\end{cases} \quad \begin{cases}2\omega_A \pm \omega_B、\ 2\omega_C \pm \omega_A \\ 2\omega_B \pm \omega_A、\ 2\omega_B \pm \omega_C \\ 2\omega_A \pm \omega_C、\ 2\omega_C \pm \omega_B\end{cases} \tag{2-12}$$

$$\begin{cases}\omega_A + \omega_B + \omega_C、\ \omega_A + \omega_B - \omega_C、\ \omega_A - \omega_B + \omega_C、 \\ -\omega_A + \omega_B + \omega_C \cdots\end{cases}$$

当产生的组合频率与接收信号频率 ω_0 接近时，将形成对有用信号的干扰，也称为三阶互调干扰，如式（2-12）所示，包括二信号三阶互调和三信号三阶互调。

［**例 2-5**］已知干扰频率 f_1=150.2MHz、f_2=150.1MHz、f_3=150.0MHz，问当某用户电台的接收频率 f_0=150.3MHz 时能否产生三阶互调干扰？

解： ∵$2f_1 - f_2$=150.3MHz；$f_1+f_2-f_3$=150.3MHz；

∴既产生二信号三阶互调干扰，又产生三信号三阶互调干扰。

为了避免互调干扰，在分配频率时，应合理地选择频道组中的频率，使得可能产生的组合频率不要落入同组频道中的任一频道。利用计算机搜索得到具有最小频道数的无三阶互调的频道组，如表2-1所示。

表 2-1 无三阶互调频道

需要频道数	最小占用频道数	无三阶互调的频道组	频段利用率
3	4	1,2,4; 1,3,4	75%
4	7	1,2,5,7; 1,3,6,7	57%
5	12	1,2,5,10,12; 1,3,8,11,12	42%
6	18	1,2,5,11,13,18; 1,2,9,13,15,18; 1,2,5,11,16,18; 1,2,9,12,14,18	33%
7	26	1,2,8,12,21,24,26; 1,3,4,11,17,22,26; 1,2,5,11,19,24,26; 1,3,8,14,22,23,26; 1,2,12,17,20,24,26; 1,4,5,13,19,24,26; 1,5,10,16,23,24,26	27%
8	35	1,2,5,10,16,23,33,55	23%
9	45	1,2,6,13,26,28,36,42,45	20%
10	56	1,2,7,11,24,27,35,42,54,56	18%

4. 其他干扰

① 阻塞干扰。当外界存在一个很强的干扰信号时，虽然频率上不产生同频、邻频或互调干扰，但作用于接收机后，由于接收机的非线性仍能使有用信号增益降低或噪声提高，导致接收机灵敏度下降，这种现象就是接收机的阻塞，引起的干扰称为阻塞干扰。

② 时隙干扰和码间干扰。除了已介绍的干扰类型以外，针对常用的移动通信系统将介绍时隙干扰和码间干扰。

- 时隙干扰指使用同一载频不同时隙之间的干扰。由于移动台到基站间的距离有远有近，较远的移动台发出的上行信号在时间上会有延迟，延迟的信号重叠到下一个相邻的时隙上就会造成相互干扰。在 GSM 系统中利用提前量（Timing Advance，TA）来克服这类干扰。
- 码间干扰一种原因是由于移动通信的多径传播使接收信号在时域上产生时延扩展。由于时延扩展，接收信号中一个码元的波形会扩展到其他码元周期中，造成码间干扰。另一个原因是当数字信号在传输过程中由于频率选择性衰落造成各频率分量的变化不一致时会引起失真，从而引起码间干扰。

移动通信所使用的无线信道中充满了各种各样的噪声与干扰。为了提高移动通信系统的性能，需要对这些噪声和干扰采取有效的抑制措施。

2.3 电磁波与无线电频谱

1. 电磁波的基本概念

电磁波是人类用于远距离实时接收和发送信息的主要载体之一。由电磁感应原理可知，交变的电场产生磁场，交变的磁场产生电场，变化的电场和磁场之间相互联系、相互依存、相互转化。以场能的形式存在于空间的电场能和磁场能按一定的周期不断进行转化，形成具有一定能量的电磁场。交变的电磁场不仅可存在于电荷、电流或导体的周围，而且能够脱离其产生的波源向远处传播。这种在空间或媒质中以波动形式传播的交变电磁场，就称为电磁波。

电磁波在单位时间内重复变化的次数，称为电磁波频率，一般用 f 表示，单位为 Hz（赫兹），常用单位还有 kHz（千赫）、MHz（兆赫）和 GHz（吉赫）；电磁波在单个周期内传播的距离称为波长，一般用 λ 表示，单位是 m（米），常用的单位还有 cm（厘米）、mm（毫米）、nm（纳米）；电磁波在单位时间内传播的距离称为电磁波的传播速度，一般用 v 表示，单位是 m/s（米/秒）。电磁波在自由空间中的传播速度是恒定的，其传播速度为 $c=3\times10^8$m/s，即 30 万千米每秒。

电磁波的频率、波长与速度的关系如下：

$$f=c/\lambda \tag{2-13}$$

2．电磁波频率的划分

电磁波的频率范围很广，可以从零到无穷大。为了使用方便，按照其不同的属性及传播特性将电磁波频谱划分为不同的波段，频率在 3 000GHz 以下的电磁波称为无线电波，也可简称为电波。不同波段的电磁波具有不同的属性。

《中华人民共和国无线电频率划分规定》把 3 000GHz 以下的电磁频谱（无线电波）按十倍方式划分为 14 个频带，其频带序号、频带名称、频率范围以及波段名称、波长范围如表 2-2 所示。目前陆地移动通信系统的频段范围主要在 UHF 频段。

表 2-2　无线电波的频段划分与命名

<table>
<tr><th>序号</th><th>频 段 名 称</th><th>频 率 范 围</th><th colspan="2">波 段 名 称</th><th>波 长 范 围</th></tr>
<tr><td>−1</td><td>至低频（TLF）</td><td>0.03～03Hz</td><td colspan="2">至长波或千兆米波</td><td>10 000～1 000Mm</td></tr>
<tr><td>0</td><td>至低频（TLF）</td><td>0.3～3Hz</td><td colspan="2">至长波或百兆米波</td><td>1 000～100Mm</td></tr>
<tr><td>1</td><td>极低频（ELF）</td><td>3～30Hz</td><td colspan="2">极长波</td><td>100～10Mm</td></tr>
<tr><td>2</td><td>超低频（SLF）</td><td>30～300Hz</td><td colspan="2">超长波</td><td>10～1Mm</td></tr>
<tr><td>3</td><td>特低频（ULF）</td><td>300～3 000Hz</td><td colspan="2">特长波</td><td>1 000～100km</td></tr>
<tr><td>4</td><td>甚低频（VLF）</td><td>3～30kHz</td><td colspan="2">甚长波</td><td>100～10km</td></tr>
<tr><td>5</td><td>低频（LF）</td><td>30～300kHz</td><td colspan="2">长波</td><td>10～1km</td></tr>
<tr><td>6</td><td>中频（MF）</td><td>300～3 000kHz</td><td colspan="2">中波</td><td>1 000～100m</td></tr>
<tr><td>7</td><td>高频（HF）</td><td>3～30MHz</td><td colspan="2">短波</td><td>100～10m</td></tr>
<tr><td>8</td><td>甚高频（VHF）</td><td>30～300MHz</td><td colspan="2">米波（超短波）</td><td>10～1m</td></tr>
<tr><td>9</td><td>特高频（UHF）</td><td>300～3 000MHz</td><td rowspan="4">微波</td><td>分米波</td><td>10～1cm</td></tr>
<tr><td>10</td><td>超高频（SHF）</td><td>3～30GHz</td><td>厘米波</td><td>10～1dm</td></tr>
<tr><td>11</td><td>极高频（EHF）</td><td>30～300GHz</td><td>毫米波</td><td>10～1mm</td></tr>
<tr><td>12</td><td>至高频（THF）</td><td>300～3 000GHz</td><td>丝米波或亚毫米波</td><td>1～0.1mm</td></tr>
</table>

3．电磁波频谱特性

电磁波频谱是一种有限的自然资源，与其他自然资源相比有许多不同的特性。

（1）频谱资源的有限性

虽然无线电频谱可以重复使用，如可通过在频率、时间、空间复用来进行重复使用，但就某一个频点或某一段频率来说，在一定的时域和空域上都是有限的。

（2）频谱资源的非消耗性

任何用户只是在一定时间或空间内占用频率，用完之后该频率依然存在。因此，对频谱资源不使用或者使用不当都是一种浪费。

（3）频谱资源的三维性

电磁频谱资源具有时间、空间和频率的三维特性。根据电磁频谱在时域、频域和空域方面的三维特性，按照一维、二维、三维或者其任意的组合，实现频率资源的合理使用，提高频谱的有效利用率，为有限的资源拓展出更大的可用空间，是频谱使用研究的重点。

（4）频谱资源的易受污染性

空间电磁信号传播的范围不受任何行政区域限制，既无省界也无国界。无线电波在空中传播易受自然噪声和人为噪声的干扰。发射设备性能不符合要求，或台（站）布局不合理，也会产生同频干扰、邻频干扰、互调干扰等，影响其他无线电设备的正常工作。

（5）频谱资源的共享性

电磁频谱资源属于全人类共享。任何国家或个人都有权利使用。为了保证空中无线电信号的有序，必须对电磁频谱进行科学的管理和使用。在国际上由国际电信联盟（ITU）负责无线电规则的制定、频率的划分使用、业务的划分及卫星轨道的划分分配等。

2.4 无线电波传播环境

地球大气层和地面及其覆盖物是影响无线电波传播环境的主要因素。

1. 大气层的分层特性

包围地球的大气层通常被分为4个层次：对流层、同温层（平流层）、电离层和磁球层，如图2-4所示。电离层以上的大气就是磁球层。陆地移动通信系统中基本不涉及电离层与磁球层的电波传播问题。

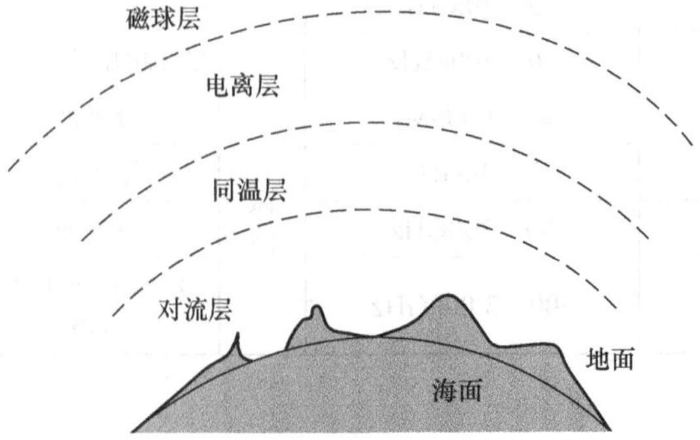

图2-4 大气层的分层

① 对流层。从地面到对流层顶的大气层被称为对流层。在中纬度地区，对流层顶的海拔高度大约为 12km，在赤道地区，大约为 18km。对流层主要影响 VHF 以上频段无线电波的传播，特别是微波和毫米波。对流层中存在的液态或固态的粒子或微粒子，在微波以上的频段会引起无线电波的衰减和散射。这既可能引起通信系统性能下降，又可能引起对其他通信系统的干扰。

② 同温层（平流层）。从对流层顶到大约 60km 高度的大气层称为同温层。同温层对无线电波传播的影响是非常小的。所有频段的无线电波在同温层传播时，都可以近似地看作在真空中传播。

③ 电离层。从 60km 到 2 000～3 000km 的大气层称为电离层。电离层在太阳的辐射作用以及宇宙射线的影响下产生电离，形成很多的离子和自由电子。电离层主要影响短波以下频率的无线电波的传播。频率低的无线电波不能穿越电离层，而是被电离层反射回地面，从而到达很远的距离，这是短波通信的主要传播原理。

2．地球表面及其覆盖物

地球表面（即地面）及其覆盖物是影响无线电波传播的重要因素之一。地面及其覆盖物可以引起无线电波的反射、散射、绕射等效应，这些传播现象与地面覆盖物的类型、地面的电磁特性和地形粗糙度紧密相关。在无线电通信中，地形和地物对无线电波的阻挡也是经常需要考虑的重要问题。无论是对于地空通信还是对于地面通信，特别是地面通信，地面覆盖物的影响都是不容忽视的因素。

对于卫星通信的地空传播电路，虽然地面地物的影响是不可避免的，但是，与地面通信相比较，卫星通信受地面覆盖物的影响是比较小的。卫星通信的传播路径要同时穿过对流层与电离层，为了能通过电离层，卫星通信不会使用比 30MHz 更低的频率。

对微波以上频率，只需要考虑对流层的影响，电离层的影响可以忽略；而在超短波的低端频率上，有时还要考虑电离层的影响。短波通信主要取决于电离层的传播特性，但地面的影响也是必须考虑的。

3．地面一般特性

地面的地形特性、环境特性和地面覆盖物特性与无线电波的传播密切相关，对于不同的地面和环境，应采用不同的传播模型。

（1）地面类型的划分

地面类型一般被分为陆地和水面两种类型。水面主要包括湖泊和海洋。下面重点介绍陆地地形的划分标准。

如果陆地地形以地面的不规则度来进行划分可分成 9 类，如表 2-3 所示。地形不规则度或地形粗糙度 Δh 定义如下：从传播路径的一端沿电路方向 10km 范围内 10%与 90%地形高度的差，以 m 计。

（2）陆地环境和地貌分类

按地面覆盖物特性，基于不同的环境和地貌类型，为应用 ITU-R 统计传播模型，对陆地传播环境做了如下的划分。

① 市区。具有密集 10m 以上建筑或 10m 以上茂密树木的城市或大村庄。

② 郊区。房屋和树木均分散的一般村庄。

③ 乡村公路。路边仅有稀疏树木和零星房屋的公路。

④ 开阔区。农田和开阔场地等，它在 300～400m 宽的近场没有任何地物阻挡视线，在整个传播场地也很少有高大树木或建筑物阻挡。

⑤ 林区。在纵横 300～400m 以上的范围有 10m 以上高度的密林地带。

表 2-3 陆地地形分类

序号	地形类型	Δh（m）
1	水面及非常平坦地形	0～5
2	平坦地面	5～10
3	准平坦地面	10～20
4	准丘陵地形	20～40
5	丘陵地形	40～80
6	准山区地形	80～150
7	山区地形	150～300
8	陡峭地区地形	300～700
9	特别陡峭山区地形	＞700

2.5 无线电波传播机制

无线电波在陆地传播环境传输时，不同的环境和地貌类型将引起能量的吸收和穿透，无线电波会出现直射、反射、折射、绕射和散射等现象。

2.5.1 直射

通常直射波传播按理想的传播条件来进行分析，即假定天线周围为无限大真空区，也称为自由空间。在这种理想空间中，电磁波的能量不会被障碍物所吸收，也不存在电波的反射、折射、绕射、色散和吸收等现象，而且电波传播速率等于真空中光速。在现实环境中，电波传播总要受到传播介质或障碍物的影响。如果传播介质与障碍物对电波传播影响的程度小到可以忽略，则这种条件下的电波传播仍可认为是自由空间传播。

1. 自由空间特点

自由空间作为一种理想空间具有如下特点。

① 拥有均匀无损耗的无限大空间。

② 各向同性的均匀介质。

③ 相对介电常数和相对磁导率恒为 1，即介电常数 ε 和磁导率 μ 分别等于真空的介电常数 ε_0 和真空的磁导率 μ_0。传播路径上没有障碍物阻挡，到达接收天线的地面反射信号场强也可以忽略不计。

2. 自由空间传播损耗

根据电磁场理论，虽然电磁波在自由空间传播，但是电波经过一段路径传播后，由于能量的扩散也会引起能量的衰减。

假设在自由空间中有一个无方向性点源天线作为发射天线，其发射功率为 P_t。由于无损耗，点源天线的发射功率均匀分布在以点源天线为球心、半径为 d 的球面上。这里 d 为接收天线与发射天线的距离。设该球面上电波的功率密度为 S，发射天线的增益为 G_t，则有

$$S=\frac{P_t}{4\pi d^2}G_t \tag{2-14}$$

在球面处的接收天线接收到的功率为

$$P_r=SA_r \tag{2-15}$$

式中，A_r 是接收天线的有效接收面积，即投射到 A_r 上的电磁波功率全部被接收机负载所吸收。

可以推出各向同性天线的有效面积为 $\frac{\lambda^2}{4\pi}$，进而得到无方向性接收天线的有效接收面积为

$$A_r=\frac{\lambda^2}{4\pi}G_r \tag{2-16}$$

式中，G_r 是接收天线增益，λ 是波长。

由式（2-14）、式（2-15）和式（2-16），可得接收功率为

$$P_r=P_t\left(\frac{\lambda}{4\pi d}\right)^2 G_tG_r \tag{2-17}$$

传输损耗（L_f）或称系统损耗定义为发送功率 P_t 与接收功率 P_r 之比。由式（2-17）可得出传输损耗的表达式为

$$L_f=\frac{P_t}{P_r}=\left(\frac{4\pi d}{\lambda}\right)^2\frac{1}{G_tG_r} \tag{2-18}$$

如果用 dB 表示，式（2-18）可表示为

$$L_f=32.45+20\lg f+20\lg d-10\lg(G_tG_r) \tag{2-19}$$

式中，距离 d 以 km 为单位，频率 f 以 MHz 为单位。

接收功率可表示为

$$[P_r]=[P_t]-[L_f]+[G_b]+[G_m]$$

如果发射和接收天线增益（G_t 和 G_r）定义为单位增益，L_f 定义为自由空间路径损耗，也称为自由空间基本传输损耗，表示自由空间中两个理想点源天线之间的传输损耗。本书后面如果没有特别说明，均假定发射和接收天线增益（G_t 和 G_r）为单位增益。

［例 2-6］ 计算工作频率为 900MHz，通信距离分别为 10km 和 20km 时，自由空间传播衰耗。

解： ∵ $L_f=32.45+20\lg f+20\lg d$

∴当 d=10km 时，代入上式可得

$$L_f=111.53\text{dB}$$

当 d=20km 时，距离增加 1 倍

$$L_f=117.53\text{dB}$$

由例 2-6 可以看出，自由空间基本传输损耗（L_f）与收、发天线增益无关，仅与频率 f 和距离 d 有关。当 f 或 d 扩大 1 倍时，L_f 均增加 6dB。

［**例 2-7**］如果发射机发射功率为 50W，并且载频为 900MHz，假定发射、接收天线均为单位增益。

（1）求出在自由空间中距天线 100m 处接收功率为多少 dBm。

（2）10km 处接收功率为多少 dBm。

解：（1）为了计算方便，首先将功率换算为分贝值。

$$P_t\text{（dBm）}=10\log[t\text{（mW）}/\text{（1mW）}]$$
$$=10\log[50\times10^3]=47.0\text{dBm}$$

（2）计算自由空间传播损耗，得到接收功率。

① 当 d=100m 时

L_f=32.45＋20lg$d$（km）＋20lg$f$（MHz）=71.45dB

P_r=P_t－L_f=－24.5dBm

② 当 d=10km 时

L_f=32.45＋20lg$d$（km）＋20lg$f$（MHz）=115.45dB

P_r=P_t－L_f=－68.45dBm

通过本节的分析可知，虽然自由空间是不吸收电磁能量的理想介质，但是随着传播距离增大，电磁能量在扩散过程中将产生球面波扩散损耗。实际上，接收天线所捕获的信号功率仅仅是发射天线辐射功率的很小一部分，而大部分能量都散失掉了，自由空间损耗正反映了这一点。

2.5.2 反射

当电磁波遇到比其波长大得多的物体时就会发生反射。电磁波反射发生在不同物体界面上，比如地球表面、建筑物和墙壁表面。物体界面即反射界面可能是规则的，也可能是不规则的；可能是平滑的，也可能是粗糙的。反射是产生多径衰落的主要因素。

1. 平滑表面的反射

为了简化分析，将电磁波在平坦地面上的传播问题转化为平滑表面上的电磁波传播问题。假定反射表面是平滑的，即所谓理想介质表面。如果电磁波传播到理想介质表面，则能量都将反射回来，如图 2-5 所示。

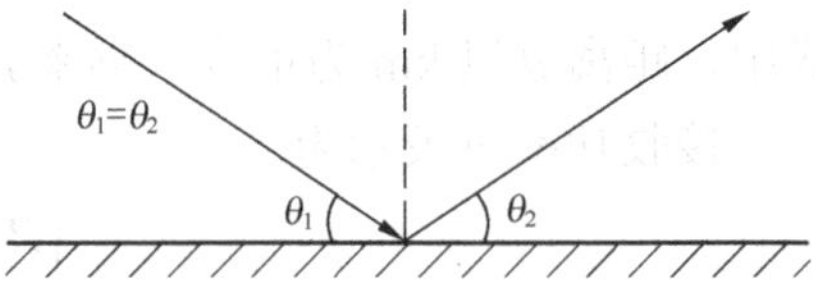

图 2-5 平滑表面的反射

表征反射特征的参数为反射系数（R）。反射系数（R）定义为入射波与反射波的比值，如式（2-20）所示。

$$R=\frac{\sin\theta-z}{\sin\theta+z} \tag{2-20}$$

式中

$$z=\frac{\sqrt{\varepsilon_0-\cos^2\theta}}{\varepsilon_0}\quad\text{（垂直极化）}$$

$$z=\sqrt{\varepsilon_0-\cos^2\theta}\quad\text{（水平极化）}$$

$\varepsilon_0 = \varepsilon - \mathrm{j}60\sigma\lambda$，为反射介质的复介电常数。$\varepsilon$为介电常数，$\sigma$为电导率，$\lambda$为波长。

反射系数（R）与入射角 θ、电磁波的极化方式和反射介质的特性有关。

电磁波的极化方式是指电磁波在传播的过程中，其电场矢量的方向和幅度随时间变化的状态。电磁波的极化方式可分为线极化、圆极化和椭圆极化等。线极化由线天线产生，相对于地面而言，线极化存在两种特殊情况：电场方向平行于地面的水平极化和垂直于地面的垂直极化。圆（椭圆）极化由螺旋天线产生，分为右旋圆（椭圆）极化和左旋圆（椭圆）极化。在移动通信系统中经常使用垂直极化天线。要想取得好的通信效果，收发天线的极化必须保持一致。

典型介电常数和电导率如表 2-4 所示。

表 2-4　　典型介电常数和电导率关系表

介　　质	介电常数（F/m）	电导率（S/m）
铜	1	5.8×10^7
海水	80	4
淡水	80	0.001
郊区地面	14	0.01
市区地面	3	0.000 1
地面（平均）	15	0.005

2．两径传播模型

实际移动传播环境是十分复杂的，在简化条件下，地面电波两径传播模型如图 2-6 所示。该模型适用于基站天线高度超过 50m，几千米范围内的信号强度预测，也适用于城区视距范围内的微蜂窝环境。

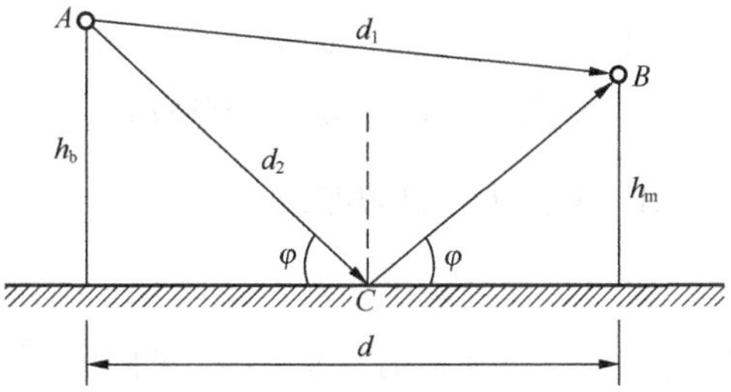

图 2-6　两径传播模型

图 2-6 中 A 表示基站发射天线，B 表示移动台接收天线，AB 表示直射波路径，长度用 d_1 表示，ACB 表示反射波路径，长度用 d_2 表示，h_b 和 h_m 分别表示基站和移动台的天线高度。

当多径数目很大时，不同的反射波叠加在一起，随着地面反射系数（R）和路径差的变化而变化，与两径模型的原理相同，有可能会同相相加，也可能会反相抵消，将可能会产生多径衰落现象。

2.5.3　折射

在均匀大气中假设电波沿直线传播。但在实际移动信道中，电波在低层大气中传播时，大气的温度、湿度和压力都随着地区和高度的变化而变化，因此是不均匀的，所以会产生折射及吸收现象。折射现象将会直接影响视距传播的极限距离。

1．折射的基本概念

当电磁波从一种介质射入另一种介质时，传播方向会发生变化，这就是折射现象，如图

2-7 所示，图中 φ_1 是入射波与法线间的夹角，称为入射角；φ_2 是折射波与法线间的夹角，称为折射角。

在不考虑传导电流和介质磁化的情况下，可以推出介质的折射率 n 与相对介电常数 ε_r 的关系为

$$n=\sqrt{\varepsilon_r} \tag{2-21}$$

大气相对介电常数取决于大气的温度、湿度和压力。这些物理量随时间和地点的不同而变化，因而大气折射率也是变化的。

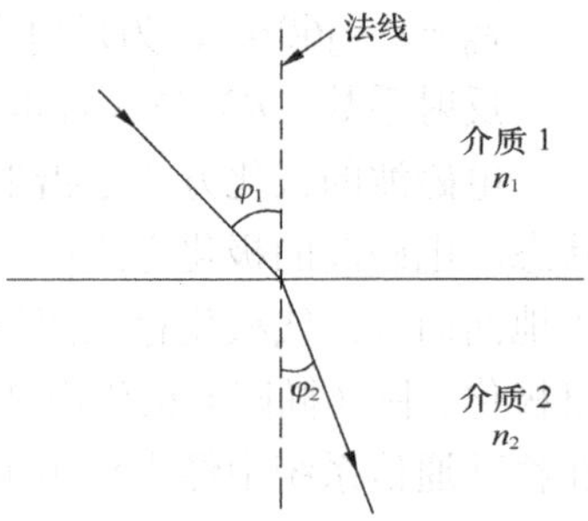

图 2-7 折射的基本概念

2. 大气折射

大气折射对电波传播的影响，在工程上通常用“地球等效半径”来表征，即认为电波依然按直线方向行进，只是地球的实际半径 R_0（6.37×10^6m）变成了等效半径 R_e，R_e 与 R_0 之间的关系为

$$k=\frac{R_e}{R_0}=\frac{1}{1+R_0\dfrac{dn}{dh}} \tag{2-22}$$

式中，k 称作地球等效半径系数，dn/dh 表示大气折射率的垂直梯度。当一束电波通过折射率随高度变化的大气层时，由于不同高度上的电波传播速度不同，从而使电波束发生弯曲，弯曲的方向和程度取决于 dn/dh。

当 $dn/dh<0$ 时，表示大气折射率 n 随着高度升高而减小，因而 $k>1$，$R_e>R_0$。在标准大气折射情况下，即当 $dn/dh\approx-4\times10^{-8}$（1/m）时，等效地球半径系数 $k=4/3$，等效地球半径 R_e =8 500 km。

3. 视线传播极限距离

视线传播的极限距离可按图 2-8 所示进行分析，假定天线的高度分别为 h_t 和 h_r，两个天线顶点的连线 AB 与地面相切于 C 点。

假定发射天线顶点 A 到切点 C 的距离为 d_1，由切点 C 到接收天线顶点 B 的距离为 d_2，考虑地球等效半径 R_e 远远大于天线高度，d_1 和 d_2 可等效为

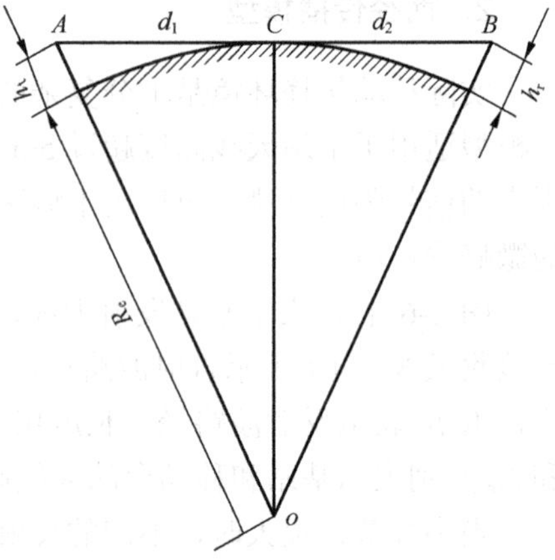

图 2-8 视距传播极限距离

$$d_1\approx\sqrt{2R_e h_t} \tag{2-23}$$

$$d_2\approx\sqrt{2R_e h_r} \tag{2-24}$$

由式（2-23）和式（2-24）可得视距传播的极限距离

$$d=d_1+d_2=\sqrt{2R_e}(\sqrt{h_t}+\sqrt{h_r}) \tag{2-25}$$

在标准大气折射情况下，将 R_e=8 500km 代入式（2-25）可得

$$d=4.12(\sqrt{h_t}+\sqrt{h_r}) \tag{2-26}$$

式中，h_t、h_r的单位是 m，d 的单位是 km。

2.5.4 绕射

在实际的移动通信环境中，发射与接收之间的传播路径上存在山丘、建筑物、树木等各种障碍物，无线电波被尖利的边缘阻挡时会发生绕射，其所引起的电波传播损耗称为绕射损耗。

1. 菲涅耳区的概念

绕射现象可由惠更斯-菲涅耳原理来解释，即波在传播过程中，行进中的波前（面）上的每一点，都可作为产生次级波的点源，这些次级波组合起来形成传播方向上新的波前（面）。绕射由次级波的传播进入阴影区而形成。阴影区绕射波场强为围绕阻挡物所有次级波的矢量和，如图 2-9 所示。

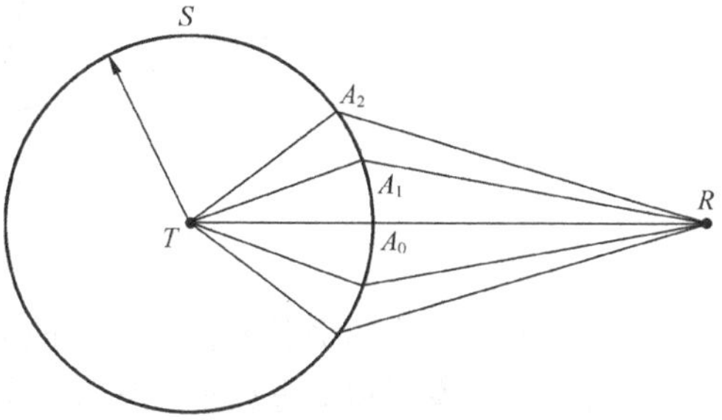

图 2-9 惠更斯-菲涅耳原理

设发射端天线 T 为一个点源天线，接收天线为 R。发射电波沿球面传播。TR 连线交球面于 A_0 点。对于处于远区场的 R 点来说，波阵面上的每个点都可以视为次级波的点源。假定在球面上选择 A_1 点，使得

$$A_1R = A_0R + \frac{\lambda}{2} \tag{2-27}$$

将有一部分能量是沿着 TA_1R 传送的。这条路径与直线路径 TR 的路径差为

$$\Delta d = (TA_1 + A_1R) - (TA_0 + A_0R) = \lambda/2 \tag{2-28}$$

引起的相位差为 $\Delta\varphi = \frac{2\pi}{\lambda}\Delta d = \pi$

也就是说，经由 A_1 点的间接路径如果比经由 A_0 点的直接路径长 $\lambda/2$ 的话，则这两信号到达 R 点后，由于相位相差 180° 而相互抵消。如果间接路径长度再增加半个波长，则通过这条间接路径到达 R 点的信号与直接路径信号是同相叠加的。随着间接路径的不断变化，经这条路径的信号就会在接收点 R 交替抵消和叠加。

如果在球面上选择很多点 A_2，A_3，…，A_n，使得

$$A_nR = A_0R + n\frac{\lambda}{2}$$

这些点将在球面上形成一系列圆，并将球面分成许多环形带，引出菲涅耳区的概念，如图 2-10 所示。

菲涅耳区表示当障碍物阻挡了传输路径时，从发射点到接收点次级波路径长度与直接路径长度差为 $n\lambda/2$ 的连续区域，也即相同相位特性的环形带构成的空间区域，即指所有满足半波长的点构成的一组椭球。

经过推导可得出 n 阶菲涅耳区同心的半径为

$$x_n = \sqrt{\frac{n\lambda d_1 d_2}{d_1 + d_2}} \tag{2-29}$$

当 n=1 时，就得到第一菲涅耳区半径。通常认为，在接收点处第一菲涅耳区的场强是全

部场强的一半。若发射机和接收机的距离略大于第一菲涅耳区，则大部分能量可以达到接收机。如果在这个区域内有障碍物存在，将会对电磁波传播产生较大的影响。

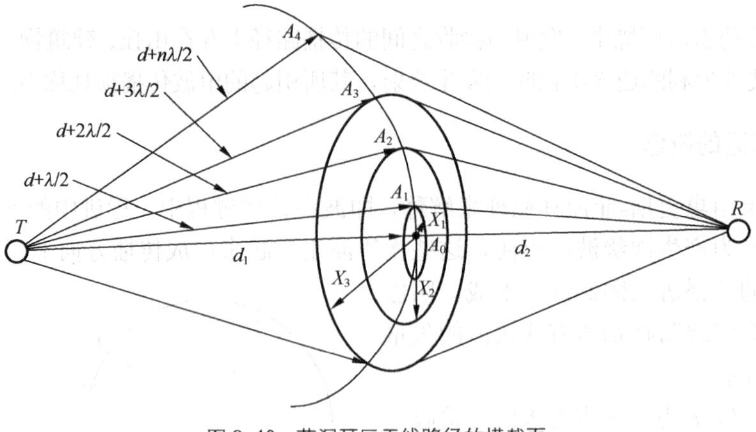

图 2-10　菲涅耳区无线路径的横截面

在实际中精确计算绕射损耗是不可能的，人们常常利用一些典型的绕射模型估计绕射损耗，如刃形绕射模型和多重刃形绕射模型等。

2．刃形绕射模型

当障碍物是单个物体，且障碍物的宽度与其高度相比很小，称为刃形障碍物。刃形障碍物对电波传播影响示意图如图 2-11 所示。

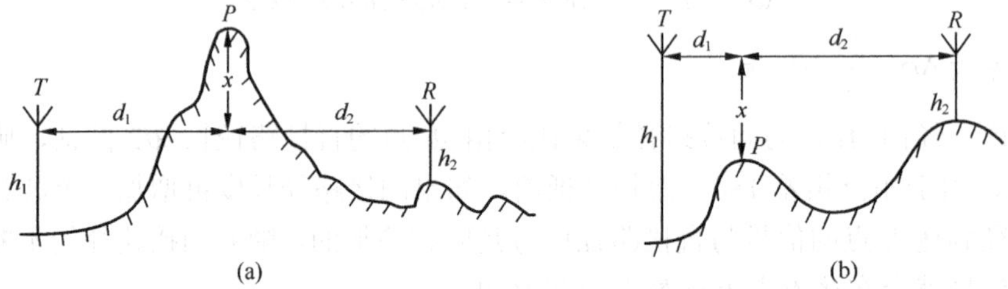

图 2-11　菲涅耳余隙的定义

在图 2-11 中，x 表示障碍物顶点 P 至直射线 TR 的距离，称为菲涅耳余隙。规定阻挡时余隙为负，如图 2-11（a）所示；无阻挡时余隙为正，如图 2-11（b）所示。

由障碍物引起的绕射损耗与菲涅耳余隙的关系如图 2-12 所示。纵坐标为绕射引起的相对于自由空间的绕射损耗，单位为 dB。横坐标为为障碍物余隙与第一菲涅耳区在 P 点横截面的半径之比（x/x_1），其中 x_1 由式（2-29）可得。

由图 2-12 可见，当 $x>0.5x_1$ 时，附加损耗约为 0dB，此时障碍物对直射波传播基本上没有影响；当 $x=0$，即 TR 直射线从障碍物顶点擦过时，附加损耗约为 6dB；当 $x<0$ 时，即直射线低于障碍物顶点时，损耗将急剧增加。

［**例 2-8**］假定发射和接收天线等高，发射和接收天线之间有一个障碍物，菲涅耳余隙 $x=-82\text{m}$，障碍物距发射天线的距离 $d_1=5\text{km}$，距接收天线的距离 $d_2=10\text{km}$，工作频率为 150MHz，请计算电波传播损耗。

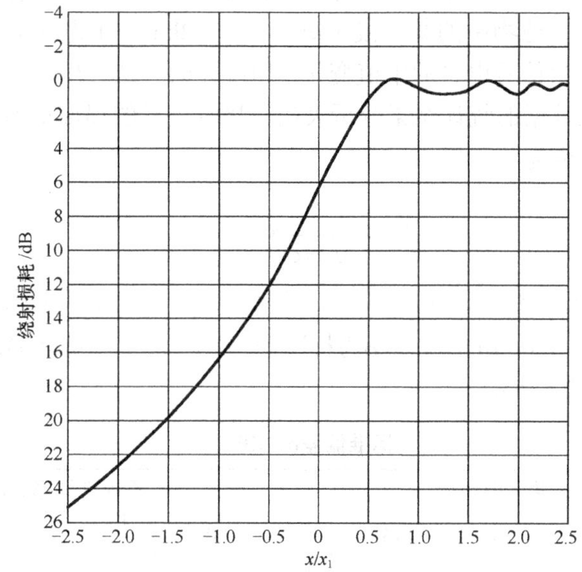

图 2-12　绕射损耗与余隙关系

解　计算电波传播损耗的主要步骤如下。

（1）自由空间传播的损耗 L_f

$$L_f=32.44+20\lg(5+10)+20\lg 150=-99.5\text{ dB}$$

（2）计算第一菲涅耳区半径 x_1

$$x_1=\sqrt{\frac{\lambda d_1 d_2}{d_1+d_2}}=\sqrt{\frac{2\times5\times10^3\times10\times10^3}{15\times10^3}}=81.7\text{m}$$

（3）计算 x/x_1，查图 2-12，计算传播损耗

$x/x_1=-82/81.7=-1.004$，查图 2-12，得绕射损耗为 17dB。

最终得出传播损耗=L_f+17dB=116.5dB。

2.5.5　散射

在实际的移动环境中，接收信号比单独绕射和反射模型预测的要强。散射波产生于粗糙表面、小物体或其他不规则物体，比如树叶、街道标志和灯柱等都会引发散射。反射能量由于散射而散布于所有方向，散射给接收机提供了额外的能量。

2.6　阴影效应

由于电波传播遇到建筑物等阻挡，形成电波阴影区，阴影区的电场强度减弱的现象称为阴影效应。接收天线处场强中值的变化引起的衰落，称为阴影衰落。由于这种衰落的变化速率较慢，又称为慢衰落。

慢衰落速率主要决定于传播环境，即移动台周围地形，包括山丘起伏、建筑物的分布与高度、街道走向、基站天线的位置与高度，以及移动台行进速度，而与频率无关。慢衰落的

深度，即接收信号局部中值电平变化的幅度取决于信号频率与周围环境。

假定将同一类地形、地物中的某一段距离（如 1～2km）作为样本区间，每隔一定的小区间（如 20m 左右）观察信号电平的中值变化，用统计的方法分析信号在各小区间的均值和标准偏差。根据对实测数据的统计结果分析表明，接收信号的局部均值 r_{lm} 近似服从对数正态分布，其概率密度函数为

$$P(r_{lm})=\frac{1}{\sqrt{2\pi}\sigma}e^{-\frac{1}{2\sigma^2}\ln^2\left(\frac{r_{lm}}{\overline{r_{lm}}}\right)} \tag{2-30}$$

式中，$\overline{r_{lm}}$ 为整个选定测试区的平均值，即 r_{lm} 的期望值，取决于发射机功率、发射和接收天线的高度，以及移动台与基站的距离。σ为标准偏差，取决于测试区的地形地物、工作频率等因素，σ的数值如表 2-5 所示。

表 2-5　　标准偏差σ（dB）

频率（MHz）	准平坦地形		不规则地形，Δh（m）		
	市区	郊区	50	150	300
50			8	9	10
50	3.5～5.5	4～7	9	11	13
450	6	7.5	11	15	18
900	6.5	8	14	18	24

2.7　多径效应

无线电波主要传播类型包括直射、反射和绕射等。移动台所处地理环境的复杂性，使得接收端的信号不仅会含有直射波的主径信号，还会有从不同建筑物反射及绕射过来的多条不同路径的信号，而且它们到达时的信号强度、时间及载波相位都不同，如图 2-13 所示。在接收端收到的信号是上述各路径信号的矢量和。不同相位的多个信号在接收端叠加，有时同相叠加而增强，有时反相叠加而减弱。这样，接收信号的幅度将急剧变化，可能产生达 30～40dB 的深度衰落。通常这种由于多径现象引起的干扰称为多径干扰或多径效应，产生的衰落称为多径衰落。

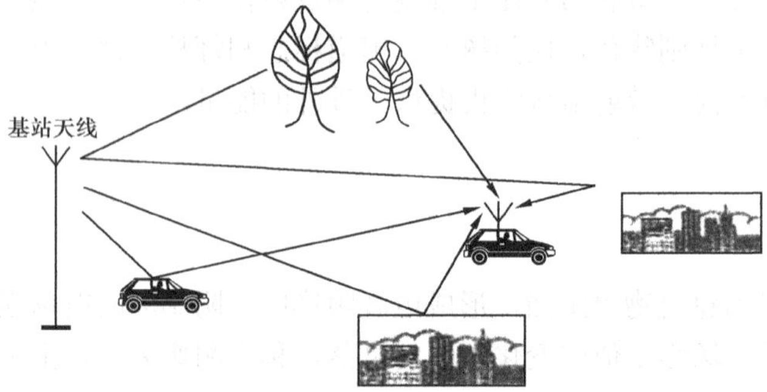

图 2-13　多径效应

本节将介绍多径信道的描述方法和经多径信道后接收信号的统计分析，下面首先分析移

动台在运动中通信时，接收信号频率会发生变化的多普勒效应。

2.7.1 多普勒效应

由于移动台的高速移动而产生的传播信号频率的扩散，称为多普勒效应，如图 2-14 所示。多普勒频移表征了时变信道影响信号衰落的衰落节拍，信道随节拍在时域上对信号有不同的选择性，会引起时间选择性衰落，对数字信号的误码性能有明显的影响。

传播信号频率扩散程度与移动台的运动速度成正比，即多普勒频率 f_d 为

$$f_{\mathrm{d}}=\frac{v}{\lambda}\cos\theta \tag{2-31}$$

式中，v 是移动台的速度，λ是传播信号的波长，θ是移动台前进方向与入射波的夹角。

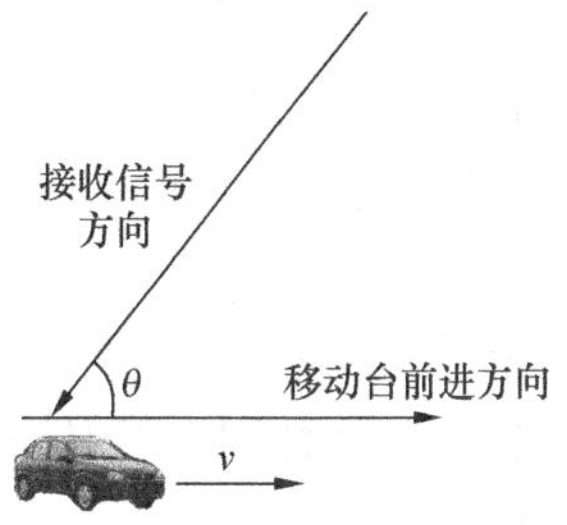

图 2-14 多普勒效应

当移动台运动方向与入射波一致时，最大多普勒频移 $f_{\mathrm{m}}=\frac{v}{\lambda}$。多普勒频率 f_d 也可以表示为

$$f_{\mathrm{d}}=f_{\mathrm{m}}\cos\theta \tag{2-32}$$

［**例 2-9**］若载波频率为 900MHz，移动台速度 v=60km/h，求最大多普勒频移。

解 由已知 $v=60\mathrm{km/h}=\frac{60\times1\,000}{3\,600}\mathrm{m/s}=\frac{100}{6}\mathrm{m/s}$。

当移动台运动方向与入射波一致时，f_d 最大，此时 $\cos\theta=1$。

$$f_{\mathrm{m}}=\frac{v}{\lambda}=\frac{v}{c/f}=\frac{vf}{c}=\frac{\frac{100}{6}\times900\times10^{6}}{3\times10^{8}}=50\mathrm{Hz}$$

2.7.2 多径信道描述

1. 多径信道的冲激响应模型

冲激响应是信道的一个重要特性，可用于比较不同通信系统的性能，无线移动通信系统的多径信道与无线信道的冲激响应直接相关。移动无线信道可建模为一个具有时变冲激响应特性的线性滤波器，信号的滤波特性以任一时刻到达的多径波为基础，其幅度与时延之和影响信道滤波特性。

假设将多径信道看作一个带宽受限的带通信道，多径信道的接收信号由许多被减弱、有时延、有相移的传输信号组成，其基带冲激响应模型可表示为

$$h_{\mathrm{b}}(t,\tau)=\sum_{i=1}^{N-1}a_i(t,\tau)\exp[\mathrm{j}(2\pi f_{\mathrm{c}}\tau_i(t)+\varPhi_i(t,\tau))]\delta(\tau-\tau_i(t)) \tag{2-33}$$

式中，$h_{\mathrm{b}}(t,\tau)$ 等效于一个基带复数冲激响应；$a_i(t,\tau)$、$\tau_i(t)$ 分别为在 t 时刻第 i 个多径分量的实际幅度和附加时延；$2\pi f_{\mathrm{c}}\tau_i(t)+\varPhi_i(t,\tau)$ 表示第 i 个多径分量在自由空间传播造成的相移加上在信道中的附加时延；$\delta(\,)$ 是单位冲激函数，决定了在时刻 t 与附加时延 τ_i 有分量存在的

多径段数。一个附加时延段可能有多个多径信号到达，这些多径信号的矢量组合产生单一多径信号的瞬时幅度和相位，可能导致多径信号的幅度在一个附加时延段内发生衰落。如果只有一个多径分量在一个附加时延段内到达将不会引起明显的衰落。

2. 多径信道的主要参数

（1）多径时延扩展与相关带宽

① 时延扩展（多径时散）。假设基站发射一个窄脉冲信号 $S_i(t)=a_0\Delta(t)$，经过多径信道后，移动台接收信号呈现为一串脉冲，脉冲宽度被展宽了，直观上将最大传输时延和最小传输时延的差值称为时延扩展，用 Δ 表示。如果发送的窄脉冲宽度为 T，则接收信号宽度为 $T+\Delta$。这种因多径传播造成信号时间扩展的现象，称为时延扩展，也称为多径时散，如图 2-15 所示。

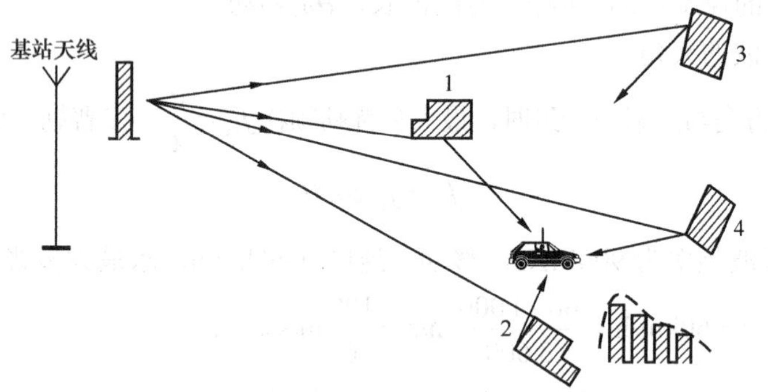

图 2-15 时延扩展示意图

实际上，各个脉冲幅度是随机变化的，它们在时间上可以互不交叠，也可以相互交叠，甚至随移动台周围散射体数目的增加，所接收到的一串离散脉冲将会变成有一定宽度的连续信号脉冲。由于时延扩展，接收信号的一个码元的波形会扩展到其他码元周期中，引起码间串扰（Intersymbol Interference，ISI）。当码元速率（R_b）较小，时延扩展 $\Delta<1/R_b$ 时，可以避免码间串扰。

严格意义上的时延扩展根据统计测试结果来进行估测。图 2-16 为室内环境下，移动通信中接收机接收到多径的时延信号强度和时延的关系曲线。

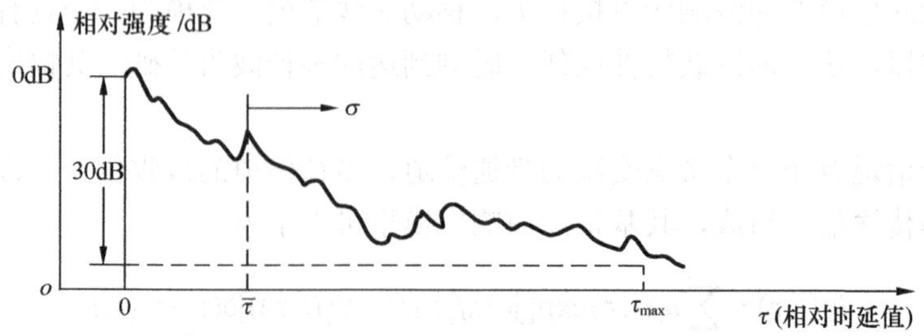

图 2-16 多径时延信号强度

在图 2-16 中，横坐标 τ 表示时延扩展值，纵坐标为由宽带伪噪声信号测得的归一化接收功率，图中曲线为不同时延信号强度所构成的典型时延谱。时延谱是指不同时延的信号分量具有的平均功率所构成的谱。

表征时延扩展的主要参数有平均多径时延扩展($\bar{\tau}$)；多径时延扩展（σ），也称为均方根（Root Mean Square，RMS）多径时延扩展。σ越大，时延扩展越严重。σ越小，时延扩展越轻；最大时延扩展 τ_{max} 定义为多径能量从初值衰落到低于最大能量 XdB 处的时延。即最大时延扩展定义为 $\tau_{max}=\tau_x-\tau_0$，其中 τ_0 是第一个到达信号，τ_x 是最大时延值。

图 2-16 中，最大时延 τ_{max} 是当强度下降 X=30dB 时测定的时延值。

表 2-6 给出工作频段为 450MHz 时测得的多径时散参数典型值。时延大小主要取决于地物（如高大建筑物）和地形影响。一般情况下，市区的时延要比郊区大。

表 2-6　　多径时散参数典型值

参　数	市　区	郊　区
平均时延 $\bar{\tau}$ /μs	1.5～2.5	0.1～2.0
对应路径距离差/m	450～750	30～600
时延扩展σ/μs	1.0～3.0	0.2～2.0
最大时延 τ_{max}/μs	5.0～12	3.0～7.0

② 相关带宽。时延扩展的概念从时域的角度反映了多径效应对接收端信号的影响，从频域的角度看，考虑到信号中不同的频率分量通过多径信道后对接收端信号的影响，引入相关带宽（B_c）的概念。相关带宽是由时延扩展得出的一个确定关系值，频率间隔很小的两个衰落信号存在不同的时延，两个衰落信号的幅度可能有很强的相关性，这样的频率间隔称为相关带宽。若所传输的信号带宽较宽，以至与相关带宽（B_c）可比拟时，则所传输的信号将产生明显的畸变，称为频率选择性衰落，即信道对不同频率成分有不同的响应。

实际上，由于移动台处于运动状态，相对多径时延差 $\Delta(t)$也是随时间而变化的，因而合成信号振幅的谷点和峰点在频率轴上的位置也将随时间而变化，使信道的传递函数呈现复杂情况，这就很难准确地分析相关带宽的大小。工程上，相关带宽是取一定范围内的频率的统计测量值，将信号间包络的相关系数大小对应的特定带宽定义为相关带宽。相关带宽是信道本身的特性参数，与信号无关。对于角度调制信号，相关带宽可按下式估算：

$$B_c=\frac{1}{2\pi\sigma} \tag{2-34}$$

式中，σ为时延扩展。

（2）多普勒扩展和相干时间

时延扩展和相关带宽描述了多径信道的时延特性。由于移动台与基站间的相对运动，或由于信道路径中的物体运动引起的多径信道的时变特性用多普勒扩展和相干时间来描述。

① 多普勒扩展。假定发射频率为 f_c，接收信号为 N 条路径来的电波，其入射角（θ）都不尽相同，当 N 较大时，多普勒频移就成为占有一定宽度的多普勒扩展。结合 Clarke 模型引入多普勒扩展的概念，接收信号功率谱如式（2-35）所示。

$$S(f)=\frac{1}{\pi\sqrt{f_m^2-(f-f_c)^2}} \qquad |f-f|<f_m \tag{2-35}$$

图 2-17 给出式（2-35）表示的多普勒效应引起的接收信号的功率谱，f_c 为发送信号的中心频率。由于多普勒效应，接收信号的功率谱 S（f）扩展到 f_c-f_m 和 f_c+f_m 范围内。接收信号的这种功率谱展宽就称为多普勒频展。

② 相干时间。相干时间（T_c）定义为多普勒频展的宽度（f_d）的倒数。

$$T_c=\frac{1}{f_d} \tag{2-36}$$

如果入射波与移动台移动方向的夹角 θ=0°，此时 $f_d=f_m$。

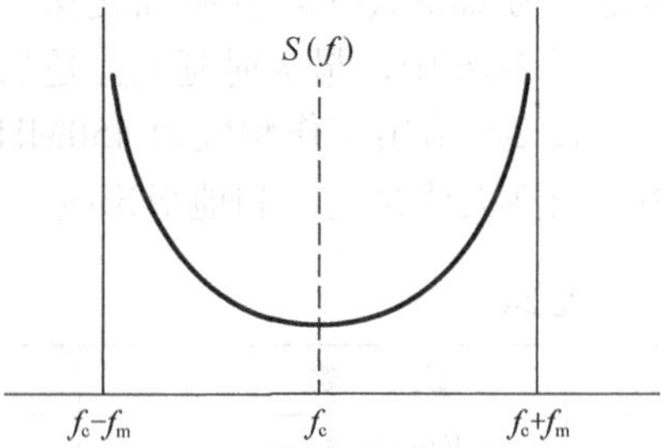

图 2-17　多普勒效应扩展示意图

相干时间是信道冲激响应维持不变的时间间隔的统计平均值，在此间隔内，两个到达信号有很强的幅度相关性，如果基带信号带宽的倒数大于信道相干时间，将导致接收端信号失真。与相关带宽的分析类似，也可以根据信号间包络的相关系数大小对应的特定时间间隔定义相干时间。工程上，相干时间可按下式估算：

$$T_c=\sqrt{\frac{9}{16\pi f_m^2}}=\frac{0.423}{f_m} \tag{2-37}$$

2.7.3　多径接收信号分析

1. 多径接收信号的分布函数描述

在无线移动信道中，电磁波信号传输过程经常遭受障碍物和其他移动体的影响，到达接收端的信号是来自不同的传播路径的信号之和。接收端收到的信号不是固定、可预见的，而是具有很强的随机性，属于时变信号。移动通信系统分析中，对于接收端信号包络统计时变特性常用瑞利分布和莱斯分布进行描述。

（1）瑞利衰落分布

假设基站发射的信号为

$$S_0(t)=\alpha_0\exp[\mathrm{j}(\omega_0 t+\varphi_0) \tag{2-38}$$

式中，α_0 为载波幅值，w_0 为载波角频率，φ_0 为载波初相。

假设到达接收天线的第 i 个信号为 S_i（t），S_i（t）与移动台运动方向之间的夹角为 θ_i，多普勒频移为

$$f_i=\frac{v}{\lambda}\cos\theta_i$$

式中，v 为行进速度，λ 为波长。

S_i（t）可写成

$$S_i(t)=\alpha_i\exp\left[\left(il\varphi_i+\frac{2\pi}{\lambda}vt\cos\theta_i\right)\right]\exp[\mathrm{j}(\omega_0+\varphi_0)] \tag{2-39}$$

式中，到达接收天线的第 i 个信号 S_i（t）的振幅为 α_i，相移为 φ_i。

假设到达接收端的信号有 N 个路径，N 个信号的幅值和到达接收天线的方位角是随机的且满足统计独立的，则接收信号为

$$S(t)=\sum_{i=1}^{N}S_i(t)$$
$$\psi_i=\varphi_i+\frac{2\pi}{\lambda}vt\cos\theta_i \tag{2-40}$$

$$x=\sum_{i=1}^{N}\alpha_i\cos\psi_i=\sum_{i=1}^{N}x_i$$
$$y=\sum_{i=1}^{N}\alpha_i\sin\psi_i=\sum_{i=1}^{N}y_i \tag{2-41}$$

则 S（t）可写成

$$S(t)=(x+\mathrm{j}y)\exp[\mathrm{j}(\omega_0 t+\varphi_0)$$

通常，为了求出接收信号的幅度和相位分布，将二维分布的概率密度函数换到极坐标系（r，θ）。此时接收天线处的信号振幅为 r，相位为 θ，对应于直角坐标系为

$$\begin{cases}r^2=x^2+y^2\\ \theta=\arctan\dfrac{y}{x}\end{cases}\Rightarrow\begin{cases}x=r\cos\theta\\ y=r\sin\theta\end{cases}$$

对 θ 积分求得包络概率密度函数 p（r）为

$$p(r)=\frac{1}{2\pi\sigma^2}\int_0^{2\pi}r\mathrm{e}^{-\frac{r^2}{2\sigma^2}}\mathrm{d}\theta=\frac{r}{\sigma^2}\mathrm{e}^{-\frac{r^2}{2\sigma^2}}\qquad r\geqslant 0 \tag{2-42}$$

多径衰落的信号包络 r 服从瑞利分布，故把这种多径衰落称为瑞利衰落。

对 r 积分求得相位概率密度函数 p（θ）为

$$p(\theta)=\frac{1}{2\pi\sigma^2}\int_0^{\infty}r\mathrm{e}^{-\frac{r^2}{2\sigma^2}}\mathrm{d}r=\frac{1}{2\pi}\qquad 0\leqslant\theta\leqslant 2\pi \tag{2-43}$$

θ 在 0　2π 均匀分布。

瑞利分布的概率密度函数 p（r）与 r 的关系如图 2-18 所示。

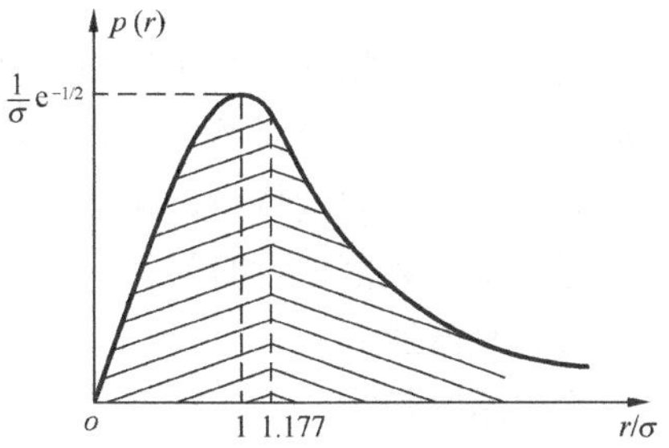

图 2-18　瑞利分布的概率密度

瑞利衰落信号具有如下一些特征。

① 均值。$m=E[r]=\int_0^{\infty}rp(r)\mathrm{d}r=\sqrt{\frac{\pi}{2}}\sigma=1.253\sigma$

② 均方值。$E[r^2]=\int_0^{\infty}r^2p(r)\mathrm{d}r=2\sigma^2$

③ 方差。$\sigma_r^2=E[r^2]-E[r]=\int_0^{\infty}r^2p(r)\mathrm{d}r-\frac{\sigma^2\pi}{2}=0.429\,2\sigma^2$，表示信号包络中的交流功率。

④ p（r）的最大值。当 $r=\sigma$ 时，p（r）为最大值，$p(\sigma)=\frac{1}{\sigma}\exp\left(-\frac{1}{2}\right)$，表示 r 在 σ 值出现的可能性最大。

⑤ 包络 r 的中值。当 $r=\sqrt{2\ln 2}\ \sigma\approx 1.177\sigma$ 时，有 $\int_0^{1.77\sigma} p(r)\mathrm{d}r=\frac{1}{2}$，表明任意一个足够长的观察时间内，有 50%时间信号包络大于 1.177σ。

实际应用中常用中值而非均值。

（2）莱斯衰落

当接收信号中有主导信号分量时，比如视距传播的信号到达时，视距信号将成为主接收信号分量，其他不同角度随机到达的多径分量将叠加在这个主信号分量上，接收信号将呈现为莱斯分布。但当主信号减弱到与其他多径信号分量的功率一样，即没有主导信号分量时，混合信号的包络将服从瑞利分布。

莱斯分布的概率密度表示为

$$p(r)=\begin{cases}\dfrac{r}{\sigma^2}\mathrm{e}^{-\frac{(r^2+A^2)}{2\sigma}}I_0\left(\dfrac{A^2}{\sigma^2}\right) & (A\geqslant 0,r\geqslant 0)\\ 0 & (r<0)\end{cases} \tag{2-44}$$

式中，A 是主信号幅度的峰值，r 是衰落信号的包络，σ^2 为 r 的方差，$I_0(\ )$ 是零阶第一类修正贝塞尔函数。

参数 K 定义为主信号的功率与多径分量方差之比，表示为 $K=\frac{A^2}{2\sigma^2}$，用 dB 表示为

$$K=10\lg\frac{A^2}{2\sigma^2} \tag{2-45}$$

参数 K 称为莱斯因子，K 的大小完全决定了莱斯分布函数。当 $A\to 0,K\to -\infty$ 时，莱斯分布将变为瑞利分布。强直射波的存在使得接收信号包络从瑞利分布变为莱斯分布。图 2-19 表示莱斯分布的概率密度函数 $P(r)$和接收信号包络电平 r 的关系图。

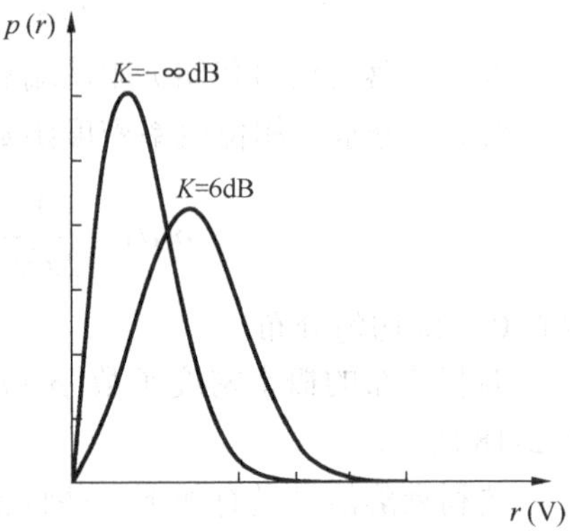

图 2-19 莱斯分布的概率密度函数

2. 衰落的特征量

接收信号的幅度特征可用概率密度函数来描述，如瑞利分布、莱斯分布等。工程实际中，常用特征量表示衰落信号的幅度特点，常用特征量有衰落速率、电平通过率和衰落持续时间等。

（1）衰落速率

衰落速率是指信号包络在单位时间内以正斜率通过中值电平的次数。衰落速率也可以理解为信号包络衰落的速率。衰落速率与发射频率，移动台行进速度、方向及多径传播的路径数有关。平均衰落率可用下式表示：

$$A=\frac{v}{\lambda/2}=1.85\times 10^{-3}vf\,(\mathrm{Hz}) \tag{2-46}$$

式中，行进速度 v 的单位为 km/h，发射频率 f 的单位为 MHz，平均衰落速率 A 的单位为 Hz。

测试结果表明，当移动台的行进方向朝着或背着电波传播方向时，衰落最快。频率越高，

速度越快，平均衰落率的值越大。

（2）电平通过率

电平通过率 $N(R)$ 定义为信号包络在单位时间内以正斜率通过某一规定电平 R 的平均次数。衰落速率只是电平通过率的一个特例，即规定电平 R 为信号包络的中值。电平通过率的示意图如图 2-20 所示。

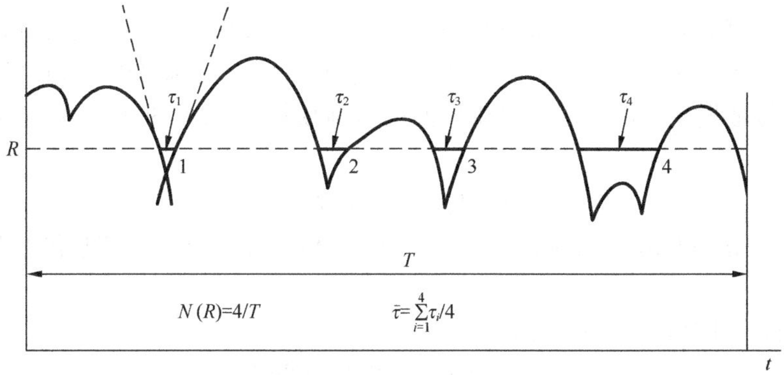

图 2-20 电平通过率和平均电平持续时间

在图 2-20 中，信号包络在时刻 1、2、3、4 以正斜率通过给定的 R 电平的次数为 4，也就是在 T 期间内，信号电平 4 次衰落至电平 R 以下，电平通过率为 $4/T$。

（3）衰落持续时间

由于每次衰落的持续时间是随机的，因此只能根据平均衰落持续时间描述衰落信号的特征。平均衰落持续时间定义为信号包络低于某个给定电平值的概率与该电平所对应的电平通过率之比。

$$\tau_R = \frac{P(r \leqslant R)}{N(R)} \tag{2-47}$$

2.8 移动信道传播损耗预测模型

移动通信系统中用户的位置是随机的，不同的用户遇到的无线电波传播环境是不一样的，而且是随机变化的，所以很难精确地计算移动信道传播损耗。工程实践中大量使用统计模型，统计模型一般只需知道地理环境的统计数据和信息，由大量实验测试数据拟合出经验公式或半经验半理论公式，也可以是经验曲线。根据统计模型预测的结果在实际应用中必须进行修正。

2.8.1 Okumura 模型

Okumura 模型以中等起伏地上市区传播损耗的中值为基准，对于不同的传播环境和地形等影响用校正因子加以修正。Okumura 模型适用范围为频率在 150～1 920MHz（可扩展到 3 000 MHz），发收间距离在 1～100km 范围内，天线高度在 30～1 000m 之间。

1．中等起伏地上市区传播损耗的中值

在计算各种地形、地物上的传播损耗时，均以中等起伏地上市区的损耗中值或场强中值作为基准，因而把它称作基准中值或基本中值。

图 2-21 所示为典型中等起伏地上市区的基本中值 A_m（f，d）与频率、距离的关系曲线。随着频率升高和距离增大，市区传播基本损耗中值都将增加。

图 2-21 中曲线是在基准天线高度情况下测得的，即基站天线高度 h_b=200m，移动台天线高度 h_m=3 m。纵坐标刻度以 dB 计，以自由空间的传播损耗为 0dB 的相对值。中等起伏地上市区实际传播损耗（L_T）应为自由空间的传播损耗 L_f 加上图 2-21 中查到的基本中值 A_m（f，d）。

$$L_T=L_f+A_m(f,d) \tag{2-48}$$

［**例 2-10**］当 d=10km，h_b=200m，h_m=3m，f=900MHz 时，计算中等起伏地上市区实际传播损耗。

解 （1）首先计算自由空间传播损耗 L_f

$$\begin{aligned}L_f &= 32.45 + 20\lg f + 20\lg d\\ &=32.45 + 20\lg 10 + 20\lg 900\\ &=111.5\ (\text{dB})\end{aligned}$$

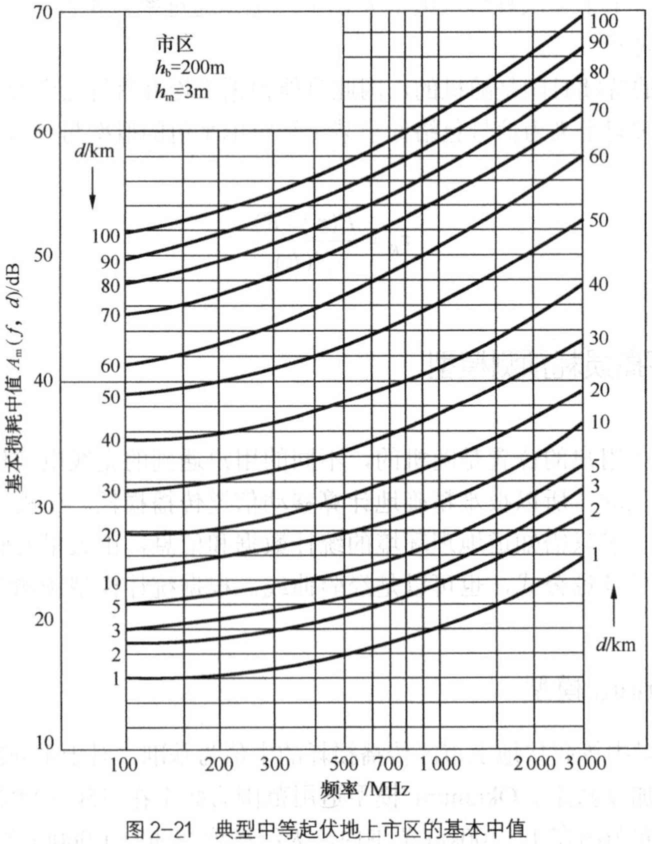

图 2-21 典型中等起伏地上市区的基本中值

（2）由图 2-21 可得 A_m（f，d）

$$A_m(f, d) = A_m(900, 10) \approx 30\ (\text{dB})$$

（3）计算中等起伏地上市区实际传播损耗

$$L_T = L_f + A_m(f, d) = 111.5 + 30 = 141.5\ (\text{dB})$$

如果基站天线的高度不是 200m，则损耗中值的差异用基站天线高度增益因子 H_b（h_b，d）表示；当移动台天线高度不是 3m 时，需用移动台天线高度增益因子 H_m（h_m，f）加以修正，如图 2-22 所示。图中以 h_b=200m，h_m=3m 作为基准（0dB）。

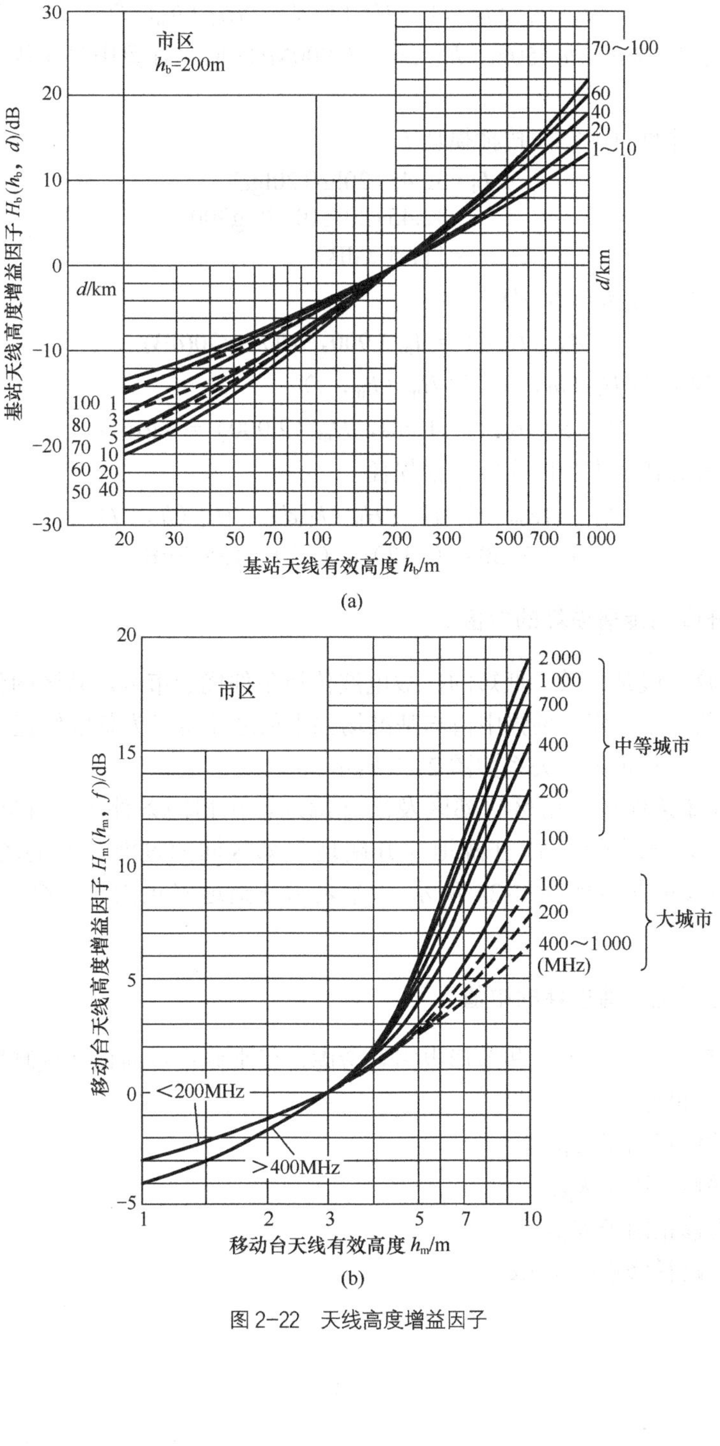

图 2-22　天线高度增益因子

图 2-22（a）所示为不同通信距离 d 时，H_b（h_b，d）与 h_b 的关系。当 h_b>200m 时，H_b（h_b，d）>0dB；反之，当 h_b<200m 时，H_b（h_b，d）<0dB。同理，由图 2-22（b）可以看出，当 h_m>3m 时，H_m（h_m，f）>0dB；反之，当 h_m<3m 时，H_m（h_m，f）<0dB。当移动台天线高度大于 5m 以上时，其高度增益因子 H_m（h_m，f）不仅与天线高度、频率有关，而且还与环境条件有关。

在考虑基站天线高度增益因子与移动台天线高度增益因子的情况下，中等起伏地上市区实际传播损耗（L_T）为

$$L_T=L_f+A_m(f,d)-H_b(h_b,d)-H_m(h_m,f) \tag{2-49}$$

［**例 2-11**］当 d=10km，h_b=50m，h_m=2m，f=900MHz 时，计算中等起伏地上市区实际传播损耗。

解 （1）首先计算自由空间传播损耗 L_f

$$\begin{aligned}L_f&=32.45+20\lg f+20\lg d\\&=32.45+20\lg 10+20\lg 900\\&=111.5\text{（dB）}\end{aligned}$$

（2）由图 2-23 可得 A_m（f，d）

$$A_m(f,d)=A_m(900,10)\approx 30(\text{dB})$$

（3）由图 2-24 可得 H_b（h_b，d）和 H_m（h_m，f）

$$H_b(50,10)=-12\text{dB},\ H_m(2,900)=-2(\text{dB})$$

（4）计算中等起伏地上市区实际传播损耗

$$\begin{aligned}L_T&=L_f+A_m(f,d)-H_b(h_b,d)-H_m(h_m,f)\\&=111.5+30-(-12)-(-2)=155.5(\text{dB})\end{aligned}$$

2．郊区和开阔地传播损耗的中值

郊区的建筑物一般是分散、低矮的，故电波传播条件优于市区。郊区的传播损耗中值比市区传播损耗中值要小。郊区场强中值与基准场强中值之差定义为郊区修正因子，记作 K_{mr}，郊区修正因子与频率和距离的关系如图 2-23 所示。

开阔地的传播条件优于市区、郊区及准开阔地，在相同条件下，开阔地上场强中值比市区高近 20dB。开阔地、准开阔地（开阔地与郊区间的过渡区）的场强中值相对于基准场强中值的修正曲线如图 2-24 所示。Q_o 表示开阔地修正因子，Q_r 表示准开阔地修正因子。

3．不规则地形上传播损耗的中值

实际的传播环境中，如下一些地形也需要考虑，用来修正传播损耗预测模型，其分析方法与前面类似，不再详述。

① 丘陵地的修正因子 K_h。

② 孤立山岳修正因子 K_{js}。

③ 斜波地形修正因子 K_{sp}。

④ 水陆混合路径修正因子 K_S。

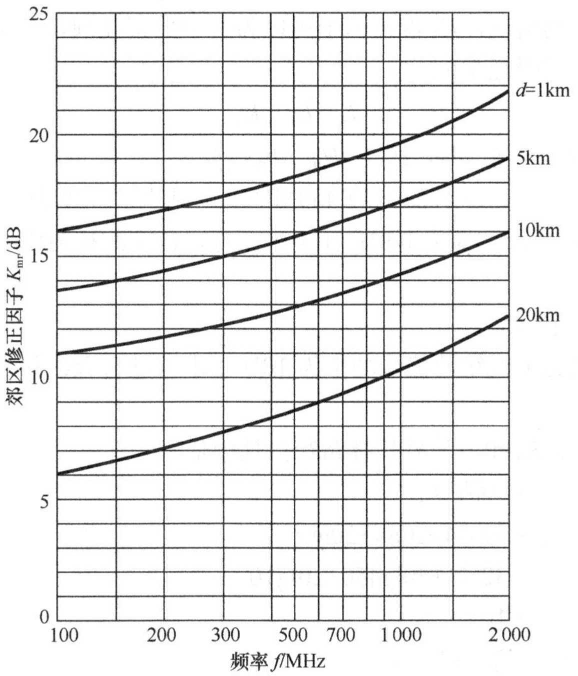

图 2-23 郊区修正因子（K_{mr}）

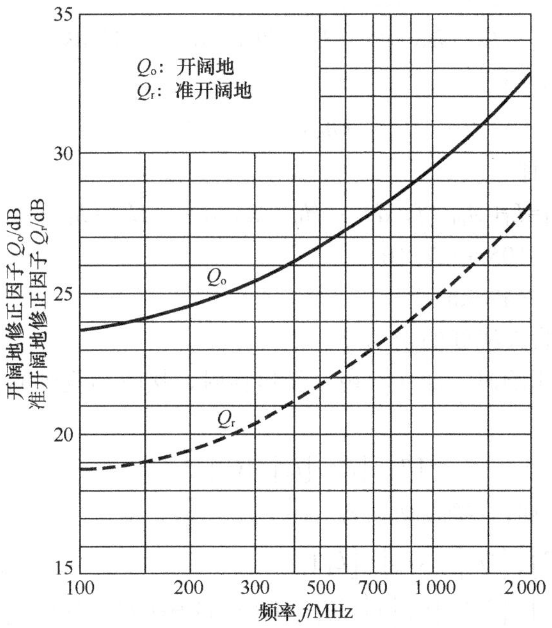

图 2-24 开阔地修正因子（Q_o），准开阔地修正因子（Q_r）

4．任意地形地区的传播损耗中值

任意地形地区的传播损耗修正因子 K_T 一般可写成

$$K_T = K_{mr}+Q_o+Q_r+K_h+K_{js}+K_{sp}+K_S \quad (2\text{-}50)$$

根据实际的地形地物情况，K_T修正因子可以为其中的某几项，其余为零。

任意地形地区的传播损耗中值

$$L = L_T - K_T \quad (2\text{-}51)$$

式中，L_T=L_f+ A_m（f，d）－H_b（h_b，d）－H_m（h_m，f）。

［**例 2-12**］某一移动信道，工作频段为 450MHz，基站天线高度为 70m，天线增益为 6dB，移动台天线高度为 3m，天线增益为 0dB；在市区工作，传播路径为中等起伏地，通信距离为 10km。试求：

（1）传播路径损耗中值；

（2）若基站发射机送至天线的信号功率为 10W，求移动台天线得到的信号功率。

解

（1）根据已知条件，K_T=0，计算传播路径损耗中值。

① 首先计算自由空间传播损耗

$$\begin{aligned}[L_f] &= 32.44+20\lg f+20\lg d\\ &= 32.44+20\lg 450+20\lg 10\\ &= 105.5\text{dB}\end{aligned}$$

② 由图 2-21 查得市区基本损耗中值

$$A_m(f,d) = A_m(450,10) = 27\text{dB}$$

由图 2-22 可得基站天线高度增益因子

$$H_b(h_b,d) = H_b(70,20) = -10\text{dB}$$

移动台天线高度增益因子

$$H_m(h_m,f) = 0\text{dB}$$

③ 计算传播路径损耗

$$\begin{aligned}L_T &= L_f+A_m(f,d)-H_b(h_b,d)-H_m(h_m,f)\\ &=105.5+27+10\\ &=142.5\text{dB}\end{aligned}$$

（2）计算移动台接收天线处的功率

不考虑地形地物的影响时，即在自由空间传播时，接收端收到的信号功率由式（2-19）可推导得

$$[P_r]=[P_t]-[L_f]+[G_b]+[G_m]$$

考虑地形地物的影响时，接收功率为

$$\begin{aligned}[P_r] &= [P_t]+[G_b]+[G_m]-[L_T]\\ &= [P_t]-[L_s]+[G_b]+[G_m]-A_m(f,d)+H_b(h_b,d)+H_m(h_m,d)\\ &= 10\lg 10+6+0-142.5\\ &= -130.5\text{dBW}\end{aligned}$$

［**例 2-13**］若上题改为郊区工作，再求传播路径损耗中值及接收信号功率中值。

解 根据已知条件，地形地区修正因子 K_T 只需考虑郊区修正因子 K_{mr}，即 $K_T = K_{mr}$。由图 2-23 查得

$$K_{mr} = 12.5\text{dB}$$

所以传播路径损耗中值为

$$L = L_T - K_T = L_T - K_{mr} = 142.5 - 12.5 = 130\text{dB}$$

接收信号功率中值为

$$\begin{aligned}[P_r] &= [P_t] + [G_b] + [G_m] - L \\ &= 10\lg 10 + 6 - 130 \\ &= -114\text{dBW}\end{aligned}$$

2.8.2 Okumura-Hata 模型

Hata 模型是针对由 Okumura 用图表给出的路径损耗数据的经验公式，其适用范围为 f_c 在 150～1 500MHz 内的工作频率。h_b 是基站发射机的有效天线高度（高度为 30～200m），h_m 是移动台接收机的有效天线高度（高度为 1～10m），d 是收发天线之间的距离（范围为 1～10km）。

Hata 模型的分析思路与 Okumura 模型一致，以市区传播损耗为标准，其他地形地物在此基础上进行修正。考虑修正因子后，市区的中值路径损耗的标准公式如下，单位为 dB。

$$L_{urban} = 69.55 + 26.16\lg f_c - 13.82\lg h_b - a(h_m) + (44.9 - 6.55\lg h_b)\lg d \tag{2-52}$$

式中，$a(h_m)$ 是移动台接收机的有效天线高度的修正因子，取决于所处传播环境。

$$\alpha(h_m) = \begin{cases} (1.1\lg f_c - 0.7)h_m - (1.56\lg f_c - 0.8) & \text{中小城市} \\ 8.29(\lg 1.54h_m)^2 - 1.1 & f_c < 300\text{MHz} \quad \text{大城市} \\ 3.2(\lg 11.754h_m)^2 - 4.97 & f_c \geqslant 300\text{MHz} \quad \text{大城市} \end{cases} \tag{2-53}$$

在 Hata 模型中，郊区校正因子 K_{mr} 的公式为

$$K_{mr} = 2[\lg(f_c/28)]^2 + 5.4 \tag{2-54}$$

对式（2-52）修正后，得到郊区的路径损耗，单位为 dB。

$$L_{suburban} = L_{urban} - K_{mr} \tag{2-55}$$

开阔地的修正因子 Q_o 的公式为

$$Q_o = 4.78(\lg f_c)^2 - 18.33\lg f_c + 40.94 \tag{2-56}$$

对式（2-52）修正后，得到开阔地的路径损耗，单位为 dB。

$$L_{rural}(\text{dB}) = L_{urban} - Q_o \tag{2-57}$$

2.8.3 COST231 模型

COST231 模型为欧洲科技合作委员会（COST）提出的传播模型，理论上主要借用了 Walfisch 与 Ikegami 的研究成果，属于半经验半理论的传播模型，该模型也被称为 COST 231-Walfisch/Ikegami 模型，适用于微小区的实际工程设计，比如基站的覆盖范围小于 1 km。其工作频率 f_c 在 800～1 800MHz 内。h_b 是基站发射机的有效天线高度（高度为 4～50 m），h_m 是移动台接收机的有效天线高度（高度为 1～3 m），d 是收发天线之间的距离（范围为 0.1～5km）。

COST 231 模型根据传播路径是视距还是非视距两种情况分别讨论无线链路的基本传

输损耗。

1．视距情况下基本传输损耗

视距条件下基本传输损耗

$$L=42.6+26\lg d+20\lg f \qquad (2\text{-}58)$$

由式（2-58）可以看出，在城市环境条件下，视距传播并不是自由空间传播。但是，当收发距离很短时，该式计算结果接近于自由空间传播损耗。

2．非视距情况下基本传输损耗

在非视距传播的情况下，传播路径的基本传输损耗

$$L=L_f+L_{msd}+L_{rts} \quad (\text{dB}) \qquad (2\text{-}59)$$

第 1 项 L_f 为自由空间损耗

$$L_f=32.4+20\lg d+20\lg f \qquad (2\text{-}60)$$

第 2 项 L_{msd} 为连排房屋建筑引起的多重障碍屏绕射损耗（基于 Walfish 模型）

$$L_{msd}=\begin{cases}L_{bsh}+k_a+k_d\lg d+k_f\lg f-9\lg b & \\ 0 & L_{msd}<0\end{cases} \qquad (2\text{-}61)$$

$$L_{bsh}=\begin{cases}-18\lg(1+\Delta h_b) & \Delta h_b>0\\ 0 & \Delta h_b\leqslant 0\end{cases} \qquad (2\text{-}62)$$

$$k_a=\begin{cases}54 & \Delta h_b>0\\ 54-0.8\Delta h_b & \Delta h_b\leqslant 0, d\geqslant 0.5\text{km}\\ 54-0.8\Delta h_b d/0.5 & \Delta h_b\leqslant 0, d<0.5\text{km}\end{cases} \qquad (2\text{-}63)$$

$$k_d=\begin{cases}18 & \Delta h_b>0\\ 18-15\dfrac{\Delta h_b}{h_{roof}} & \Delta h_b\leqslant 0\end{cases} \qquad (2\text{-}64)$$

$$k_f=\begin{cases}-4+0.7(f/925-1) & \text{中等城市中心、中等树木密度的郊区中心}\\ -4+1.5(f/925-1) & \text{大城市中心}\end{cases} \qquad (2\text{-}65)$$

式（2-61）至式（2-65）中，b 为传播路径上建筑物之间的距离，单位为 m；$\Delta h_b=h_b-h_{roof}$，单位为 m，为基站天线和屋顶的高度差。

第 3 项 L_{rts} 代表从屋顶到街道的绕射损耗（基于 Ikegami 模型）

$$L_{rts}=\begin{cases}-16.9-10\lg w+10\lg f+20\lg\Delta h_m+L_{ori} & \Delta h_m>0\\ 0 & L_{rts}<0\end{cases} \qquad (2\text{-}66)$$

L_{ori} 为街道取向因子

$$L_{ori}=\begin{cases}-10+0.354\varphi & 0^\circ\leqslant\varphi<35^\circ\\ 2.5+0.075(\varphi-35) & 35^\circ\leqslant\varphi<55^\circ\\ 4.0-0.114(\varphi-55) & 55^\circ\leqslant\varphi<90^\circ\end{cases} \qquad (2\text{-}67)$$

式（2-66）和式（2-67）中，w 为街道宽度，单位为 m；$\Delta h_m = h_{roof} - h_m$，单位为 m，为屋顶和移动台天线的高度差；$\varphi$ 为传播路径与街道之间的夹角，单位为度。

2.8.4 ITU 模型

ITU 传播模型最早来自于 Okumura 模型，后来 Hata 在 1980 年对这些实验曲线进行了数值模拟。国际无线电咨询委员会（CCIR）和 ITU-R 使用全球广泛的实验数据并综合了国际上公认的可靠研究成果，对此模型进行了许多改进，形成了适用范围更广泛、更加成熟的经验模型，并推荐此模型作为移动通信场强预测的优选模型。其工作频率 f_c 在 30～3 000MHz 内。h_b 是基站发射机的有效天线高度（高度为 30～200m），h_m 是移动台接收机的有效天线高度（高度为 1～20m），d 是收发天线之间的距离（范围为 1～100km）。

ITU 模型中基本传输损耗的中值公式为

$$L=\begin{cases}69.55+A-s(\alpha) & \text{市区}\\ 64.15+A-2\left(\lg\dfrac{f}{28}\right)^2 & \text{郊区}\\ 28.61+A+18.33\lg f-4.78(\lg f)^2 & \text{开阔地}\\ 69.55+A & \text{林区}\\ 48.38+A+9.17\lg f-\left(\lg\dfrac{f}{28}\right)^2-2.39(\lg f)^2 & \text{乡村}\end{cases} \tag{2-68}$$

$$A=26.16\lg f-13.82\lg h_b+(44.9-6.55\lg h_b)(\lg d)^{\beta}-a(h_m) \tag{2-69}$$

A 函数反映了基本传输损耗与频率、基站天线等效高度以及距离的关系。

β 为收发距离大于 20km 时的修正指数

$$\beta=\begin{cases}1 & d\leqslant 20\text{km}\\ 1+(0.4+1.87\times10^{-4}f+1.07\times10^{-3}h_b)[\lg(d/20)]^{0.8} & d>20\text{km}\end{cases} \tag{2-70}$$

$a(h_m)$ 是体现移动台天线高度影响的修正因子，单位为 dB：

$$a(h_m)=\begin{cases}(1.1\lg f-0.7)h_m-1.56\lg f+0.8 & \text{中等城市}\\ 8.29\lg^2(1.54h_m)-1.1 & \text{大城市，}f\leqslant 200\text{MHz}\\ 3.2\lg^2(11.75h_m)-4.97 & \text{大城市，}f>400\text{MHz}\end{cases} \tag{2-71}$$

$s(\alpha)$ 为城市建筑物密度修正指数，单位为 dB，α 为建筑物密度（%）：

$$s(\alpha)=\begin{cases}30-25\lg\alpha & 5<\alpha<50\\ 20+0.19\lg\alpha-15.6(\lg\alpha)^2 & 1<\alpha\leqslant 5\\ 20 & \alpha\leqslant 1\end{cases} \tag{2-72}$$

本章介绍了无线电波传播预测的研究者们总结和提出的许多经验和半经验的无线电传播场强预测模型和计算公式。统计性是这些模型最大的特点，它们在统计意义上是准确的，但这些在经验的基础上得出的简单公式，应用到具体的点到点之间的传播预测时，就会产生很大的误差。而且，这些模型只限于特定地理环境的覆盖预测，不能涵盖所有城市的地理情况。

在实际工作中，如果直接应用这些模型，由于经验模型都是针对某些环境情况得出的，预测值的误差可能很大，需要进行调整。传播模型校正的基本方法是先获得路测数据，计算得到路径损耗大小，然后对这些路径损耗数据进行处理，以修正原有的传播模型。传播模型的建立过程也是传播模型的校正过程。掌握了准确的传播模型，就为研究无线电波的传播奠定了坚实的基础，对提高无线通信系统的通信能力和服务质量具有重要的意义。

小 结

1. 移动通信系统的性能主要取决于信号通过无线移动信道的能力，无线移动信道具有很强的随机性，属于典型的变参信道。无线电信号通过无线移动信道时会遭受来自不同途径的衰减损害，按引起衰减的类型分类，主要有 3 种类型，即自由空间传播损耗、阴影衰落和多径衰落；按照传统的传输模型分类，分为大尺度衰落模型和小尺度衰落模型。移动信道的主要特征是多径衰落。

2. 与无线移动信道相关的基本概念主要有信号强度的表示方法。清楚 dBW、dBm、分贝（dB)、dBmV 和 dBμV 的定义，天线增益的表示方法，dBi 和 dBd 的定义，等效全向辐射功率（EIRP）的含义，无线电接收机灵敏度的定义。

3. 电磁波信号在传输过程不可避免地要受到噪声或干扰的破坏。噪声分为内部噪声和外部噪声。干扰是指终端自身产生的干扰、终端间和终端与基站间的相互干扰，一般包括同频干扰、邻频干扰、互调干扰、阻塞干扰和带外干扰等。

4. 电磁波是人类用于远距离实时接收和发送信息的主要载体之一。由电磁感应原理可知，交变的电场产生磁场，交变的磁场产生电场，变化的电场和磁场之间相互联系、相互依存、相互转化。电磁波的频率、波长与速度的关系为 $f=c/\lambda$。

5. 按照电磁波不同的传播特性将电磁波频谱划分为不同的波段，频率在 3 000 GHz 以下的电磁波称为无线电波。目前陆地移动通信系统的频段范围主要在 UHF 频段。电磁波频谱特性具有有限性、非消耗性、三维性、易受污染性和共享性等特点。

6. 无论是对于地空通信还是对于地面通信，地球大气层和地面及其覆盖物是影响无线电波传播环境的主要因素。包围地球的大气层通常被分为 4 个层次。地面及其覆盖物可以引起无线电波的反射、散射、绕射等效应。

7. 自由空间是一种理想空间，拥有均匀无损耗的无限大空间，各向同性的均匀媒质，其相对介电常数和相对磁导率恒为 1。传播路径上没有障碍物阻挡，到达接收天线的地面反射信号场强也可以忽略不计。

8. 虽然电磁波在自由空间传播，但是电波经过一段路径传播后，由于能量的扩散也会引起能量的衰减。传输损耗（L_f）或称系统损耗定义为发送功率 P_t 与接收功率 P_r 之比。

9. 当电磁波遇到比其波长大得多的物体时就会发生反射。反射是产生多径衰落的主要因素。

10. 在实际移动信道中，电波在低层大气中传播时，大气的温度、湿度和压力都随着地区和高度的变化而变化，因此是不均匀的，所以会产生折射现象。折射现象将会直接影响视距传播的极限距离。绕射现象可由惠更斯-菲涅耳原理来解释。

11. 由于电波传播遇到建筑物等阻挡，形成电波阴影区，阴影区的电场强度减弱的现象称为阴影效应。接收天线处场强中值的变化引起的衰落，称为阴影衰落。

12．移动台所处地理环境的复杂性，使得接收端的信号不仅会含有直射波的主径信号，还会有从不同建筑物反射及绕射过来的多条不同路径的信号，而且它们到达时的信号强度、时间及载波相位都不同。不同相位的多个信号在接收端叠加，有时同相叠加而增强，有时反相叠加而减弱。通常这种由于多径现象引起的干扰称为多径干扰或多径效应，产生的衰落称为多径衰落。

13．由于移动台的高速移动而产生的传播信号频率的扩散，称为多普勒效应。传播信号频率扩散程度与移动台的运动速度成正比。

14．无线移动信道可建模为一个具有时变冲激响应特性的线性滤波器，信号的滤波特性以任一时刻到达的多径波为基础，其幅度与时延影响信道滤波特性。

15．因多径传播造成信号时间扩展的现象，称为时延扩展，也称为多径时散。考虑到信号中不同的频率分量通过多径信道后对接收端信号的影响，引入相关带宽（B_c）的概念。

16．由于移动台与基站间的相对运动，或由于信道路径中的物体运动引起的多径信道的时变特性用多普勒扩展和相干时间来描述。

17．移动通信系统分析中，对于接收端信号包络统计时变特性常用瑞利分布和莱斯分布进行描述。工程实际中，常用特征量表示衰落信号的幅度特点，常用特征量有衰落速率、电平通过率和衰落持续时间等。

18．移动通信系统中用户的位置是随机的，不同的用户遇到的无线电波传播环境是不一样的，而且是随机变化的，所以很难精确地计算移动信道传播损耗。工程实践中大量使用统计模型，常用的模型有 Okumura 模型、Hata 模型、COST231 模型、ITU 传播模型等。

习　　题

1．移动无线信道的传输损耗主要有哪 3 类？

2．如果发射功率 P 为 10mW，折算为 dBm 后为多少 dBm？

3．甲的功率为 30W，乙的功率为 20W，甲、乙的功率用 dBm 表示为多少？甲比乙大多少 dB？

4．移动通信中的噪声和干扰主要有哪些？

5．无线电波的传播环境有何特点？

6．假定发射和接收天线等高，发射和接收天线之间有一个障碍物，菲涅耳余隙 $x=-82$m，障碍物距发射天线的距离 d_1=5km，距接收天线的距离 d_2=10km，工作频率为 900MHz，请计算电波传播损耗。

7．若一基站发射机发射载频为 1 850MHz，一辆汽车以 60km/h 的速度运动，计算最大多普勒频移。

9．经过多径信道后，接收信号的包络和相位满足何分布？当多径中存在一个起主导作用的直达波时，接收信号的包络满足何分布？

10．影响衰落速率的 3 个主要因素是什么？若 f=800MHz，v=50km/h，移动台沿电波传播方向行进，则接收信号的平均衰落率为多少？

11．某一移动信道，工作频段为 900MHz，基站天线高度为 70m，天线增益为 6dB，移动台天线高度为 3m，天线增益为 0dB；在市区工作，传播路径为中等起伏地，通信距离为 10km。试求：

（1）传播路径损耗中值；

（2）若基站发射机送至天线的信号功率为 10W，求移动台天线得到的信号功率中值。

12．设工作频段为 800MHz，基站天线高度为 40m，移动台天线高度为 2m，通信距离为 10km，利用 Okumura-Hata 模型求中值路径损耗。

第3章 移动通信基本技术

移动通信系统中，由于采用开放空间作为信号的传输通道，且通信的一方或两方处于运动状态，这一切都加大了移动信号可靠接收的难度。本章主要介绍利于移动信号有效传输的调制解调技术、有效抑制传输过程中噪声和干扰的扩频通信技术以及分集接收、信道编码与均衡等抗衰落技术的基本概念及原理，主要内容如下。

① 幅度/相位调制技术及其特性，包括二进制相移键控（Binary Phase-Shift Keying，2PSK）、四进制相移键控（Quadrature Phase-Shift Keying，QPSK）、偏移四相相移键控（Offset Quadrature Phase-Shift Keying，OQPSK）、正交幅度调制（Quadrature Amplitude Modulation，QAM）等。

② 频率调制技术及其特性，包括移频键控（Frequency-Shift Keying，FSK）、最小移频键控（Minimum-Shift Keying，MSK）等。

③ 多载波调制的定义，正交频分复用（Orthogonal Frequency Division Multiplexing，OFDM）定义与特点等。

④ 扩频通信的基本概念，扩频通信系统分类及特点。

⑤ 扩频系统中常用的地址码和扩频码，扩频通信的主要性能指标。

⑥ 多址接入技术及码分多址的特点。

⑦ 分集的定义与分类，常用分集合并方式。

⑧ 纠错编码的概念及常用编码方式，交织的概念。

⑨ 均衡的概念与分类。

3.1 调制解调概述

基带数字信号所占的频带都是从直流或零开始的频带，如模拟语音数字化之后的信号。基带信号不适合在无线信道这样的带通信道内直接传输。为了利用类似于无线信道这样的带通信道进行长距离、高速率的信号传输，需要对基带信号的频带进行搬移以适应带通信道，这个频带搬移过程就是调制/解调过程。

调制是在发送端把要传输的模拟信号或数字信号（信源信号或基带信号）变换成适合信道传输的高频信号（带通信号）的过程。其中，信源信号或基带信号称为调制信号，调制完成后的带通信号称为已调信号。解调是调制的反过程，在接收端将已调信号还原成要传输的原始信号。

按照调制信号的形式，调制可分为模拟调制（或连续调制）和数字调制，如图 3-1 所示。

模拟调制指利用输入的模拟信号直接调制（或改变）载波（正弦波）的振幅、频率或相位，从而得到调幅（AM）、调频（FM）或调相（PM）信号，第一代的模拟移动通信系统中主要使用的是模拟调制。而数字调制指利用数字信号来控制载波的振幅、频率或相位，主要用于2G、3G及未来的系统中。由于数字调制具有众多优点，因此本章主要介绍数字调制的分类、工作原理、性能等相关内容。

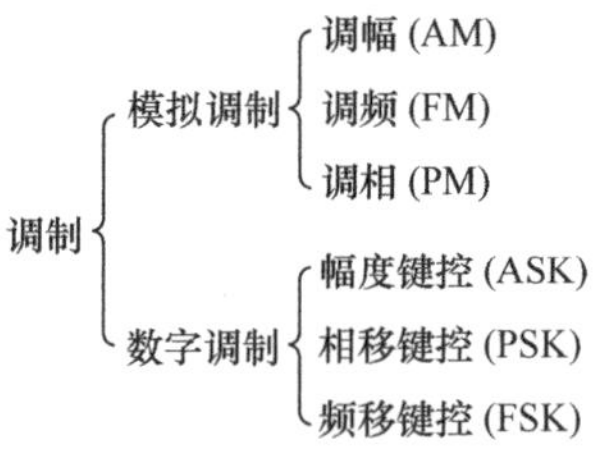

图3-1　调制分类

数字调制主要分为两类：幅度/相位调制和频率调制。频率调制用非线性方法产生，其信号包络一般是恒定的，因此称为恒包络调制或非线性调制。幅度/相位调制也称为线性调制，因为非线性处理会导致频谱扩展，因此线性调制一般比非线性调制有更好的频谱特性；但由于幅度/相位调制源由幅度或相位携载信源信息的特性，这使得它易受衰落和干扰的影响。此外调制解调技术需要关心的另一个问题就是可实现性。如采用恒定包络调制或非线性调制，则可采用限幅器、低成本的非线性高效功率放大器件；如采用线性调制，则需要采用成本相对较高的线性功率放大器件。

由于移动信道的带宽有限，信道中不仅存在大的干扰和噪声，还存在着多径衰落及多普勒频移，因此，移动系统选择具体的调制方式时，需要综合考虑以下几点。

（1）高传输效率。

（2）高频带利用率（最小占用带宽）。

（3）高功率效率（最小发送功率）。

（4）对信道影响的抵抗能力（最小误比特率）。

这些要求经常是互相矛盾的，因此实际选择时需要在多种因素之间作权衡。

3.1.1　数字相位调制

1．二进制相移键控

数字相移键控是用载波的附加相位来携带数字消息，即用所传送的数字消息控制载波的相位。用二进制数字基带信号去控制载波相位称为二进制相移键控（2PSK）。

设输入到调制器的比特流为$\{a_n\}$，$a_n=\pm1$，n为整数。其一种2PSK形式为当输入为“+1”时，对应的信号附加相位为“0”；当输入为“−1”时，对应的信号附加相位为“π”。2PSK信号的典型波形如图3-2所示。两种不同的调制法框图如图3-3所示。

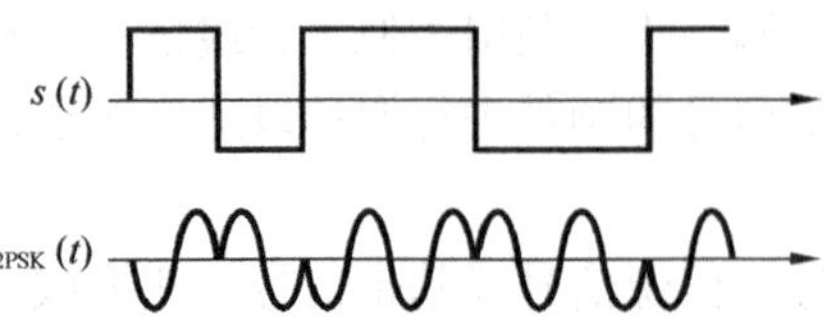

图3-2　2PSK信号的典型波形

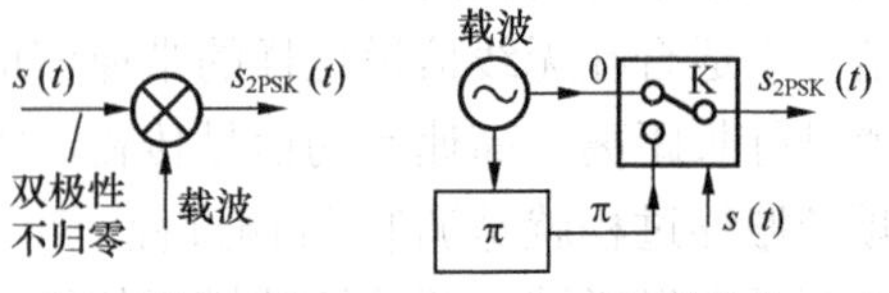

（a）直接相乘法　（b）键控法

图3-3　2PSK信号的调制框图

假定二进制信号是等概率出现的双极性NRZ码，所以2PSK信号的功率谱不存在直流成分，其功率谱为连续谱，无离散谱，2PSK信号的带宽为输入调制信号带宽的2倍，频带利用率为 1/2 波特/Hz。

在数字调相中，由于表征信息的相位变化只有有限的离散取值，因此，可以把相位变化归结为幅度变化，为此可以把数字调相信号当作线性调制信号来处理。

2PSK 接收端一般采用相干解调，其相干解调系统模型如图 3-4 所示。

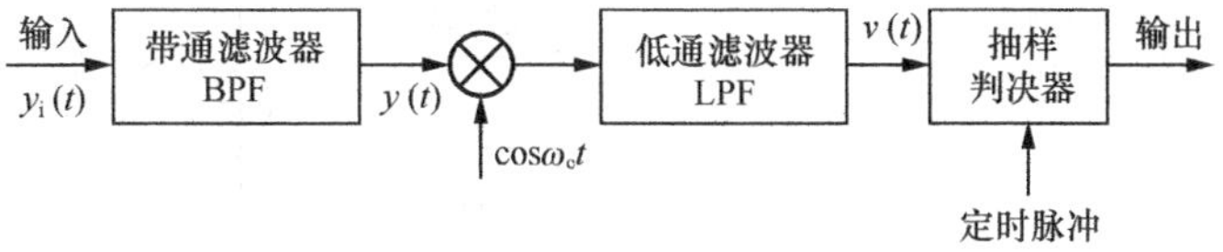

图 3-4 2PSK 的相干解调框图

2. 四相相移键控

四进制相移键控（QPSK）信号利用载波的 4 种不同相位来表征数字信息。因此，对输入的二进制数字序列应该先分组，将每两个比特编为一组，然后用 4 种不同的载波相位去表征它们。每个载波相位携带两个二进制符号。

图 3-5（a）为初始相位为 0 的 QPSK 信号的矢量图。

图 3-5（b）为初始相位为 $\frac{\pi}{4}$ 的 QPSK 信号的矢量图。

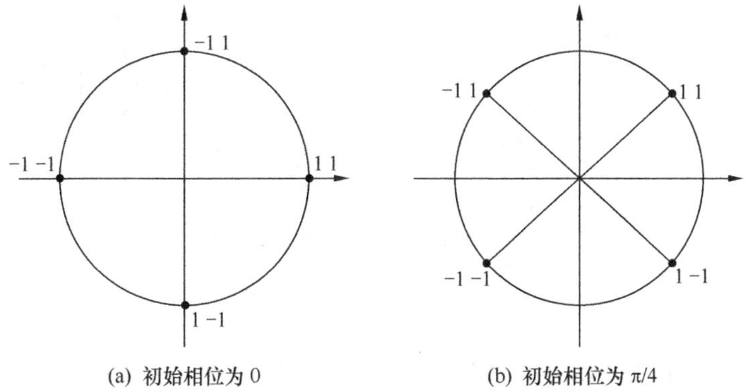

图 3-5 QPSK 的信号矢量图

图 3-6 所示的 QPSK 调制器可以看作由两个 2PSK 调制器构成。输入信息速率为 R_b 的串行二进制信息序列 $\{a_n\}$ ($a_n = \pm 1$)经过串并变换，分成两路速率减半的二进制序列，电平发生器分别产生双极性的二电平信号 $I(t)$和 $Q(t)$；这两路码元时间上是对齐的，其中 I 支路称为同相支路，Q 支路称为正交支路。将它们分别对正交载波 $\cos\omega_c t$ 及 $\sin\omega_c t$ 进行 2PSK 调制，再将这两支路信号相加，即得到 QPSK 信号。

（1）QPSK 信号的功率谱和带宽

由于 QPSK 信号是由两路正交载波调制的 2PSK 信号线性叠加而成，因此，QPSK 信号的平均功率谱密度是同相支路及正交支路 2PSK 信号平均功率谱密度的线性叠加。

在二进制信息速率相同时，QPSK 信号的平均功率谱密度的主瓣宽度是 2PSK 平均功率谱主瓣宽度的一半。因此，QPSK 信号的带宽等于输入调制信号的带宽，频带用率为 1

波特/Hz。

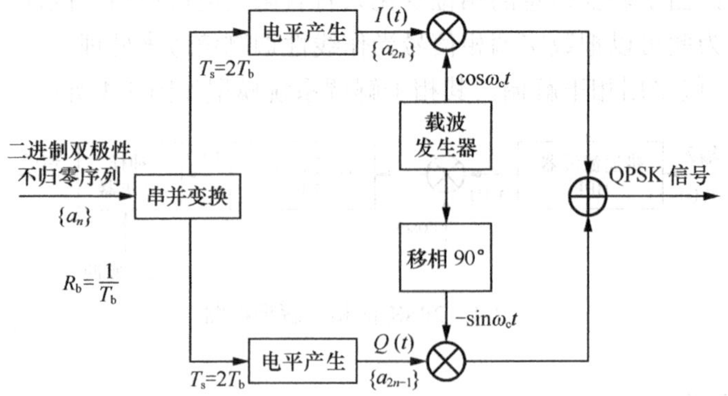

图 3-6　QPSK 调制器框图

（2）QPSK 信号解调方法

由于 QPSK 信号可看作是同相及正交支路 2PSK 信号的叠加，因此在解调时可对两路信号分别进行 2PSK 解调，然后进行并/串变换，得到所传输的数据。QPSK 解调器框图如图 3-7 所示。

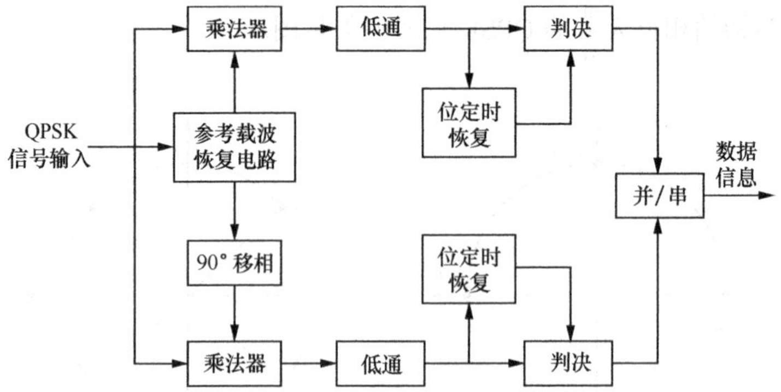

图 3-7　QPSK 相干解调器框图

对于 QPSK 而言，在 QPSK 与 2PSK 的输入二进制信息速率相同、二者的发送功率相同、加性噪声的功率谱密度相同的条件下，QPSK 与 2PSK 的平均误比特率是相同的。

3．偏移四相相移键控

偏移四相相移键控（OQPSK）是在 QPSK 基础上发展起来的。随着输入数据的不同，QPSK 信号会发生相位跳变，跳变量可能为 $\pm\pi/2$ 或 $\pm\pi$，如图 3-8（a）中的箭头所示。当发生对角过渡，即产生 $\pm\pi$ 的相移时，经过带通滤波器之后所形成的包络起伏必然达到最大。

为了减小包络起伏，在对 QPSK 做正交调制时，将正交支路的基带信号相对于同相支路的基带信号延迟半个码元间隔 $T_s/2$，这种调制方法称为偏移四相相移键控（OQPSK）。

由于同相分量和正交分量不能同时发生变化，相邻 1 个比特信号的相位只可能发生 ±90° 的变化，因而星座图中的信号点只能沿正方形四边移动，不再沿对角线移动，消除了已调信号中相位突变180° 的现象，如图 3-8（b）所示。

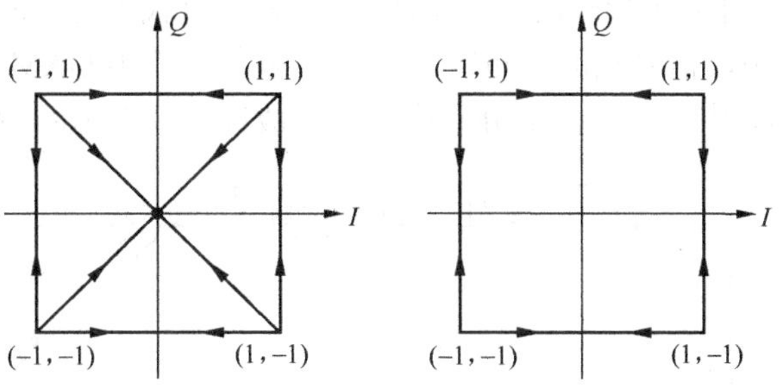

(a) QPSK 信号的相位关系　　(b) OQPSK 信号的相位关系

图 3-8　QPSK 和 OQPSK 信号的相位关系

OQPSK 的调制框图如图 3-9 所示。

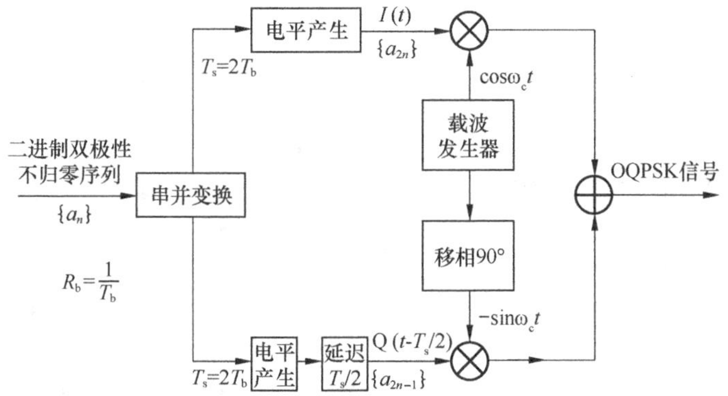

图 3-9　OQPKS 信号的产生框图

由于 OQPSK 与 QPSK 相比，只是正交支路相对同相支路延迟了 1bit，因此，OQPSK 的功率谱、带宽、频谱利用率及最佳接收的平均误比特率皆与 QPSK 相同。

3.1.2　正交振幅调制

正交振幅调制（QAM）是一种幅度和相位联合键控（APK）的调制方式。它可以提高系统可靠性，且能获得较高的信息频带利用率，是目前应用较为广泛的一种数字调制方式。

1. MQAM 调制原理

正交振幅调制是用两路独立的基带数字信号对两个相互正交的同频载波进行抑制载波的双边带调制，利用已调信号在同一带宽内频谱正交的性质来实现两路并行的数字信息传输。

MQAM 的调制框图如图 3-10 所示。图中，输入的二进制序列经过串/并变换器输出速率减半的两路并行序列，再分别经过 2 电平到 L 电平的变换，形成 L 电平的基带信号。为了抑制已调信号的带外辐射，该 L 电平的基带信号还要经过预调制低通滤波器，再分别对同相载波和正交载波相乘。最后将两路信号相加，即可得到 MQAM 信号。

将 MQAM 信号用几何表示时，其信号矢量端点称为星座点，所有信号星座点一起构成信号星座图。通常，可以用星座图来描述 MQAM 信号的信号空间分布状态。对于 $M=16$ 的信号 16QAM 来说，有多种分布形式的信号星座图。两种具有代表意义的信号星座图如图 3-11 所示。在图 3-11（a）中，信号点的分布成方型，故称为方型 16QAM 星座，也称为标准型 16QAM。在图 3-11（b）中，信号点的分布成星型，故称为星型 16QAM 星座。

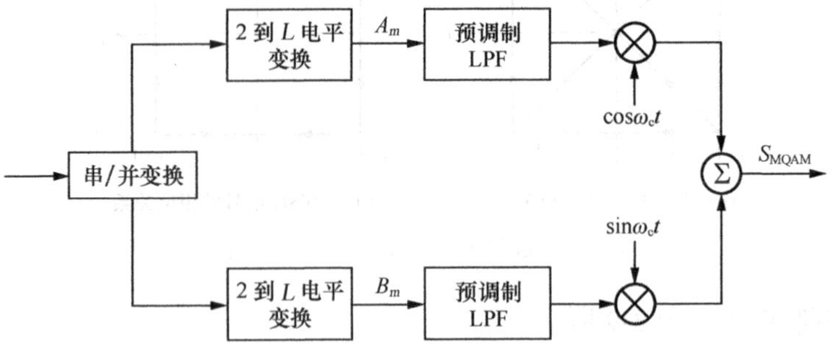

图 3-10 MQAM 调制解调原理框图

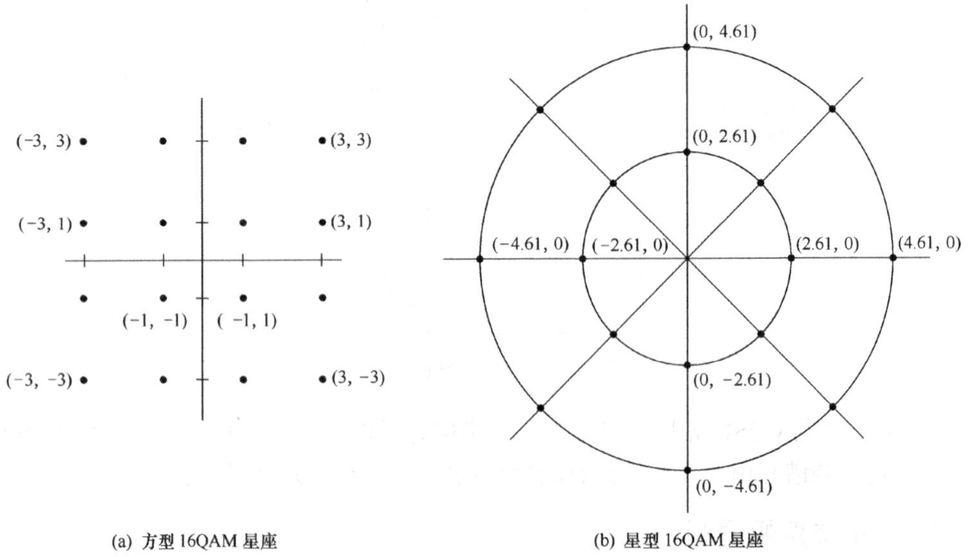

图 3-11 16QAM 的星座图

星型 16QAM 和方型 16QAM 的星座结构有重要的差别：一是星型 16QAM 只有两个振幅值，而方型 16QAM 有 3 种振幅值；二是星型 16QAM 只有 8 种相位值，而方型 16QAM 有 12 种相位值。这两点使得在衰落信道中，星型 16QAM 比方型 16QAM 更具有吸引力。

$M=4$，16，32，…，256 时 MQAM 信号的星座图如图 3-12 所示。其中，$M=4$，16，64，256 时星座图为矩形，而 $M=32$，128 时星座图为十字形。

2. MQAM 解调原理

MQAM 信号同样可以采用正交相干解调方法，其解调器原理图如图 3-13 所示。解调器输入信号与本地恢复的两个正交载波相乘后，经过低通滤波输出两路多电平基带信号。多电平判决器对多电平基带信号进行判决和检测，再经 L 电平到 2 电平转换和并/串变换器最终输出二进制数据。

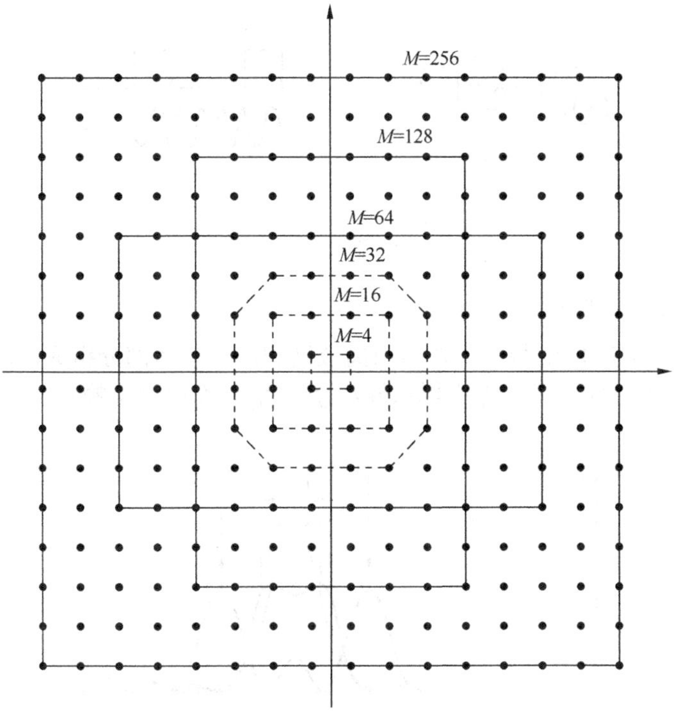

图 3-12　MQAM 信号的星座图

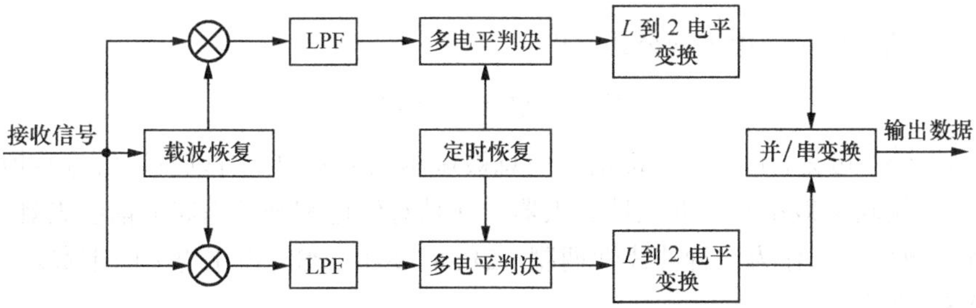

图 3-13　MQAM 信号相干解调原理图

对 MQAM 调制而言，MQAM 信号结构的设计不仅影响到已调信号的功率谱特性，而且影响已调信号的解调及其性能。常用的设计准则是在信号功率相同的条件下，选择信号空间中信号点之间距离最大的信号结构，当然还要考虑解调的复杂性。

3.1.3　数字频率调制

1. 二进制频移键控

数字频移键控是用载波的频率来携带数字消息，即用所传送的数字消息控制载波的频率。用二进制数字基带信号去控制载波频率称为二进制频移键控（2FSK）。

如图 3-14 所示，设输入到调制器的比特流为$\{a_n\}$，$a_n = \pm 1$，n 为整数。2FSK 的输出信号形式为当输入信号为传号“+1”时，输出频率为 f_1 的正弦波；当输入信号为空号“-1”时，输出频率为 f_2 的正弦波。

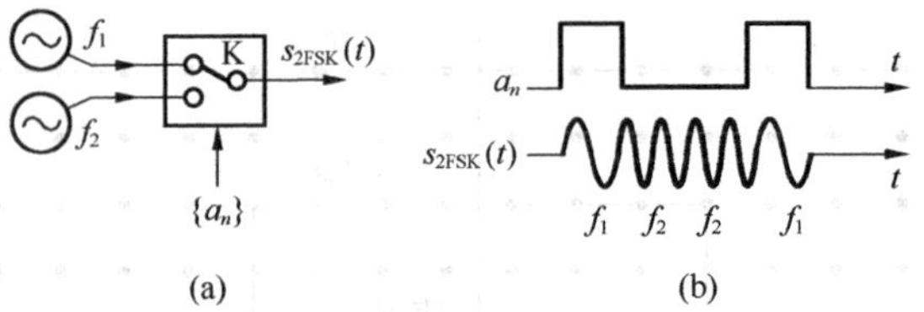

图 3-14 2FSK 信号的产生

（1）2FSK 的频谱与带宽

由图 3-15 可见，2FSK 信号的功率谱由离散谱和连续谱两部分组成，连续谱的形状随着 $|f_2-f_1|$ 的大小而变化。$|f_2-f_1|>f_b$ 出现双峰，$|f_2-f_1|\leqslant f_b$ 出现单峰。

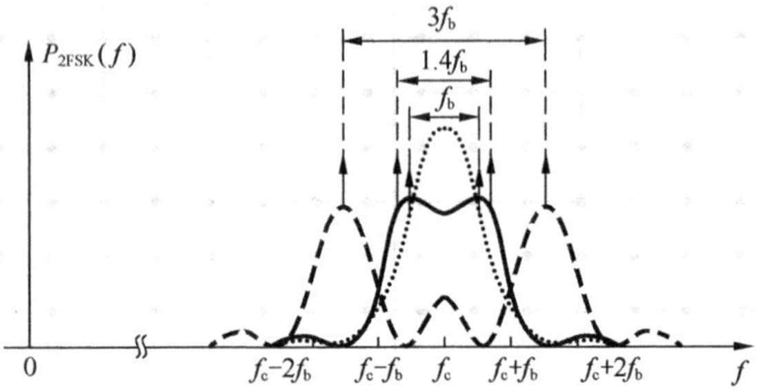

图 3-15 2FSK 信号的功率谱

2FSK 信号的近似带宽由卡松公式给出

$$B_{2FSK}=|f_2-f_1|+2f_b \tag{3-1}$$

由图 3-14（b）可见，因为 2FSK 信号信息被调制到频率中，所以发送信号有恒定的包络 A，这样就可以用功率效率高的非线性放大器，并且对信道和硬件引起的幅度失真不太敏感。其代价是频谱效率低，作为一种非线性调制，2FSK 要比 2PSK 占用更多的带宽。

（2）2FSK 解调

2FSK 信号的接收解调也分为相干和非相干解调两类。图 3-16 所示为相干解调的原理框图。接收到的信号经过并联的两路带通滤波器滤波后，与本地相干载波相乘和低通滤波，最后进行抽样判决。判决准则为

$$\begin{cases} v_1(t)>v_2(t), & 判为“1” \\ v_1(t)<v_2(t), & 判为“-1” \end{cases} \tag{3-2}$$

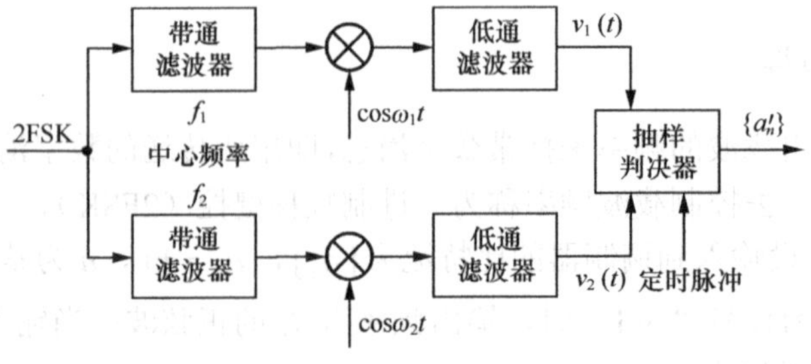

图 3-16 2FSK 的相干解调框图

由于 2FSK 相干解调器需要从接收信号中对每个相干载波进行恢复，且要求与发送载波同频同相，这在实现上比较困难，增加了接收设备的复杂性。

2FSK 的非相干解调方法有多种，它们都不需要利用信号的相位信息。本节介绍其中的两种方法，包络检波法和过零点检测法。包络检波法原理如图 3-17 所示，其判决准则与式(3-2)相同，也是比较两个接收支路信号的大小。图 3-18 给出过零点检测法的原理框图及各点的波形。由于 2FSK 信号的两种码元的频率不同，因此计算码元中的信号波形的过零点数目，即可区别这两个不同频率的信号码元。图中接收信号经过带通滤波器后，被放大、限幅，得到矩形脉冲序列；再经过微分和整流，变成窄脉冲序列。这些窄脉冲的位置正好对应原矩形脉冲序列的过零点。因此，其数量和过零点的数目相同。再把这些窄脉冲展宽，以增大其直流分量；然后经过低通滤波，提取此直流分量。如此提取的直流分量的大小与码元频率的高低成正比，从而解调出原发送信号。此过程的波形图见图 3-18（b）。

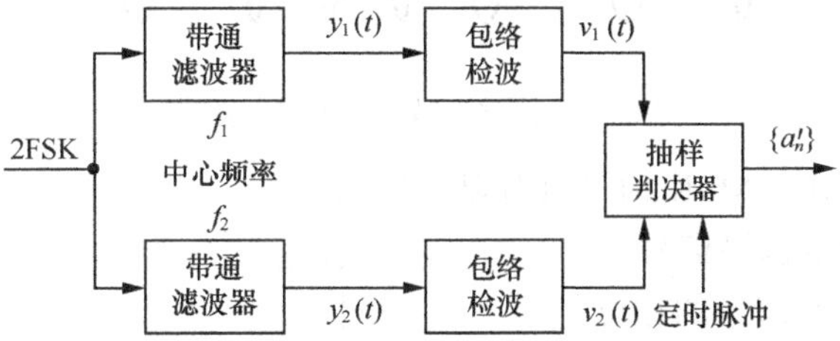

图 3-17 2FSK 信号的包络检波法框图

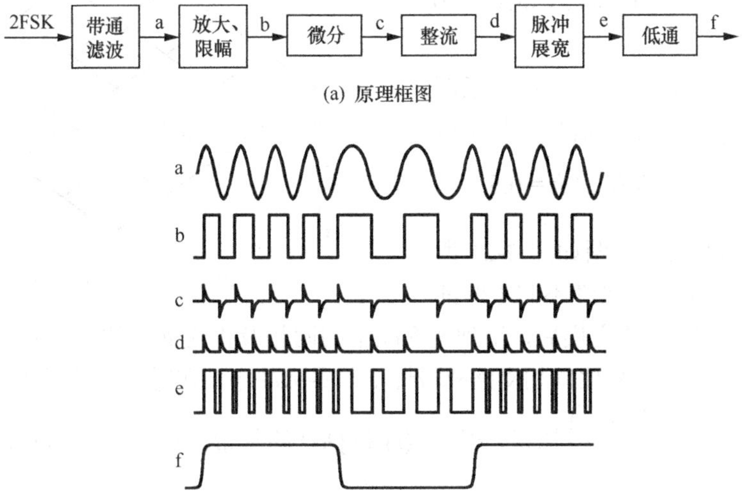

(a) 原理框图

(b) 各点波形

图 3-18 过零点检测法

2. 最小频移键控

图 3-14 中讨论的 2FSK 信号通常是由两个独立的振荡源产生的，在频率转换处相位不连续，因此，会导致功率谱产生很大的旁瓣分量，使其频谱利用率较低。若通过带限系统后，会产生信号包络的起伏变化，这种起伏是我们所不需要的。本节将讨论的最小频移键控（Minimum Frequency Shift Keying，MSK）是二进制连续相位频移键控（CPFSK）的一种特殊形式。MSK 称为最小频移键控，有时也称为快速频移键控（FFSK）。“最小”是指这种调

制方式的频差是满足两个频率相互正交（即相关函数等于 0）的最小频差，能以最小的调制指数（0.5）获得正交信号； 而“快速”是指在给定同样的频带内，MSK 比 2PSK 的数据传输速率更高，且在带外的频谱分量要比 2PSK 衰减得快。

MSK 信号的相位在码元转换时刻是连续的，而且在一个码元期间所对应的波形恰好相差 1/2 周期。一个 MSK 信号的波形如图 3-19 所示。

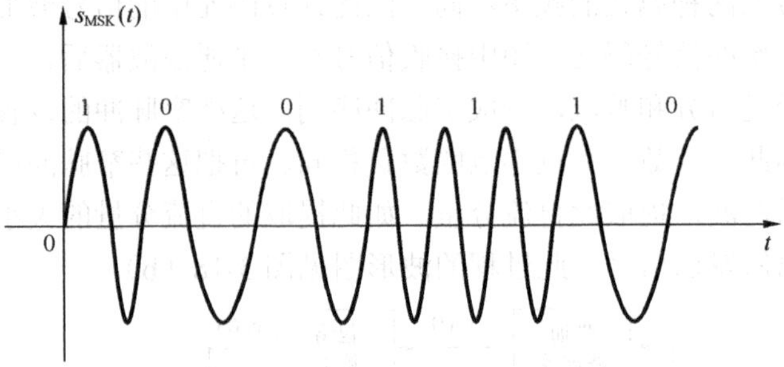

图 3-19　MSK 信号的频率间隔与波形

从以上分析总结得出，MSK 信号具有以下特点。

① MSK 信号是恒定包络信号。

② 在码元转换时刻，信号的相位是连续的，以载波相位为基准的信号相位在一个码元期间内线性地变化$\pm\pi/2$，如图 3-20 所示。

③ 在一个码元期间内，信号应包括四分之一载波周期的整数倍，信号的频率偏移等于$\dfrac{1}{4T_b}$，相应的调制指数 $h=0.5$。

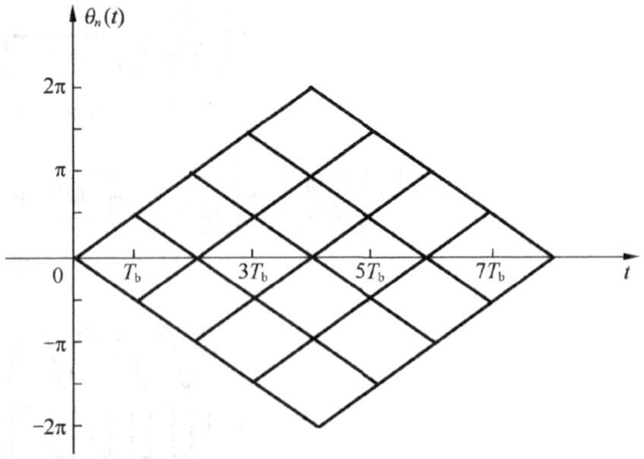

图 3-20　MSK 的相位网格图

MSK 信号调制器原理图如图 3-21 所示。图中，输入二进制双极性不归零脉冲序列经过差分编码和串/并变换后，得到速率减半的同相及正交支路的二进制序列，且正交支路的双极性不归零脉冲序列比同相支路双极性不归零脉冲序列在时间上滞后 T_bs，二者的波形分别被 $\cos\left(\dfrac{\pi}{2T_b}t\right)$ 和 $\sin\left(\dfrac{\pi}{2T_b}t\right)$ 加权，得到 $I(t)$ 和 $Q(t)$ 的基带波形，再将 $I(t)$ 和 $Q(t)$ 分别与正交载波相乘进行幅度调制，两支路的已调信号相加后即得到 MSK 信号。

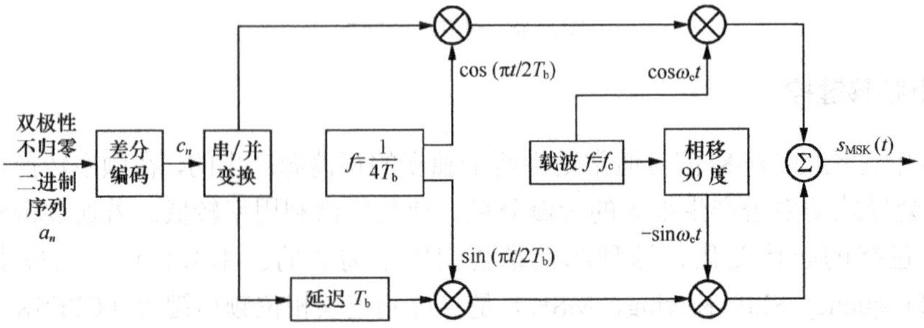

图 3-21　MSK 信号调制器原理框图

由上述分析可以看出，用正交调制法产生的 MSK 信号过程与 OQPSK 信号的产生过程类似，只是 OQPSK 的同相及正交支路的基带波形没有被加权。

MSK 信号也可以由非归零的二进制序列直接送入 FM 调制器中产生，不过要求 FM 调制器的调制指数为 0.5，如图 3-22 所示。

图 3-22　利用 h=0.5 的 FM 产生 MSK 信号的原理框图

MSK 信号属于数字频率调制信号，因此一般可以采用鉴频器方式进行解调，其原理图如图 3-23 所示。鉴频器解调方式结构简单，容易实现。

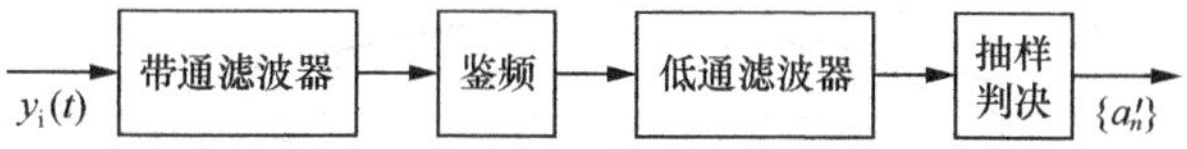

图 3-23　MSK 鉴频器解调原理框图

由于 MSK 信号调制指数较小，采用一般鉴频器方式进行解调误码率性能不太好，因此在对误码率有较高要求时大多采用相干解调方式。相干解调的框图如图 3-24 所示。

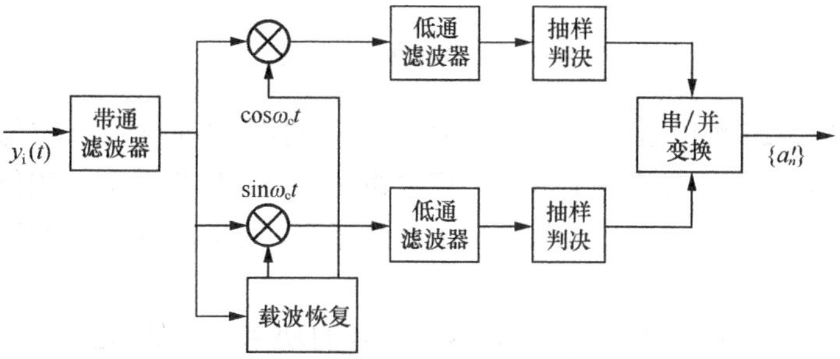

图 3-24　MSK 信号相干解调器原理框图

与 FSK 性能相比，由于各支路的实际码元宽度为 $2T_b$，其对应的低通滤波器带宽减少为原带宽的 1/2，从而使 MSK 的输出信噪比提高了一倍。

3. 高斯滤波的最小频移键控

由前面的分析可知，MSK 调制方式的突出优点是已调信号具有恒定包络，且功率谱在主瓣以外衰减较快。但是，由于 MSK 的相位路径是折线，其功率谱旁瓣随着频率偏离中心频率，衰减得还不够快，而在移动通信中，对信号带外辐射功率的限制十分严格，一般要求必须衰减 60～70dB 以上。因此希望有一种调制方式既能够保持 MSK 相位连续、恒定包络的优点，还能够满足移动通信旁瓣功率的快速衰减的要求。高斯最小频移键控（GMSK）就是针对上述要求提出来的。GMSK 调制方式能满足移动通信环境下对邻道干扰的严格要求，以其良好的性能而被全球蜂窝移动通信系统（GSM）所采用。

（1）GMSK 调制/解调的原理

GMSK 信号就是在 MSK 调制之前，加入一高斯低通滤波器（称为预调制滤波器）而产生的，如图 3-25 所示。

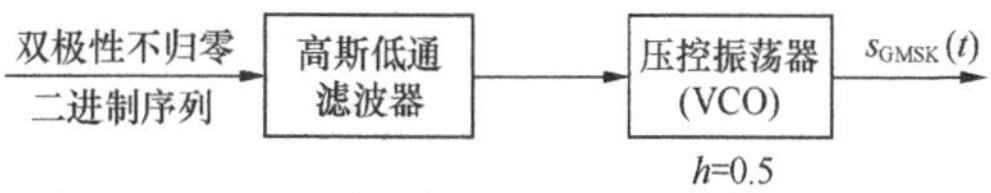

图 3-25　GMSK 调制的原理框图

双极性不归零矩形脉冲序列的波形经过高斯低通滤波器平滑后，再送到压控振荡器（VCO）进行 h=0.5 的调频（MSK 调制），如此以来，输出的恒包络相位连续的调制信号的相位路径更为平滑，其功率谱旁瓣衰减得更快。

高斯滤波器的输出脉冲经 MSK 调制得到 GMSK 信号，其相位路径由脉冲的形状决定。由于高斯滤波后的脉冲无陡峭沿，也无拐点，因此，相位路径得到进一步平滑，GMSK 的相位轨迹如图 3-26 所示。

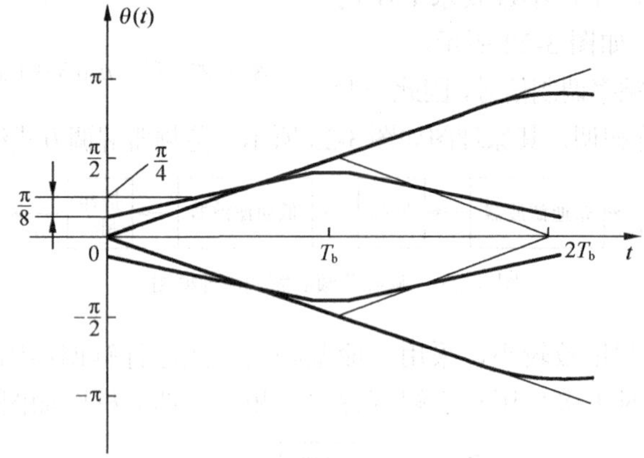

图 3-26 GMSK 的相位轨迹

从图 3-25 和图 3-26 可以看出，GMSK 通过引入可控的码间干扰（即部分响应波形）来达到平滑相位路径的目的，它消除了 MSK 相位路径在码元转换时刻的相位转折点。从图中还可以看出，GMSK 信号在一个码元周期内的相位增量，不像 MSK 那样固定为$\pm\pi/2$，而是随着输入序列的不同而不同。

图 3-27 是通过计算机模拟得到的 GMSK 信号的功率谱。图 3-27 中，横坐标为归一化频差$(f-f_c)T_b$，纵坐标为功率谱密度，参变量 B_bT_b 为高斯低通滤波器的归一化 3dB 带宽 B_b 与码元长度 T_b 的乘积。$B_bT_b=\infty$的曲线是 MSK 信号的功率谱密度。GMSK 信号的功率谱密度随 B_bT_b 值的减小变得紧凑起来。图 3-27 中还表明了 GMSK、MSK 与 QPSK 功率谱之间的差别。

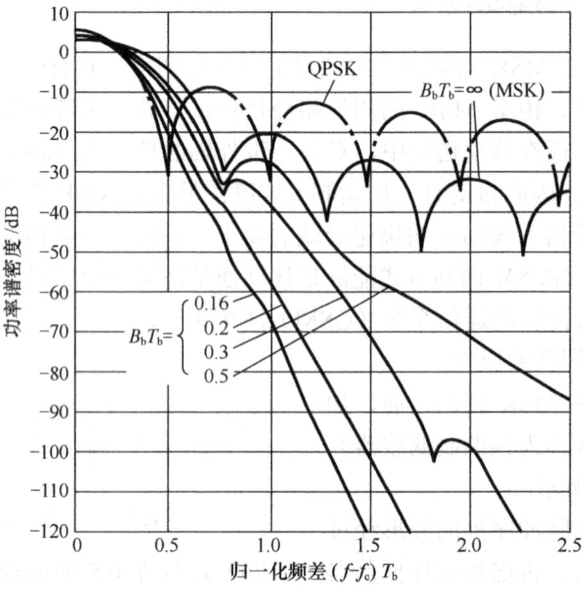

图 3-27 GMSK 信号的功率谱密度

表 3-1 给出了作为 B_bT_b 函数的 GMSK 信号中包含给定功率百分比的射频带宽。

表 3-1　　GMSK 信号中包含给定功率百分比的射频带宽

B_bT_b	90%	99%	99.9%	99.99%
0.2	$0.52R_b$	$0.79R_b$	$0.99R_b$	$1.22R_b$
0.25	$0.57R_b$	$0.86R_b$	$1.09R_b$	$1.37R_b$
0.5	$0.69R_b$	$1.04R_b$	$1.33R_b$	$2.08R_b$
∞	$0.78R_b$	$1.20R_b$	$2.76R_b$	$6.00R_b$

2. GMSK 调制/解调的实现

波形存储正交调制器的优点是避免了复杂的滤波器设计和实现，可以产生具有任何特性的基带脉冲波形和已调信号。

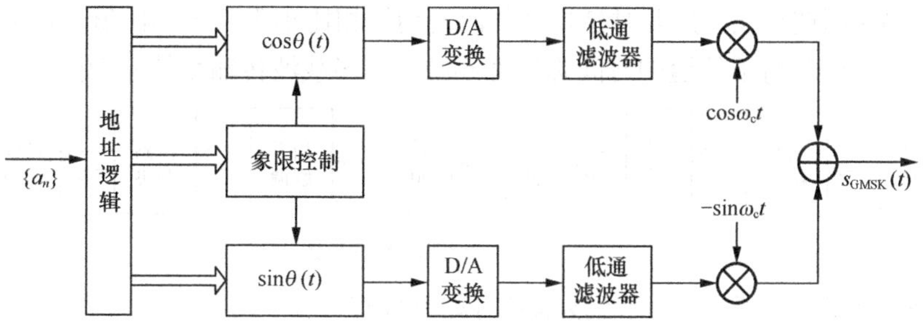

图 3-28　波形存储正交调制法产生 GMSK 信号原理框图

GMSK 信号的基本特性与 MSK 信号完全相同，其主要差别是 GMSK 信号的相位轨迹比 MSK 信号的相位轨迹平滑。因此，图 3-21 所示的 MSK 信号的相干解调器原理图完全适用于 GMSK 信号的相干解调。除此之外，GMSK 信号也可以采用图 3-29 所示的差分解调器解调。图 3-29（a）是 1bit 差分解调方案，图 3-29（b）是 2bit 差分解调方案。

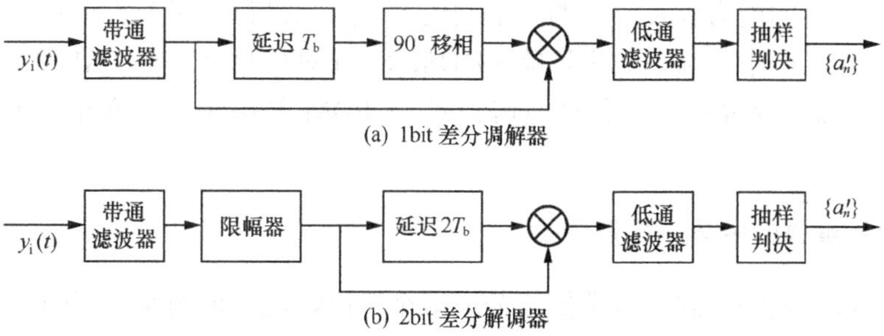

图 3-29　GMSK 信号差分解调器原理

GMSK 信号在衰落信道中传输时，检测的误码率和其他调制方式一样，与信噪比(E_b/N_0)、多普勒频移等多种因素有关。

GMSK 信号频谱特性的改善是通过降低误比特率性能换来的，预滤波器的带宽越窄，输出功率谱就越紧凑，但误比特率性能变得越差。所以，从频谱利用率和误码率综合考虑，B_bT_b 应该折中选择。研究表明，B_bT_b=0.25 对于无线蜂窝系统是一个很好的选择。

3.1.4 多载波调制

前面几节所讨论的数字调制解调方式都是属于串行体制，采用的单载波调制一般为一个载波信号，在数据传输速率不太高、多径干扰不是特别严重时，通过使用合适的均衡算法可使系统正常工作。但是对于宽带数据业务来说，由于数据传输速率较高，时延扩展造成数据符号间相互重叠，从而产生符号间干扰（Inter-Symbol Interference，ISI），这对均衡提出了更高的要求，需要引入非常复杂的均衡算法，实现比较困难。另外，当信号的带宽超过和接近信道的相干带宽时，会造成信道产生频率选择性衰落。

和串行体制相对应的另一种体制是并行体制。多载波调制（Multicarrier Modulation）采用了多个载波信号。它是将高速率的信息数据流经串/并变换，分解为若干个子数据流，从而使子数据流具有低得多的比特传输速率，然后每路低速率数据采用一个独立的载波调制并叠加在一起构成发送信号，这种系统也称为多载波传输系统。所以，在多载波调制信道中，数据传输速率相对较低，码元周期加长，只要时延扩展与码元周期相比小于一定的比值，就不会造成码间干扰。因而多载波调制对于信道的时间弥散性不敏感。多载波传输系统原理图如图 3-30 所示。

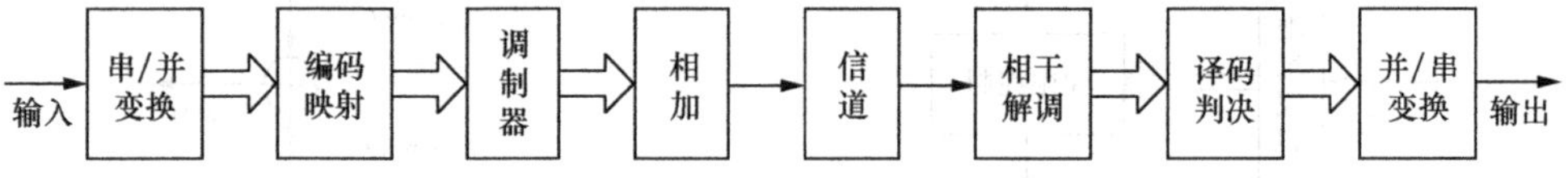

图 3-30　多载波传输系统原理图

与单载波系统相比，多载波调制技术具有如下优点。

（1）抗码间干扰和脉冲干扰能力强。

（2）抗多径干扰和频率选择性衰落的能力强。

（3）由于采用动态比特分配技术，可使系统达到最大比特率。

多载波调制可以通过多种技术途径来实现，如多音实现（Multitone Realization）、正交频分复用（Orthogonal Frequency Division Multiplexing，OFDM）、MC-CDMA 和编码 MCM（Coded MCM）。其中，正交频分复用（OFDM）方式是一种高效调制技术，它具有较强的抗多径传播和频率选择性衰落的能力以及较高的频谱利用率，因此得到了深入的研究。OFDM 系统已被成功地应用于接入网中的高速数字环路（HDSL）、非对称数字环路（ADSL）、高清晰度电视（HDTV）的地面广播系统。在移动通信领域，OFDM 是第四代、第五代移动通信系统采用的技术。

1. 子信道无重叠的多载波数据传输

最简单的多载波调制方式是将数据流分成多个子比特流，再调制于不同中心频率的正交子载波上。选择子比特流的个数时应使每个子比特流的码元周期远大于信道的时延扩展，子比特流的带宽相应地将远小于信道的相干带宽，这样就可以保证子比特流没有明显的 ISI。

图 3-31 给出了一个多载波发射机。输入的比特流通过串并变换分为 N 个子比特流。用 QAM 或 PSK 等线性调制方式将第 n 个子比特流调制到子载波 f_n 上，带宽为 B_N。我们假设各子载波为相干解调，这样，分析中子载波的相位可以忽略。

为使子信道不重叠，令 $f_i = f_0 + i \times B_N$ ，$i = 0,1,\cdots,N-1$，这样，每个子比特流占用一个带宽为 B_N 的正交子信道，总带宽为 $NB_N = B$，总数据传输速率为 $NR_N = R$。由此可见，这种多载波调制并没有改变原系统的数据速率或信号带宽，但因为 $B_N << B_c$，所以它几乎没有 ISI。图 3-32 所示是这种多载波调制的接收机。每个子比特流先经过一个窄带滤波器以滤除其他子比特流，再经解调、串并变换后合为原始数据流。

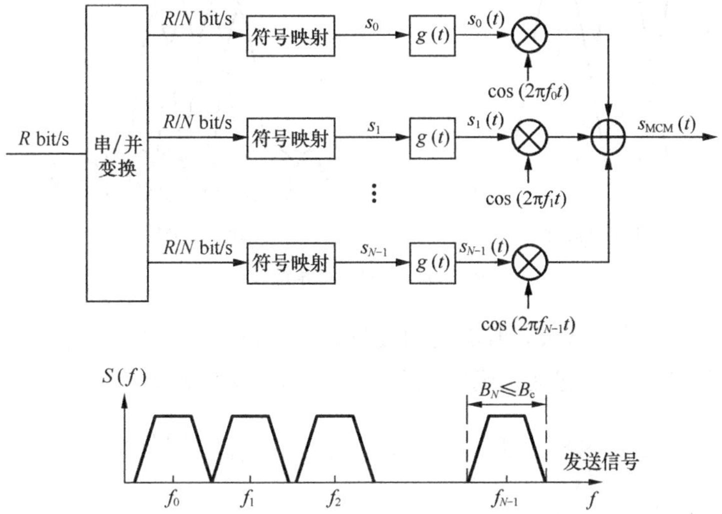

图 3-31　多载波发射机

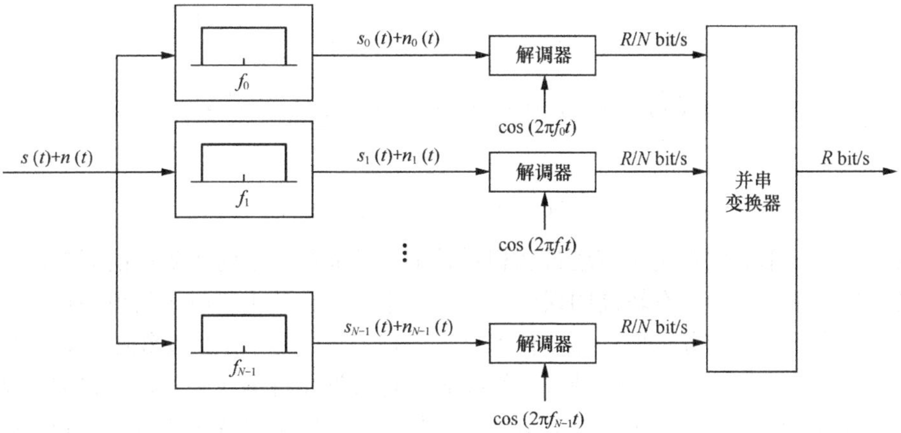

图 3-32　多载波接收机

子信道无重叠的多载波调制技术即是传统的频分复用调制，这种方法的优点是实现简单直接；缺点是频谱的利用率低，子信道之间要留有保护频带，而且在频分路数 N 较大时多个滤波器的实现有困难。

2．子信道可重叠的多载波调制

通过重叠子信道可以提高多载波调制的频带利用率。为使接收端译码器可将其分离，各子信道仍必须是正交的。有两种方法可以获得重叠子信道。

第 1 种方法是：各子载波间的间隔选取使得已调信号的频谱部分重叠，同时使复合谱是平坦的，如图 3-33（a）所示。重叠的谱的交点在信号功率比峰值功率低 3 dB 处。子载波之间的正交性通过交错同相或正交子带的数据得到（即将数据偏移半个码元周期）。

第 2 种方法是：各子载波是互相正交的，且各子载波的频谱有 1/2 的重叠，如图 3-33（b）所示。该调制方式被称为正交频分复用（OFDM）。此时的系统带宽比 FDMA 系统的带宽节省一半。

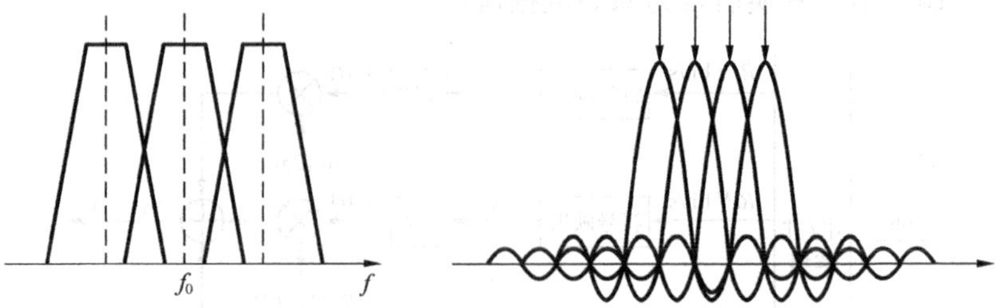

(a) 3dB 频分复用　　(b) OFDM

图 3-33　子载波频率设置

为了能分离出重叠的子载波，所需要的接收机结构将与图 3-32 不同。重叠子信道系统的接收机结构如图 3-34 所示，它能正确解调发送符号而不受重叠子信道的干扰。

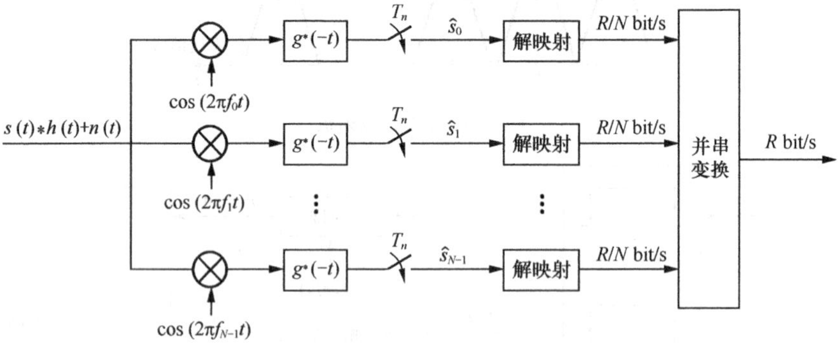

图 3-34　重叠子载波系统的接收机

多载波调制技术的优点是子信道带宽相对较窄，从而抑制了时延扩展的影响。但子信道上的平衰落将使某些子信道有较高的误码率。由于平衰落会严重影响子信道的传输性能，所以对子信道的衰落补偿十分重要。补偿技术有很多种，包括时频域的交织编码、频域均衡、预编码、自适应加载等。其中，时频域交织编码先将数据比特编成码字，再将编码结果在时域和频域上进行交织，而后通过各子信道传送，从而使码字中的各个比特经历独立的衰落。如果多数子信道有较高的信噪比，则接收到的码字中多数比特都是正确的，个别差的子信道上的误码会被编码纠正。这种跨子信道的编码利用了多载波系统内在的频率分集特性来纠正误码，只有整个系统带宽内有充分的频域分集时，它才能良好地工作。如果信道的相关带宽较大，则子信道的衰落将高度相关，这将严重影响编码的效果。多数编码方案都假设接收端已知信道信息，信道估计一般是通过在时域和频域发送二维导频信号实现的。

3. 正交频分复用调制

（1）OFDM 的基本原理

虽然 20 世纪 50 年代就已经提出了多载波调制，但由于各子信道需要有单独的调制解调器，这对当时的多数系统来说过于复杂。直到 20 年后，离散傅里叶变换（Discret Fourier Transform，DFT）及其逆变换（Inverse DFT，IDFT）给出了简单、低成本的实现方式，才使多载波调制技术获得了广泛应用。

正交频分复用（OFDM）将系统带宽 B 分为 N 个窄带的信道，输入比特流经串并变换分为 N 个比特流，然后分配在 N 个子信道上传输。作为一种多载波传输技术，OFDM 要求各子载波保持相互正交。

若选择载波频率间隔 $\Delta f=1/T_s$，则 OFDM 信号不但保持各子载波相互正交，而且可以用离散傅里叶反变换（IDFT）来表示，而 IDFT 可以利用逆快速傅里叶变换（Inverse Fast Fourier Transform，IFFT）高效实现。

在 OFDM 系统中引入 IDFT 技术对并行数据进行调制和解调，OFDM 信号频谱结构如图 3-35 所示。OFDM 信号是通过基带处理来实现的，不需要振荡器组，从而大大降低了 OFDM 系统实现的复杂性。

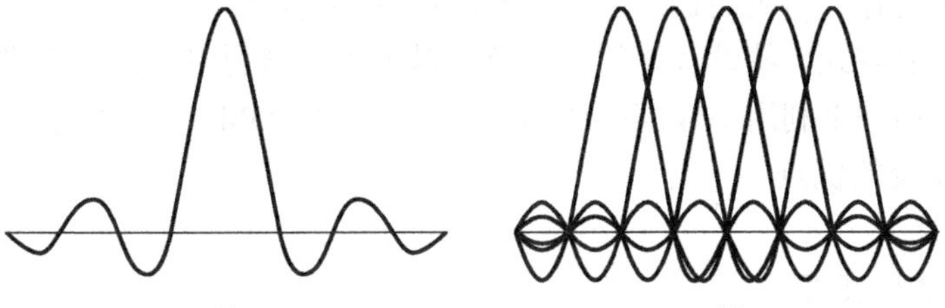

(a) (b)

图 3-35 OFDM 信号频谱结构

（2）OFDM 信号调制与解调

OFDM 信号的产生是基于快速离散傅里叶变换 IFFT 实现的，其产生原理如图 3-36（a）所示。图中，输入信息速率为 R_b 的二进制数据序列 $\{b_k\}$，根据 OFDM 符号间隔 T_s，将其分成 R_bT_s 个比特一组。这 R_bT_s 个比特经过串/并变换分配到 N 个子信道上，经过编码后映射为 N 个复数子符号 $X[0]$，$X[1]$，…，$X[N\text{-}1]$，其中子信道 k 对应的字符 $X[k]$代表第 b_k 个比特。

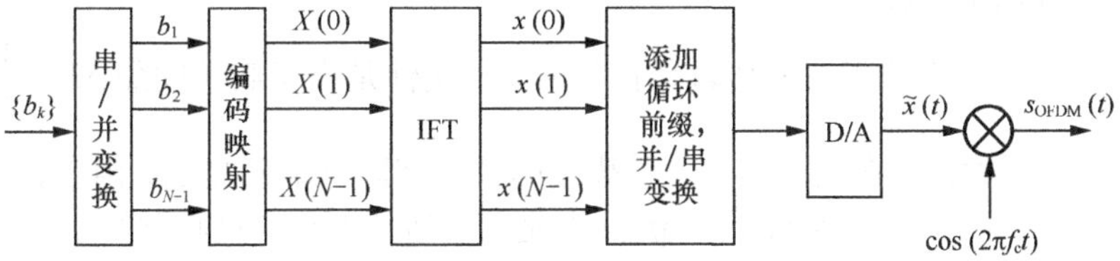

(a) 发送端

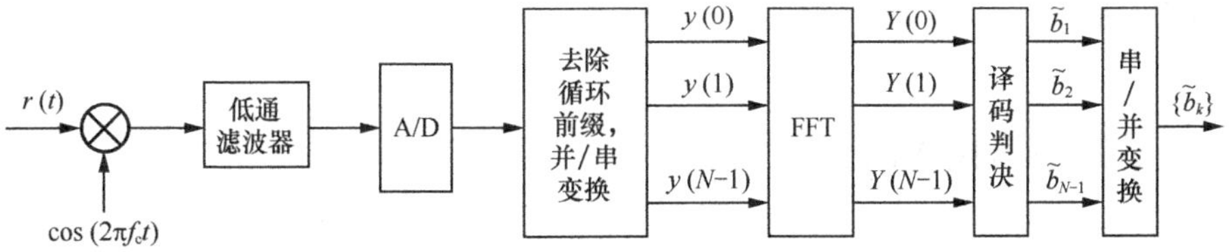

(b) 接收端

图 3-36 用 IFFT/FFT 实现 OFDM 原理图

假设离散时间信道的有限冲激响应长度为μ，则 $x[n]$再加上长度为μ的全零循环前缀（Cyclic Prefix, CP），形成时域样值序列 $\tilde{x}[n]=x[-\mu],\cdots,x[N-1]=x[-\mu],\cdots,x[0],\cdots,x[N-1]$，经

过并/串变换后按顺序通过 D/A 变换器，得到 OFDM 基带信号 $\tilde{x}(t)$，再上变频到频率 f_c。

发送信号经信道冲激响应滤波后叠加了噪声，形成接收信号 $r(t)$。接收信号经下变频至基带，通过滤波器滤除高频成分，再通过 A/D 变换器得到样值序列。再去除样值序列的前 μ 个样值组成的前缀。对所得到的 N 个样值经过串/并变换、FFT、均衡、译码判决、串/并变换后得到原始二进制数据序列。

在 OFDM 系统中，符号周期、载波间距和子载波数应根据实际应用条件合理选择。符号周期的大小影响载波间距以及编码调制延迟时间。若信号星座固定，则符号周期越长，抗干扰能力越强，但是载波数量和 FFT 的规模也越大。各子载波间距的大小也受到载波偏移及相位稳定度的影响。一般选定符号周期时应使信道在一个符号周期内保持稳定。子载波的数量根据信道带宽、数据速率以及符号周期来确定。OFDM 系统采用的调制方式应根据功率及频谱利用率的要求来选择。常用的调制方式有 QPSK 和 16QAM 方式。另外，不同的子信道还可以采用不同的调制方式，特性较好的子信道可以采用频谱利用率较高的调制方式，而衰落较大的子信道应选用功率利用率较高的调制方式，这是 OFDM 系统的优点之一。

（3）OFDM 系统的优点

① 抗脉冲干扰

② 抗多径传播与衰落

③ 频谱利用率高

（4）多载波系统中的挑战

① 峰均比

峰均（功率）比（Peak-to-Average power Ratio，PAR）是通信系统中的一个重要指标。低峰均比可以使功放高效工作，而当峰均比较高时，功放必须要有较大的功率回馈才能保证信号的线性放大。而且，高峰均比信号的动态范围很大，这要求接收端有高分辨率的 A/D 变换器，相应将提高接收机前端的实现复杂度和功耗。

② 频率偏移和定时偏移

OFDM 调制通过正交的子信道传输数据符号，正交性是靠子载波间隔 $\Delta f = \dfrac{1}{T_s}$ 保证的。子信道在频域可能是重叠的，在实际当中，子载波的频率间隔是非理想的，由于振荡器不匹配、多谱勒频移以及定时同步误差等原因，Δf 并不是精确等于 $1/T_s$。这将破坏子信道的正交性，于是 FFT 输出的样值将包含邻近信道的干扰。

3.2 扩频通信

3.2.1 扩频通信技术简介

1. 扩频通信

扩频通信，即扩展频谱通信，就是在发送端用某个特定的扩频函数，如伪随机编码序列，将待传输的信号频谱扩展至很宽的频带，变为宽带信号，送入信道中传输，在接收端再利用相应的技术或手段将扩展了的频谱进行压缩，恢复到基带信号的频谱，从而达到传输信息、抑制传输过程中噪声和干扰的目的。

扩频通信系统是采用扩频通信技术的系统。在扩频通信系统中，扩展频谱后传输的信号的带宽是原信号带宽的几百、几千甚至是几万倍，因此决定传输信号带宽的重要因素已不是信号本身，而是扩频函数。由此可见，扩频通信系统有以下两个特点。

（1）传输信号的带宽远大于被传输的原始信号的带宽。

（2）传输信号的带宽主要由扩频函数决定，此扩频函数通常为伪随机编码信号。

以上两个特点可作为判断一个通信系统是否是扩频通信系统的准则。

2. 典型扩频通信系统框图

图 3-37 是一个典型的扩频通信系统框图，由发送端、接收端和无线信道 3 部分组成。发送端和接收端分别对应 4 个单元：信源和信宿，编码和译码，扩频和解扩，调制和解调。相比传统的数字移动通信系统，增加了扩频和解扩单元。

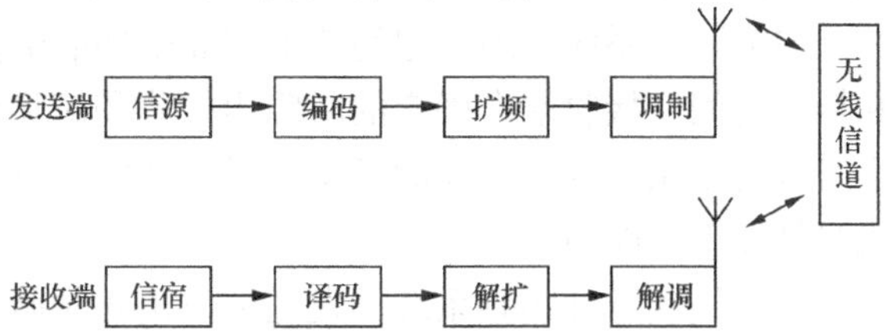

图 3-37 典型的扩频通信系统框图

在图3-37中，系统各单元功能简介如下。

（1）信源和信宿

信源是指发送信息的单元，信宿是指接收信息的单元，通信就是在信源与信宿之间传输信息的过程。

（2）编码和译码

编码和译码包括信源编译码和信道编译码。信源编码的目的是压缩数据率，去除信号中的冗余度，提高传输的有效性。信源译码是信源编码的逆过程。信道编码的目的是增加信息的冗余度，使其具有检错和纠错的能力，试图以最少的监督码元为代价，换取最大程度的可靠性的提高。信道译码是信道编码的逆过程，也是实现检错和纠错的过程。

（3）扩频和解扩

扩频是将信号的频谱扩展，解扩是实现扩频信号的还原，扩频和解扩的目的是提高系统的容量和频谱利用率，抗多径、抗干扰、抗衰落，实现多址接入等。

（4）调制和解调

调制是指载波调制，目的是实现频谱搬移，使调制后的信号适应无线信道的特点，适合在无线信道传输。解调是调制的逆过程。

（5）无线信道

无线信道是移动通信信号传输的载体。无线信道有其固有的特点，存在各种干扰、噪声、多径和衰落，所有的移动通信技术都是为了克服和消除这些影响，提高移动通信中信息传输的有效性、可靠性和安全性。

3.2.2 扩频通信系统分类及特点

1. 扩频通信系统分类

根据通信系统产生扩频信号的方式，扩频通信系统可以分为以下 5 种。

（1）直接序列扩频通信系统，通常记为 DS（Direct Sequence）。原始信号经过载波调制以后，再用比特速率远高于原始信号带宽的数字序列对已调信号进行扩频，用于扩频的数字序列通常称为地址码。接收端产生一个与发送端的地址码完全相同的码序列，对接收信号解扩，使信号重新恢复到原始信号带宽。这种扩频信号的功率谱密度主要取决于信号功率和地址码。

（2）跳频系统，通常记为 FH（Frequency Hopping）。采用码序列（地址码）控制信号的载波，使之在多个频率上跳变而产生扩频信号。接收端产生一个与信号载波频率变化相同的信号，用它作变频参考，再把信号恢复到原来的频带。跳频系统可随机选取的频率数通常是几百个或更多。频率变化的速率是 $10\sim10^5$ 次/s。从长时间看，跳频信号的频谱是在载波频率变化范围内均匀分布的。跳频系统受到的干扰，主要是由信号在全部使用频率中的多少个频点上受到干扰所决定的，而与干扰信号的强度关系不大。因此，跳频常用于信道不稳定和信号起伏较大的移动通信系统中。

（3）跳时系统，通常记为 TH（Time Hopping）。发送端采用地址码控制信号的发送时刻和持续时间。接收端在确定的时隙内接收和解调信号。跳时信号有很小的占空比，可用以减小时分复用系统各信号间的干扰。跳时通常与其他扩频方式结合起来使用，单纯使用跳时方式时抑制干扰能力很差。

（4）线性脉冲跳频系统。发送端发出射频脉冲信号，在每一脉冲周期中频率按某种方式变化。在接收端用色散滤波器解调信号，使进入滤波器的宽脉冲前后经过不同时延而同时到达输出端，这样就把每个脉冲信号压缩为瞬时功率高、但脉宽窄得多的脉冲，因而提高了信扰比。这种调制主要用于雷达通信，在移动通信中也有应用。

（5）混合扩频通信系统。以上几种基本的扩展频谱通信系统各有优缺点，单独使用其中一种系统有时难以满足要求，将以上几种扩频方法结合起来就构成了混合扩频通信系统。常用的有跳频-直接序列混合扩频系统（FH/DS），直接序列-跳时混合扩频系统（DS/TH），跳频-跳时混合扩频系统（FH/TH）等。它们比单一的直接序列、跳频、跳时系统具有更优良的性能。

① 跳频-直接序列混合扩频系统可看作是一个载波频率做周期跳变的直接序列扩频系统，采用这种混合扩频方式能够大大提高扩频系统的性能，具有通信隐蔽性好、抗干扰能力强的特点，跳频系统的载波频率难于捕捉，适应于多址通信和多路复用等，尤其在要求扩频码速率过高或跳频数目过多时，采用这种混合扩频系统特别有利。

② 当直接序列扩频系统中可使用的扩频码序列的数目不能满足多址或复用要求时，增加时分复用（Time Division Multiplex，TDM）是一种有效的解决办法。这种方法既可增加用户的地址数，又可改善邻台的干扰性能，组成所谓的跳时-直接序列混合扩频系统。

③ 跳时-跳频混合扩频系统特别适用于大量电台同时工作、其距离或发射功率在很大范围内变化、需要解决通信中远近效应问题的场合。跳时-跳频混合扩频系统利用简单的编码作为地址码，主要用于多址寻址，扩展频谱不是其主要目的。

2．扩频通信系统主要特点

扩频通信系统是采用扩频技术的系统，它的主要优点如下。

（1）抗干扰能力强。

（2）多址能力强。

（3）保密性强，抗截获、抗检测能力强。

（4）抗衰落能力强。

（5）抗多径能力强。

（6）高分辨率测距。

3.2.3　扩频系统中常用的扩频码

1．理想地址码和扩频码

（1）理想地址码和扩频码的特点

在扩频通信系统中，决定系统性能的主要因素是扩频函数。在CDMA系统中，主要体现在扩频码，它直接关系到系统的多址能力，抗噪声、抗干扰、抗多径和衰落的能力，保密性，以及算法实现的复杂度等，因此扩频码和地址码的设计是CDMA系统中的关键技术之一。

理想的扩频码和地址码必须具备以下特性。

① 良好的自相关和互相关特性，即尖锐的自相关函数和几乎处处为零的互相关函数。

② 尽可能长的码周期，使干扰者难以通过扩频码的一小段去重建整个码序列，确保抗侦破与抗干扰的要求。

③ 足够多的码序列，用来作为独立的地址，以实现码分多址的要求。

④ 易于产生、复制、控制和实现。

从理论上说，用纯随机序列去扩展信号频谱是最理想的，但在接收机中解扩时必须有一个同发送端扩频码同步的副本。考虑到纯随机序列的产生、复制、控制和实现的复杂性，在实际应用中采用伪随机或伪噪声（PN）序列作为扩频码。伪随机序列具有类似白噪声的性质，但它又是周期性的、有规律的，既容易产生，又可以加工和复制。

目前常用的、较为理想的扩频码和地址码有：伪随机（PN）码、沃尔什（Walsh）码和正交可变速率扩频增益（OVSF）码等。

（2）CDMA系统地址码和扩频码的应用

在CDMA系统中，扩频码和地址码的应用主要可以分为3类。

① 用户地址码。用于区分不同的移动用户。

② 信道地址码。用于区分每个小区（或扇区）的不同的信道。它分为单业务、单速率信道地址码和多业务、多速率信道地址码。

③ 小区地址码。用于区分不同的基站或扇区。

2．常用的较理想的码序列

（1）伪随机码

① 伪随机（PN）码又称为伪噪声码，简称PN码。伪噪声码是一种具有白噪声性质的码。白噪声是服从正态分布、功率谱在很宽的频带内均匀的随机过程。白噪声具有优良的相关特性，但工程无法实现，因此采用类似带限白噪声统计特性的伪随机码来逼近。

② 伪随机序列的应用。二进制的m序列是一种重要的伪随机序列，有时称为伪噪声（PN）序列，“伪”指这种码是周期性的序列，易于产生和复制，但其随机性接近于噪声或者随机序列。除m序列外，伪随机序列还有二次剩余序列、M序列等。伪随机序列有如下应用。

- 作为信源；
- 通信加密；

- 数据序列的加扰与解扰；
- 扩展频谱通信；
- 分离多径技术。

（2）m 序列

m 序列是一种伪随机序列，是由 n 级移位寄存器产生的周期最长的序列，又称最大长度序列。由于其具有优良的自相关函数，易于产生和复制，因此在扩频码中占据特别重要的地位，在扩频通信系统中得到广泛的应用。如在 CDMA 系统中作扩频码，在频率跳变系统中用来控制频率合成器、组成跳频图样等。

m 序列是最长线性移位寄存器序列的简称，它是由带线性反馈的移位寄存器产生的周期最长的一种序列。n 级非退化的线性移位寄存器的组成如图 3-38 所示。

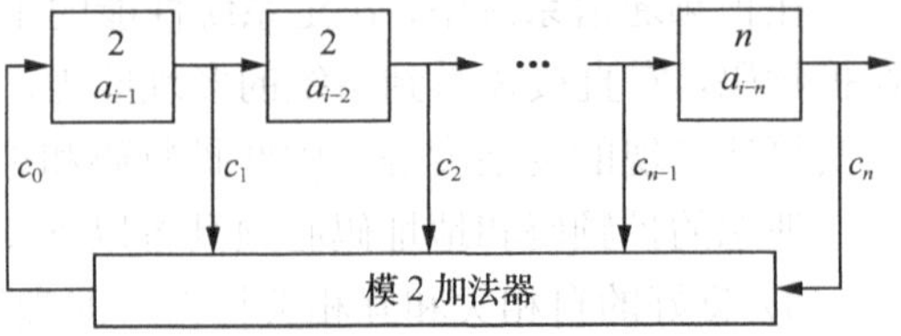

图 3-38　n 级非退化的线性移位寄存器的组成

（3）Gold 序列

m 序列具有理想的自相关特性，但互相关特性不好，特别是使用 m 序列作为码分多址地址码时，由于其互相关特性不理想，使得系统内多址干扰严重，且 m 序列作为地址码数量较少。

Gold 序列是 R.Gold 提出的一类伪随机序列，它具有良好的自相关和互相关特性，可以用作地址码的数量远大于 m 序列，而且结构简单，易于实现，在工程中得到广泛的应用。

R.Gold 指出：给定移位寄存器级数 n 时，总可以找出一对互相关函数最小的码序列，采用移位相加的方法构成新码组。新码组互相关旁瓣都很小，而且自相关函数和互相关函数都是有界的，这个新码组被称为 Gold 码或 Gold 序列。

Gold 序列是 m 序列的复合码序列，它由两个码长相等的 m 序列优选对的模 2 和序列构成。m 序列优选对是指在 m 序列集中，其互相关函数绝对值的最大值最小的一对 m 序列。

（4）Walsh 序列

如果序列间的互相关函数值很小，特别是正交序列的互相关函数为 0，这类序列称为第二类伪随机序列。Walsh 序列是第二类伪随机序列。Walsh 函数是以数学家 Walsh 的名字命名的，他证明了 Walsh 函数的正交性。Walsh 函数是有限区间上一组归一化正交函数集，可由哈达玛矩阵、莱德马契函数、沃尔什函数自身的对称特性等产生。

Walsh 序列具有如下特征。

① Walsh 序列是一类正交序列。

② 两个 Walsh 码序列相乘仍是 Walsh 码序列，这个码序列的编号是相乘两个码序列的模 2 加。

③ 同长度而不同编号的 Walsh 码的频带宽度是不同的，所以 Walsh 码不适合用作扩频码，Walsh 码在纠错编码、保密编码等通信领域有广泛的应用。

3．扩频通信的主要性能指标

（1）扩频处理增益

处理增益 G 定义为频谱扩展后的信号带宽 B_2 与频谱扩展前的信号带宽 B_1 之比，即

$$G=\frac{B_2}{B_1}=\frac{R_2}{R_1}=\frac{T_1}{T_2} \tag{3-3}$$

式中，T_1 为信息数据脉宽，T_2 为 PN 码的码元宽度，R_1 为信息速率，$R_1=1/T_1$，R_2 为 PN 码的时钟速率，$R_2=1/T_2$。

处理增益也可表示为

$$G=\frac{(S/N)_{\text{out}}}{(S/N)_{\text{in}}} \tag{3-4}$$

式中，$(S/N)_{\text{out}}$ 为扩频解扩后的信噪比，$(S/N)_{\text{in}}$ 为扩频解扩前的信噪比。

在工程中，一般用对数形式表示为

$$G=10\lg\left(\frac{(S/N)_{\text{out}}}{(S/N)_{\text{in}}}\right)\quad \text{dB} \tag{3-5}$$

（2）干扰容限

干扰容限是指在保证系统正常工作的条件下，接收机能够承受的干扰信号比有用信号高出的 dB 数，用 M_{j} 表示，有

$$M_{\text{j}}=G-\left[L_{\text{s}}+\left(\frac{S}{N}\right)_0\right]\quad \text{dB} \tag{3-6}$$

其中，L_{s} 为系统内部损耗；$(S/N)_0$ 为系统正常工作时要求的最小输出信噪比，即相关器的输出信噪比或解调器的输入信噪比；G 为系统的处理增益。

干扰容限直接反映了扩频系统接收机可能抵抗的极限干扰强度，即只有当干扰源的干扰功率超过干扰容限后，才能对扩频系统形成干扰。因而，干扰容限往往比处理增益更能反映系统的抗干扰能力。

3.2.4 多址接入技术

多址接入技术是移动通信中的关键技术之一。多址接入要解决的问题是保证多个移动用户同时共享有限的无线频谱，并且保证系统具有良好的通信性能。

1. 多址接入技术简介

在移动通信系统中，许多用户同时通话，它们多位于不同的地方，并处于运动状态。这些用户由于使用共同的传输媒介，各用户间可能会产生相互干扰，称为多址干扰。为了消除或减少多址干扰，不同用户的信号必须具有某种特征，以便接收机能够将不同用户信号区分开。

信号的特征主要表现在 3 个方面：信号的工作频率、信号出现的时间、信号具有的特定波形。依据信号的不同特征，主要的多址方式有频分多址（Frequency Division Multiple Access，FDMA）、时分多址（Time Division Multiple Access，TDMA）、码分多址（Code Division Multiple Access，CDMA）以及空分多址（Space Division Multiple Access，SDMA）等，图 3-39 是 FDMA、TDMA 和 CDMA 3 种接入方式的示意图。

频分多址（FDMA）是不同用户使用不同频带实现信号分割。时分多址（TDMA）是不同用户使用不同时隙实现信号分割。码分多址（CDMA）是所有用户使用同一频带在同一时隙传送信号，其信号分割是利用不同地址码波形之间的正交性（或准正交性）来实现的。空分多址（SDMA）是利用空间分割构成不同的信道分配给不同的用户。其中频分多址、时分多址和码分多址是 3 种基本的多址方式，下面将介绍不同多址方式的基本原理和特点。

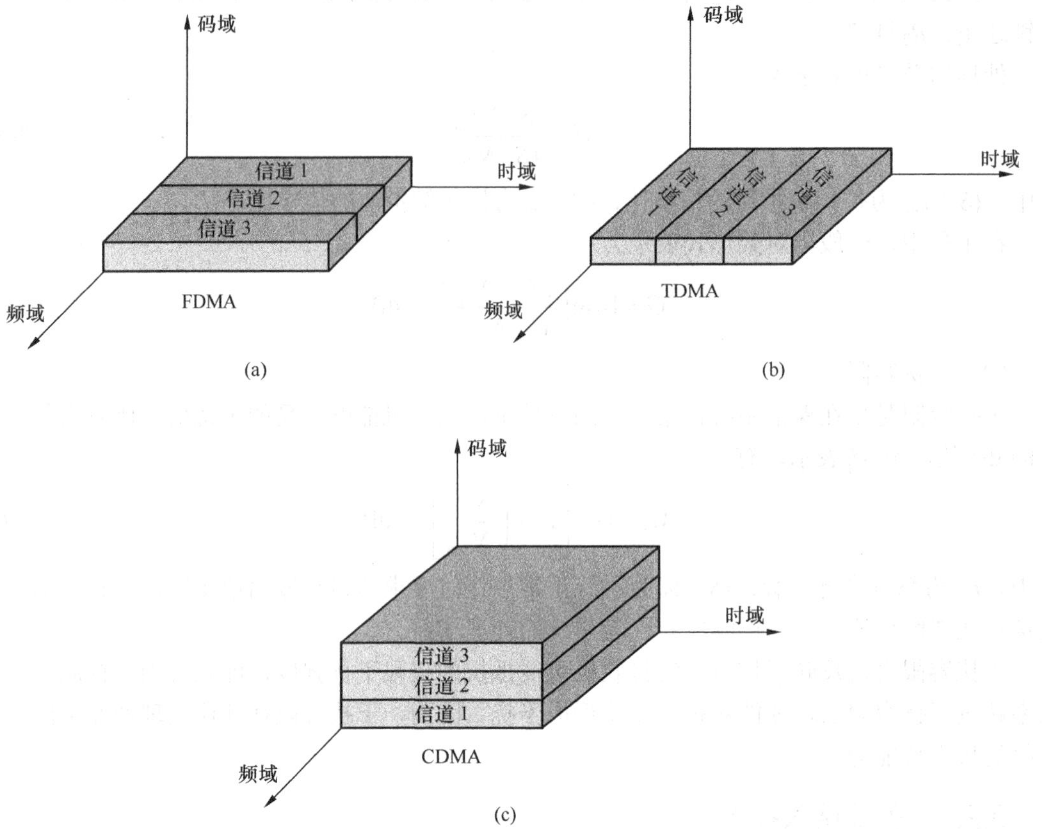

图 3-39　3 种接入方式示意图

2. 频分多址

频分多址（FDMA）是最成熟的多址复用方式之一，它是基于频率划分信道的，把可以使用的总频段平均划分为 N 个频道，这些频道在频域上互不重叠，每个频道就是一个通信信道，如图 3-39（a）所示。系统为每一个用户指定特定的信道，在通信的整个过程中，其他用户不能共享这一频段。实际应用中，在各个频道之间有保护频段，以免因系统的频率漂移造成频道间的重叠，带来不必要的干扰。

采用频分多址的系统，需要进行复杂和严格的频率规划，以减少干扰。FDMA 的优点是技术成熟、稳定、容易实现且成本较低。它的主要缺点是频谱利用率较低、容量小、越区切换比较复杂、容易产生掉话、基站设备庞大、功率损耗大等。

在模拟蜂窝移动通信系统中通常采用频分多址，而在数字蜂窝系统中，则很少单独采用频分多址的方式。

3. 时分多址

时分多址（TDMA）也是非常成熟的通信技术。TDMA 是在同一载波上，将时间分成周期性的帧，每一帧再分割成若干的时隙（每一帧和每个时隙都互不重叠），每个时隙是一个通信信道，分配给用户使用，如图 3-39（b）所示。

当移动台需要发送信息时，系统根据一定的时隙分配原则，使各个移动台在每一帧内只能按照指定的时隙向基站发射信号，在满足定时和同步的条件下，基站可以在各个时隙接收到各移动台的信号而互不干扰。同时，基站发向各个移动台的信号都顺序安排在预定的时隙中传输，各个移动台在指定的时隙内接收，就能将发给它的信号区分出来。时分多址的关键是定时和同步控制，否则会因为时隙的错位和混乱导致无法正确接收。TDMA 的帧结构如图 3-40 所示。

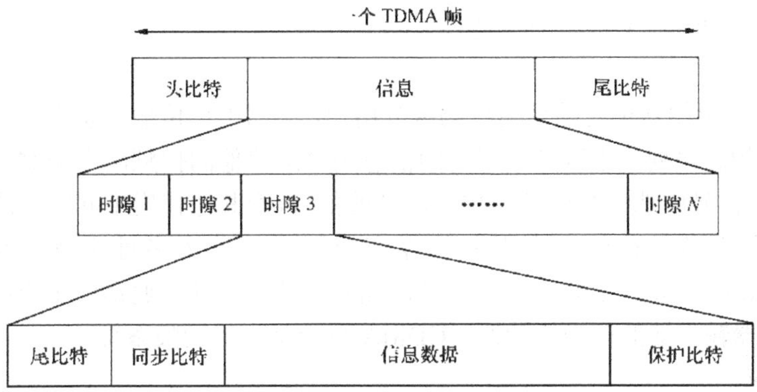

图 3-40 TDMA 的帧结构

和频分多址相比，时分多址具有如下特点。

（1）抗干扰能力强，频带利用率高，系统容量大。

（2）基站复杂度降低，互调干扰小。

（3）越区切换简单。

（4）系统需要精确的定时和同步。

TDMA 系统提供业务的能力有所提高，可以承载语音业务和低速的数据业务。在第二代数字移动通信系统中，通常采用时分多址的方式。

4. 码分多址

（1）码分多址的特点

现代移动通信在经历了第一代模拟通信系统和第二代数字通信系统（以 GSM 和窄带 CDMA 为代表）之后，为适应市场发展的要求，由国际电信联盟（ITU）主导协调，自 1996 年开始了第三代（3G）宽带数字通信系统的标准化进程。在 3G 的三大主流标准 WCDMA、CDMA2000 和 TD-SCDMA 中，都采用了码分多址（CDMA）技术，因此 CDMA 成为 3G 系统的最佳多址接入方式。

CDMA 采用扩频通信技术，每个用户分配特定的地址码，利用地址码相互之间的正交性（或准正交性）完成信道分离的任务。CDMA 在频率、时间、空间上可以相互重叠，如图 3-39（c）所示。

CDMA 系统采用扩频技术，与 FDMA 和 TDMA 相比，具有许多独特的优点，主要体现在如下方面。

- 系统容量大且有软容量的特性。

- 可采用语音激活技术。
- 抗干扰、抗多径能力强。
- 软切换。
- 可采用多种分集技术。
- 低信号功率谱。
- 频率规划简单，可同频组网。
- 保密性好。

（2）CDMA 移动通信系统具有的特性

① 多址干扰

CDMA 技术采用相互正交的伪随机码区分用户，不同用户传输信息所用的信号用各不相同的地址码（扩频码序列）来区分，用户的信息用分配给他的扩频码来调制。接收机相关器可在多个 CDMA 信号中选出其中使用预定码型的信号，而其他使用不同码型的信号不能被解调，他们的存在相当于在信道中引入了噪声或干扰，称为多址干扰（Multiple Access Interference，MAI）。多址干扰也指系统内移动用户的相互干扰，通话的用户越多，相互间的干扰越大，解调器输入端的信噪比越低。CDMA 系统是干扰受限系统。

② 远近效应

远近效应是指在上行链路中，如果小区内所有终端的发射功率相等，而各终端与基站的距离是不同的，由于传播路径不同，路径损耗会大幅度变化，导致基站接收距离较近终端的信号强，接收较远距离终端的信号弱。由于 CDMA 是同频接收系统，较远距离终端的弱信号淹没在较近终端的强信号中，从而使得部分终端无法正常工作。由于移动终端在小区内的位置是随机的，经常变动，为了解决远近效应，保证相同的接收功率，必须实时改变发射功率。远近效应仅存在于上行链路，而在下行链路中不存在。

③ 边缘问题

边缘问题是指在 CDMA 蜂窝移动通信系统中，移动终端进入小区边缘地区时，接收到其他小区的干扰大大增强，尤其是移动终端在此地区慢移动时，由于深度瑞利衰落的影响，差错编码和交织编码等抗衰落措施不能有效地消除其他小区信号对它的干扰。为了解决边缘问题，要求当前小区基站增加对小区边缘地区的发射功率，以弥补在小区边缘地区移动台慢移动时的性能损失。

④ CDMA 系统接收的特点

由于多个用户发射的 CDMA 信号在频域和时域是相互重叠的，因此用传统的滤波器或选通门是不能分离信号的，对某用户发送的信号，只有采用与其相匹配的接收机通过相关检测才可能正确接收。

利用各自编码序列的不同，或者说信号波形的不同，接收机用相关器从多个 CDMA 信号中选出其中使用预定码型的信号，其他使用不同码型的信号因为与接收机产生的本地码型不同而不能被解调。

⑤ CDMA 系统软容量的特点

对于 FDMA 和 TDMA 来说，如果小区的频点或时隙已分配完，则该小区不能接受新的呼叫，容量有硬性限制，可接入的用户数是固定的，当没有空闲信道时，无法多接入任何一个其他的用户。而 CDMA 是干扰受限系统，在指定的干扰电平下，即使用户数已达到限定数目，也允许增加个别用户，其影响是造成语音质量下降，这样的机制可减少呼损。软容量对于解决通信高峰期时的通信阻塞问题和提高移动用户越区切换的成功率无疑是非常有意义的。软容量示意图如图 3-41 所示。

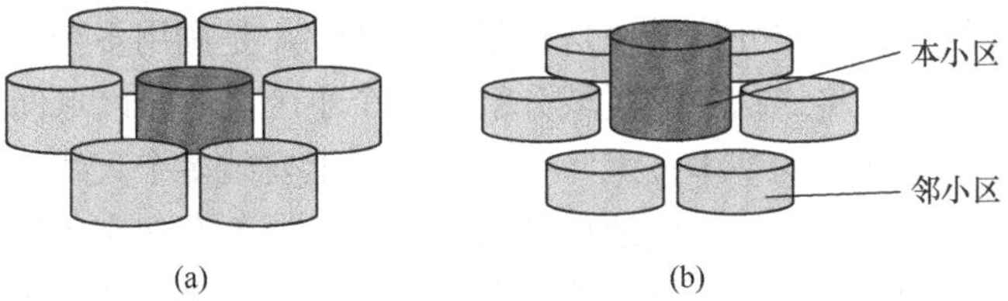

图 3-41　软容量示意图

- 当 CDMA 网络中所有的小区的业务强度相当时，各小区具有相同的容量，如图 3-41（a）所示。
- 当邻小区的用户数目较少，业务强度较低时，对本小区的干扰也就较小，本小区可以容纳更多的用户，即具有更大的容量，如图 3-41（b）所示。
- 反之，当邻小区的业务强度很大时，对本小区的干扰较大，则本小区的容量就会减少。

⑥ CDMA 系统的小区呼吸效应

CDMA 系统中，小区的容量和覆盖与系统干扰有紧密的关系。

- 当小区内用户数量增长，也就是小区容量增大时，小区基站处接收到的干扰也随之增大，这就意味着小区边缘的一些用户即使在最大发射功率的情况下也无法保证自身与基站之间连接的服务质量的等级要求，于是这些用户便会被切换到相邻小区，也就是说，原小区的覆盖范围相对缩小了。
- 反之，当小区内用户数目减小，也就是小区容量降低时，系统业务强度的降低使得基站接收的干扰功率水平下降，各用户设备（UE）可以发射更小的功率来维持与基站的连接，结果导致在小区内可容忍的最大路径损耗增大，等效为小区扩张。

⑦ 软切换

切换通常指越区切换，在移动台从一个基站覆盖的小区进入到另一个基站覆盖的小区的情况下，为了保持通信的连续性，将移动台与当前基站之间的通信链路转移到移动台与新基站之间的通信链路的过程称为切换。根据切换方式不同，通常分为硬切换和软切换两种情况。

硬切换过程中，移动台先中断与旧基站的连接，然后再进行与新基站的连接，通信链路有短暂的中断时间。硬切换在空中接口过程中是先断后通，当切换时间较长时，将影响用户通话。软切换是指移动台在载波频率相同的基站覆盖小区之间的信道切换。软切换过程中，移动台既维持与旧基站的连接，同时又建立与新基站的连接，同时利用新、旧链路的分集合并技术来改善通信质量，与新基站建立了可靠连接之后，再中断旧的连接。软切换在空中接口过程中是先通后断，没有通信暂时中断的现象。

软切换的优越性在于首先与新的基站接通新的通话，然后切断原通话链路。这种先通后断的切换方式不会出现“乒乓”效应，并且切换时间也很短。

5. 空分多址

空分多址（SDMA）利用空间的分割来构成不同的信道，理论上讲，空间中的一个信源可以向无限多个方向（角度）传输信号，可以形成无限多个信道。但是发射信号需要用天线，而天线的数目是有限的，所以空分信道也是有限的。SDMA 是利用多个不同空间指向天线波束实现空间域的正交分离，将通信覆盖区域分割成多个小区，进行区域间的多址通信。

空分多址技术是卫星通信的基本技术，在一颗卫星上安装多个天线，这些天线的波束分别指向地球表面上的不同区域，各区的地球站所发射的电波不会在空中出现重叠，这样即使工作在相同时隙、相同频率和相同地址码的情况下，地球站信号之间也不会形成干扰，进而可以使系统的容量大大增加。

在陆地蜂窝移动通信系统中，需要面对如下问题。

（1）基站完全控制了前向链路上所有发射信号的功率。但是，由于每一个用户和基站间的无线传播路径不同，从每一个用户单元出来的发射功率必须动态控制，以防止任何用户功率太高而干扰其他用户。

（2）发射功率受到用户单元电池能量的限制，因此也限制了反向链路上对功率的控制程度。如果为了从每个用户接收到更多能量，使用空间过滤用户信号的方法，那么每一个用户的反向链路将得到改善，并且只需更小的功率。

陆地移动通信系统中实现 SDMA 的关键技术是“智能天线”。智能天线使用在无线基站，它根据通信中的用户终端的来波方向，自适应地对接收和发射波束赋形，并动态改变天线方向图，自动跟踪用户。这样，对于整个蜂窝小区来说构成了多个空间波束。这些空间波束之间的干扰如果能够达到足够低，在这些波束之间就可以重复使用频率、时隙、码等资源，实现空分多址通信，最大限度地利用频谱资源。由于地面移动环境复杂，用户又在不停地移动，故这些空间波束的指向也在不断变化，在某一时刻，它们之间可能互不干扰，而另一时刻则相互重叠。这样，要实现空分多址，系统必须配置非常强的快速自动信道分配（DCA）的能力，而这一技术在目前现实网络中还不具备。图 3-42 所示为利用波束赋形技术实现 SDMA 的示意图。

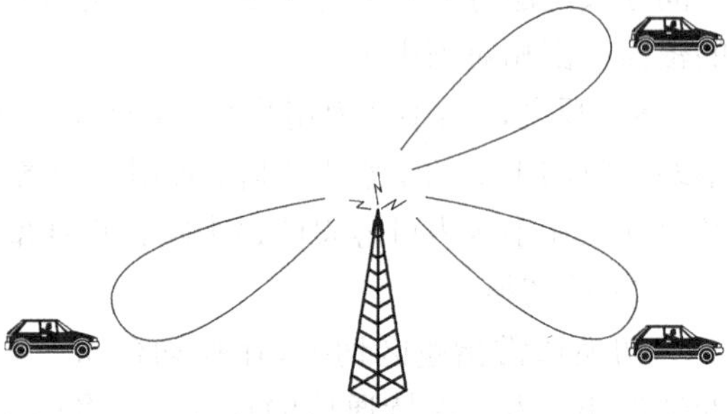

图 3-42 利用波束赋形技术实现 SDMA

在第三代移动通信系统中只有 TD-SCDMA 使用了智能天线，也就是说 TD-SCDMA 在 FDMA/TDMA/CDMA 的基础上又提供了使用 SDMA 方式的可能性，有可能充分使用频分、时分、码分和空分 4 种分割技术，解决陆地蜂窝移动通信系统中反向链路存在的问题。

6. 混合多址接入方式

在实际中通常是将 CDMA 与 FDMA、TDMA 结合在一起来使用，如图 3-43 所示。

如果将工作频段先分成若干载波频率（FDMA），对每一个频带内再进行时分（TDMA），在每个时隙内使用 CDMA，则形成 FDMA/TDMA/CDMA 方式，如图 3-43（a）所示，TD-SCDMA 系统采用了这种多址方式。TD-SCDMA 系统同时使用了频率分割、时间分割和波形分割技术，是一种最有效的组合方式。图 3-43（b）采用了 CDMA/FDMA 的混合多址方式，WCDMA/CDMA 系统采用了此种多址方式。

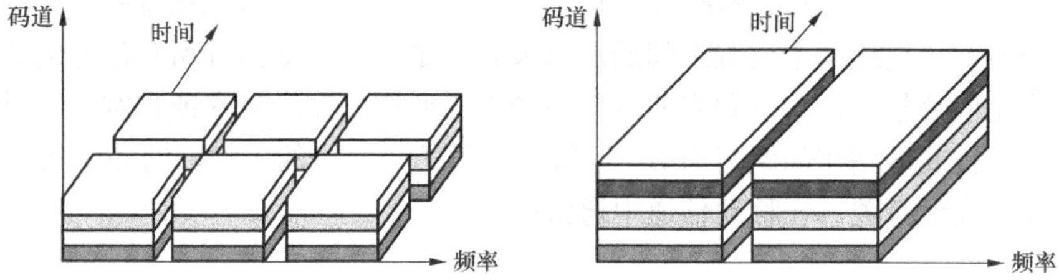

(a) TD-SCDMA 多址方式　　(b) WCDMA/CDMA 多址方式

图 3-43　混合多址接入方式示意图

3.3 抗衰落技术

衰落是影响移动通信质量的主要因素。快衰落的深度可达 30～40dB，如此巨大的衰落深度仅仅靠利用加大发射功率（1 000～10 000 倍）来克服是不现实的，而且过大的发射功率还会造成对其他无线系统的干扰。分集技术就是一种非常有效的抗衰落技术。

数字信号在传输过程中，由于受到噪声或干扰的影响，接收端可能发生错误判决而造成接收误码，纠错编码技术是用来降低比特或者数据帧的错误概率的技术。另外，在移动环境中，信道的时变多径传播特性会引起严重的码间干扰（Inter-Symbol Interference，ISI），均衡就是指在接收端采取的各种用来处理码间干扰（ISI）的技术。

3.3.1 分集

瑞利衰落和对数正态阴影衰落都会使调制性能产生很大的功率损失。减轻衰落影响的有效技术之一就是对独立的衰落信号进行分集合并。分集（Diversity）就是在独立的衰落路径上发送相同的数据，由于独立路径在同一时刻同时经历深衰落的概率很小，因此经过适当的合并后，接收信号的衰落程度就会被减小。例如，一个装有两根发送或接收天线的系统，如果天线间距足够远，那么两根天线同时经历深衰落的可能性很小，如果我们选择信号最强的那个天线，就能获得比单天线时更好的信号，此即选择合并（Selection Combining）技术。

用来对抗多径衰落的分集技术叫做微分集（microdiversity），这是本节讨论的重点。用来对抗楼房等物体的阴影效应的分集叫做宏分集（macrodiversity）。宏分集一般是将几个基站或接入点的接收信号进行合并，这样做需要不同的基站或接入点进行协作。对于有基础设施的无线网络，这种协作是网络协议的一部分。宏分集主要用于蜂窝移动通信系统中，也称为“多基站”分集。

分集有两重含义：一是分散传输，使接收端能获得多个统计独立的、携带同一信息的衰落信号；二是集中处理，即接收机把收到的多个统计独立的衰落信号进行合并（包括选择与组合）以降低衰落的影响。

1. 独立衰落路径的实现

在无线通信系统中有多种实现独立衰落路径的方法。理论和实践都表明，在空间、频率、极化、场分量、角度及时间等方面分离的无线信号，都呈现互相独立的衰落特性。据此，微分集又可分为下列5种。

（1）空间分集。空间分集的依据在于快衰落的空间独立性，即在任意两个不同的位置上接收同一个信号，只要这两个位置之间的距离大到一定程度，则两处所收信号的衰落是不相关的。在接收空间分集中，实现独立的衰落路径不需要增加发送功率或带宽，不过，空间分集的接收机至少需要两副相隔距离为 d（近似于波长的一半）的天线，间隔距离 d 与工作波长、地物及天线高度有关，在移动信道中通常取：

$$d=\begin{cases}0.5\lambda & \text{市区}\\ 0.8\lambda & \text{郊区}\end{cases} \tag{3-7}$$

在满足上式的条件下，两信号的衰落相关性已很弱；d 越大，相关性越弱。

由式（3-7）可知，在900MHz的频段工作时，两副天线的间隔只需0.27m，即使在移动台特别是车载台安装这样两副天线也并不困难，因此空间分集不仅适用于基站（取 d 为几个波长），也可用于移动台。

（2）极化分集。极化分集使用不同极化方式（如水平极化和垂直极化）的两根发送或接收天线。不同极化方式的两路信号经由相同的路径传播，传播环境中的许多随机反射将把信号功率大致均匀地分配在两个极化方向上，于是按两种不同极化接收的功率近似相同。因为相对于每个极化方向的散射角是任意的，所以不同极化的接收功率同时经历深衰落的可能性很小，因而可以实现极化分集并获得抗衰落的效果。

极化分集可以看成空间分集的一种特殊情况，它也要用两副天线（二重分集情况），但仅仅利用了不同极化的电磁波的不相关衰落特性，因而缩短了天线间的距离。但极化分集有两个缺点：首先，对应于两种极化方向，最多只能有两个分集支路；其次，因为发送或接收功率要分配到两个极化天线上，所以极化分集有3dB的功率损失。

（3）角度分集。角度分集的做法是使电波通过几个不同路径，并以不同角度到达接收端，而接收端利用多个方向性尖锐的接收天线能分离出不同方向来的信号分量。由于这些分量具有互相独立的衰落特性，因而可以实现角度分集并获得抗衰落的效果。这种技术或者需要足够多的定向天线以覆盖信号所有可能的到达方向，或者就用一根天线来对准其中的一个方向（信号最强径方向），否则很多多径成分的到达角可能落在接收波束之外，这会降低合并效率。

（4）频率分集。频率分集是用不同的载波发送相同的窄带信号，载波的间隔是信道的相干带宽。因为要在多个频带上发射信号，所以频率分集需要增大发送功率。

（5）时间分集。在不同的时间发送相同的信息可构成时间分集。时间分集中，同一信息重复发送的时间间隔必须要大于信道的相干时间（即多普勒扩展的倒数）。虽然时间分集不需要增加发送功率，但它降低了数据速率，因为在重复发送信息的那个时隙内，本来是可以用来发送新数据的。通过编码和交织也可以实现时间分集，时间分集不适用于静止信道，因为静止信道的相干时间无限大，衰落在时间上有很强的相关性。

2．接收分集系统模型

接收分集将多个接收天线上的独立衰落信号按一定规则合并为一路，再送给解调器解调。合并的方式有多种，不同合并方式的复杂度和性能各不相同。目前，大多数合并方式都是线性合并，即合并输出的是各个不同支路的加权和，图 3-44 所示的是 M 支路分集合并原理。在图 3-44 中，如果所有的系数中只有一个不为零时，合并输出的结果则为只有此支路的接收信号；如果有多个支路的系数非零，合并输出的结果则是多条支路接收信号的加权和。

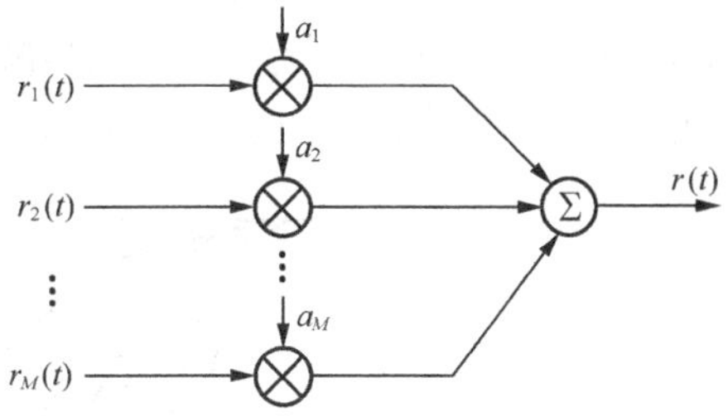

图 3-44 线性接收分集模型

假设 M 个接收支路的信号电压分别为 $r_1(t)$，$r_2(t)$，…，$r_M(t)$，则合并器输出的电压 $r(t)$为

$$r(t)=a_1r_1(t)+a_2r_2(t)+\cdots+a_Mr_M(t)=\sum_{k=1}^{M}a_kr_k(t) \tag{3-8}$$

式中，a_k为第 k 个信号的加权系数。

分集的主要目的是对独立衰落的多径信号进行相干合并以减轻衰落的影响。合并后的信号，即接收信号 $r(t)=\sum_k a_kr_k(t)$ 是一个随机变量。合并输出的信噪比 γ_Σ 也是一个随机变量，其概率分布 $p_{\gamma_\Sigma}(\gamma)$ 取决于分集路径数、各路径上的衰落分布以及合并方式。

即使没有衰落的情况下，通过对来自不同天线的 M 路接收信号进行适当的加权合并后，信噪比增大 M 倍。因为没有衰落存在，所以，此种情况下的信噪比增益被称作阵列增益（Array Gain）。阵列增益 A_g 指合并输出的平均信噪比 $\bar{\gamma}_\Sigma$ 相对于支路平均信噪比 $\bar{\gamma}$ 的增益：

$$A_g=\frac{\bar{\gamma}_\Sigma}{\bar{\gamma}}。$$

所有的分集合并方式都有阵列增益，其中以最大比合并的阵列增益最大。阵列增益的存在，使得在相同的平均信噪比下，在衰落信道下采用了多个发送或接收天线的分集系统的性能比在 AWGN 信道下无分集系统的性能还好。这种性能比较在后面给出的最大比合并和等增益合并的性能曲线中将看到。

下面各小节将详细介绍不同的分集合并方式及其性能。注意这些合并方式体现了不同的性能和复杂度的折中。

3．选择合并

选择合并（Selection Combining，SC）输出信噪比（Signal-to-Noise Ratio，SNR）r_i^2/N_i 最高的那个支路上的信号。即在选择式合并器中，式（3-8）的各加权系数中只有一项为 1，其余均为 0。若各支路的噪声功率都相等，即 $N_i=N$，则选择合并等价于选择 $r_i^2+N_i$ 最大的支路（因为 $r_i^2+N_i$ 只是测量接收到的总功率，所以实际中比信噪比更容易测量）。因为每一个时刻只选择一个支路的信号，所以选择合并理论上只需要一个接收机，根据比较结果切换到被选天线的支路上即可。不过，对于连续发射的系统，每个支路都需要安装一个接收机来监测该支路上的信噪比，选择合并输出的信噪比等于各支路信噪比的最大值。此外，因为选择合并不需要各支路同相，故 SC 可以采用相干调制或差分调制。

选择合并的平均信噪比增益以及相应的阵列增益随 M 的增加而增加，但不是线性增加：从无分集到两支路分集得到的增益最多；分集支路数从两条增加到三条所获得的增益远远小于从一条增加到两条所获得的增益。一般地说，随着 M 增大，阵列增益的增加值逐步趋于零，如图 3-45 所示。图 3-45 中画出了从无分集到两支路分集所节约的功率最多，随着支路数量的逐步增加，分集带来的增益将逐步减小并趋于零。另外，即使所有的支路都服从瑞利衰落，合并输出的信噪比也不再服从指数分布。

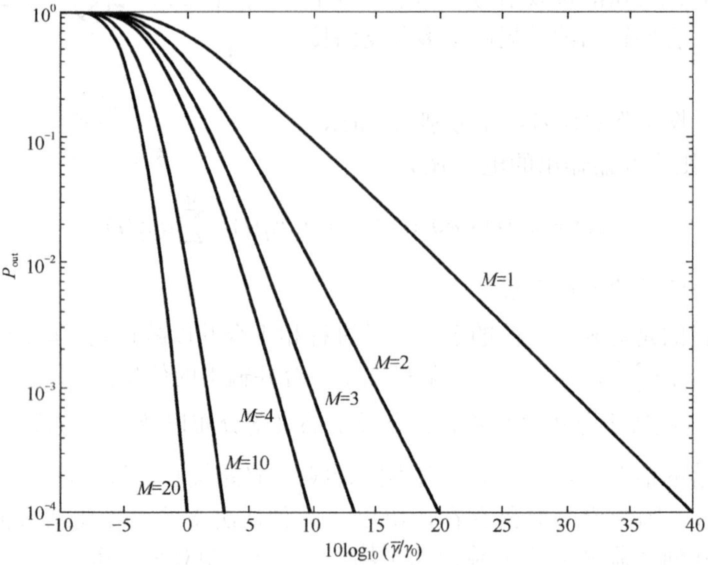

图 3-45　瑞利衰落信道选择合并的中断率

4．门限合并

门限合并是一种比选择合并更简单的合并方法，它只需要用一个接收机顺序监测每个分集支路，输出第一个信噪比高于门限值 γ_T 的支路的信号，因此无需在每个分集支路上都安装接收机。与选择合并类似，某个时刻门限合并只有一路信号输出，它不需要所有的支路同相，因此相干调制和差分调制中都可以采用门限合并。

门限合并中，一旦选定某支路，只要该支路的信噪比高于门限值，合并器就始终输出该支路的信号。只有当所选支路的信噪比低于门限值时，合并器输出才切换到其他支路。多支路的切换规则有多种，当只有两个支路时，合并器就直接切换到另一个支路上，此即切停合并（Switch-and-Stay Combining，SSC）。图 3-46 表示了切停合并的切换过程及相应的输出信噪比。由于 SSC 不是总选择信噪比最高的支路，因此它的性能介于无分集和理想选择合并之间。

5．最大比合并

SC 和 SSC 输出的都是多支路中某一支路上的信号，而最大比合并（Maximal-Ratio Combining，MRC）输出的则是各支路信号的加权和，即图 3-44 中所有的 a_i 都不为零。各个支路同相相加，因此合并输出的包络是 $r=\sum_{i=1}^{M}a_ir_i$ 。

我们的目标是选择合适的 a_i 使 $\gamma_{M\Sigma}$ 最大。直觉上信噪比高的支路应该有更大的权重，因此 a_i^2 应该正比于它的支路信噪比 r_i^2/N_0 。最大比值合并器输出可能得到的最大信噪比为各支路信噪比之和。因此，最大比合并输出的平均信噪比以及相应的阵列增益随分集支路数 M 的增加而线性增加，这一点与 SC 明显不同。与 SC 相同的一点是，即使各支路都服从瑞利衰落，输出信噪比的分布也不再是指数分布。

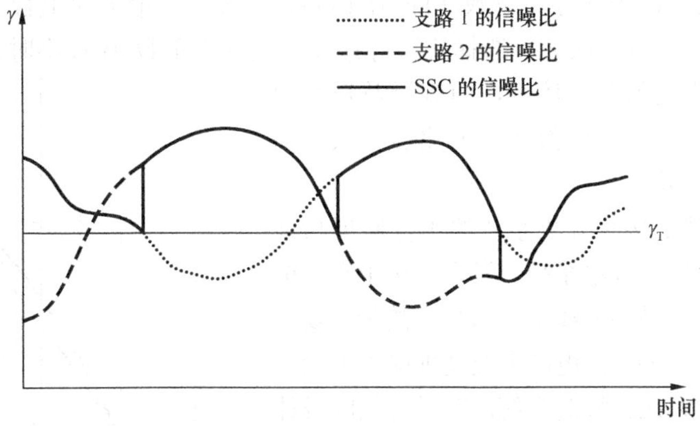

图 3-46　SSC 中的信噪比示意图

图 3-47 给出不同支路数量时最大比合并的 P_{out}。比较图 3-47 中 MRC 和图 3-45 中 SC 的中断率曲线可以看出，MRC 的性能显著好于 SC。

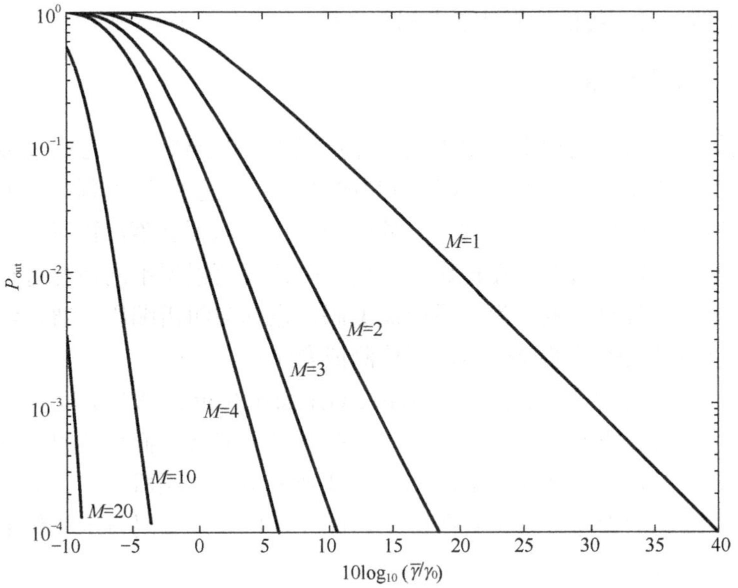

图 3-47　独立同分布瑞利衰落下最大比合并的 P_{out}

6. 等增益合并

由 5 可知，最大比合并需要知道每个支路上的瞬时信噪比以调节各支路的加权系数 a_i，由于每支路的瞬时信噪比测量起来比较困难，因此，实际中一般采用更简单一些的等增益合并（Equal-Gain Combining，EGC）法，即无需对信号加权，各支路的信号等增益相加。

7. 分集方式比较

不同分集方式的性能比较一般用平均信噪比的改善因子表示。平均信噪比的改善因子，是指分集接收机合并器输出的平均信噪比与无分集时接收机的输出平均信噪比相比改善量，一般用分贝表示。

由图 3-48 可见，在相同分集重数（即 M 相同）情况下，最大比值合并方式对信噪比的改善最多，等增益合并方式次之，选择式合并最差。在分集重数 M 较小时，等增益合并的平均信噪比改善与最大比值合并接近，而等增益合并的运算复杂度要比最大比合并低得多，因此实际系统中一般都采用等增益合并。

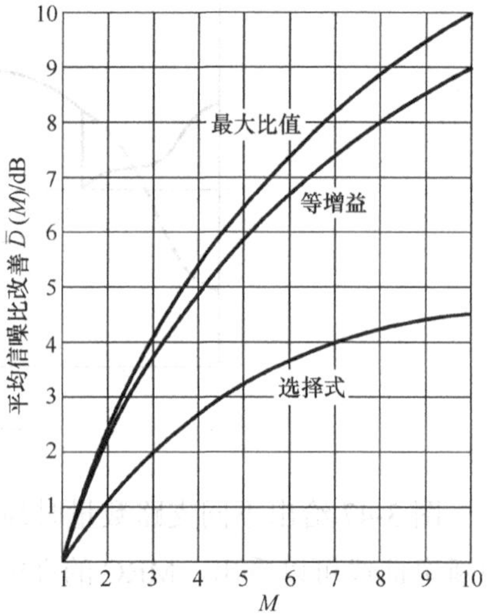

图 3-48　3 种合并方式的 D(M)与 M 关系曲线

以上所讲述的都是接收分集系统的工作原理与性能，除此之外，还有发送分集系统。发送分集中有多根发送天线，总发送功率是各天线上发送功率的和。发送分集适用于发送端在空间、供电能力及处理能力方面比接收端更富裕的系统，比如蜂窝系统。发送分集的设计与发送端是否知道信道增益信息有关。当发送端已知信道复增益时，发送分集与接收分集非常类似。当发送端未知信道信息时，需要借助新近提出的 Alamouti 方案及其扩展，结合空时处理来获得发送分集增益。关于发送分集系统的工作原理，有兴趣的读者请参考相关文献。

3.3.2　纠错编码技术

数字信号或信令在传输过程中，由于受到噪声或干扰的影响，信号码元波形变坏，传输到接收端后可能发生错误判决，即把“0”错判成“1”，或把“1”误判成“0”，这样就出现误码。同时，无线信道的信号由于受到突发的脉冲干扰或遇到衰落，错码会成串出现。为了降低比特或者数据帧的错误概率，在传送数字信号时往往要根据不同情况进行各种编码。在信息码元序列中加入监督码元就称为差错控制编码，也称为纠错编码。通过纠错编码，信道中的比特差错可以通过接收端的译码器进行检测或者纠正。

由于针对加性高斯白噪声（Additional White Gaussian Noise，AWGN）信道所设计的纠错码一般不能纠正深衰落造成的长串突发错误，因此一般不能将它们直接用于衰落信道中。用于衰落信道的编码一般是在 AWGN 信道编码的基础上结合交织器使用。而且为了获得分集效果，衰落信道中编码的设计准则也有所改变。此外，抗衰落编码技术还包括不等错误保护编码及信源信道联合编码。

无线通信系统采用纠错编码的目标主要是为了降低误码率或误帧率，而衡量不同纠错编码对这些错误概率降低程度的指标是编码增益。对于给定的误比特率，编码增益 G 是指通过编码所实现的 E_b/N_o 的减少量，即 $G=(E_b/N_o)_u-(E_b/N_o)_c$。式中，$\left(\frac{E_b}{N_o}\right)_u$ 和 $\left(\frac{E_b}{N_o}\right)_c$ 分别表示未编码及编码后所需要的 E_b/N_o。

1．奇偶检验码

奇偶检验码是一种常见的检错码。它是在一个 n 比特的数据分组中加入 1 个校验比特，该比特用来指示该分组中 1 的数目是奇数还是偶数。如果传输过程中发生了单个比特错误，不论错误比特发生在校验位还是在信息位，结果都将使接收到的数据分组中 1 的个数和校验比特的指示不一致，这样接收端就知道该分组发生了错误。线性分组码拓展了这种思想，只不过为了能够检测分组中的多个错码，或者能够纠正一个或多个错误，它使用了更多的校验比特。

2．分组码

一般我们把分组码记为（n，k）码，其中，n 为编码输出的码字长度，k 为输入的信息位长度，$n-k=r$ 为每码组中的监督码元数目，或称为校验码元数目。在一个（n，k）分组码中，信息码元位数 k 在码字 n 中所占的比重，称为码率 R_c，又称编码效率 η，即

$$\eta = R_c = k/n \tag{3-9}$$

码率是衡量分组码有效性的一个基本参数，码率 R_c 越大，表明信息传输的效率越高；但对纠错编码来说，每个码字中所加进的监督码元越多，码字内的相关性越强，码字的纠错能力越强。而监督码元本身并不携带信息，单纯从信息传输的角度来说是多余的，一般来说，码字中多余度越高，纠错能力越强，可靠性越高，而此时码的效率则降低了，所以信息编码必须注意综合考虑有效性与可靠性的问题，在满足一定纠错能力要求的情况下，总是力求设计码率尽可能高的编码。

（1）汉明码

最常见的分组码是汉明码，它有一个参数 $m \geqslant 2$。（n，k）汉明码的码长是 $n=2^m-1$，信息比特数是 $k=2^m-m-1$，校验比特数为 $n-k=m$。汉明码可纠正发生在 $n=2^m-1$ 个码字符号上的 $t=1$ 个错误。汉明码是纠单个错码的纠错码中编码效率最高的。

（2）循环冗余校验码

循环冗余校验码（Cyclic Redundancy Check，CRC）是一种非常适于检错的差错控制码。由于其检错能力强，对随机错误和突发错误都能以较低冗余度进行严格检验，且编码和检错电路的实现都相当简单，故在数据通信和移动通信中都得到了广泛的应用。CRC 位数越长则检错能力越高，不过，随着码位数增长，编码效率也越低。

3．卷积码

对于非分组的卷积码，一般可用（n，k，K）来表示，其中，k 为输入码元数，n 为输出码元数，K 为编码器的约束长度。典型的卷积码一般选 n 和 k 值较小，但约束长度 $K(K<10)$ 可取较大值，以获得既简单又高性能的信道编码。由于在卷积码的编码过程中，充分利用了码之间的相关性，且 n 和 k 也较小，因此，在与分组码同样的码率 R_c 和设备复杂性条件下，无论从理论上还是从实际上均已证明卷积码的性能至少不比分组码差，但实现最佳和准最佳译码却较分组码容易。所以，从信道编码定理看，卷积码是一种非常有前途的、能达到信道编码定理所提出要求的码类。

4．交织码

在有突发差错的衰落信道中，一个突发差错可能引起一连串的错误。此时，能够纠正或检测独立差错的编码将无能为力，这就需要可以纠正很长的突发差错，而且还不限于单个突发的编码技术，此即交织码技术。

交织是在复合差错控制信道上使用的一种简单而有效的编码技术，它可以大大提高纠正

突发错误的能力，可使抗较短突发错误的码变成抗较长突发错误的码，使纠正单个突发错误的码变成能纠正多个突发错误的码。其原理是通过交织器把长突发错误分散到各个码字中，每个接收码字中的错误个数很少，在码字的纠错能力之内。这样突发错误能通过交织器来打散，而纠错可以通过码字来完成。交织器的长度必须足够大，以使接收码字中的衰落呈现为独立。慢衰落信道需要更长的交织器，相应会有更大的时延。

最简单的交织器是采用二维存储器阵列实现的块交织器，或者是同时读入读出的同步交织器，其基本点都是将输入的数据先按行读入存储器，然后按列读出，图 3-49 所示为 GSM 的交织过程。

在应用数据交织技术时，关键是交织深度的选择。选择过大，寄存器或存储器数量大，延时大，交织系统也复杂。通常交织深度由编码信道的差错统计规律性、纠错码的纠错能力和系统对误码率的要求等因素确定。在满足系统对误码率的要求的情况下，应尽可能减少译码的约束度以降低设备成本。

纠错编码的纠错能力一般都是有代价的，这个代价可能是处理的复杂度，或者是降低了数据速率、增加了信号带宽等。

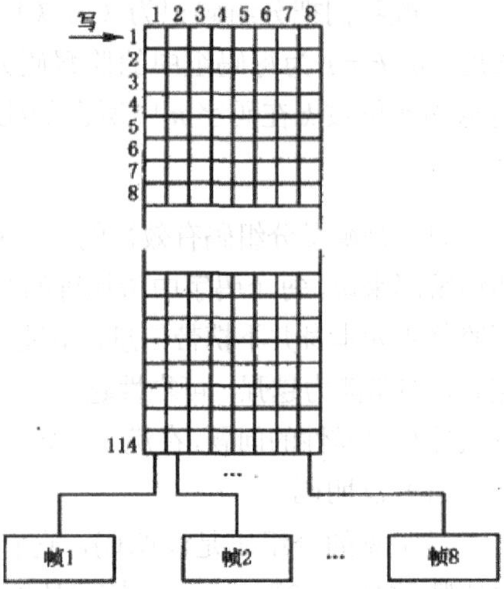

图 3-49　GSM 的交织过程

3.3.3　均衡技术

1. 均衡定义

在移动环境中，由于信道的时变多径传播特性，会引起严重的码间干扰（Inter-Symbol Interference, ISI），可以通过信号处理的方法来对抗 ISI，均衡就是指在接收端采取的各种用来处理码间干扰（ISI）的技术。均衡器可以在基带、射频或中频实现。由于数字滤波器体积小、价格低、容易调整、功耗小，因此多数情况下，均衡器是经过模/数转换后以数字化的方式实现的。

2. 均衡分类

均衡器主要分为线性和非线性两种类型。线性均衡实现简单、易于理解，但多数无线通信系统并没有采用线性均衡，因为它的噪声增强要比非线性均衡大。

最常用的非线性均衡是实现简单、性能也不错的判决反馈均衡（Decision Feedback Equalization，DFE）。但在低信噪比时，DFE 存在误码传播的问题，进而会导致性能恶化。

最优的均衡技术是最大似然序列估计（Maximum Likelihood Sequence Estimation，MLSE），但其复杂度随时延扩展成指数增长，这对多数信道来说是难以实用的。人们经常将 MLSE 作为比较各种均衡技术的性能上界。

均衡器的结构有横向滤波器型和格型等。均衡抽头更新算法有最小均方误差（Least Mean Square Error，LMS）算法、递归最小二乘法（Recursive Least Square，RLS）、快速递归最小二乘法（Fast RLS）、平方根递归最小二乘法（Square Root RLS）和梯度递归最小二乘法

（Gradient RLS）等。均衡器还可分为逐符号（Symbol-By-Symbol，SBS）均衡或序列估计（Sequence Estimator，SE）均衡。逐符号均衡器对每个符号单独进行 ISI 消除并进行检测，图 3-50 中所有的线性均衡器以及判决反馈均衡器都是逐符号均衡。序列估计均衡则是检测整个符号序列，ISI 的影响也是估计检测过程的一部分。MLSE 是序列检测的最优形式，但复杂度很高。

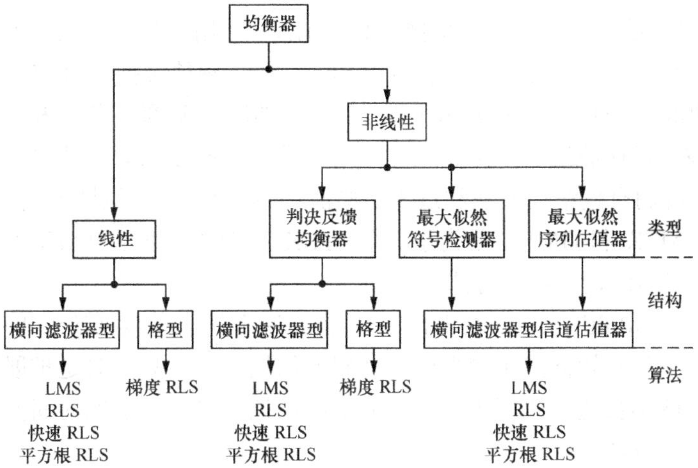

图 3-50 均衡器类型、结构和算法

均衡器通常以数字方式实现，线性或非线性均衡器一般采用横向滤波器或格型滤波器。横向滤波器有 N–1 个延时单元、N 个可调的复数抽头。格型滤波器采用了更复杂的递归结构，它有更好的数值稳定性和收敛性，并且也便于改变结构长度。

小 结

1. 从时域上看，调制就是用基带信号去控制载波信号的某个或某几个参量的变化，形成已调信号传输；而解调是调制的反过程，通过具体的方法从已调信号的参量变化中恢复原始的基带信号。从频域上看，调制就是将基带信号的频谱搬移到信道通带中或者其中的某个频段上的过程，而解调是将信道中的频带信号恢复为基带信号的反过程。

2. 数字调制指利用数字信号来控制载波的振幅、频率或相位，从而得到幅移键控（ASK）、相移键控（PSK）或频移键控（FSK）信号。

3. 数字相位调制常用的有二进制相移键控（2PSK）、四相相移键控（QPSK）和偏移四相相移键控（OQPSK）3 种。2PSK 的调制方法有直接相乘法和键控法，一般采用相干解调来恢复原始信号。QPSK 信号也可以采用键控法，还可以采用正交调制方法，一般解调也采用相干解调来恢复原始信号。由于 QPSK 相当于两个 2PSK 的叠加，因此，在二进制信息速率相同时，QPSK 信号的平均功率谱密度的主瓣宽度是 2PSK 平均功率谱主瓣宽度的一半，相应的效率是 2PSK 的一倍。偏移四相相移键控（OQPSK）是减小包络起伏，使其便于检测而对 QPSK 做的改进。

4. 正交幅度调制（QAM）是一种在两个正交载波上进行幅度调制的调制方式。这两个载波通常是相位差为 90°（π/2)的正弦波，因此被称作正交载波。这种调制方式也因此而得名。QAM 是一种矢量调制，它先将输入比特经串/并变成 I、Q 分量，然后分别对 I、Q 分量采用幅度调制，对应调制在相互正交（时域正交）的两个载波（$\cos\omega t$ 和 $\sin\omega t$）上。因此与一般的幅度调制（AM）相比，其频谱利用率提高 1 倍。QAM 是幅度、相位联合调制的技术，它同时利用了载波的幅度和相位来传递信息比特，因此在最小距离相同的条件下可实现更高的频带利用率。

5．数字频移键控是用载波的频率来携带数字消息，即用所传送的数字消息控制载波的频率。常用数字频率调制有二进制频移键控（2FSK)、最小频移键控（MSK）和高斯滤波的最小频移键控（GMSK）3 种。2FSK 采用键控法进行调制，可以采用相干和非相干解调。由于难以实现本地载波与发送载波的频率、相位严格一致，因此 2FSK 一般采用非相干解调，常用的 2FSK 非相干解调有包络检波法和过零点检测法。作为一种非线性调制，2FSK 要比 2PSK 占用更多的带宽。MSK 和 GMSK 是为了改善 2FSK 高带宽、低频谱效率而做的改进，其中 GMSK 是 GSM 所采用的调制解调方式。

6．多载波调制（Multicarrier Modulation）将高速率的信息数据流经串/并变换，分解为若干个数据传输速率相对较低的子数据流。其码元周期加长，只要时延扩展与码元周期相比小于一定的比值，就不会造成码间干扰，因而多载波调制对于信道的时间弥散性不敏感，是一种消除码间干扰的方法。

7．正交频分复用（OFDM）调制是多载波传输的一个特例，具有高信息传输速率、抗脉冲干扰、抗多径传播与频率选择性衰落和高频谱利用率等优点，是未来高速移动通信所选用的调制方式。OFDM 待解决的问题主要有高峰均比、相位与频率漂移等。

8．扩频通信在发送端用某个特定的扩频函数将待传输的信号频谱扩展至很宽的频带，变为宽带信号，送入信道中传输，在接收端再利用相应的技术或手段将扩展了的频谱进行压缩，恢复到基带信号的频谱，从而达到传输信息、抑制传输过程中噪声和干扰的目的。

9．典型扩频通信系统框图由发送端、接收端和无线信道 3 部分组成。发送端和接收端对应分成 4 个单元：信源和信宿，编码和译码，扩频和解扩，调制和解调。根据通信系统产生扩频信号的方式，扩频通信系统可以分为 5 种。

10．扩频通信系统主要优点是：抗干扰能力强；多址能力强；保密性强，抗截获、抗检测能力强；抗衰落、抗多径能力强；可用于高分辨率测距。扩频通信系统的最大缺点在于设备复杂，实现困难。

11．理想的扩频码和地址码具备以下特性：良好的自相关和互相关特性，尽可能长的码周期，足够多的码序列，易于产生、复制、控制和实现。目前常用的、较为理想的扩频码和地址码有：伪随机（PN）码、沃尔什（Walsh）码和正交可变速率扩频增益（OVSF）码等。

12．伪随机码又称伪噪声码，简称 PN 码。伪噪声码是一种具有白噪声性质的码。伪随机序列可广泛应用于信源、通信加密、数据序列的加扰与解扰、扩展频谱通信、分离多径技术等。

13．多址接入技术是移动通信中的关键技术。多址接入要解决的问题是保证多个移动用户同时共享有限的无线频谱，并且保证系统具有良好的通信性能。依据信号的不同特征，主要的多址方式有频分多址（FDMA)、时分多址（TDMA)、码分多址（CDMA）以及空分多址（SDMA）等。

14．分集（Diversity）就是在独立的衰落路径上发送相同的数据，由于独立路径在同一时刻同时经历深衰落的概率很小，因此经过适当的合并后，接收信号的衰落程度就会被减小。在无线通信系统中有多种实现独立衰落路径的方法。理论和实践都表明，在空间、频率、极化、场分量、角度及时间等方面分离的无线信号，都呈现互相独立的衰落特性。据此，微分集又可分为相应的6种分集。

15．接收分集将多个接收天线上的独立衰落信号按一定规则合并为一路，再送给解调器解调。合并的方式有多种，不同合并方式的复杂度和性能各不相同。目前，大多数合并方式都是线性合并，即合并输出是各个不同支路的加权和。根据加权系数的不同，合并方式分为选择式合并、门限合并、最大比合并、等增益合并等。其中门限式合并最简单，合并增益最小；最大比合并的合并增益最大，相应的实现复杂度最高；而相同分集重数的条件下，等增益合并的合并增益与最大比合并相差不多，但实现复杂度要减小很多。因此，一般系统都采用等增益合并方式。

16．在信息码元序列中加入监督码元就称为差错控制编码，也称为纠错编码。通过纠错编码，信道中的比特差错可以通过接收端的译码器进行检测或者纠正。无线通信系统采用纠错编码的目标主要是为了降低误码率或误帧率。

17．交织的原理是通过交织器把长突发错误分散到各个码字中，使每个接收码字中的错误个数很少，在码字的纠错能力之内。它是在复合差错控制信道上使用的一种简单而有效的编码技术，它可以大大提高纠突发错误的能力，可使抗较短突发错误的码变成抗较长突发错误的码，使纠正单个突发错误的码变成能纠多个突发错误的码。

18．均衡是指对信道特性的均衡，即接收端的均衡器产生与信道相反的特性，用来抵消信道的时变多径传播特性引起的码间干扰。即通过均衡器消除信道的频率和时间的选择性。本章介绍的均衡器分为线性均衡与与非线性均衡两大类。

习　　题

1．什么是恒包络调制？

2．QPSK、OQPSK的星座图和相位转移图上有何异同？

3．在正交振幅调制中，应按何种准则来设计信号结构？

4．试比较QPSK与4QAM之间的区别与联系。

5．2FSK信号属于线性调制还是非线性调制？

6．简要说明MSK信号与2FSK信号的异同点。

7．GMSK调制有何特点？

8．什么是多载波调制技术？它和OFDM有什么关系？

9．简单说明OFDM的原理，并分析OFDM的频带利用率。

10．扩频的主要有特点有哪些？

11．在CDMA系统中，地址码有多少种类型？各用在何种场合？哪种码型用作扩频？

12．扩频的主要技术指标有哪些？

13．CDMA系统中不同的用户信号是如何区分的？

14. 软切换和硬切换有何区别？使用软切换的意义是什么？

15. 分集技术如何分类？在移动通信中采用了哪几种分集接收技术？

16. 分集接收有几种合并方式？试比较这几种合并方式的性能。

17. 交织编码技术的原理是什么？

18. 均衡器分为哪两大类？

第4章 移动通信系统组网

移动通信网络属于通信网的范畴，但是移动网络需要面对频率资源受限、移动用户不断变换位置等问题，尤其是移动网络无线侧组网有自身的特点。本章主要内容如下。

① 蜂窝组网的必要性及蜂窝小区的特性。

② 无线系统的信道分配策略。

③ 多信道共用的意义。

④ 话务量、服务等级和信道数的关系。

⑤ 蜂窝组网干扰和不同接入方式的容量分析。

⑥ 蜂窝系统的移动性管理。

⑦ GSM 系统的蜂窝网络设计。

4.1 蜂窝组网技术

由无线电波的传播特性可知，无线网络的覆盖区域与无线电波的辐射范围有关。无线电波的辐射范围与基站发射功率和天线高度的视距范围有关。一个基站在其天线高度的范围内为移动用户提供服务的覆盖区称为一个无线电区，简称小区。小区的划分决定于系统的容量、地形和传播特性。小区半径的极限距离主要由下述因素确定。

（1）在正常的传播损耗时，地球的曲率半径限制了传输的极限范围。

（2）地形环境影响导致信号传播可能产生覆盖盲区。

（3）多径反射会限制传输距离的增加。

（4）基站发射功率的增加只能增加很小的覆盖距离。

（5）移动台发射功率很小，上行（移动台至基站）信号传输距离有限，所以上行和下行传输增益差限制了基站与移动台的互通距离。

根据要求的服务区大小及服务区所在的环境，移动通信网如何保证容量需求、性能要求和无缝隙的区域覆盖，是本节要探讨的内容。

4.1.1 移动通信网的区域覆盖

根据对无线移动信道特性的分析，我们知道传输损耗是随着距离的增加而增加的，并且与地形环境密切相关，因而移动台和基站之间的有效通信距离是有限的。根据选用基站的多少，移动通信网的区域覆盖分为大区制和小区制。

1．大区制

大区制是指在特定的服务区内只设一个基站，负责服务区内所有用户的无线链路使用，如图 4-1 所示。

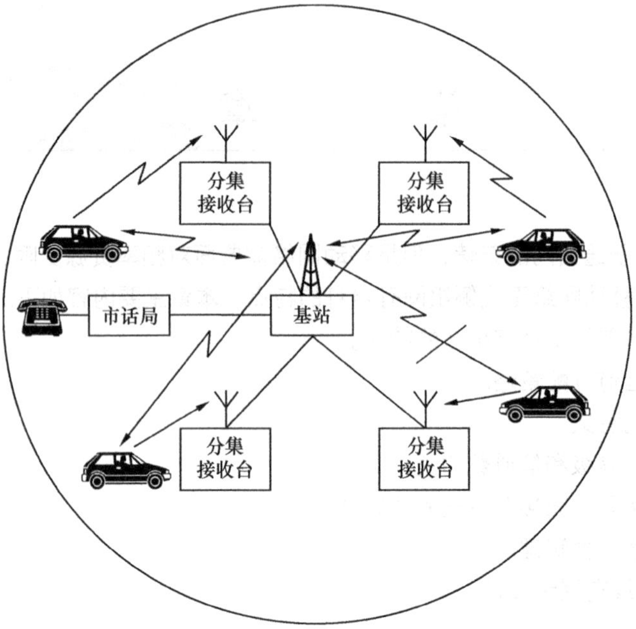

图 4-1　大区制示意图

大区制移动通信尽可能地增大基站覆盖范围，解决大区域的移动通信业务。为了增大基站的覆盖区半径，在大区制的移动通信系统中，基站的天线架设得很高，可达几十米至几百米；基站的发射功率很大，一般为 50～200W；实际覆盖半径达 30～50km。为了解决上下行传输增益差，可以设立分集接收台，接收附近移动台的信号，然后通过有线的方式将信号转发至基站。

大区制中，所有频道的频率不能重复，每个用户的使用频率都不能相同，否则将会产生严重的干扰。

大区制方式的优点是网络结构简单、成本低，缺点是基站频道数是有限的，容量不大，一般用户数只能达到几十至几百个。这种大区制覆盖的移动方式只适用于业务量不大的地区或专用移动网。

2．小区制

（1）小区制的特点

当用户数很多时，话务量相应增大，需要提供很多频道才能满足通话要求。在大区制（单个基站覆盖一个服务区）的网络中可容纳的用户数很有限，无法满足大容量的要求。

在小区制（每个基站仅覆盖一个小区）网络中为了满足系统频率资源和频谱利用率之间的约束关系，我们需要将相同的频率在相隔一定距离的小区中重复使用来达到系统的要求。为了加大服务面积，从频率复用的观点出发，可以将整个服务区划分成若干个半径为 2～20km 的小区域，每个小区中设置基站，负责小区内移动用户的无线通信。同时还要在几个小区间设置移动业务交换中心，管理各小区间用户的通信接续以及移动用户与固网用户的连接，这种方式称为小区制，如图4-2所示。

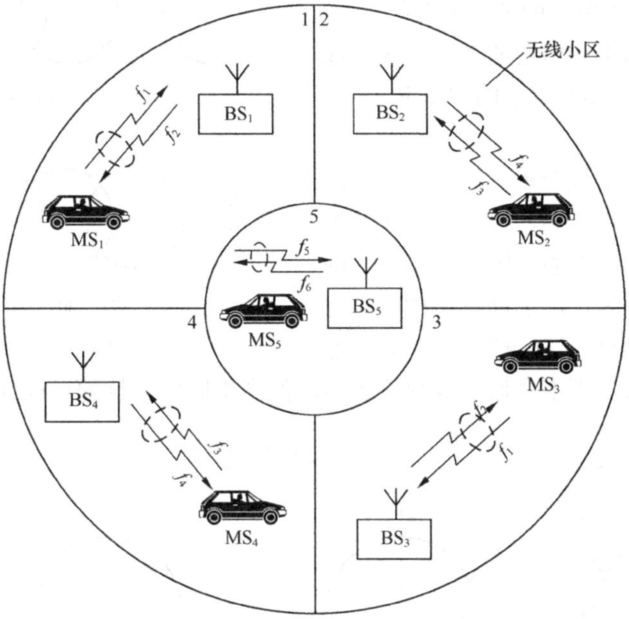

图4-2 小区制示意图

在图4-2中，1区和3区、2区和4区使用相同的频点，通过适当控制同频基站发射机的功率和相互间的距离，可以避免同频干扰。也就是说，在一个很大的服务区内，同一组频率可以多次重复使用，因而增加了单位面积上可供使用的频道数，提高了服务区的容量密度，有效地提高了频谱利用率。

随着用户数的不断增长，小区制的每个覆盖区还可以继续划小，以不断适应用户数增长的实际需要。采用小区制能够有效地解决频道数有限和用户数量增大的矛盾。

采用小区制后，随着基站数目的增加，建网成本也要增加。移动台移动范围的增加导致移动性管理开销的增加，组网也变得更复杂了。

实际采用小区制组网时，根据移动通信网覆盖区域内地形的不同，网络结构可分为带状网和面状网。

（2）带状网

带状网主要用于覆盖公路、铁路、水运航道、海岸沿线等狭长区域，如图4-3所示。基站天线若用全向辐射，覆盖区形状是圆形的，如图4-3（a）所示，带状网宜采用有向天线，使每个小区呈扁圆形，如图4-3（b）所示。

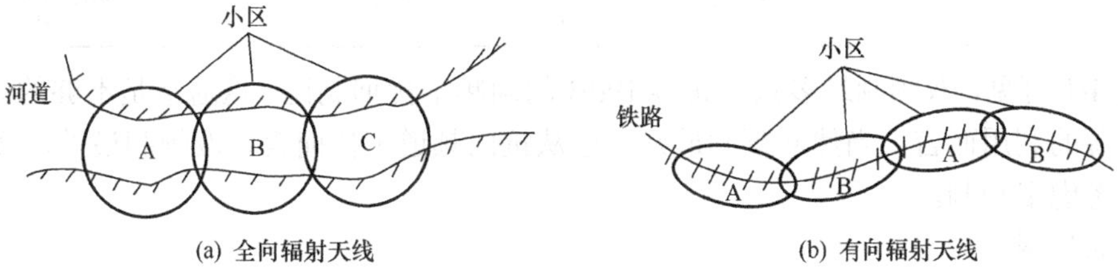

图4-3 带状网

带状网可进行频率再用。若以采用不同信道的两个小区组成一个区群，在一个区群内各小区使用不同的频率，不同的区群可使用相同的频率，如图 4-4（a）所示的 A、B 两个小区，称为双频制。若采用不同信道的 3 个小区组成一个区群，如图 4-4（b）所示的 A、B、C 3 个小区，称为三频制。

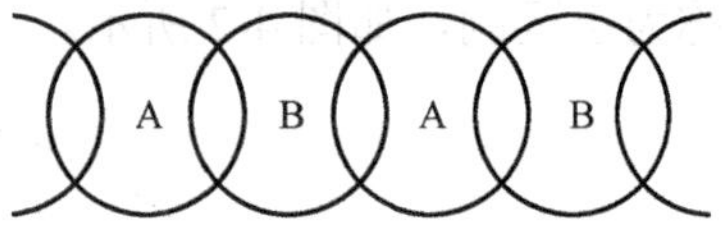

(a) 双群频率配置方式

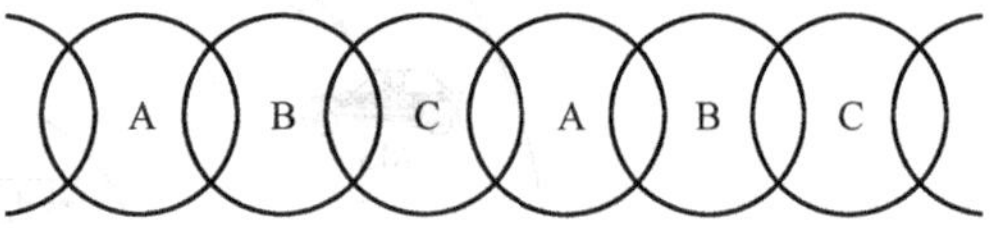

(b) 三群频率配置方式

图 4-4　带状网频率配置

带状网的同频道干扰分析如图 4-5 所示。图中假定为 n 频制的带状网，每一个小区的半径为 r，相邻小区的交叠宽度为 a，第 $n+1$ 区与第 1 区为同频道小区，产生同频干扰的点与最近的同频基站的距离为 $D_I=(2n-1)r-na$。邻接小区交叠部分越大，则不良通信区域就越小，但产生同频干扰的可能性就越大。

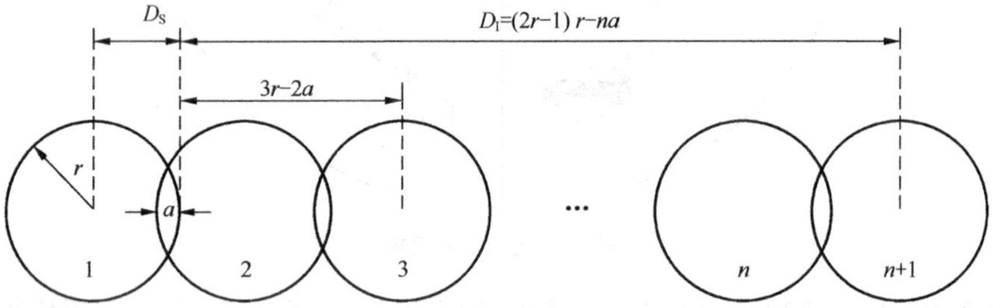

图 4-5　带状网的同频道干扰分析

对无线移动信道的测量表明，在任一点接收到的平均信号强度随发射机和接收机之间距离的幂定律而下降，在市区的蜂窝系统中，路径衰减指数一般在 2～4 之间。假定路径衰减指数取 4，即认为传输损耗近似与传输距离的 4 次方成正比，可算出信号传输距离 D_S 和同频道干扰传输距离 D_I 之比。则在最不利的情况下可得到相应的干扰信号比如表 4-1 所示，表中给出的是交叠区域 $a=0$ 和 $a=r$ 的情况。

表 4-1　　带状网的同频道干扰

		双　频　制	三　频　制	n 频制
$\frac{D_S}{D_I}$		$\frac{r}{3r-2a}$	$\frac{r}{5r-3a}$	$\frac{r}{(2n-1)r-na}$
$\frac{I}{S}$	$a=0$	−19dB	−28dB	$40\lg\frac{1}{2n-1}$
	$a=r$	−0dB	−12dB	$40\lg\frac{1}{n-1}$

由表 4-1 可见，双频制最多只能获得 19dB 的同频干扰抑制比，这通常是不够的。从造价和频率资源的利用而言，当然双频制最好；但从抗同频道干扰而言，双频制最差，实际应用中，还应考虑多频制。

（3）面状网

陆地移动通信的大部分服务区是宽广的面状区域。假定整个服务区的地形、地物相同，基站采用全向天线无空隙地覆盖整个平面的服务区，全向天线辐射的覆盖区域是一个圆。圆形辐射区之间一定含有很多的交叠，在考虑了交叠之后，实际上每个辐射区的有效覆盖区是一个多边形。

根据交叠情况的不同，若每个小区相距 120°，设置 3 个邻区，则有效覆盖区为正三角形；每个小区相距 90°，设置 4 个邻区，则有效覆盖区为正方形；若每个小区相距 60°，设置 6 个邻区，则有效覆盖区为正六边形。小区形状如图 4-6 所示。

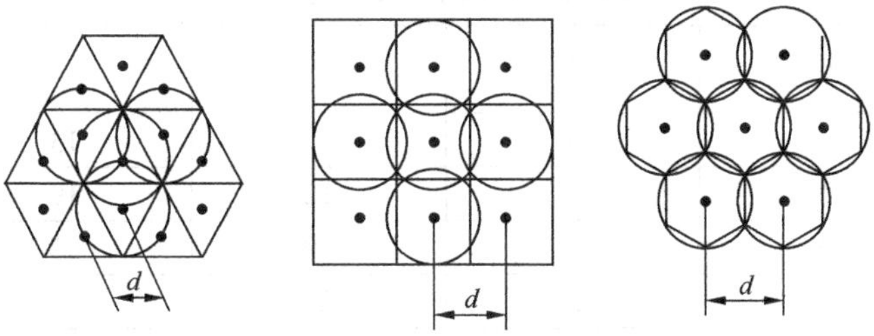

(a) 正三角形　(b) 正方形　(c) 正六边形

图 4-6　小区的形状

可以证明，要用正多边形无空隙、无重叠地覆盖一个平面区域，可取的形状只有这 3 种。那么这 3 种形状哪一种最好呢？在辐射半径 r 相同的条件下，计算出 3 种形状小区的邻区距离、小区面积、交叠区宽度和交叠区面积如表 4-2 所示，定性分析也可由图 4-6 直接看出。

表 4-2　3 种形状小区的比较

小区形状	正三角形	正方形	正六边形
邻区距离	r	$\sqrt{2}r$	$\sqrt{3}r$
小区面积	$1.3r^2$	$2r^2$	$2.6r^2$
交叠区宽度	r	$0.59r$	$0.27r$
交叠区面积	$1.2\pi r^2$	$0.73\pi r^2$	$0.35\pi r^2$

由表 4-2 可见，在服务区面积一定的情况下，正六边形小区的形状最接近理想的圆形，用它覆盖整个服务区所需的基站数最少，也最经济。正六边形构成的网络形同蜂窝，因此，将小区形状为正六边形的小区制移动通信网称为蜂窝网。后续的分析中，如无特别指定，所指小区形状均为正六边形。

4.1.2　蜂窝小区的特性

1. 区群的构成

在移动通信中，为了避免同信道干扰，相邻小区显然不能用相同的信道。为了保证同信道小区之间有足够的距离，附近的若干小区都不能用相同的信道。这些不同信道的小区组成一个区群，称为单位无线区群，也叫作一簇。只有不同区群内的小区才能进行信道再用。

单位无线区群的构成应满足两个基本条件。

（1）单位区群之间可以无空隙无重叠地进行邻接。

（2）邻接之后的区群应保证同信道小区之间的中心距离相等。

单位无线区群内小区的个数（N）应满足下式：

$$N = i^2 + ij + j^2 \qquad i，j 为正整数 \tag{4-1}$$

由式（4-1）可算出 N 的可能取值如表 4-3 所示。相应的区群形状如图 4-7 所示。

表 4-3　单位无线区群内小区的个数（N）

j \ i	0	1	2	3	4
1	1	3	7	13	21
2	4	7	12	19	28
3	9	13	19	27	37
4	16	21	28	37	48

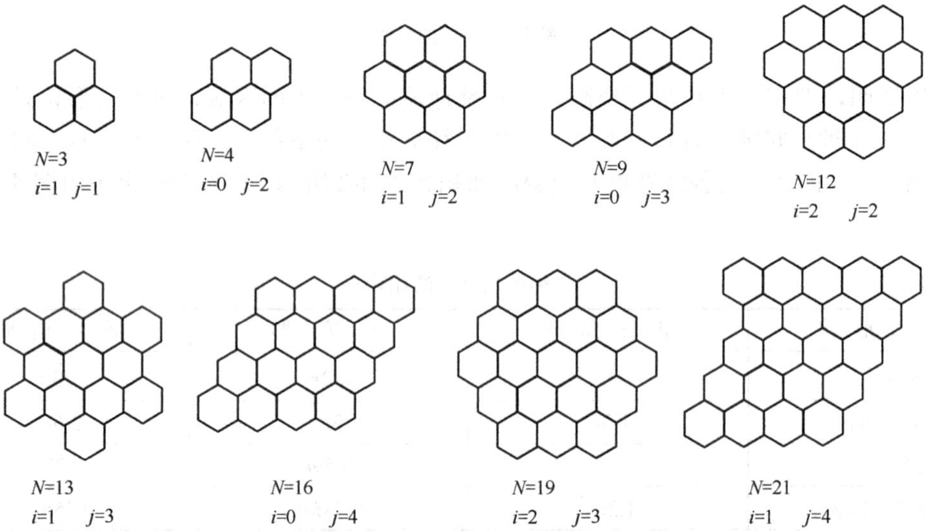

图 4-7　区群的构成示意图

2．频率复用的概念

频率复用的机理基于无线电波传播路径损耗特性，即如果两个基站之间的距离足够远，那么用于一个基站的频率可以在另一个基站上复用。运用区群的概念组成无线蜂窝网络后，为了分配有限的频率资源，避免同频干扰，所采用的技术称为频率复用，频率复用的原理示意图如图 4-8 所示。

图 4-8 所示为 $N=7$，$i=1$，$j=2$ 的单位区群，图中每单位区群使用的频率资源相同，标有相同数字的小区使用相同的信道组。实际频率复用设计是基于地图的，指明在什么位置使用了不同的频率信道组。

为了理解频率复用的概念，考虑一个共有 S 个可用的双向信道的蜂窝系统。如果每个小区都分配 k 个信道（$k<S$），S 个信道在 N 个小区中分为各不相同的、各自独立的信道组，那

么可用信道的总数（S）与单位区群内小区的个数（N）以及每小区信道数（k）的关系可表示为

$$S = kN \tag{4-2}$$

如果单位区群在系统中复制了 M 次，则双向信道的总数 C 可以作为容量的一个度量，即

$$C = MS = MkN \tag{4-3}$$

从式（4-3）中可以看出，蜂窝系统的容量直接与单位区群在某一固定范围内复制的次数成比例。如果单位区群内小区的个数（N）减小而小区的大小保持不变，则需要更多的单位区群来覆盖给定的范围，从而获得更大的容量（C 值更大）。这也是扩充小区容量的主要方法。

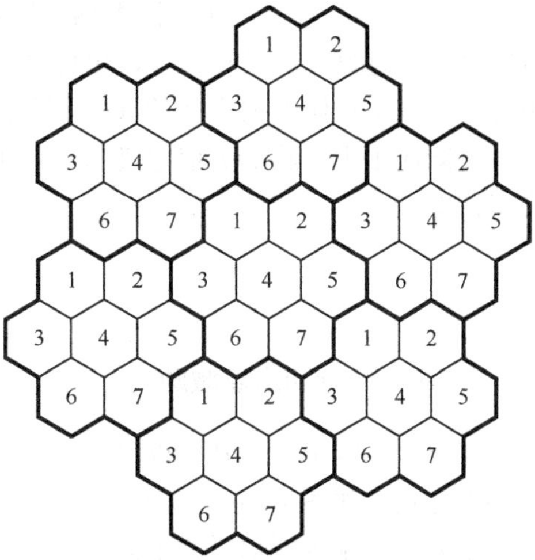

图 4-8 频率复用原理示意图

［**例 4-1**］某 FDD 蜂窝系统有 10MHz 的带宽，使用两个 25kHz 的信道来提供双工的语音和控制信道，当系统使用 4 小区复用、7 小区复用、12 小区复用时，计算每个小区可以获得的信道数目。

解：已知信道带宽 25kHz × 2 = 50kHz，总信道数目 10MHz/50kHz = 200 信道。

（1）$N = 4$ 时，每小区可以获得的信道数目 = 200/4 = 50。

（2）$N = 7$ 时，每小区可以获得的信道数目 = 200/7≈28。

（3）$N = 12$ 时，每小区可以获得的信道数目 = 200/12≈16。

3．区群结构的实现

单位区群内小区数不同的情况下，单位区群结构的实现可用下面的方法。如图 4-9 所示，自某一小区 A 出发，先沿边的垂线方向跨 j 个小区，接着向左（或向右）转 60°，再跨 i 个小区，这样就到达使用相同信道的小区，也表示为 A。在正六边形的 6 个方向上，可以找到 6 个相邻同信道小区，所有标示为 A 小区之间的距离都相等。

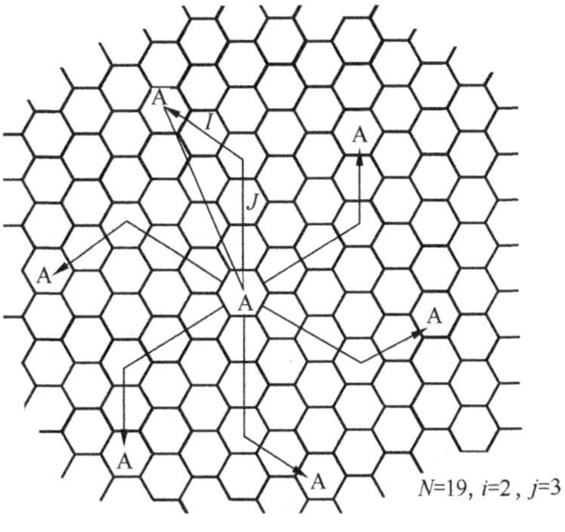

图 4-9 同信道小区的确定

设小区的辐射半径（即正六边形外接圆的半径）为 r，H 为小区中心到边的距离，则有 $H = \dfrac{\sqrt{3}}{2} r$。根据图 4-9 推出图中 $I = 2iH$，$J = 2jH$，I 和 J 之间的夹角为 120°，同信道小区中心之间的距离为

$$\begin{aligned} D^2 &= I^2 + J^2 - 2IJ\cos 120^\circ \\ &= I^2 + J^2 + IJ \\ D &= \sqrt{3(i^2 + ij + j^2)} \times r \\ &= \sqrt{3N} \times r \end{aligned} \tag{4-4}$$

由式（4-4）可见，单位区群内小区数 N 越大，同信道小区的距离 D 就越远，抗同频干扰的性能就越好。但是相应地，单位区群内小区数 N 越大，需要的信道组越多，频谱利用率下降。所以单位区群内小区数 N 与同信道小区的距离 D 为互为矛盾的指标，须折中考虑。

实际应用中，将 D/r 值定义为共道干扰抑制因子、共道再用因子或同频复用因子，用 Q 表示，即

$$Q=\frac{D}{r}=\sqrt{3N} \tag{4-5}$$

4．中心激励和顶点激励

在每个小区中，基站可以设在小区的中央，用全向天线形成圆形覆盖区，这就是“中心激励”方式，如图 4-10（a）所示。也可以将基站设计在每个小区六边形的 3 个顶点上，每个基站采用 3 副扇形辐射的定向天线，分别覆盖 3 个相邻小区的各三分之一区域，每个小区由 3 副 120° 扇形天线共同覆盖，这就是所谓的“顶点激励”方式，如图 4-10（b）所示。

采用 120° 的定向天线后，对来自 120° 主瓣之外的同频干扰信号，天线的方向性能提供一定的隔离度，所接收的同频干扰功率仅为采用全向天线系统的 1/3，因而可以减少系统的同频干扰。另外，在不同地点采用多副定向天线可消除小区内障碍物的阴影区。

图 4-11 所示为 $N=7$ 的无线区群采用顶点激励方式的无线小区模型，每个基站分配 3 个信道组，共分配 $7\times3=21$ 个信道组，分别用 $A_1A_2A_3$、$B_1B_2B_3$、$C_1C_2C_3$、$D_1D_2D_3$、$E_1E_2E_3$、$F_1F_2F_3$、$G_1G_2G_3$ 表示。

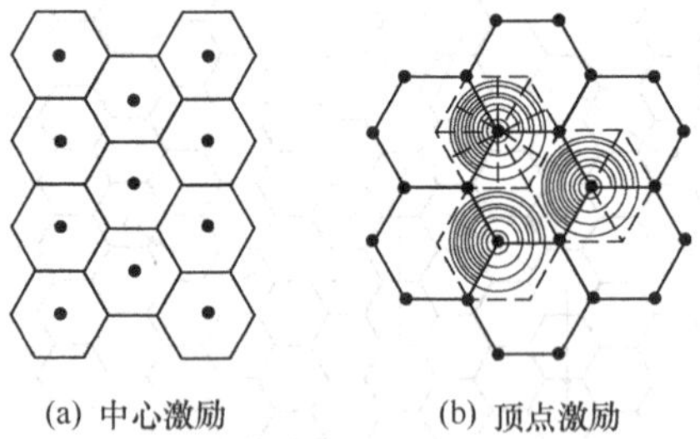

(a) 中心激励　　(b) 顶点激励

图 4-10　两种激励方式

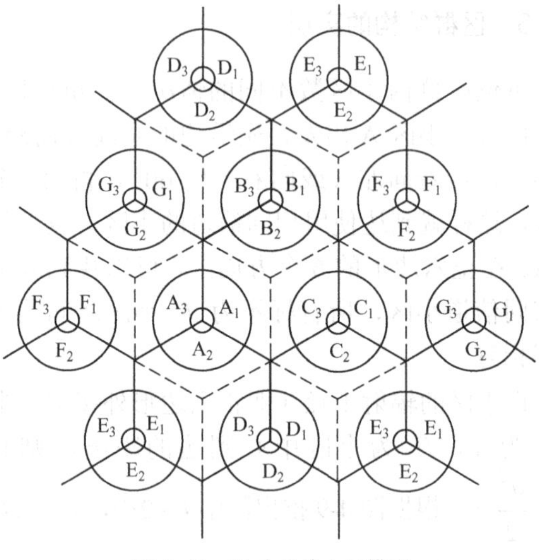

图 4-11　21 个无线小区模型

5．蜂窝小区增加容量的方法

理想设计的每个小区的大小在整个服务区内是相同的，但这只适合用户密度均匀的情况。事实上，服务区内用户密度是不均匀的，如城市中心商业区的用户密度高，居民区和市郊区的用户密度相对较低。在用户密度高的市中心区可使小区的面积小一点，在用户密度低的郊

区可使小区的面积大一些，如图 4-12 所示。

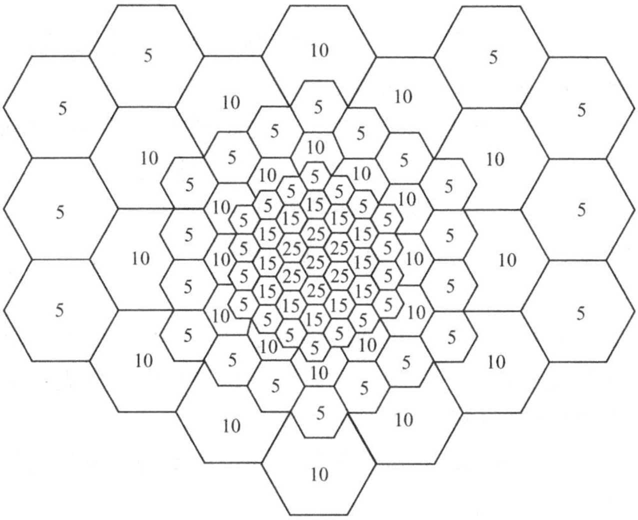

图 4-12　用户密度不等时的小区结构

小区一般分为巨区、宏区、微区和微微区几类，具体指标及大体关系如表 4-4 所示。

表 4-4　　小区分类

蜂 窝 类 型	巨　区	宏区 Macro Cell	微区 Micro Cell	微微区 Pico Cell
蜂窝半径（km）	100～500	≤35	≤1	≤0.05
终端移动速度（km/h）	1 500	≤500	≤100	≤10
运行环境	所有	乡村郊区	市区	室内
业务量密度	低	低到中	中到高	高
适用系统	卫星	蜂窝	蜂窝/无绳	蜂窝/无绳

对于已设置好的蜂窝通信网，随着城市建设的发展，无线服务需求的提高，原来的低用户密度区可能变成了高用户密度区，分配到每小区的信道数已不能满足要求，需要采用新的蜂窝设计技术扩充容量。常用的扩容技术有：小区分裂、扇区划分、选用直放站、微小区技术等。下面重点介绍小区分裂和扇区划分技术。

（1）小区分裂

小区分裂通过用更小的小区代替较大的小区来允许系统容量的增长，同时采用同频复用因子不变的信道分配策略，通过减小小区半径、重组系统来获得容量的增加。

当一个特定小区的用户容量和话务量增加时小区可以被分裂成更小的小区，通过增加小区数（基站数）来增加信道的重用数，这个过程称为小区分裂。图 4-13 所示为在原小区内分设 3 个发射功率更小的新基站，就形成几个面积更小一些的正六边形小区，图中实圈为原基站位置，空圈为新基站位置。最初的小区被 6 个新的微小区基站所覆盖。微小区基

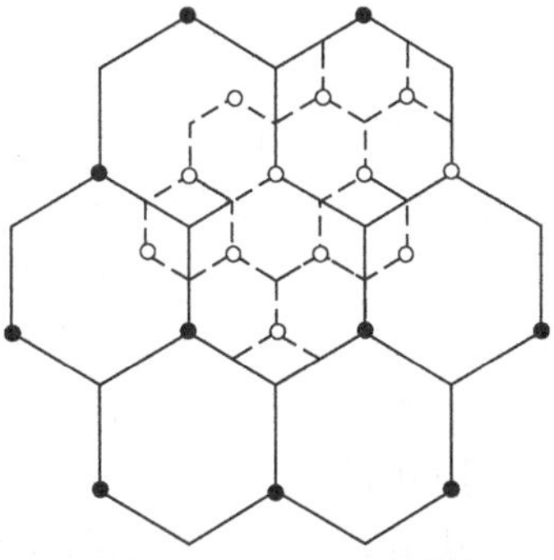

图 4-13　小区分裂图

站的频率分配应与原频率复用规划一致，小区分裂只相当于按比例缩小了单位区群的几何形状。

假设每个小区按半径的一半来分裂，将需要大约原来小区数目 4 倍的新小区才可以覆盖，如图 4-13 所示。新增加的基站服务半径减少，发射功率随之减少。

实际应用中，不是所有的小区都同时分裂，而是不同规模的小区将同时存在，频率规划将变得复杂，特别需要注意保证同频小区间的距离和用户移动时的切换问题。

为了扩大系统容量，FDMA 和 CDMA 系统都使用了小区分裂技术，其区别在于 FDMA 相邻小区必须使用不同载频，CDMA 系统可以使用相同载频。

（2）扇区划分技术

蜂窝移动通信系统中的同频干扰可以通过使用定向天线代替基站中单独的一根全向天线来减小，其中每个定向天线辐射某一个特定的扇区。这种使用定向天线来减少同频干扰，从而提高系统容量的技术叫做扇区划分技术。

扇区划分技术与小区分裂不同，它可以保持小区半径不变，容量的提高是通过减少同频干扰以达到提高频率利用率来实现的。

利用定向天线将小区分成几个扇区，比如 120° 的 3 扇区，每个扇区的基站仅接收来自确定方向的用户信号，理论上可提高 3 倍的系统容量。扇区的划分与系统提供的业务量相匹配，在业务量高的地区扇区划分得密集一些，可以进一步提高系统容量。但是扇区增加了，容量增加了，同时也增加了切换的次数。因此，扇区的划分应根据实际业务量情况综合考虑。图 4-14 所示为六扇区组网的网络拓扑结构。

采用扇区划分技术，能增加系统容量，但是也将增加切换次数，导致交换机和控制链路的负荷增加，从而造成中继效率下降，话务量有所损失。

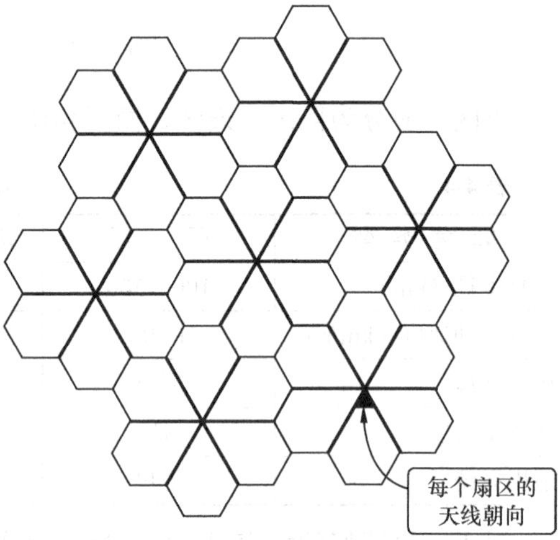

图 4-14　六扇区组网的网络拓扑结构

4.2　无线系统的信道分配

为每个基站分配适宜的无线信道是无线网络规划的重要工作，实际的网络规划中还需要考虑无线传播的真实环境和小区几乎不是理想的正六边形。

不同移动通信系统的空中标准会规范业务信道和控制信道，原则上控制信道不会用于业务信道，控制信道的复用策略是更为保守的。一般情况下，控制信道能处理大量数据，所以一个小区只需要一个控制信道。如果使用了扇区划分技术，需要为小区的每一个扇区分配单独的控制信道。

从频率使用的角度说，CDMA 系统如果使用单载波，则不需要规划频率，一个载频可以承载系统所需的控制信道和业务信道。CDMA 系统不需要对每个蜂窝基站的信道分配方案进行仔细的决策，但考虑到 CDMA 技术的小区呼吸效应等特点，CDMA 网络的规划需要对控制信道、业务信道的功率及门限做合理的设计，还要根据业务量的变化合理地调整功率和门限值。

本节所介绍的无线系统的信道分配方案主要是针对 TDMA 和 FDMA 移动通信系统的频率分配。

1. 频道分组的原则

频率分配是频率复用的前提。频率分配有两个基本含义：一是频道分组，根据移动网拥有的频率资源，将全部频道分成若干组；二是频道指配，以固定的或动态的分配方法将频率资源分配给蜂窝网的用户使用。

（1）频道分组的原则

① 根据不同的移动通信系统的无线频率使用要求，选择双工方式、载频中心频率、频道间隔、收发间隔等。

② 确定无互调干扰或尽量减小互调干扰的分组方法。

③ 考虑有效利用频率资源、减小基站天线高度和尽量减小发射功率，在满足射频防护比的前提下，确定频道分组数。

（2）频道分配时需注意的问题

① 在同一频道组中不能有相邻序号的频道。

② 相邻序号的频道不能分配于相邻小区或相邻扇区。

③ 应根据移动通信设备抗邻道干扰能力来设定相邻频道的最小频率间隔。

④ 根据规定的射频防护比建立频率复用的频道分配图案。

⑤ 保证频率计划、远期规划、新归网和重叠网频率分配的协调一致。

2. 固定频道分配方法

固定频道分配方法有两种：分区分组分配法和等频距分配法。

（1）分区分组分配法

分区分组分配法频率分配原则如下。

① 尽量减少占用的总频段，提高频谱的利用率。

② 单位无线区群中不能使用相同的频道，以避免同频道干扰。

③ 每个无线小区应采用无三阶互调的频道组，以避免三阶互调干扰。

假设给定的频段以等间隔划分为信道，按顺序分别标明各信道的号码为：1，2，3，…。若每个区群有 7 个小区，每个小区需 6 个信道，按上述原则进行分配，可得到：

第 1 组　1、5、14、20、34、36

第 2 组　2、9、13、18、21、31

第 3 组　3、8、19、25、33、40

第 4 组　4、12、16、22、37、39

第 5 组　6、10、27、30、32、41

第 6 组　7、11、24、26、29、35

第 7 组　15、17、23、28、38、42

上述每一组信道将分配给区群内的一个小区，共占用了 42 个信道的频段，是最佳分配方案。

分区分组分配法的主要出发点是避免三阶互调，但未考虑同一信道组中的频率间隔，可能会出现较大的邻道干扰，这是这种方法的主要缺点。

（2）等频距分配法

等频距分配法是按等频率间隔来配置信道的，只要频距选得足够大，就可以有效地避免邻道干扰。这样的频率配置可能正好满足产生互调的频率关系，但正因为频距大，干扰易于被接收机输入滤波器滤除而不易作用到非线性器件上，这也就避免了互调的产生。

等频距分配时可根据群内的小区数 N 来确定同一信道组内各信道之间的频率间隔。假如第 1 组用（1，$1+N$，$1+2N$，$1+3N$，…），则第 2 组可用（2，$2+N$，$2+2N$，$2+3N$，…）等。

假定每个区群有 7 个小区，即 $N=7$，则信道的配置方案如下。

第 1 组　1、8、15、22、29，…

第 2 组　2、9、16、23、30，…

第 3 组　3、10、17、24、31，…

第 4 组　4、11、18、25、32，…

第 5 组　5、12、19、26、33，…

第 6 组　6、13、20、27、34，…

第 7 组　7、14、21、28、35，…

每组的频点数取决于所分配的带宽。

同一信道组内的信道间最小频率间隔为 7 个信道间隔。若信道间隔为 25kHz，则其最小频率间隔可达 175kHz，接收机的输入滤波器就可有效地抑制邻道干扰和互调干扰。

如果采用定向天线顶点激励的小区制，每个基站应配置 3 组信道，向 3 个方向辐射，假定单位区群内小区的个数为 7（$N=7$），每个区群就需有 21 个信道组。整个区群内各基站信道组的分布如图 4-15 所示。

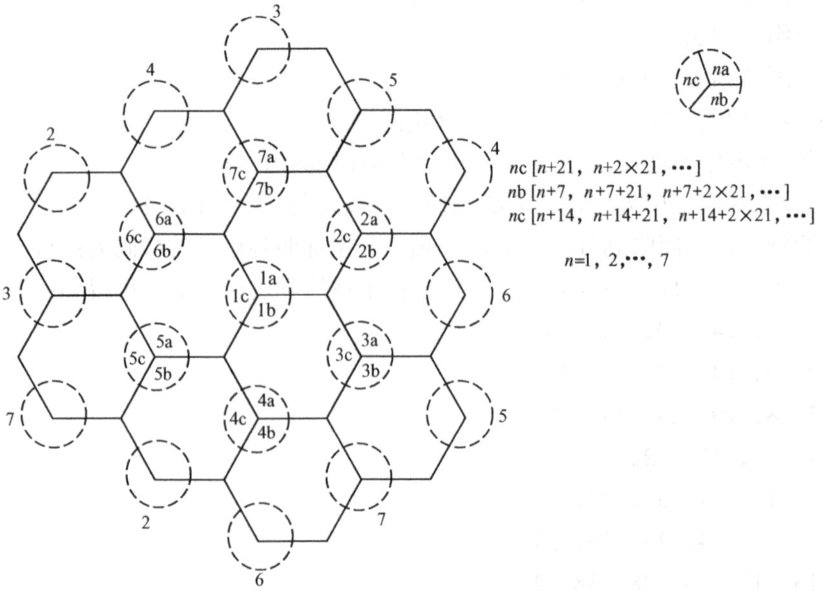

图 4-15　3 顶点激励的信道配置

3. 动态分配方法

为了进一步提高频率利用率，使信道的配置随移动通信业务量和地理分布的变化而变化，引入了动态分配方法，动态分配方法有动态配置法和柔性配置法两种。

（1）动态配置法

动态配置法是根据移动用户话务量随时间和位置的变化对频道进行分配。也就是说，频道不是固定地分配给某一小区，移动台可在小区内使用系统的任何一个频道。

这种分配方式的优点是可以充分利用有限的频道资源。但是，动态地分配频道需要混合使用任意信道的天线共用设备，而且在每次呼叫时，需要高速处理横跨多个基站的庞大算法。

（2）柔性配置法

柔性配置是指首先分配给多个小区共用信道，利用这些小区话务量高峰时间段的不同，控制话务量高峰小区顺序地使用话务量小的小区不使用的共用信道，为话务量高峰小区服务。柔性配置法适于预先可预测话务量变动的情况。

在实际应用中，经常将固定频道分配与动态频道分配结合使用，即采用混合频道分配方式。混合频道分配方式需要系统通过软件编程来控制实现。

4.3 多信道共用

4.3.1 多信道共用的意义

在双工移动通信系统中，移动用户在通话时要占用一条信道。由于频谱资源的限制，用户数总是大于信道数。蜂窝移动通信系统使用多信道共用技术缓解频谱资源有限和用户数多的矛盾。多信道共用是指系统允许大量的用户在一个小区内共享少量的信道。每个用户只在呼叫时才分配一个信道，一旦通话终止，用户占用的信道马上释放供其他用户使用。

多信道共用技术与市话用户共同享有中继线相类似，根据用户行为的统计数据，使固定数量的信道或线路为一个数量更大的、随机的用户群体服务。

图 4-16 所示为多信道共用方式的示意图，图中假定一个无线小区内有 n 条信道，把用户也分成 n 组。如果分别给每组用户分配一条信道，不同信道内的用户不能互换信道，这就是独立信道方式，如图 4-16（a）所示。如果无线小区内的 n 条信道为该区内所有用户共用，这就是信道共用方式，如图 4-16（b）所示。

如果采用独立信道方式，当某一信道被某一用户占用时，在通话结束前，属于该信道的其他用户不能使用该信道，其他用户处于阻塞状态，无法通话。同时其他信道可能处于空闲状态，造成有些信道在紧张排队，而另一些信道空闲。

如果采用多信道共用方式，任何一个移动用户选取空闲信道和占用信道的时间都是随机的，所以所有信道同时被占用的概率远小于一条信道被占用的概率。多信道共用的结果是在同样多的用户数和信道数情况下，用户通话的阻塞率明显下降，可以显著提高信道利用率。

接下来的问题是，在保持一定质量的前提下，若采用多信道共用，一条信道究竟平均分配给多少个用户才合理呢？这就是我们要讨论的话务量、服务等级和信道数的关系问题。

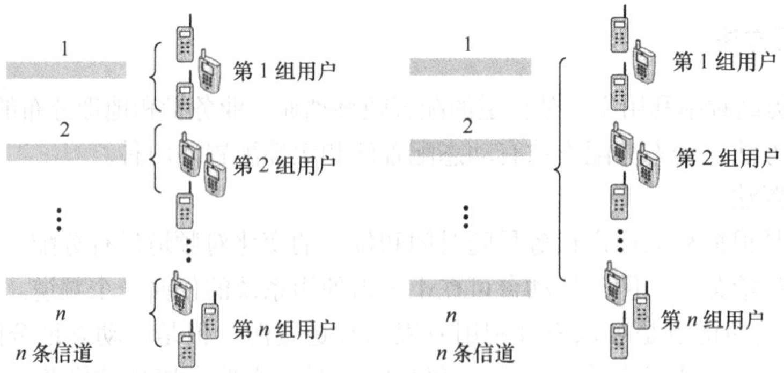

(a) 独立信道方式　　(b) 多信道共用

图 4-16　信道共用方式图解

4.3.2 话务量、服务等级和信道数的关系

1．话务量与服务等级的概念

（1）话务量

话务量是衡量通信系统中语音业务量大小的度量，分为流入话务量和完成话务量。流入话务量（A）定义为在一特定时间内呼叫次数（λ）与每次呼叫平均占用时间（S）的乘积，即

$$A=\lambda S \tag{4-6}$$

式中，A 无量纲，单位为厄兰（Erlang，Erl）；λ 的单位为次/h；S 的单位为 h/次。

［**例 4-2**］假定通信平均每小时发生 20 次呼叫，平均每次呼叫的时间为 2 分钟，计算话务量。

解： $S=2(\text{min/次})=\frac{2}{60}=\frac{1}{30}(\text{h/次})$

$$A=\lambda\ \ S=20\ \ \frac{1}{30}\approx 0.67\ (\text{Erl})$$

（2）用户忙时话务量

在工程设计和计算中，常用到忙时话务量的概念，因为每个用户在 24 小时内的话务量分布是不均匀的，网络设计时应按最忙时的话务量来进行估算。

最忙 1 小时内的话务量与全天话务量之比称为忙时集中率，用 K 表示，定义为

$$K=\frac{\text{忙时话务量}}{\text{全日话务量}}$$

每个用户的忙时话务量需要统计的方法确定，一般 $K=10\%\sim15\%$。

假设每一用户每天平均呼叫的次数为 C（次/天），每次呼叫平均占用信道的时间为 T（秒/次），忙时集中率为 K，则每用户的忙时话务量（α）为

$$\alpha=CTK\frac{1}{3\,600} \tag{4-7}$$

系统的总话务量（A）为

$$A = M\alpha \tag{4-8}$$

式中，M 为系统总的用户数，α 为每一个用户的忙时话务量。

［**例 4-3**］每天平均呼叫 3 次，每次呼叫平均占用 2 分钟，忙时集中率为 10%，计算每个用户的忙时话务量。

解：$\alpha = CTK\dfrac{1}{3\,600}$

$= 3\times 120\times\dfrac{10}{100}\times\dfrac{1}{3\,600}$

$= 0.01\text{Erl}/\text{用户}$

一些移动通信网的统计数据表明，专用移动通信网设计话务量一般为 0.06Erl 左右，我国蜂窝移动网络设计的用户忙时话务量一般为 0.01～0.03Erl 之间。

（3）服务等级

服务等级用来度量多信道复用状态下移动系统最忙时用户进入系统的能力。根据对呼叫的处理方式不同，用两个概念来表述：呼叫阻塞的概率（呼损率）和呼叫阻塞延迟。

① 呼叫阻塞的概率（呼损率）。如果不对请求进行排队，即对于每一个请求服务的用户，如果有空闲信道则立即接入；如果没有空闲信道，则呼叫被阻塞，拒绝接入并释放掉。此种情况时服务等级定义为呼叫阻塞的概率，也称为呼损率。呼损率将在随后的 Erlang B 公式部分介绍。

② 呼叫阻塞延迟。如果用一个队列来保存阻塞呼叫，虽然不能立即获得一个信道，但呼叫请求将一直保持到有信道空闲为止。此种情况时服务等级定义为呼叫阻塞延迟。呼叫阻塞延迟将在随后的 Erlang C 公式部分介绍。

2. 话务量、服务等级和信道数的关系

（1）厄兰 B 公式

① 呼损率概念。在信道共用的情况下，由于移动用户发起呼叫是随机的，每次通话的时间长度也是随机的。当信道有空闲时，新发起的呼叫能被接续，呼叫成功；当信道全部被占用时，新发起的呼叫不能被接续，呼叫失败，即发生呼损。

在系统流入的话务量中，完成接续的那部分话务量称作完成话务量，未完成接续的那部分话务量称作损失话务量。若令 λ_0 为单位时间内呼叫成功的次数，则完成话务量为

$$A' = \lambda_0 S \tag{4-9}$$

损失话务量与流入话务量之比定义为呼损率，用 B 表示，即

$$B = \frac{A - A'}{A}\times 100\% = \frac{\lambda - \lambda_0}{\lambda}\times 100\% \tag{4-10}$$

呼损率也可定义为呼叫失败的次数占总呼叫次数的百分比，它是衡量通信网接续质量的主要指标。呼损率 B 越小，成功呼叫的概率就越大，用户越满意。

例如，某移动通信系统的服务等级为 0.02，说明全部呼叫未被接通的概率仅占 2%。对于移动通信网来说，在大城市要求无线信道的服务等级原则上不大于 2%，一般地区原则上不大于 5%。

② 呼损率的计算。对于多信道共用的移动通信系统来说，假设呼叫具有下面性质。

- 独立，用户数量为无限大。
- 概率相等，呼叫分布服从泊松分布。
- 呼叫请求的到达无记忆性。
- 可用的信道数目有限。
- 用户占用信道的概率服从指数分布。

根据话务理论，呼损率（B）、共用信道数（N）和流入话务量（A）三者的定量关系可用厄兰 B 公式表示为

$$B=\frac{\frac{A^N}{N!}}{\sum_{i=0}^{N}\frac{A^i}{i!}}\times 100\% \tag{4-11}$$

若已知呼损率 B，根据上式可推导出 A 和 N 的对应数量关系，而 A/N 就是在一定呼损率下每条信道的平均流入话务量。呼损率（B）、共用信道数（N）和流入话务量（A）三者之间的关系如图 4-17 所示。

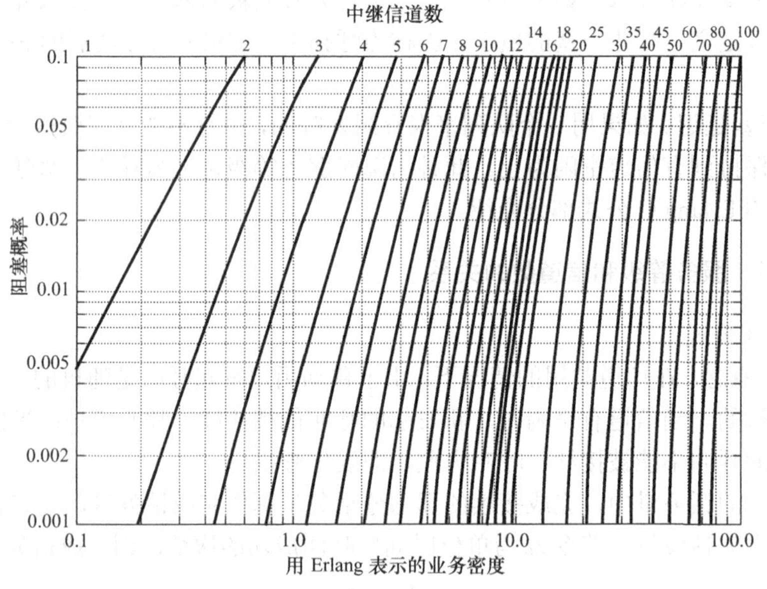

图 4-17 Erlang B 公式图示

在实际工程中，为计算方便，把不同呼损率 B 条件下的信道数 N 及话务量 A 列成表格，称为厄兰 B 表。部分厄兰 B 表如表 4-5 所示，表中 B 取值为百分数。

［**例 4-4**］假设一个蜂窝小区内有 30 条信道来处理所有用户的呼叫，平均每次呼叫时间为 100s。若已知呼损率为 2%，该小区可处理多少次呼叫？

解 已知 $N=30$，$B=2\%$，由表 4-5 查得 $A=21.932\text{Erl}$。

根据公式 $A=\lambda S$，可计算在一个小区里每小时的呼叫次数：

$$21.932\times 3600/100=789.552\ \text{呼叫/h}$$

表 4-5　　　　厄兰 B 表

N/B	0.01	0.05	0.1	0.5	1.0	2	5	10	15	20	30	40
1	.000 1	.000 5	.001 0	.005 0	.010 1	.020 4	.052 6	.111 1	.176 5	.250 0	.428 6	.666 7
2	.014 2	.032 1	.045 8	.105 4	.152 6	.223 5	.381 3	.595 4	.796 2	1.000	1.449	2.000
3	.086 8	.151 7	.193 8	.349 0	.455 5	.602 2	.899 4	1.271	1.603	1.930	2.633	3.480
4	.234 7	.362 4	.439 3	.701 2	.869 4	1.092	1.525	2.045	2.501	2.945	3.891	5.021
5	.452 0	.648 6	.762 1	1.132	1.361	1.657	2.219	2.881	3.454	4.010	5.189	6.596
6	.728 2	.995 7	1.146	1.622	1.909	2.276	2.960	3.758	4.445	5.109	6.514	8.191
7	1.054	1.392	1.579	2.158	2.501	2.935	3.738	4.666	5.461	6.230	7.856	9.800
8	1.422	1.830	2.051	2.730	3.125	3.627	4.543	5.597	6.498	7.369	9.213	11.42
9	1.826	2.302	2.558	3.333	3.783	4.345	5.370	6.546	7.551	8.522	10.58	13.05
10	2.260	2.803	3.092	3.961	4.461	5.084	6.216	7.511	8.616	9.685	11.92	14.68
11	2.722	3.329	3.651	4.610	5.160	5.842	7.076	8.487	9.691	10.86	13.33	16.31
12	3.207	3.878	4.231	5.279	5.876	9.615	7.950	9.474	10.78	12.04	14.72	17.95
13	3.713	4.447	4.831	5.964	6.607	7.402	8.835	10.47	11.87	13.22	16.11	19.60
14	4.239	5.032	5.446	6.663	7.352	8.200	9.730	11.47	12.97	14.41	17.50	21.24
15	4.781	5.634	6.077	7.376	8.108	9.010	10.63	12.48	14.07	15.61	18.90	22.89
16	5.339	6.250	6.722	7.100	8.875	9.828	11.54	13.50	15.18	16.81	20.30	24.54
17	5.911	6.878	7.378	8.834	9.652	10.66	12.46	14.52	16.29	18.01	21.70	26.19
18	6.496	7.519	8.046	9.578	10.44	11.49	13.39	15.55	17.41	19.22	23.10	27.84
19	7.093	8.170	8.724	10.33	11.23	12.33	14.32	16.58	18.53	20.42	24.51	29.50
20	7.701	8.831	9.412	11.09	12.03	13.18	15.25	17.61	19.65	21.64	25.92	31.15
21	8.319	9.501	10.11	11.86	12.84	14.04	16.19	18.65	20.77	22.85	27.33	32.81
22	8.946	10.19	10.81	12.64	13.65	14.90	17.13	19.69	21.90	24.06	28.74	34.46
23	9.583	10.87	11.52	13.42	14.47	15.76	18.08	20.74	23.03	25.28	30.15	36.12
24	10.23	11.56	12.24	14.20	15.30	16.63	19.03	21.78	24.16	26.50	31.56	37.78
25	10.88	12.26	12.97	15.00	16.13	17.51	19.99	22.83	25.30	27.72	32.97	39.44
26	11.54	12.97	13.70	15.80	16.96	18.38	20.94	23.89	26.43	28.94	34.39	41.10
27	12.21	13.69	14.44	16.60	17.80	19.27	21.90	24.94	27.57	30.16	35.80	72.76
28	12.88	14.41	15.17	17.41	18.64	20.15	22.87	26.00	28.71	31.39	37.21	44.41
29	13.56	15.13	15.93	18.22	19.49	21.04	23.83	27.05	29.85	32.61	38.63	46.07
30	14.25	15.86	16.68	19.03	20.34	21.93	24.80	28.11	31.00	33.84	40.05	47.74
31	14.94	16.60	17.44	19.85	21.19	22.83	25.77	29.17	32.14	35.07	41.46	49.40
32	15.63	17.34	18.21	20.68	22.05	23.73	26.75	30.24	33.28	36.30	42.88	51.06
33	16.34	18.09	18.97	21.51	22.91	24.63	27.72	31.30	34.43	37.52	44.30	52.72
34	17.04	18.84	19.74	22.34	23.77	25.53	28.70	32.37	35.58	38.75	45.72	54.38
35	17.75	19.59	20.52	23.17	24.64	26.44	29.68	33.43	36.72	39.99	47.14	56.04
36	18.47	20.35	21.30	24.01	25.51	27.34	33.66	34.50	37.87	41.22	48.56	57.70
37	19.19	21.11	22.08	24.85	26.38	28.25	31.64	35.57	39.02	42.45	49.98	59.37
38	19.91	21.87	22.86	25.69	27.25	29.17	32.62	36.64	40.17	43.68	51.40	61.03
39	20.64	22.64	23.65	26.53	28.13	30.08	33.61	37.72	41.32	44.91	52.82	62.69
40	21.37	23.41	24.44	27.38	29.01	31.00	34.60	38.79	42.48	46.15	54.24	64.35

[**例 4-5**] 某移动通信系统拥有 8 条无线业务信道，每天每个用户平均呼叫 10 次，每次占用信道平均时间为 80s，呼损率要求 10%，忙时集中率 $K=0.125$，该移动通信系统能容纳多少用户？

解 ① 根据呼损率要求及信道数，求总话务量 A。

由厄兰 B 公式或表 4-5：

$\because N=8$，$B=10\%$

$\therefore A=5.597\text{Erl}$

② 计算每个用户忙时话务量 α

$$\alpha=10\times80\times0.125\times\frac{1}{3\,600}=0.027\,2\text{Erl}$$

③ 设每个信道能容纳的用户数 m，N 个信道能容纳的用户数

$$m\times N=\frac{A}{\alpha}=205.8\text{用户}$$

（2）厄兰 C 公式

为了计算呼叫在队列中等待了一定时间后被阻塞的概率，假定系统中不能立即分配信道的所有请求都保持在一个队列中，呼叫没有立即得到信道的概率用厄兰 C 公式表示

$$P_{\text{r}}[\text{延迟的呼叫}]=\frac{A^C}{A^C+C!\left(1-\frac{A}{C}\right)\sum_{k=0}^{C-1}\frac{A^k}{k!}} \tag{4-12}$$

式中，P_{r} 延迟呼叫的概率，C 是可用信道数，A 是流入话务量。

如果当时没有空闲信道，则呼叫被延迟并被保持在一个队列中，延迟的呼叫被迫等待 t 秒以上的概率，由呼叫延迟的概率及延迟大于 t 秒的条件概率乘积得到。其中

$$P_{\text{r}}[\text{延迟时间}>t\,|\,\text{延迟的呼叫}]=\exp\left(-\frac{C-A}{H}t\right) \tag{4-13}$$

式中，C 是可用信道数，t 是呼叫延迟时间，H 是一次呼叫的平均时间。由此得到

$$\begin{aligned}P_{\text{r}}[\text{延迟时间}>t]&=P_{\text{r}}[\text{延迟的呼叫}]P_{\text{r}}[\text{延迟时间}>t\,|\,\text{延迟的呼叫}]\\&=P_{\text{r}}[\text{延迟的呼叫}]\exp\left(-\frac{C-A}{H}t\right)\end{aligned} \tag{4-14}$$

排队系统中所有呼叫的平均延迟 D 为

$$\begin{aligned}D&=\int_0^{\infty}P_{\text{r}}[\text{延迟的呼叫}]\text{e}^{-\frac{C-A}{H}t}\text{d}t\\&=P_{\text{r}}[\text{延迟的呼叫}]\frac{H}{C-A}\end{aligned} \tag{4-15}$$

其中，排队呼叫的平均延迟为 $\frac{H}{C-A}$。

根据厄兰 C 公式，话务量、延迟呼叫的概率和信道数三者的关系如图 4-18 所示，也可以用表表示，此处省略。

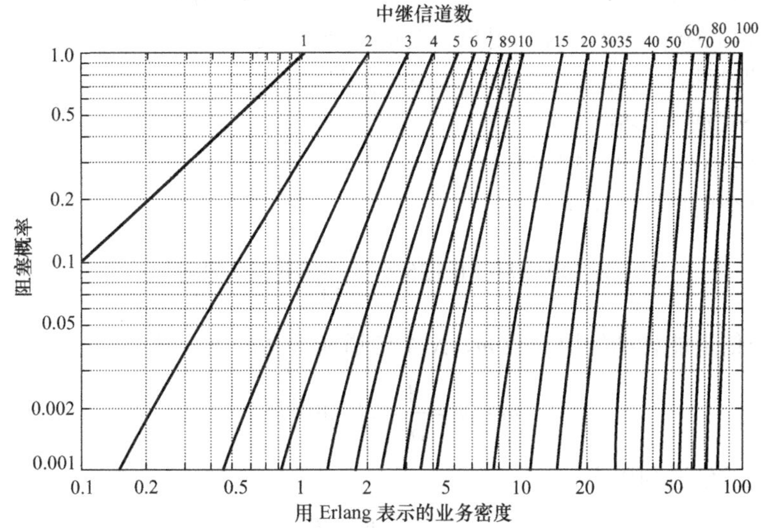

图 4-18　厄兰 C 公式图示

3. 信道利用率

信道利用率（η）定义为每条信道完成话务量和总的信道数之比，若总的信道数为 N，完成的话务量为 A'，则

$$\eta = \frac{A'}{N} \times 100\% = \frac{A(1-B)}{N} \times 100\% \tag{4-16}$$

信道利用率是系统信道利用程度的度量。当信道数一定时，完成话务量越大，说明信道利用的程度越高。η 与 N 之间的定量关系如图 4-19 所示。在 B 相同的条件下，随着 N 的增加，η 有明显的提高。但是，当 N 增加到一定数值后（如 $N=10$），η 的提高就很有限了。

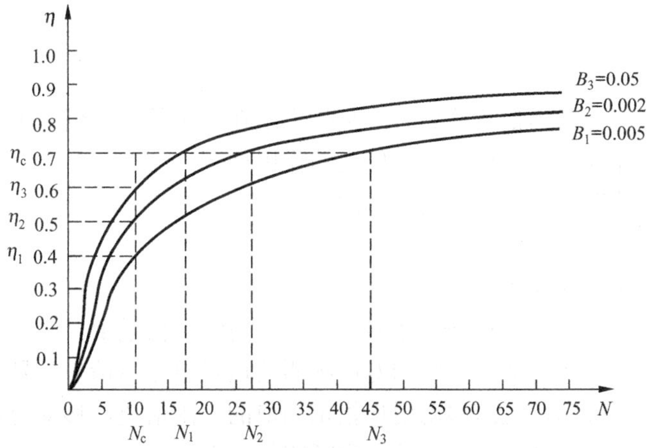

图 4-19　信道利用率图

［**例 4-6**］某移动通信系统拥有 8 条无线业务信道，每天每个用户平均呼叫 10 次，每次

占用信道平均时间为 80s，呼损率要求 10%，忙时集中率 $K = 0.125$，并要求系统的呼损率不大于 5%，试求该系统能容纳的移动用户数及信道利用率。

解（1）根据呼损率要求及信道数，求总话务量 A

由厄兰 B 公式或表 4-5：

$\because N = 8$，$B = 10\%$ $\therefore A = 5.597\text{Erl}$

（2）计算每个用户忙时话务量 α

$$\alpha = 10 \times 80 \times 0.125 \times \frac{1}{3\,600} = 0.027\,2\text{Erl}$$

（3）设每个信道能容纳的用户数 m，N 个信道能容纳的用户数

$$m \times N = \frac{A}{\alpha} = 205.8\text{用户}$$

（4）求系统的信道利用率

$$\eta = \frac{A'}{N} \times 100\% = \frac{A(1-B)}{N} \times 100\%$$
$$= (1-5\%) \times 5.597/8 = 66.46\%$$

4.3.3 空闲信道的选取

在移动通信网中，基站控制的小区内有 n 条无线信道供移动用户共同使用。当某一用户需要占用信道通信时，如何从这 n 条信道中自动地选择一条空闲信道呢？

1. 空闲信道的选取方式

空闲信道的选取方式主要分为两大类：一类是专用呼叫信道方式；另一类是标明空闲信道方式。标明空闲信道方式又分为循环定位、循环不定位、循环分散定位和循环分散不定位等多种方式，主要用于模拟移动通信系统。下面介绍在数字蜂窝移动通信公网中获得广泛应用的专用呼叫信道方式。

2. 专用呼叫信道

专用呼叫信道方式或共用信令信道方式是指系统在给定的多个信道中，设置 1 条或 2 条专门用于呼叫的信道作为控制信道，控制信道的作用如下。

（1）处理基站到移动台或移动台到基站的呼叫。

（2）指定语音信道或业务信道。

专用呼叫信道作用简介如下。

（1）当移动台没有通话时，移动台守候在下行专用呼叫信道上。

（2）若移动台发起呼叫，通过上行的专用呼叫信道发出呼叫请求信号，基站收到呼叫请求信号后，在下行专用呼叫信道给移动用户指定当前的空闲信道，移动台根据指令转入空闲信道通话。通话结束后再自动返回到下行专用呼叫信道上守候。

（3）若移动台作为被叫时，基站在专用呼叫信道上发出呼叫信号，被呼叫的移动台应答后，即根据基站的指令转入空闲语音信道进行通信。

专用呼叫信道方式处理一次呼叫所需要的时间很短，一般约为几百毫秒。专用呼叫信道方式适用于大容量的移动通信系统。目前，在数字蜂窝移动通信公网中常用的空闲信道选取方式是专用呼叫信道方式。

4.4 蜂窝组网系统干扰和容量分析

4.4.1 蜂窝组网干扰分析

蜂窝通信系统由于采用了频率复用技术，使得系统容量得到了提高，同时产生了共道小区之间存在的相同频率上的相互干扰，也称为共道或同道干扰。共道干扰分两种情况。

（1）基站受共道小区中移动台的干扰。

（2）移动台受共道小区中基站的干扰。

二者的分析方法完全相同。

蜂窝组网时，区群的小区数 N 越小，同样的频率资源时，系统容量越大；相邻区群之间的地理位置靠得越近，共道干扰也就越强。当蜂窝网络每区群含 7 个小区，各基站均采用全向天线时，共道小区的分布示意图如图 4-20 所示。

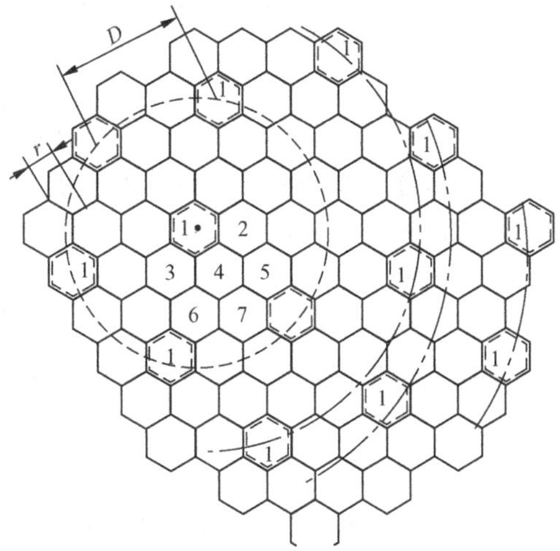

图 4-20 蜂窝网络的同道干扰示意图

在图 4-20 中，共道小区围绕着接收机所在小区 1（图中标识为• ）为中心分为许多层：第一层 6 个，第二层 6 个，第三层 6 个，……。接收信干比可表示为

$$\frac{S}{I}=\frac{S}{\sum_{i=1}^{6}I_i+n} \tag{4-17}$$

式中，S 是信号功率，n 是环境噪声功率（这里可忽略不计），I_i 是来自第 i 个共道小区的干扰功率。因为在共道干扰中，来自第一层共道小区的干扰最强，起主导作用，故在进行分析时，可以只考虑第一层 6 个共道小区所产生的干扰。

对无线移动信道的测量表明，在任一点接收到的平均信号强度随发射机和接收机之间距离的幂定律而下降，在市区的蜂窝系统中，路径衰减指数一般在 2～4 之间。假定路径衰减指数取 4；信源和干扰源的发射功率相等，均为 P；取信号的传播距离等于小区半径 r，移动台处小区边缘，考虑到信干比在最不利的情况下也要达到预定的门限值；共道干扰的传播距离用 D_i 表示，那么接收到的信号功率与干扰功率分别为

$$S=Pr^{-4}，\quad I_i=PD_i^{-4} \tag{4-18}$$

式（4-17）可表示为

$$\frac{S}{I}=\frac{r^{-4}}{\sum_{i=1}^{6}D_i^{-4}} \tag{4-19}$$

共道干扰的传播距离 D_i 在 i 的取值不同时不会完全相等，为了分析简单，可以令 $D_i=D$，D 为同频小区间距离，于是式（4-19）可表示为

$$\frac{S}{I}=\frac{1}{6}\left(\frac{r}{D}\right)^{-4} \tag{4-20}$$

任何通信系统的设计都要满足语音质量的要求。为保证规定的语音质量，系统接收的信号功率与干扰功率的比值要求大于一定的比值，也称为门限值。假定信干比门限为 $\left(\frac{S}{I}\right)_{\text{th}}$，则 $\frac{S}{I}$ 必须大于 $\left(\frac{S}{I}\right)_{\text{th}}$，式（4-20）变换为

$$\left(\frac{r}{D}\right)^{-4}\geqslant 6\left(\frac{S}{I}\right)_{\text{th}} \tag{4-21}$$

当小区通信系统的总信道数 $M=W/B$ 和区群小区数 N 确定后，可以求出每一小区的可用信道数 K，参见式（4-2），即

$$K=\frac{W}{NB} \tag{4-22}$$

利用六边形蜂窝结构的共道再用因子 Q 和区群小区数 N 的关系，参见式（4-5），即

$$Q=\frac{D}{r}=\sqrt{3N} \tag{4-23}$$

将式（4-21）、式（4-23）代入式（4-22），得每一小区的可用信道数 K，即

$$K=\frac{W}{NB}\leqslant\frac{W}{B\sqrt{\frac{2}{3}\left(\frac{S}{I}\right)_{\text{th}}}} \tag{4-24}$$

由式（4-24）可以看出，蜂窝移动通信系统在组网设计时，当频谱带宽（W）给定，每信道所需带宽（B）给定，每个小区中可以分配到的信道数目取决于所需信干比的门限要求。

4.4.2 不同接入方式系统容量

移动通信系统的指标有 3 个：有效性、可靠性和安全性。前者属于数量指标，后两者属于质量指标。系统有效性指标常用通信容量来衡量。通信容量可以采用不同的表征方法进行度量。一般来说，在有限频段内，信道数目越多，系统的通信容量越大。对于蜂窝移动通信系统，合理的度量指标是每个小区的可用信道数，可用下述方式度量。

① 每个小区可用信道数（ch/cell）。它表征每个小区允许同时工作的用户数。

② 每个小区每兆赫兹可用信道数（ch/cell/MHz）。它表征每个小区单位带宽允许同时工作的用户数。

③ 每小区厄兰数（Erl/cell）。它表征每小区允许的话务量。

在移动通信系统中，许多用户同时通信，它们多位于不同的地方，并处于运动状态。这些用户由于使用共同的传输介质，各用户间可能会产生相互干扰，不同用户的信号必须具有某种特征，以便接收机能够将不同用户信号区分开，这样的技术称为多址技术。多址技术的详细分析在 3.2.4 小节。

多址接入技术是移动通信中的关键技术，主要的多址方式有频分多址（FDMA）、时分多址（TDMA）和码分多址（CDMA）。采用不同多址技术的蜂窝移动通信系统的容量是不同的。

1. 频分多址的蜂窝系统容量

对于频分多址（FDMA）系统来说，系统容量的计算比较简单。FDMA 方式是把通信系统的总频段划分为若干个等间隔、互不交叠的频道分配给不同的用户使用，在相邻频道间无明显的串扰。因此，FDMA 系统容量 K 的计算公式为

$$K = \frac{W}{BN} \tag{4-25}$$

式中，W 为无线系统总带宽，N 为区群小区数，B 为信道带宽。

［**例 4-7**］模拟 TACS 系统，采用 FDMA 方式，设系统总带宽 $W = 1.25\text{MHz}$，信道带宽 $B = 25\text{kHz}$，频率复用小区数 $N = 7$，则系统容量 K 为

$$K = \frac{W}{BN} = \frac{1.25 \times 10^3}{25 \times 7} = 7.1 \quad （信道/小区）$$

2. 时分多址的蜂窝系统容量

时分多址（TDMA）方式是把时间分割成周期性不交叠的帧，每一帧再分割成若干个不交叠的时隙，再根据一定的时隙分配原则，使各个移动台在每帧内按指定的时隙发送信号，在接收端按不同时隙来区分出不同用户的信息，从而实现多址通信。对于 TDMA 系统来说，系统容量的计算也比较简单，TDMA 系统容量 K 的计算公式为

$$K = \frac{W}{BN}$$

式中，W 为无线系统总带宽，N 为区群小区数，B 为信道带宽。每个载波信道又被分成 M 个时隙（时分信道），所以信道带宽 B 为载波间隔 B_c/M。

［**例 4-8**］GSM 系统，用 FDMA/TDMA 方式，设系统总带宽 $W = 1.25\text{MHz}$，载波间隔 $B_c = 200\text{kHz}$，每载频时隙数 $M = 8$，频率复用小区数 $N = 4$，则系统容量 K 为

$$K = \frac{W}{BN} = \frac{1.25 \times 10^3 \times 8}{200 \times 4} = 12.5 \quad （信道/小区）$$

3. 码分多址的小区容量

码分多址（CDMA）多址方式用不同码型的地址码来划分信道，每一地址码对应一个信道，每一信道对时间及频率都是共享的，而 FDMA、TDMA 系统信道的数量要受到频率或时隙的限制，因此，CDMA 系统是干扰受限系统。

（1）一般 CDMA 系统小区容量

采用码分多址技术的 CDMA 系统，N 个用户共用一个无线信道同时通信，每一个用户的信号受到其他 $N-1$ 个用户信号的干扰。假定系统的功率控制理想，即到达接收端的所有用户信号功率强度一样，则信干比（SIR）为

$$SIR = \frac{1}{N-1} \tag{4-26}$$

一般扩频系统的信干比（SIR）为信号功率与干扰功率的比值，即

$$SIR = \frac{R_b E_b}{N_0 W} = \frac{E_b / N_0}{W / R_b} \tag{4-27}$$

式中，R_b为信息速率，E_b为比特能量，N_0为干扰的功率谱密度，W为 CDMA 系统占据的有效频带宽度；W/R_b为 CDMA 系统的扩频增益；E_b/N_0是归一化信噪比，取决于对误码率和语音质量的要求，并与系统的调制方式有关。

由式（4-26）和式（4-27）得 CDMA 系统的容量 N 为

$$N = 1 + \frac{W / R_b}{E_b / N_0} \text{（信道/小区）} \tag{4-28}$$

若 N 1，则有

$$N = \frac{W / R_b}{E_b / N_0} \text{（信道/小区）} \tag{4-29}$$

由式（4-29）可得，在误码率一定的情况下，所需信噪比（E_b / N_0）越小，扩频增益（W / R_b）越大，系统可同时容纳的用户数越多。

（2）CDMA 系统小区容量的修正

实际的 CDMA 系统中，应根据 CDMA 蜂窝通信系统的特征对式（4-29）进行修正。

① 语音激活技术。在许多用户共享一个无线频道时，如果利用语音激活技术，使通信中的用户有语音才发射信号，语音停顿时就停止发射信号，那么就减少了对其他用户的干扰。人们对话的特征是不连续的，对话的激活期（占空比）只有 35%左右。也就是说语音停顿使背景干扰减小了 65%，可以使系统容量提高到原来的 1/0.35 = 2.86 倍。令语音的占空比为 d，则 CDMA 系统容量，即式（4-29）变为

$$N = \frac{W / R_b}{(E_b / N_0)d} \text{（信道/小区）} \tag{4-30}$$

② 划分扇区。在 CDMA 蜂窝通信系统中采用有向天线进行分区能明显提高系统容量。比如，用 120° 的定向天线，把小区分成 3 个扇区，可以使背景干扰减小到原来的 1/3，即系统容量提高 3 倍。令 G 为扇区数，则 CDMA 系统容量，即式（4-30）变为

$$N = \frac{(W / R_b)G}{(E_b / N_0)d} \text{（信道/小区）} \tag{4-31}$$

③ 邻近蜂窝的干扰。在 CDMA 蜂窝通信系统中，如果使用单载频，基站都工作在相同的频率上，移动台也工作在相同的频率上。因此，任一小区的移动台都会受到相邻小区基站的干扰，任一小区的基站也会受到相邻小区移动台的干扰。这些来自相邻小区的干扰必然作为背景干扰的一部分，其存在会影响系统的容量。通常研究邻近小区的干扰分为两种情况，即正向传输和反向传输。正向传输和反向传输的干扰对系统容量的影响是不同的，但在理想情况下，可近似认为相等，下面以正向传输为例，分析邻近蜂窝的干扰。

在图 4-21 中，假定移动台所在的小区为本小区，小区中基站不断地向所有移动台发送信号，移动台在接收所需信号时，基站发给所有其他用户的信号都对这个移动台形成干扰。由于路径传播损耗的原因，当移动台靠近基站时，这些干扰和所需信号一样增大；当移动台远离基站时，这些干扰也和所需信号一样减小；但是，对相邻小区的干扰而言，由于传播距离的不同，移动台越靠近小区的边缘，邻近小区来的干扰越强，而所需信号的强度却趋向于最低。考虑这种原因，可以发现，对信干比来说，移动台最不利的位置是处于 3 个小区交界的地方，如图 4-21 所示中的圆圈点。

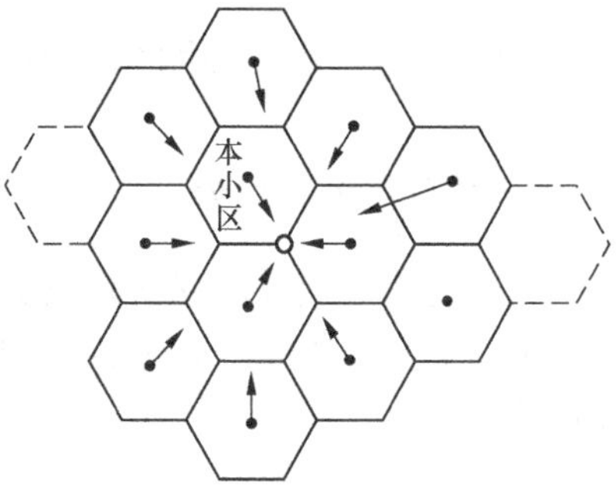

图 4-21 CDMA 系统移动台受干扰示意图

假定各小区同时工作的用户数目都等于 N，即各基站同时向 N 个用户发送信号；各基站发送给所有用户的有效辐射功率都一样；路径传播损耗都与距离的 4 次方成比例。理论分析表明，每小区同时通信的用户数将下降到原来的 60%。令 F 为邻近蜂窝干扰因子，则 CDMA 系统容量，即式（4-31）变为

$$N = \frac{(W/R_b)GF}{(E_b/N_0)d} \quad \text{（信道/小区）} \tag{4-32}$$

［**例 4-9**］如果 $W = 1.25\text{MHz}$，$R = 9\,600\text{bit/s}$，最小可接入的 E_b/N_0 为 10dB，针对如下不同条件，求出 CDMA 移动通信系统中一个单小区所能支持的最大用户数。

（1）采用全向天线，没有采用语音激活技术，不考虑邻近蜂窝的干扰。

（2）基站有 3 个天线，采用 $d = 3/8$ 的语音激活技术，不考虑邻近蜂窝的干扰。

（3）基站有 3 个天线，采用 $d = 3/8$ 的语音激活技术，邻近蜂窝的干扰因子 $F = 0.6$。

解：

（1）根据式（4-29）

$$N = \frac{(W/R_b)}{(E_b/N_0)} = \frac{1.25\times10^6/9\,600}{10} \approx 13\text{用户}$$

（2）根据式（4-31）

$$N = \frac{(W/R_b)G}{(E_b/N_0)d} = \frac{1.25\times10^6/9\,600\times3}{10\times3/8} \approx 107\text{用户}$$

（3）根据式（4-32）

$$N = \frac{(W/R_b)GF}{(E_b/N_0)d} = \frac{1.25\times10^6/9\,600\times3\times0.6}{10\times3/8} \approx 64\text{用户}$$

4.5 蜂窝系统的移动性管理

在蜂窝移动通信网络中，为了向用户提供服务，网络需要随时掌握移动用户所在位置，同时需要进行位置和服务区域管理。当移动用户从一个位置区漫游到另一个位置区时，同样会引起网络各个功能单元的一系列操作。这些操作将引起各种位置寄存器中移动台位置信息

的登记、修改或删除。若移动台正在通话则将引起越区转接过程。这些就是支持蜂窝系统的移动性管理过程。本节将介绍位置区的划分方法、位置更新和切换的基本原理。

4.5.1 蜂窝系统服务区域划分

1. 服务区域的划分

一般的第二代蜂窝移动系统服务区域划分如图 4-22 所示。图中只画出一个移动运营网络，即一个公共陆地移动网络（Public Land Mobile Network，PLMN），多个 PLMN 服务区可以重叠。

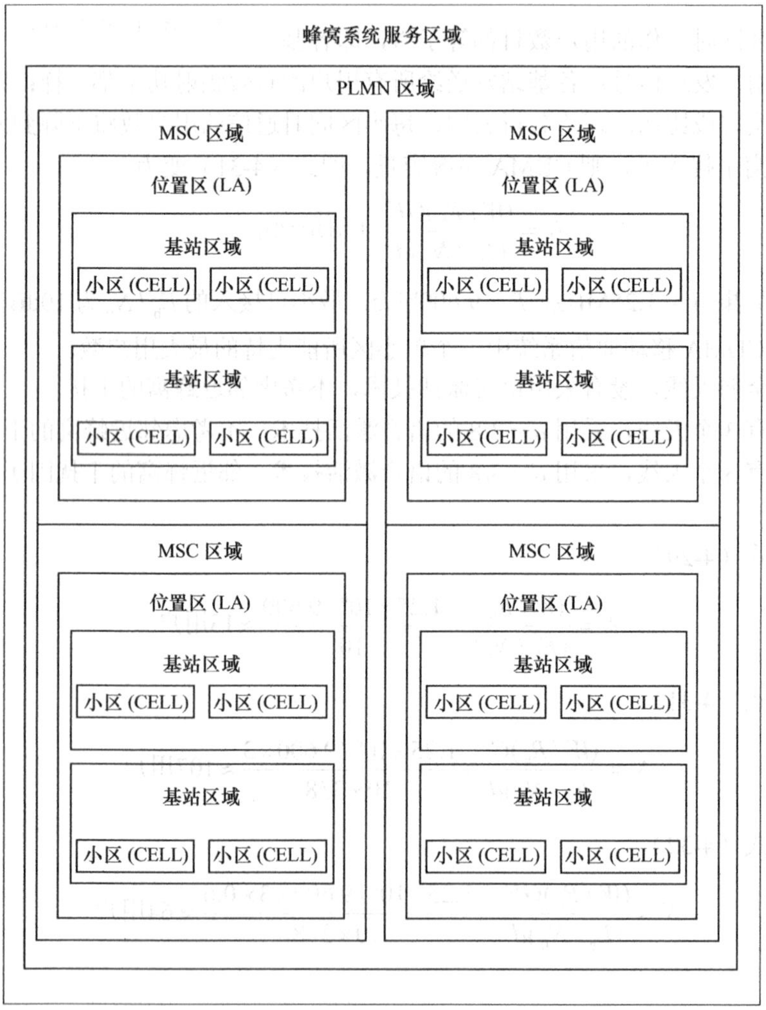

图 4-22 蜂窝网络服务区域划分

与第二代蜂窝网络的服务区域划分相比，第三代蜂窝移动通信网络的服务区域划分发生了一些变化，不同的 3G 标准有不同的划分方案和编号计划，比如 UMTS 网络分为电路域（CS）、分组域（PS）、广播域（BC）及 IMS 域（R5 版本），新增了业务区（SA）的概念。

2．与服务区有关的编号

网络实体的编号和用户编号对于呼叫处理过程以及用户的移动性管理过程都是非常重要的。网络的编号计划与网络结构、网络功能、移动性管理等紧密相关。

蜂窝移动通信最基本的区域单位就是小区，而根据网络结构、网络提供服务的需要，多个小区的集合可以使用不同的网络标识来表示，下面介绍和位置有关的主要编号。

（1）PLMN 标识

移动网络（PLMN）是通过 PLMN-Id 来进行标识的。一个小区只能属于一个 PLMN。

$$\text{PLMN-Id} = \text{MCC} + \text{MNC}$$

其中，MCC 和 MNC 含义如下。

① 移动国家号码（Mobile Country Code，MCC）。MCC 包含 3 个十进制数。MCC 用于表示一个移动用户所属的国家，例如中国的 MCC 号是 460。

② 移动通信网号码（Mobile Network Code，MNC）。MNC 包含 2～3 个十进制数。MNC 用于表示用户签约的归属网络。

（2）位置区标识

位置区标识（Location Area Identity，LAI）用于标识位置区。位置区的大小从范围上来说是指用户在移动的过程中不需要对 VLR 中位置信息进行更新的区域。通过位置区，网络可以找到移动台所处位置的大致范围，从而有利于对移动台进行寻呼。LAI 的定义如下：

$$\text{LAI} = \text{MCC} + \text{MNC} + \text{LAC}$$

LAC 的长度为 16 位，理论上同一 PLMN 中可定义最多 65 536 个不同位置区。

（3）路由区标识

路由区标识（Routing Area Identification，RAI）用于标识分组域的路由区。RAI 的定义如下：

$$\text{RAI} = \text{MCC} + \text{MNC} + \text{LAC} + \text{RAC}$$

路由区是一个与位置区类似的概念。当用户在移动过程中，用户驻留小区的 RAI 发生改变时，移动台就会发起路由区更新过程。一个位置区可以包括多个路由区，一个路由区总是处在某一个位置区的内部，一个小区只能属于一个路由区。

（4）基站识别码

基站识别码（Base Station Identity Code，BSIC）用于移动台识别相邻的、采用相同载频的不同基站收发信台（BTS）。BSIC 的定义如下：

$$\text{BSIC} = \text{NCC} + \text{BCC}$$

NCC 是国家色码，用于识别网络；BCC 是基站色码，用于识别基站。

（5）小区全球标识

小区全球标识（Cell Global Identity，CGI）在 UMTS 服务区内的设置是唯一的，CGI 的定义如下：

$$\text{CGI} = \text{MCC} + \text{MNC} + \text{LAC} + \text{CI}$$

小区标识（Cell Identity，CI）为 2 字节长，在位置区内唯一，小区是蜂窝移动通信系统中区域划分的最小单元。

4.5.2 位置更新

移动系统中位置更新的目的是使移动台总与网络保持联系，以便移动台在网络覆盖范围内的任何一个地方都能接入到网络内。或者说网络能随时知道移动台所在的位置，以使网络可随时寻呼到移动台。在 GSM 系统中用各类数据库来维系移动台与网络的关系。

常用的动态位置更新策略主要有 3 种。

（1）基于时间的位置更新。在一个特定时间内，网络与移动台没有发生联系时，移动台自动地、周期地与网络取得联系，以网络在广播信道发给移动台的特定时间为周期核对数据。更新周期由系统决定。

（2）基于运动的位置更新。是指当移动台从一个位置区域进入一个新的位置区域时，移动系统所进行的通常意义下的位置更新。

（3）基于距离的位置更新。当移动台离开上次位置更新后所在小区的距离超过一定的距离门限值时，移动台再进行一次位置更新。最佳门限值的确定取决于各个移动台的运动方式和呼叫到达次数。基于距离的位置更新策略要求移动台拥有不同小区之间的距离信息，性能最好，但实现开销最大。

4.5.3 切换

1. 切换的概念

切换通常指越区切换，在移动台从一个基站覆盖的小区进入到另一个基站覆盖的小区的情况下，为了保持通信的连续性，将移动台与当前基站之间的通信链路转移到移动台与新基站之间的通信链路的过程称为切换。根据切换方式不同，通常分为硬切换和软切换两种情况。

硬切换过程中，移动台先中断与旧基站的连接，然后再进行与新基站的连接，通信链路有短暂的中断时间。硬切换在空中接口过程中是先断后通，当切换时间较长时，将影响用户通话。软切换是指移动台在载波频率相同的基站覆盖小区之间的信道切换。软切换过程中，移动台既维持与旧基站的连接，同时又建立与新基站的连接，同时利用新、旧链路的分集合并技术来改善通信质量，与新基站建立了可靠连接之后，再中断旧的连接。软切换在空中接口过程中是先通后断，没有通信暂时中断的现象。

引起切换的原因很多，常见的原因有上下行链路质量的变化、用户位置或应用业务的变化、出现更好的基站覆盖小区、系统操作、运营商管理、业务流量出现突变等。

2. 切换过程简介

切换过程通常分为以下 3 个步骤：无线测量、网络判决、系统执行。

① 在切换测量阶段，移动台要测量下行链路的信号质量、该移动台所属的小区及临近小区的信号质量，基站需要测量上行链路的信号质量。

② 在切换判决阶段，测量结果与预定义的门限值比较，以决定是否执行切换，同时要进行接纳控制，防止由于新用户的加入而降低已有用户的质量。

越区切换算法研究所关心的主要性能指标包括：越区切换的失败概率、因越区失败而使通信中断的概率、越区切换的速率、越区切换引起的通信中断的时间间隔，以及越区切换发生的时延等。在决定何时需要进行越区切换时，通常根据移动台处接收的平均信号强度，或者移动台处的信噪比（或信号干扰比）、误比特率等参数来确定。越区切换的准则主要有相对信号强度准则、具有门限规定的相对信号强度准则、具有滞后余量的相对信号强度准则、具有滞后余量和门限规定的相对信号强度准则等。

③ 在执行阶段，与一个新的基站或小区建立通信链路或释放旧的通信链路。

3. 越区切换的过程控制策略

在移动通信系统中，越区切换的过程控制方式主要有3种。

（1）移动台控制的越区切换

移动台连续监测当前基站和几个越区时的候选基站的信号强度和质量，当满足特定的越区切换准则后，移动台选择具有可用业务信道的最佳候选基站，并发送越区切换请求。

（2）网络控制的越区切换

基站监测来自移动台的信号强度和质量，当信号低于某个门限后，网络开始安排向另一个基站的越区切换。网络要求移动台周围的所有基站都监测该移动台的信号，并把测量结果报告给网络，网络从这些基站中选择一个基站作为越区切换的新基站，并把结果通过旧基站通知移动台和新基站。

（3）移动台辅助的越区切换

网络要求移动台测量其周围基站的信号并把结果报告给旧基站，网络根据测试结果决定何时进行越区切换，以及切换到哪一个基站。

4. 越区切换时的信道分配

不同的系统用不同的策略和方法来处理切换请求，一般遵循如下原则：在小区内分配信道时，切换请求优先于呼叫初始请求。切换必须要尽快地完成，并且尽可能少地出现，同时使用户察觉不到。

越区切换时的信道分配主要是用来解决当呼叫要转换到新小区时，新小区如何分配信道，使得越区切换失败的概率尽量小。常用的做法是在每个小区预留部分信道专门用于越区切换。这种做法的特点是：新呼叫使可用信道数减少，增加了呼损率，但减小了通话被中断的概率。

4.6 蜂窝网络设计应用实例

网络的规划是在满足网络设计性能、目标的前提下，根据网络覆盖区域的具体环境、业务量要求、设备性能及无线技术的特性来确定网络的物理结构。合理地规划设计网络的结构，一定会为网络今后的发展、高效的运营打下坚实的基础。本节将介绍GSM网络频率规划。

许多GSM运营商采用传统的4×3频率复用方式。

由于 GSM 系统采用了许多抗干扰技术，如跳频、自动功率控制、基于语音激活非连续发射、天线分集等，将这些技术合理、有效地利用，将会提高同频干扰比。因此实际网络中可以采用更紧密的频率复用方式，在一定带宽条件下提高单位面积的信道数，希望建尽可能少的基站，每个基站设置尽可能多的收发信机，提高频谱利用率。常用的更紧密的频率复用方式有 3 × 3、2 × 6、1 × 3 复用方式，伞状结构复用，普通同心圆复用及多重频率复用（MRP）等。下面简单地介绍几种频率复用技术。

1．4 × 3 频率复用方式

GSM 无线小区推荐采用 4 × 3 频率复用方式，如图 4-23 所示。4 表示 4 个基站，即每 4 个基站为一区群（一簇）。3 表示每个基站 3 个小区，每个基站分成 3 个三叶草形 120° 扇区，共需 12 组频率。这 12 组频率组成一个频率复用簇，同一簇中频率不能重复使用。采用这种方式，同频干扰保护比（*C/I*）能够比较可靠地满足 GSM 标准的要求。

2．3 × 3 频率复用方式

3 × 3 频率复用方式属于比较典型的紧密复用技术，如图 4-24 所示，共有 3 个基站，将每个基站划分为 3 扇区的区域，共需 9 组频率。采用这种频率复用方式，不需要改变现有的网络结构，但是容量增加有限，需要采用功率控制、不连续发射和跳频技术来降低干扰。

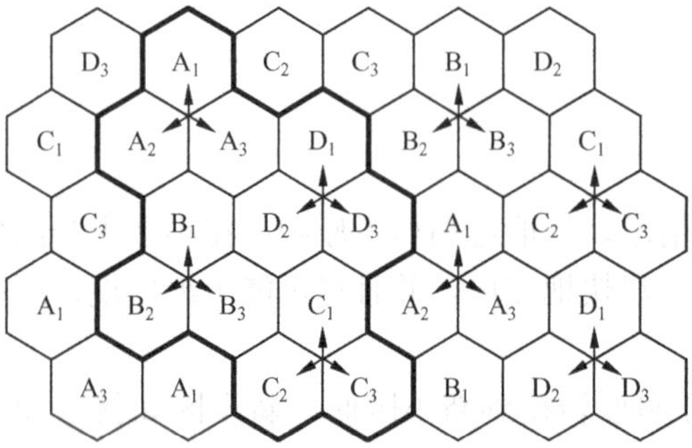

图 4-23　4 × 3 频率复用方式

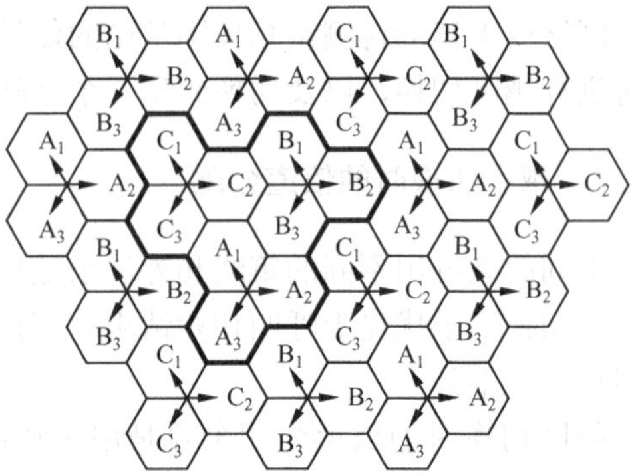

图 4-24　3 × 3 频率复用方式

3．多重频率复用

多重频率复用（Multiple Reuse Pattern，MRP）的原理就是把所有频率分为几组，每组频率采用不同的频率复用方式。MRP 技术使载频配置更灵活，特别是使一个扇区分配的载频不可能与同频复用的扇区的载频完全相同，这样既改善了同频干扰保护比，也改善了跳频效果，这是 MRP 的显著特点。采用 MRP 技术对网络的影响小，需要 GSM 系统采用跳频、功率控制、不连续发射等技术。下面举例说明 MRP 技术的实现。

［**例 4-10**］假定频率带宽为 7.2MHz，GSM 系统可用载频数为 36 对，频道号为 60～95，按 12/9/8/7 分成 4 层，首层为 BCCH 层，其余为业务信道。设计 MRP 载频配置方式。

解 （1）分组方式如表 4-6 所示。

表 4-6 **载频分组表**

逻辑信道	频道号																																			
BCCH(12)	60	61	62	63	64	65	66	67	68	69	70	71																								
TCH_1(9)													72	73	74	75	76	77	78	79	80															
TCH_2(8)																						81	82	83	84	85	86	87	88							
TCH_3(7)																														89	90	91	92	93	94	95

（2）MRP 频道配置如图 4-25 所示。

在图 4-25 中，BCCH 层有 12 个载频可供复用，业务信道分 TCH_1～TCH_3 三层，每层分别需要 9、8、7 个载频复用。在进行频率规划时，要求先配置 BCCH，采用 4 × 3 复用方式；接着用 3 × 3 方式配置 TCH_1，每个小区分配 TCH_1 层中 1 个载频，再依次用 2 × 3 方式配置 TCH_2、TCH_3。这样，每个基站的 3 个扇形小区都可配置 4 个载频（4/4/4 站型）。余下的 3 个载频可分配给微蜂窝或微微蜂窝用。

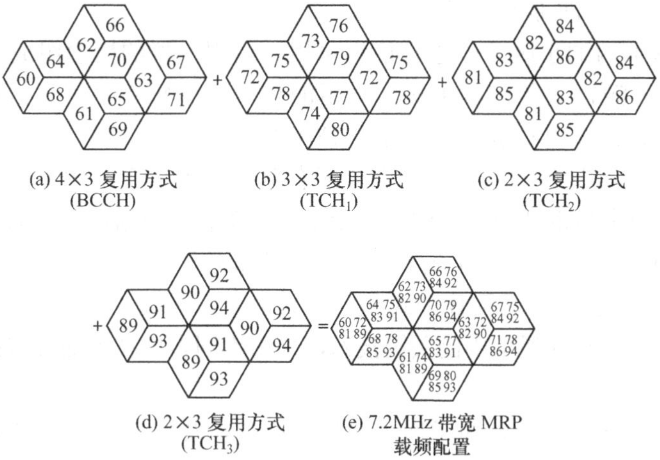

图 4-25 MRP 频道配置示意图

4. 智能双层网和伞状结构的频率复用

（1）智能双层网

对于人口集中、话务量大的地区，采用智能双层网小区结构，它也属于同心圆技术，其结构如图 4-26 所示。图中的小区分为两层，一层是顶层（overlay），同一般宏小区，进行连续覆盖，主要服务小区边界处的移动台；另一层是底层（underlay），不连续覆盖，服务于靠近基站的区域、建筑物及其他有一定干扰屏蔽环境的移动台。

（2）伞状结构

在微小区，高速移动用户仅经过很少时间就需切换，对系统压力太大。这里介绍一种宏小区与微小区相结合的伞状小区结构，如图 4-27 所示，切换时采用宏小区信道可解决用户高速移动所带来的问题。

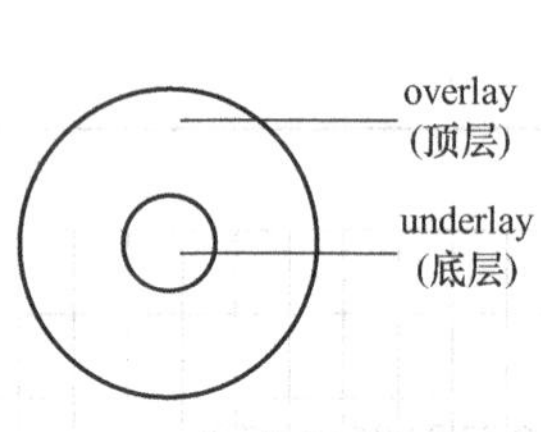

图 4-26　智能双层网

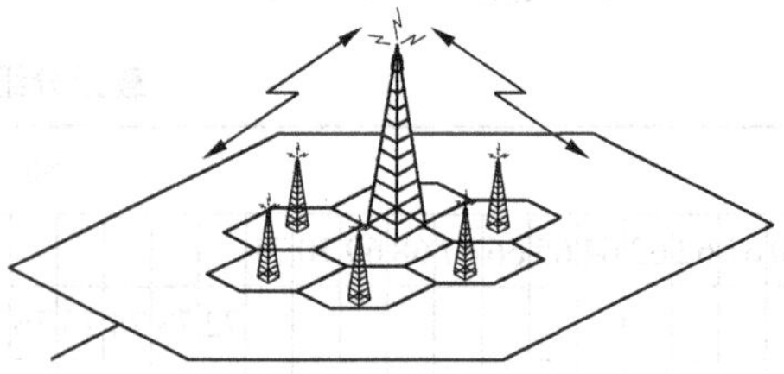

图 4-27　伞状结构小区

小　　结

1. 移动通信网的区域覆盖分为大区制和小区制。实际采用小区制组网时，根据移动通信网覆盖区域内地形的不同，网络结构可分为带状网和面状网。

2. 在服务区面积一定的情况下，正六边形小区的形状最接近理想的圆形，用它覆盖整个服务区所需的基站数最少，也最经济。正六边形构成的网络形同蜂窝，因此将小区形状为正六边形的小区制移动通信网称为蜂窝网。

3. 只有不同区群内的小区才能进行信道再用。运用区群的概念组成无线蜂窝网络后，为分配有限的频率资源，避免同频干扰，采用的技术称为频率复用。常用的扩容技术有：小区分裂、扇区划分、选用直放站和微小区技术等。

4. 频率分配是频率复用的前提。频率分配有两个基本含义：频道分组和频道指配。

5. 多信道共用技术与市话用户共同享有中继线相类似，根据用户行为的统计数据，使固定数量的信道或线路为一个数量更大的、随机的用户群体服务。需要解决话务量、服务等级和信道数的关系问题。引入了厄兰 B 公式和厄兰 C 公式。

6. 多址接入技术是移动通信中的关键技术，采用不同多址技术的蜂窝移动通信系统的容量是不同的。

7. 在蜂窝移动通信网络中，为了向用户提供服务，网络需要随时掌握移动用户所在位置，同时需要进行位置和服务区域管理。

8. GSM 系统推荐采用 4 × 3 频率复用方式。实际网络中可以采用更紧密的频率复用方式，常用的更紧密的频率复用方式有 3 × 3、2 × 6、1 × 3 复用方式，伞状结构复用，普通同心圆复用及多重频率复用（MRP）等。

习　　题

1. 什么是大区制移动通信系统？有何特点？

2. 与大区制相比较，小区制移动通信系统有何优点？

3. 何谓带状服务区？它主要应用在哪些方面？通常采用何种频率配置方式？

4. 为什么说最佳的小区形状是正六边形？

5. 蜂窝网的区群是如何组成的？同频无线小区的距离是如何确定的？

6. 什么叫中心激励？什么叫顶点激励？采用顶点激励方式有什么好处？两者在信道的

配置上有何不同？

7．什么叫越区切换？越区切换包括哪些主要问题？软切换和硬切换的差别是什么？

8．假定全网通信平均每小时发生 20 次呼叫，平均每次呼叫的时间为 3min，计算话务量。

9．某移动电话系统具有 12 条无线业务信道。经统计，每天每个用户平均呼叫 8 次，每次平均通话时间为 2min。若该系统的忙时集中率为 12.5%，并要求系统的呼损率不大于 5%，试求该系统能容纳的移动用户数及信道利用率。

10．假设某移动通信系统的可用带宽为 6MHz，使用的频道号为 95～124。试设计 4 × 3 频率复用方式，列出频率分配表。

第5章 GSM移动通信系统

GSM 数字移动通信系统是全球第一个对数字调制方式、网络结构和业务种类进行标准化的数字蜂窝移动通信系统。GSM 系统在全球得到了迅速发展，已成为全球用户最多的移动通信系统。本章主要介绍 GSM 通信系统及其演进 GPRS、EGPRS 相关知识，主要内容如下。

① GSM 系统结构及相关接口与协议。

② TDMA 帧结构及无线接口的逻辑信道。

③ GSM 系统的号码与识别。

④ GSM 系统的移动性管理和安全性管理。

⑤ GPRS 网络的特点及业务应用。

⑥ GPRS 网络结构与网元、接口功能。

⑦ GPRS 系统移动性管理。

⑧ EDGE 技术的演进及特点。

5.1 GSM 系统网络结构

5.1.1 GSM 系统的结构与功能

一个完整的蜂窝移动通信系统主要由网络子系统（Network Subsystem，NSS）、无线基站子系统（Base Station Subsystem，BSS）、操作维护子系统（Operation Subsystem，OSS）和移动台（Mobile Station，MS）四大子系统组成。

GSM 系统的典型结构如图 5-1 所示。由图可见，GSM 系统由若干个子系统或功能实体组成。其中基站子系统（BSS）在移动台（MS）和网络子系统（NSS）之间提供和管理传输通路，特别是包括了 MS 与 GSM 系统的功能实体之间的无线接口管理。NSS 必须管理通信业务，保证 MS 与相关的公用通信网或与其他 MS 之间建立通信，也就是说 NSS 不直接与 MS 互通，BSS 也不直接与公用通信网互通。MS、BSS 和 NSS 组成 GSM 系统的实体部分。操作支持系统（OSS）则提供给运营部门一种手段来控制和维护这些实际运行部分。

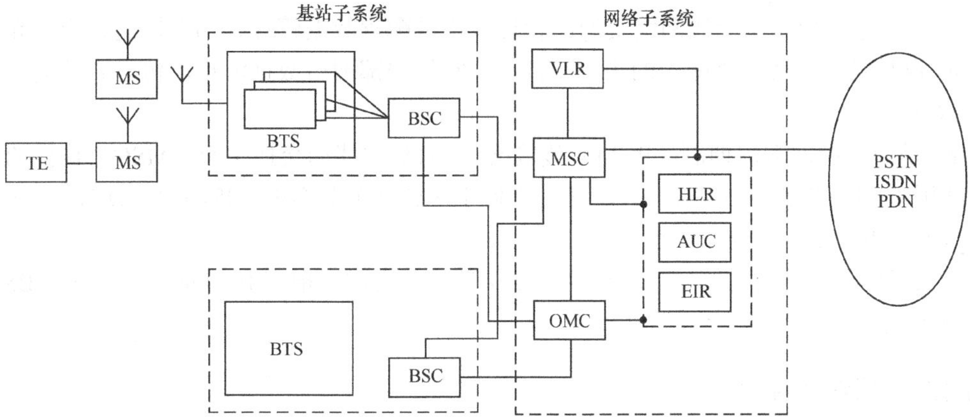

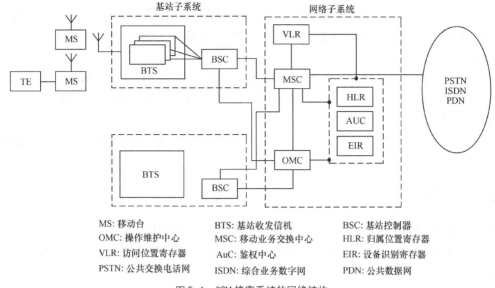

图 5-1　GSM 蜂窝系统的网络结构

5.1.2　基站子系统

基站子系统（BSS）一般指包含了 GSM 数字移动通信系统中无线通信部分的所有基础设施，它一端通过无线接口直接与移动台实现通信连接，另一端又连接到网络端的交换机，为移动台（MS）和交换子系统提供传输通路。基站子系统（BSS）是在一定的无线覆盖区中由移动业务交换中心（MSC）控制、与移动台 MS 进行通信的系统设备，它主要负责完成无线发送、接收和无线资源管理等功能。BSS 功能实体包括基站控制器（Base Station Controller，BSC）和基站收发信机（Base Transceiver Station，BTS）。GSM 规范规定，一个基站子系统是指一个 BSC 以及由它所管辖的所有 BTS。

1. 基站收发信机

基站收发信机（BTS）在网络的固定部分和无线部分之间提供中继，移动用户通过空中接口与 BTS 相连。BTS 包括收发信机和天线以及与无线接口有关的信号处理电路等。它完全由 BSC 控制，主要负责无线传输，完成无线与有线的转换、无线分集接收、无线信道加密、跳频等功能。除此之外，还要完成必要的无线测试，以便检测通信是否正常进行。当然这些检测并不是由 BTS 直接进行的，而是发送到 BSC 进行。

BTS 最终与 BSC 一起管理着数据链路层，以便在移动台和基站子系统间交换信令，保证语音传输的可靠性（遵循 D 信道链路接入协议 LAPD）。

BTS 最大容量典型值是 16 个载频（实际上从未达到）。这就是说，它能够同时支撑上百个通信。在农村用户比较分散的区域，BTS 可能减少到一个载频，能支持 7 个同时通信的用户手机。在城市等用户密集区域，一般 BTS 有 2 到 4 个载频，可支持 14～28 个用户手机。每个 BTS 约覆盖一平方千米的面积。

2. 基站控制器

基站控制器（BSC）是基站收发信机和移动交换中心之间的连接点，是基站子系统（BSS）

的智能中心，它主要负责无线网络资源的管理、小区配置数据管理、功率控制、定位和切换等。BSC 也是具有重要计算能力的小型交换机，它把局部网络数据汇集后传送到移动交换中心（MSC）。

BSC 是通过脉冲编码调制（PCM）传输网与 BTS 和移动交换中心（MSC）连接的，并管理着相应的数据链路。BTS-BSC 链路是类似于综合业务数据网（ISDN）通道，即 LAPD（Link Access Protocol on the D channel）。

BSC 的处理能力可在话务量 100～900Erl（厄兰）之间。根据 BTS 的业务能力，BSC 可以管理多达几十个 BTS。

5.1.3 网络子系统

网络子系统（NSS）主要包括移动交换中心和相关的数据库。

网络子系统（NSS）主要完成交换功能，用户数据与用户移动性管理、安全性管理所需的数据库功能。

构成网络子系统（NSS）的一系列实体包括移动业务交换中心（MSC）、访问位置寄存器（VLR）、归属位置寄存器（HLR）、设备识别寄存器（EIR）、鉴权中心（AUC）等。

1. 移动业务交换中心

MSC（Mobile Services Switching Centre）称为移动业务交换中心或交换机，它是 GSM 网络系统的核心，是对位于它所覆盖区域中的移动台进行控制和完成话路交换的功能实体，也是 GSM 移动通信系统与其他通信网之间互连的接口。它提供最基本的交换功能，完成移动用户寻呼接入、信道分配、呼叫接续、话务量控制、计费、基站管理等功能，还完成 BSS、MSC 之间的切换和辅助性的无线资源管理、移动性管理等，并提供面向其他功能实体和通信网的接口功能。作为网络的核心，MSC 与网络其他部分的设备协同工作，完成移动用户位置登记、越区切换和自动漫游、合法性检查等功能。

在 NSS 内部，基本交换功能由 MSC 完成，MSC 的主要功能是协调呼叫 GSM 用户和来自 GSM 用户呼叫的建立。MSC 一侧与基站子系统接口（通过 BSS 与 GSM 用户联系），另一侧与外部网络接口。为实现与 GSM 外部的用户通信，MSC 与外部网络的接口可能需要一个适配网关（InterWorking Function，IWF）完成交互工作功能 IWF 的作用总是或多或少要依赖用户数据的类型和它要与之接口的网络类型。NSS 还要利用 MSC 与外部网络接口的能力，在 GSM 实体之间传输用户数据和信令。特别地，NSS 利用一个遵循 ITU-T No.7 号信令系统协议的信令支持网络（至少有一部分在 GSM 的外部），这个信令网使得位于一个或几个 GSM 网络内部的 NSS 设备能协调交互工作。

作为一个设备，移动业务交换中心（MSC）控制几个基站控制器（BSC），它通常是一台相当大的交换机。

数字移动通信系统与其他网络互联时，通过关口 MSC，即 GMSC（Gateway MSC），GMSC 是其他网络呼叫移动用户进入数字移动通信系统的入口点。GMSC 具有从 HLR 得到用户当前位置信息的功能，也具有根据查询得到的信息选择到移动用户路由的功能。GMSC 具有与固定网和其他 NSS 实体互通的接口，即我们通常所说的关口局。

2. 访问位置寄存器

访问位置寄存器（Visitor Location Register，VLR）是一个数据库，存储着本地区动态用户的数据。VLR 通常为一个 MSC 控制区服务，也可以为几个相邻的 MSC 控制区服务，但一般来说，VLR 都只与一个 MSC 相连。

VLR 存储的数据与 HLR 的数据相似，但是它仅存储在搜索区内的移动用户数据，可以看成是分布的 HLR，新加了临时移动用户身份（Temporary Mobile Subscriber Identity，TMSI）。VLR 具有的定位信息比 HLR 更确切。在 VLR 和 MSC 之间，规范所提出的设备上的差别很少引起人们注意。通常情况下，制造商把 VLR 与 MSC 集成到一起，这样可以尽量避免 MSC 与 VLR 之间频繁传递信令所带来的接续时延。

MSC/VLR 可共同管理十万以上的用户，每用户平均话务量约为 0.025 Erl。

3. 归属位置寄存器

归属位置寄存器（Home Location Register，HLR）是一个静态数据库，是 GSM 系统的中央数据库，用来存储本地用户的数据信息。一个 HLR 能够控制若干个移动交换区域或整个移动通信网，所有用户重要的静态数据如用户的漫游权限、基本业务、补充业务及当前位置信息等都存储在 HLR 中。在 GSM 通信网中，通常设置若干个 HLR，每个用户都必须在某个 HLR 中登记（该 HLR 称为该用户的归属地或原籍）。

另一方面，HLR 也是一个定位数据库，它为每一个用户存储着访问位置寄存器（Visitor Location Register，VLR）的数据，甚至用户在接入外国 PLMN 网时的有关数据。这种定位是通过跨网手机发射的信息来实现的。

配置 HLR 可以是独立的，也可以是内置的。前者，一台 HLR 能管理几十万用户，它本身就是一台专用设备。后者被装配在 MSC 中，用户数据也存储在 MSC 中，在存取时享有优先权，信令的交换也降至最低限度。不管上述哪种情况，都给每一用户接有单一的 HLR，以便独立提供某用户对定位的需要，使网络从 MSISDN 号码或 IMSI 身份码来检索 HLR。

4. 鉴权中心

鉴权中心（Authentication Centre，AuC）为每个用户设置一个密钥，以便鉴别其服务要求，并将通信数字化。AuC 是一个受到严格保护的数据库，它属于 HLR 的一个功能单元部分，与 HLR 一同集成在一个设备中。然而，从功能角度而言，它们不是同一子系统。

5. 移动设备识别寄存器

移动设备识别寄存器（Equipment Identification Register，EIR）存储着移动设备的国际移动设备识别码（IMEI），通过检查白名单、黑名单或灰名单这 3 种表格，在这些表格中分别列出了准许使用的、出现故障需监视的、失窃不准使用的移动设备的 IMEI 识别码，使得运营部门对于不管是失窃还是由于技术故障或误操作而危及网络正常运行的 MS 设备，都能采取及时的防范措施，以确保网络内所使用的移动设备的唯一性和安全性。

5.1.4 操作维护子系统

操作维护子系统（OSS）是操作人员与设备之间的中介，它实现了系统的集中操作与维护，完成包括移动用户管理、移动设备管理及网络操作维护等功能。它一侧与网络设备相连，另一侧则是作为人机接口的工作站。

1. 网络管理

网络管理（Network Management）包括所有的网络运行和功能的管理，它存储与控制运行管理和资源使用，从而为用户提供一定质量水平的服务。具体管理功能如下。

（1）商务管理（用户登记、终端、账单、统计等）。

（2）安全管理（非法入侵检测、授权等级等）。

（3）运营和性能管理（通话质量和话务量监测、网络承载的变化、维护移动监测等）。

（4）系统控制（软件水平、新设备和新功能的引入等）（见 GSM 12.06）。

（5）维护（故障检测、设备测试等）。

GSM 网的管理系统近似于电信管理网（Telecommunications Management Network，TMN）的概念，其目标是合理组织运行和维护，规定有效的技术条件以及服务质量。在 M.30 建议中，TMN 概念已通过 ITU 规范化。

2. 网管 TMN 的结构

最初，通信网的管理是在每个设备上独立实现的，主机与终端都是简单直连，其功能与主机的结构密切相关。这种管理平台在 GSM 网中也是可行的。但是，此时终端不再仅仅是固定的，而且可以间接地通过数据网（例如 X.25 网）接向主机。

当前网络的复杂性必然导致出现复杂的管理网络，这些管理网络描述被管理网络的状态、设备图形、承载等。由于管理网络应是独立于设备的，在网络设备（BTS、BSC、MSC、HLR……）和操作系统间必须有集成媒体设备，目的是用标准的形式来描述网络的不同的单元，并且通过标准协议与操作系统会话。通过媒体设备所组织的操作系统、通信网和传输系统的管理网络，即 TMN 如图 5-2 所示。

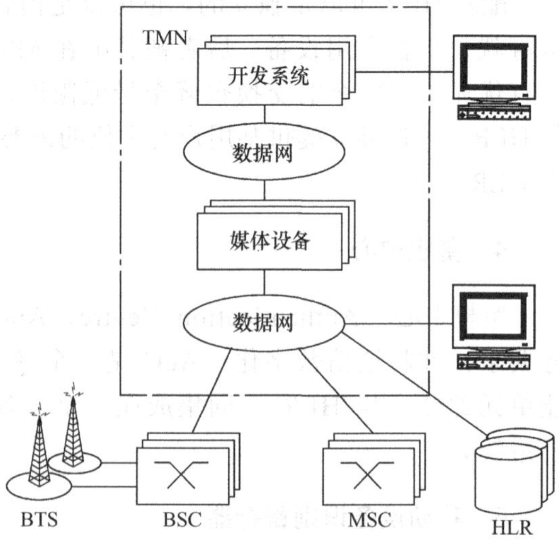

图 5-2 TMN 示意图

3. OMC 和 NMC

在 GSM 网络中所用的设备是多种多样的，主设备收发信机、交换机和数据库的供货商也很多，它们推荐相应的结构和等级。GSM 规范（GSM 12.00）推荐了以下两种平台。

（1）OMC（Operations and Maintenance Centre），操作维护中心。

（2）NMC（Network Management Centre），网络管理中心。

NMC 通过一个控制中心对全网进行管理，而 OMC 监管本地设备。例如，多个 OMC 监管不同地区的 BSC 和 BTS 群，另外一些 OMC 还将监管 MSC 和 VLR，例外事件也被传送到 OMC，由它进行筛选处理。大量的事件则被送至 NMC。OMC 和 NMC 之间的界线还未确定，在规范中管理功能仍包含两者的功能。NMC 一般对应于 TMN 开发系统和各种 OMC 保障媒体功能。

5.1.5 移动台

移动台就是指配有 SIM 卡的终端设备，如手机等，它是 GSM 系统的移动客户设备部分，由两部分组成：移动终端（Mobile Equipment，ME）和用户识别卡（Subscriber Identity Module，SIM）。

1. 移动终端

移动终端（ME）就是“机”，它可完成语音编码、信道编码、信息加密、信息的调制和解调、信息发射和接收。

为了检测未入网终端或被窃终端，每个终端都配备有一个特别身份 IMEI，由 IMEI 可以判断设备制造商。

2. SIM 卡

SIM 卡是国际移动用户身份识别模块，简称用户识别卡，它是一张符合 GSM 规范的“智能卡”，是 GSM 数字移动电话的核心。SIM 卡的制作是严格按照 GSM 国际标准和规范来完成的。一张 SIM 卡可以插入任何一部符合 GSM 规范的移动电话中，实现电话号码“随卡不随机”的功能，而通话费则自动记到持卡用户的账单上，与所用手机无关。这样，每一张 SIM 卡就代表一个移动电话用户，因而能有效地避免“并机”行为，保护用户的利益不受损失。

5.2 GSM 网络接口与协议

为了保证网络运营部门能在充满竞争的市场条件下灵活选择不同供应商提供的数字蜂窝移动通信设备，GSM 系统在制定技术规范时就对其子系统之间及各功能实体之间的接口和协议做了比较具体的定义，使不同供应商提供的 GSM 系统基础设备能够符合统一的 GSM 技术规范而达到互通、组网的目的。为使 GSM 系统实现国际漫游功能和在业务上迈入面向 ISDN 的数据通信业务，必须建立规范和统一的信令网络以传递与移动业务有关的数据和各种信令信息。GSM 系统的公用陆地移动通信网的信令系统是以 7 号信令网络为基础的。

5.2.1 GSM 系统的主要接口

GSM 系统的主要接口指 A 接口、Abis 接口和 Um 接口，如图 5-3 所示。这 3 个接口标准使得电信运营部门能够把不同设备纳入同一个 GSM 数字通信网中。

1. A 接口

A 接口定义为网络子系统（NSS）与基站子系统（BSS）间的通信接口。从系统上来讲，就是移动业务交换中心（MSC）与基站控制器（BSC）之间的接口，物理链路采用标准的2.048Mbit/s的数字传输链路实现。此接口传递的信息包括移动台管理、基站管理、移动性管理、接续管理等。

2. Abis 接口

Abis 接口定义了基站子系统（BSS）中基站控制器（BSC）和基站收发信机（BTS）之间的通信标准，用于远端互连方式。而图5-3中的BS接口是Abis接口的特例，用于定义基站控制器（BSC）与基站收发信机（BTS）间距离小于10m时的标准。它们之间采用标准的2.048Mbit/s PCM数字链路来实现。此接口支持所有向用户提供的服务，并支持对BTS无线设备的控制和无线频率的分配。

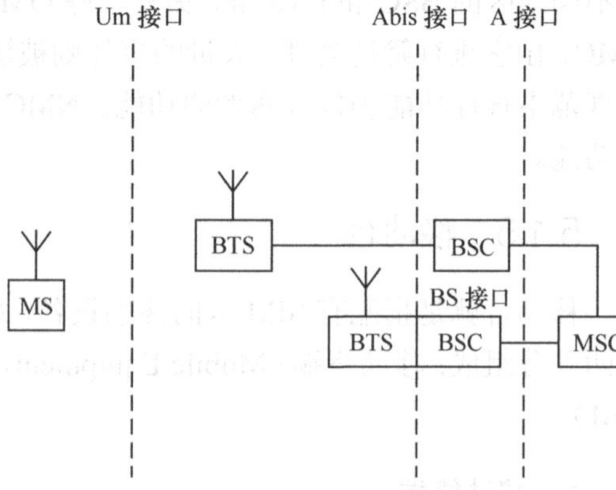

图 5-3 GSM 系统的主要接口

3. Um 接口

Um 接口（空中接口）定义为移动台与基站收发信机（BTS）之间的通信接口，用于移动台与GSM系统的固定部分之间的互通，物理链路是无线链路。此接口传递的信息主要包括无线资源管理、移动性管理和接续管理等。

5.2.2 网络子系统的内部接口

图5-4定义了网络子系统（NSS）的内部接口。

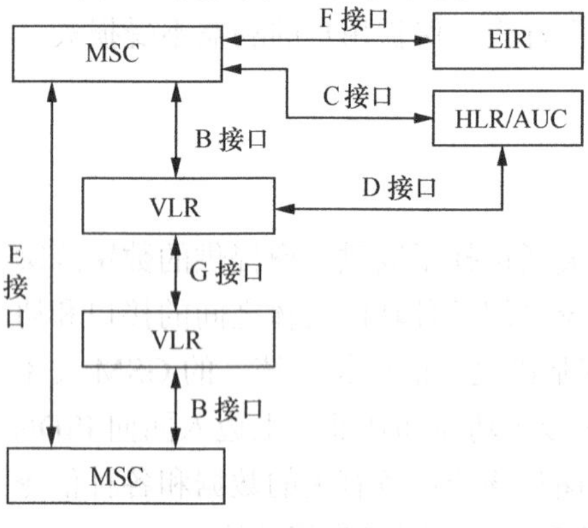

图 5-4 网络子系统内部接口

1. B 接口

B接口定义为访问位置寄存器（VLR）与移动业务交换中心（MSC）之间的内部接口，用于移动业务交换中心（MSC）向访问位置寄存器（VLR）询问有关移动台（MS）当前位置信息或通知访问位置寄存器（VLR）有关移动台（MS）的位置更新信息等。

2. C 接口

C接口定义为归属位置寄存器（HLR）与移动业务交换中心（MSC）之间的接口。用于传递路由选择和管理信息。一旦要建立一个至移动用户的呼叫时，关口移动业务交换中心（GMSC）应向被叫移动用户所属的归属位置寄存器（HLR）询问被叫移动台的漫游号码。其物理链路采用标准2.048Mbit/s的PCM数字传输线。

3. D 接口

D 接口定义为归属位置寄存器（HLR）与访问位置寄存器（VLR）之间的接口。用于交换有关移动台位置和用户管理的信息。实际的 GSM 系统中，一般把 VLR 与移动业务交换中心（MSC）集成在一起，而把归属位置寄存器（HLR）与鉴权中心集成在一起，因此，D 接口的物理链路是通过 MSC 与 HLR 之间的标准 2.048Mbit/s 的 PCM 数字链路实现的。

4. E 接口

E 接口定义为控制相邻区域的不同移动业务交换中心(MSC)之间的接口。当移动台(MS)在一个呼叫进行过程中，从一个移动业务交换中心（MSC）控制的区域移动到相邻的另一个移动业务交换中心（MSC）的控制区时，为不中断通信需完成越区信道切换过程，此接口用于切换过程中交换有关切换信息以启动和完成切换。E 接口的物理链路是通过移动业务交换中心（MSC）间的标准 2.048Mbit/s 数字链路来实现的。

5. F 接口

F 接口定义为移动业务交换中心（MSC）与移动设备识别寄存器（EIR）之间的接口。用于交换相关的国际移动设备识别码管理信息。F 接口的物理链接方式是通过移动业务交换中心（MSC）与移动设备识别寄存器（EIR）之间的标准 2.048Mbit/s 的 PCM 数字链路实现的。

6. G 接口

G 接口定义为访问位置寄存器(VLR)之间的接口。当采用临时移动用户识别码(TMSI)时，此接口用于向分配此 TMSI 的访问位置寄存器（VLR）询问有关此移动用户的国际移动用户识别码（IMSI）的信息。G 接口的物理链路采用标准 2.048Mbit/s 数字链路。

5.3 GSM 系统主要参数

5.3.1 频带的划分及使用

为了提高频带利用率，GSM 在无线接口上综合了 FDMA 和 TDMA 两种接入技术，用来把通信媒介划分成多个相互独立的信道。表 5-1 为目前 GSM 系统所使用的工作频段、双工间隔、信道带宽、调制方式等基本参数。

表 5-1　　GSM 系统主要参数

特　性	GSM900	DCS1800
（发射类别）		
业务信道	271KF7W	271KF7W
控制信道	271KF7W	271KF7W
发射频带（MHz）		
基站	935～960	1 805～1 880
移动台	890～915	1 710～1 785
双工间隔	45MHz	95MHz
射频带宽	200kHz	200kHz
射频双工信道总数	124	374

续表

特 性	GSM900	DCS1800
基站最大有效发射功率/射频载波峰值（W）	300	20
业务信道平均值（W）	37.5	2.5
（小区半径（km）） 最小 最大	 0.5 1.35	 0.5 35
接续方式	TDMA	TDMA
调制	GMSK	GMSK
传输速率（kbit/s）	270.833	270.833
（全速率语音编译码） 比特率（kbit/s） 误差保护	 13 9.8	 13 9.8
编码算法	RPE-LTP	RPE-LTP
信道编码	具有交织脉冲检错和 1/2 编码率的卷积码	具有交织脉冲检错和 1/2 编码率的卷积码
（控制信道结构） 公共控制信道 随路控制信道 广播控制信道	 有 快速和慢速 有	 有 快速和慢速 有
时延均衡能力（μs）	20	20
国际漫游能力	有	有
（每载频信道数） 全速率 半速率	 8 16	 8 16

5.3.2 各类空中信道

由于 GSM 系统是 TDMA/FDMA 的多址接入方式，因此对于每个 200kHz 的信道，再从时间上划分成若干个 4.615ms 等间隔的帧。每帧又分成 8 个时隙，每个时隙为 15/26ms = 0.577ms。GSM 的物理信道是指一个载频上的一个 TDMA 帧的一个时隙，GSM 通信系统需要传输不同类型的信息，包括业务信息和各种控制信息，因而要在物理信道上安排相应的逻辑信道。这些逻辑信道有的用于呼叫接续阶段，有的用于通信进行当中，也有的用于系统运行的全部时间内。根据 BTS 与 MS 之间传递的消息种类不同而定义的不同逻辑信道，即业务信道和控制信道，逻辑信道通过 BTS 映射到不同物理信道上进行传送。图 5-5 为 GSM 系统空中信道的划分。

（1）频率校正信道（FCCH）。传输供移动台（MS）校正其工作频率的信息。FCCH 是由全“0”组成的突发脉冲序列，是纯正弦波，使得移动台搜索到广播的 TRX。

（2）同步信道（SCH）。传输供移动台（MS）进行帧同步和对基站进行识别的信息，含有基站 BTS 识别码（BTS Identification Code，BSIC）和 TDMA 帧号。

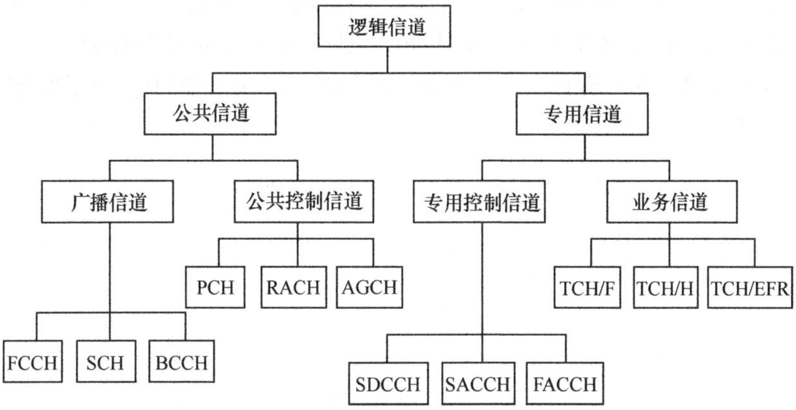

图 5-5 GSM 系统空中信道

（3）广播控制信道（BCCH）。此信道用于广播每个基站（BTS）的通用信息（小区特定信息）。包含频点信息、跳频序列、信道组合、寻呼组、邻近小区等信息。

（4）寻呼信道（PCH）。此信道用于广播基站（BTS）寻呼移动台（MS）的寻呼消息，是下行信道。

（5）随机接入信道（RACH）。RACH 是公共控制信道中唯一的一个上行信道，用于传输移动台（MS）向基站（BTS）随机提出的入网申请。

（6）准许接入信道（AGCH）。AGCH 是对 RACH 的应答。它为移动台指派一个独立专用控制信道（SDCCH）。

（7）独立专用控制信道（SDCCH）。是一种双向信道，用于传送移动台（MS）和基站（BTS）间建立连接的信令消息、鉴权消息、位置更新消息、短消息、加密命令及处理各种附加业务。

（8）慢速辅助控制信道（SACCH）。SACCH 伴随着 SDCCH 和 TCH，发送测量报告、功率控制、时间校准，有时也用于发送短消息。

（9）快速辅助控制信道（FACCH）。传送与 SACCH 相同的信息，但它的速率要比 SACCH 高很多，一般用于切换时。它与 TCH 相关，使用时要中断 20ms 的业务信道，工作于借用模式。

（10）业务信道（TCH）。TCH 是传送用户语音和数据的逻辑信道，其次还传送少量的随路控制信令。它可以是半速率（TCH/H，5.6kbit/s）、全速率（TCH/F，13kbit/s）、增强型全速率（TCH/EFR，13kbit/s）。半速率业务信道所用时隙长度是全速率业务信道所用时隙长度的一半；增强型全速率的编码机制和普通全速率不同，使用它可以获得更好更清晰的语音质量。

5.3.3 帧结构、复帧结构

将逻辑信道映射到物理信道上的方式就叫做信道的组合方式。逻辑信道的组合以复帧为基础，逻辑信道的组合包括控制信道的组合和业务信道的组合。

GSM 系统中，在每个时隙 0.577ms 的时长内需要传输 156.25bit。我们将一个时隙中的信息格式称为突发脉冲序列（Burst）。GSM 中共有 5 种突发脉冲序列，它们分别是：常规突发脉冲序列、频率校正突发脉冲序列、同步突发脉冲序列、接入突发脉冲序列和空闲突发脉冲序列。其中空闲突发脉冲序列是虚设时隙格式，用于填空，不发送实际信息，结构和常规突发脉冲序列格式相同，区别在于空闲突发脉冲序列只发送固定的比特序列。

图 5-6 给出了 GSM 各种帧的格式及各种突发脉冲的格式。图中体现了时隙、帧、复帧、超帧、超高帧等概念。

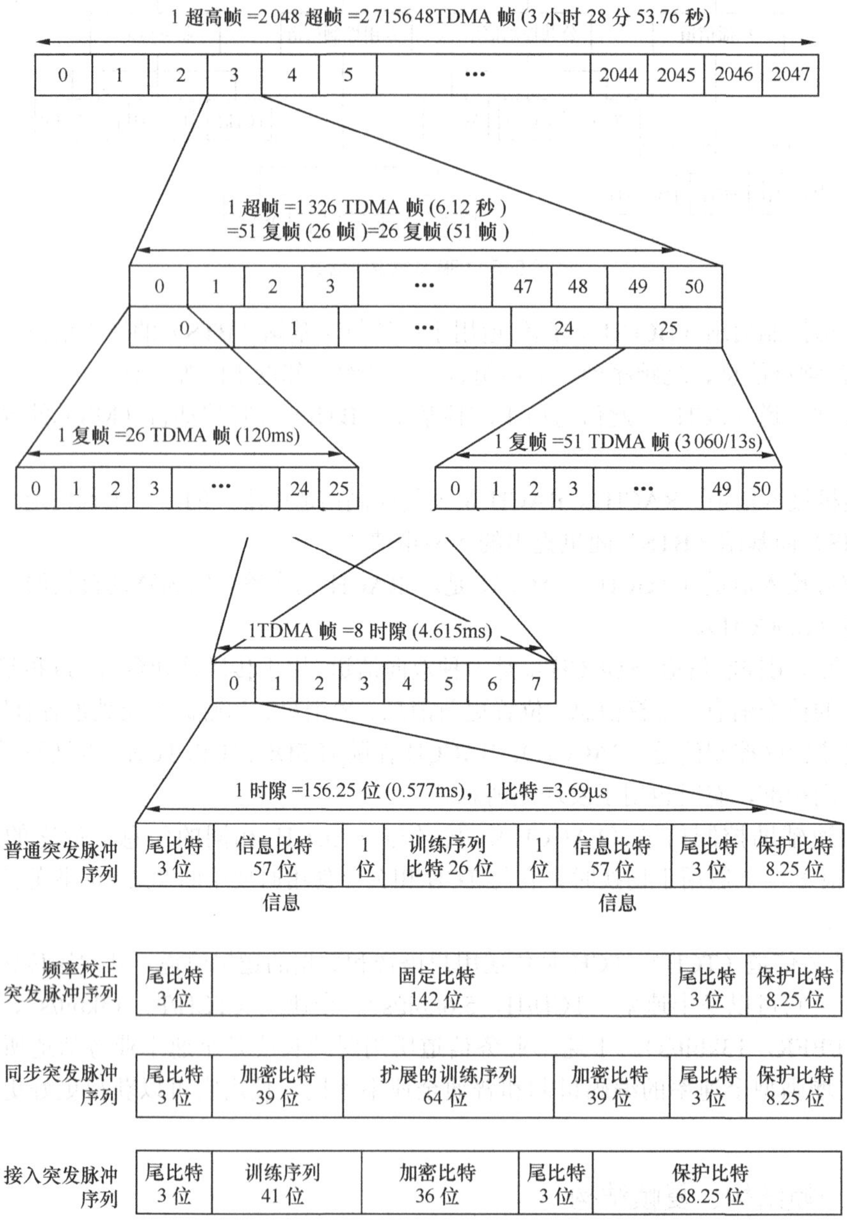

图 5-6 GSM 系统帧结构

5.4 GSM 系统的号码与识别

在 GSM 系统中，需对移动用户和数字移动网络各单元部件进行编号定义，以便在移动性管理和接续时迅速准确地识别目标。

1. 国际移动用户识别码

在 GSM 系统中，给每个移动用户分配一个唯一的国际移动用户识别码（International Mobile Subscriber Identity，IMSI），IMSI 永久地属于一个注册用户，该号码在包括漫游区域在内的所有位置都是有效的。IMSI 存储在 SIM 卡、HLR 中，也在 VLR 中作临时登记，用于位置更新、呼叫建立和 PLMN 的所有信令中。IMSI 采用 ITU-T 的 E.212 编码方式。由于安全性和保密方面的原因，一般不在无线接口上传输 IMSI。

（1）IMSI 的结构

IMSI 最多有 15 位，由以下 3 部分组成。

① 移动国家号码（Mobile Country Code，MCC），由 3 位数字组成，唯一地识别移动用户所属的国家，例如中国的 MCC 号是 460。

② 移动通信网号码（Mobile Network Code，MNC），由 2～3 位数字组成，用于识别移动用户所归属的 PLMN 网，例如中国移动 MNC = 00 或 02，中国联通 MNC = 01。

③ 移动用户识别号（Mobile Subscriber Identification Number，MSIN），是一个最多十位的号码，用来唯一地识别特定网络中的移动设备或用户。

IMSI 的结构如图 5-7 所示。

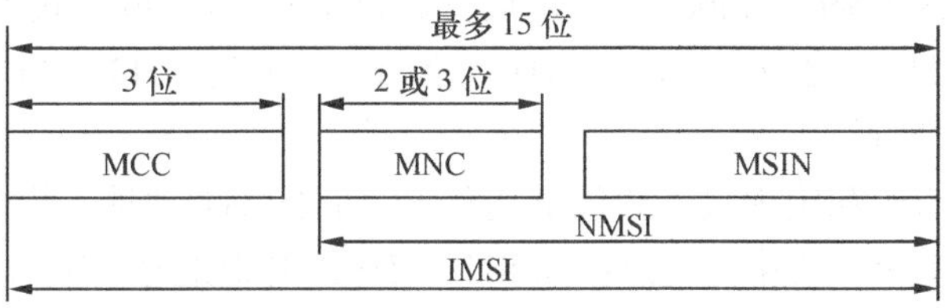

图 5-7 IMSI 的组成

NMSI（The National Mobile Subscriber Identity）由 MNC 和 MSIN 组成，是在某一国家内 MS 唯一的识别码。

（2）IMSI 的分配原则

IMSI 最多只能包含 15 个 0～9 的数字，MCC 由 ITU-T 管理，在世界范围内统一分配，具体的分配情况请参阅 E.212。NMSI 的分配由各国的电信监管部门负责，如果在一个国家有不止一个 GSM PLMN 网络，应该给每个网络分配不同的 MNC 码。进行 IMSI 分配时，要遵循国外 PLMN 最多分析 MCC+MNC 就可寻址的原则。

2. 临时移动用户识别码

为了对 IMSI 保密、保证移动用户识别的安全性，VLR 可给来访移动用户在位置登记后（包括位置更新）或激活补充业务时，分配一个与移动用户的 IMSI 唯一对应的 TMSI 号码，它仅在该 VLR 所管理的区域使用，为一个 4 字节的 BCD 码。在呼叫建立和位置更新时，GSM 系统在空中接口传输使用临时移动用户识别码（Temporary Mobile Subscriber Identity，TMSI）来代替 IMSI。

TMSI 分配原则如下。

（1）包含 4 个字节，可以由 8 个十六进制数组成，其结构可由各运营部门根据当地情况而定。

（2）TMSI 的 32 比特不能全部为 1，因为在 SIM 卡中全为 1 的 TMSI 表示无效的 TMSI。

（3）要避免在 VLR 重新启动后 TMSI 重复分配，可以采取 TMSI 的某一部分表示时间或在 VLR 重启后某一特定位改变的方法。

3．移动用户 ISDN 号码

MSISDN 号码是呼叫 GSM 网络中的一个移动用户时，主叫用户所拨的号码，类似于固定网的 PSTN 号码。移动用户 ISDN 号码（Mobile Subscriber International ISDN/PSTN number，MSISDN）采用 ITU-T E.164 编码方式，存储在 HLR 和 VLR 中，在 MAP 接口上传送，其号码结构如图 5-8 所示。

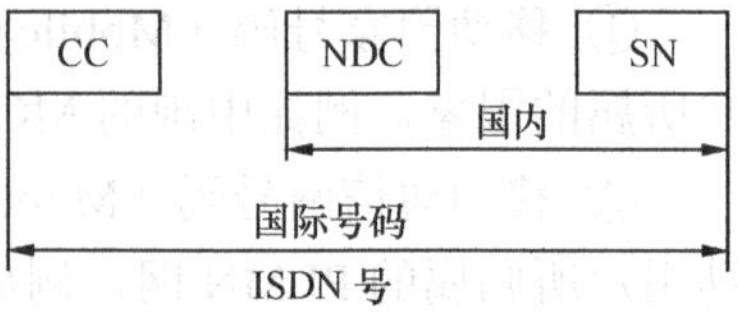

图 5-8 MSISDN 的组成

（1）国家码（Country Code，CC）表示注册用户所属的国家，如中国为 86。

（2）国内有效 ISDN 号码包括 NDC 和 SN。

① 国内接入码（National Destination Code，NDC）由 3 位数字组成（N1N2N3），如中国移动的 NDC 目前有 139、138、137、136、135 和 134，联通的有 130、131、132，电信的是 133。

② 用户号码（Subscriber Number，SN）由运营者自由授予，组成方式为 H0H1H2H3ABCD。其中，H0H1H2H3 为 HLR 的识别号，H0H1H2 全国统一分配，H3 为省内分配，ABCD 为每个 HLR 中移动用户的号码。

MSISDN 中的国家码和国内接入码能够用作 SCCP 的 GT 地址，提供 PLMN 网络至 MS 的归属位置寄存器（HLR）的路由消息；而 SN 中 HLR 的识别号（H0H1H2H3）则进一步提供了网络至用户的路由信息。

4．移动台漫游号码

移动台漫游号码（Mobile Station Roaming Number，MSRN）是指当 MS 漫游后，GMSC 寻址 VMSC（Visitor MSC）或 MSC A 寻址 MSC B，为使 GSM 网络能够进行路由选择，把呼叫转移到移动台当前所登记的 MSC，而由 VLR 临时分配给 MS 一个号码，该号码在接续完成后即可释放给其他用户使用。MSRN 号码同时也可作为 SCCP 的 GT 地址来寻找漫游用户当前所访问的 MSC。对在某一特定区域漫游的 MS，MSRN 号码在被访 VLR 区域内，且在一定的时间范围内（如 90s）是唯一有效的。

MSRN 分配有以下两种情况。

（1）在起始登记位置或位置更新时，由 VLR 分配 MSRN 后传送给 HLR。当 MS 离开该地后，在 VLR 和 HLR 中都要删除 MSRN，使此号码能再分配给其他漫游用户使用。

（2）每次 MS 有来话呼叫时，根据 HLR 的请求临时由 VLR 分配一个 MSRN，此号码只能在某一时间范围（如 90s）内有效。

5．其他号码

事实上，GSM 系统的号码管理中还规定了下列号码。

（1）本地移动用户识别码（Local Mobile Subscriber Identity，LMSI）

LMSI 是为了加快 VLR 中用户数据的查询速度而由 VLR 在位置更新时分配的，然后与 IMSI 一起发往 HLR 保存，HLR 不会对它做任何处理，但是会在任何包含 IMSI 的消息中发送给 VLR。LMSI 的长度是 4 个字节，没有具体的分配原则要求，其结构由各运营部门自定。

（2）切换号码（Handover Number，HON）

当进行 MSC 交换局间切换时，为选择路由而由切换目的地 MSC（目标 MSC）临时分配给来访移动用户的一个号码。该号码为 MSRN 号码的一部分。

（3）位置区识别码（Location Area Identification，LAI）

在检测位置更新和信道切换的需求时，要使用到位置区识别码（LAI）。位置区识别码（LAI）用于识别 MS 所处的位置，当 MS 从一个位置区移动到另外一个位置区时，需要进行位置登记。LAI 号码结构为 MCC+MNC+LAC，其中 MCC、MNC 与在 IMSI 中的定义相同，LAC 为位置区码（Location Area Code，LAC），由一个 2 字节的 BCD 码（X1X2X3X4）组成，X1X2 由国家相关业务部门统一分配，X3X4 由省内主管部门分配，LAC 不能使用 0000 与 FFFF 的编码。

（4）MSC/VLR 号码

在目前 GSM 网中，一般情况下，MSC 与 VLR 都是合一的，所以 MSC 号码与 VLR 号码基本上都是一样的。MSC/VLR 号码是用来在七号信令信息中标识 MSC/VLR 的号码，采取 E.164 编码方式，即 ISDN 编码方式，编码格式为 CC+NDC+LSP，其中 CC、NDC 的含义同 MSISDN 的规定，LSP(Locally Significant Part)由运营商规定。

（5）小区全球识别码（Cell Global Identity，CGI）

小区全球识别码 CGI 是用来识别一个小区（基站/扇形小区）所覆盖的区域，CGI 是在 LAI 的基础上再加小区识别码（Cell Identity，CI）构成的，其结构为 MCC+MNC+LAI+CI，其中 CI 为 2 字节的 BCD 码，由各 MSC 自定。

（6）HLR 号码

HLR 号码是用在七号信令信息中来标识 HLR 的号码，HLR 号码组成结构为 CC+NDC+H0H1H2H30000。HLR 号码采用 E.164 编码，通常将用户号为 0000 的 MSISDN 号码作为 HLR 号码。

（7）漫游区域识别码（Regional Subscription Zone Identity，RSZI）

RSZI 主要用于识别移动用户的漫游区。它在某一 PLMN 内唯一地识别允许漫游的区域，由运营商设定，存储在 VLR 内。其结构为 CC+NDC+ZC，其中 ZC 为漫游区域码，由 2 字节构成。

（8）基站识别码（Base transceiver Station Identity Code，BSIC）

BSIC 主要用于 MS 识别采用相同载频的、相邻的不同基站收发信机（BTS）或扇区，特别用于识别不同国家、边界地区的基站。通常，对于采用相同载频的不同相邻基站或扇区分配不同的 BSIC 码，BSIC 为一个 6bit 编码，结构为 NCC（3bit）+ BCC（3bit）。NCC（Network（PLMN）Color Code）为 PLMN 网络色码，用来唯一识别相邻国家不同的 PLMN；BCC（Base Transceiver Station Color Code）为基站色码，用来唯一识别采用相同载频的相邻的不同 BTS。

（9）国际移动设备识别码（International Mobile station Equipment Identity，IMEI）

IMEI 是国际移动设备识别码，IMEI 唯一地识别一个移动设备，用于监控被窃或无效的移动设备。由 15 位数字组成：TAC（6 位）-FAC（2 位）-SNR/MAC（6 位）-SP（1 位）。

5.5 GSM 的漫游、安全和呼叫管理

GSM 系统不同于固定网络，它的移动特性决定了系统必须通过漫游管理的机制了解用户的位置，与移动台随时保持联系。由于使用稳定性不高的无线信道，这给 GSM 系统带来了安全性和保密性方面的问题，现有的系统通过鉴权加密的机制使这一问题得以解决。

5.5.1 用户鉴权和加密

GSM 系统是目前全球最成熟的数字移动通信系统，具有很好的保密性和抗干扰性。它通过采用用户鉴权机制，包括对移动终端采用设备识别，来防止未经授权的用户和假冒者接入网络，非法使用通信资源和业务，保护网络运营者和授权用户的利益；通过在无线信道上对传输数据加密，防止通信信息被窃听；另外以 TMSI 代替 IMSI，使第三方无法在无线信道上跟踪 GSM 用户；引入 SIM 卡 PIN 码加密技术，也使其在安全性方面得到了极大的提高。

1. 鉴权

在数字移动通信系统中，防止未授权的接入是通过鉴权实现的，也就是检查插入的 SIM 卡与移动台提供的用户标识码是否一致来决定是否允许 MS 接入和使用网路。用户在每次登记、呼叫建立尝试、位置更新以及在补充业务的激活、去活、登记或删除之前都需要对用户鉴权，鉴权包括了对用户终端的鉴权和用户身份鉴权。

（1）用户终端的鉴权

每个 MS 均有自己唯一的设备识别码（IMEI），设备识别是在设备识别寄存器（EIR）中完成的。EIR 存储移动台设备参数，完成对移动设备的识别、监视、闭锁等功能，以防止非法移动台的使用。

EIR 中存有 3 种名单。

① 白名单—存储已分配给可参与运营的 GSM 各国的所有设备识别序列号 IMEI。

② 黑名单—存储所有被禁用的设备识别码 IMEI。

③ 灰名单—存储有故障的以及未经型号认证的设备识别码 IMEI，其使用的权限由网络运营者决定。

交换控制中心向 MS 请求其 IMEI，检查用户使用的终端是否在“黑名单”中，如果是被禁用的设备识别码，则该用户不能接入网络。

（2）用户身份的鉴权

用户身份的鉴权主要是由鉴权中心（AuC）经过 A3、A8 算法产生鉴权三参数组（RAND、SRES、Kc）来完成的。当移动用户请求接入网络时，系统通过控制信道将经加密算法加密后的参数组传送给用户，SIM 卡收到此参数组后，与 SIM 卡存储的用户鉴权参数用同样算法比对，结果相同就允许接入，否则网络拒绝接入。下面将对用户鉴权做进一步的详细介绍。

① 安全数据及其在网络实体中存储的位置

在 GSM 网络中与鉴权、加密相关的安全性数据如下。

- 移动用户识别码：IMSI、TMSI。

- 用户鉴权键：Ki，由 IMSI 登记注册时产生，同时以保密的方式存贮在用户 SIM 卡和鉴权中心 AuC 中，可以是任意格式和任意长度。
- 算法：鉴权算法 A3、加密算法 A8。A3 算法由运营者决定，该算法是保密的。A3 算法的唯一限制是输入参数的长度（RAND 是 128bit）和输出参数尺寸（SRES 必须是 32bit）;
- 鉴权三参数组：随机数 RAND、符号响应 SRES、加密键 Kc。RAND 是由网络侧 AuC 的随机数发生器产生的，长度为 128bit，它的值随机地在 0～（$2^{128}-1$）之间抽取；SRES 称为符号响应，是 RAND 和用户鉴权键（Ki）经 A3 算法得到，长度为 32bit；Kc 是 RAND 和 Ki 经 A8 算法而得到的。

这些安全数据存储在不同的网络实体中，具体如表 5-2 所示。

表 5-2　　主要安全数据的存储位置

网 络 实 体	存储的安全数据
MS	IMSI、TMSI、A3、A8、Ki、Kc
HLR	IMSI、三参数组（RAND、SRES、Kc）
VLR	IMSI、TMSI、三参数组（RAND、SRES、Kc）
AuC	A3、A8、Ki

② 鉴权中心产生鉴权三参数组

鉴权中心（AuC）属于 HLR 的一个功能单元部分，专门用于 GSM 系统的安全性管理。鉴权中心的主要功能是产生鉴权三参数组（RAND、SRES、Kc），用来鉴别用户身份的合法性，防止无权用户接入和保证移动用户通信的安全。

每个用户在签约时，就分配了一个 IMSI，该 IMSI 被写入到用户的 SIM 卡中，同时还产生一个与该 IMSI 唯一对应的用户鉴权键 Ki，Ki 分别存储在 SIM 卡和 AuC 中。

AuC 产生鉴权三参数组过程如下。

- AuC 中的伪随机码发生器产生一个不可预测的伪随机数（RAND）。
- RAND 和用户鉴权键 Ki 经 A3 算法产生一个符号响应 SRES，经 A8 算法产生一个密钥 Kc。
- RAND 和它所产生的 SERS、Kc 一起组成了该用户的一个三参数组，存储在该用户的 HLR 用户资料库中。

一般情况下，AuC 一次产生 5 组这样的三参数组，传送给 HLR 存储。HLR 可为每个用户存储 1～10 组三参数组，当 MSC/VLR 向 HLR 请求传送三参数组时，HLR 一次性地传送 5 组三参数组，MSC/VLR 一组一组地用，当用到只剩 2 组时，再向 HLR 请求传送三参数组。

③ 鉴权流程

用户在每次登记、呼叫建立尝试、位置更新以及在补充业务激活、去活、登记或删除之前均需要鉴权。当移动用户开机请求接入网络时，MSC/VLR 通过控制信道将三参数中的一个参数伪随机数 RAND 传送给用户，SIM 卡收到该数后，用此 RAND 与 SIM 卡内存储的用户鉴权键 Ki 经同样的 A3 算法得出一个符号响应 $SRES_{MS}$，并将其传送回 MSC/VLR。MSC/VLR 将收到的 $SRES_{MS}$ 与三参数组中的 $SRES_{AUC}$ 进行比较，如果比较结果相同就允许该用户接入，否则网络认为该用户是非法用户，拒绝为此用户提供服务。

④ PIN码

PIN码也是一种简单的鉴权方法。在GSM系统中，用户签约等信息均被记录在SIM卡中，用户将自己的SIM卡插到某个GSM终端设备（如手机）中，该终端设备便被视作该用户的，通话的计费账单便记录在此用户卡户名下。为防止账单产生错误计费，保证入局呼叫被正确传送，在SIM卡上设置了PIN码操作。PIN码是由4～8位数字组成，其位数由用户自己决定。如用户连续多次输入错误的PIN码后，该卡将会闭锁，得由相关的管理才能重新激活。

2. 加密

GSM系统中的加密是指无线路径上的加密，以防止BTS和MS之间交换的用户信息和用户参数被非法个人和团体盗取和窃听，从而保护用户的隐私，提高通信的安全性水平。

在GSM中，加密和解密处理在传输链路中的位置允许所有专用模式下的发送数据都用一种方法保护。发送的数据可以是用户信息（语音、数据）、与用户相关的信令（例如携带被呼号码的消息），甚至是与系统相关的信令（例如携带准备切换的无线测量结果的消息）。

加密和解密是通过对114个无线突发脉冲编码比特与一个由特殊算法产生的114bit加密序列进行异或运算（A5算法）完成的。为获得每个突发加密序列，A5分别对两个输入进行计算：一个是22bit的TDMA帧号，另一个是移动台与网络之间达成一致的密钥Kc。

开始加密之前，密钥Kc必须在MS和网络之间达成一致。GSM中选择在鉴权期间计算密钥Kc，然后把密钥永久存储于SIM卡的内存中。在网络一侧，此密钥则存储于访问MSC/VLR中，以备加密开始时使用。

由RAND（与用于鉴权的RAND相同）和Ki计算Kc的算法为A8算法。与A3算法（由RAND和Ki计算SRES的鉴权算法）类似，A8算法也可由运营者选择决定。

A5算法可以描述成由22bit长的参数（TDMA帧号）和64bit长参数（Kc）生成两个114bit长的序列的黑盒子。上行链路和下行链路上分别使用这两个不同的114bit序列：一个序列用于移动台侧的加密，并作为BTS侧的解密序列；另一个序列则用于BTS侧的加密，作为移动台侧的解密序列。

在鉴权程序中，当MS侧计算出SRES时，同时A8算法也计算出了密钥Kc。根据MSC/VLR发出的加密命令，BTS侧和MS侧开始使用密钥Kc。在MS侧，由Kc和TDMA帧号一起经A5算法，对用户信息数据流进行加密，在无线信道上传送。在BTS侧，把从无线信道上收到加密信息数据流、TDMA帧号和Kc，经过A5算法解密后，传送给BSC和MSC。下行链路的信息加、解密过程与此过程是对称的。

3. 用户身份保护

加密对于机密信息的保护是十分有效的，但不能保护到无线路径上的每一次信息交换。原因如下：首先，加密不能应用于公共信道；其次，当MS转到专用信道，网络还不知道用户身份时，也不能加密。第三方就有可能在这两种情况下侦听到用户身份，从而得知该用户此时漫游到的地点，这不利于保护用户的隐私。为解决这一问题，在GSM中用TMSI代替IMSI在无线信道上进行传送。

在可能的情况下，通过使用临时移动用户识别码TMSI替代IMSI，可以使用户身份得到保护。每当MS用IMSI向系统请求位置更新、呼叫尝试或者补充业务激活时，MSC/VLR对它进行鉴权。允许MS接入到网络后，MSC/VLR就产生一个新的TMSI，并通过位置更新命令将其传送给MS，写入到用户SIM卡。此后，MSC/VLR和MS之间就使用TMSI进行命令交换，用户实际的识别码IMSI就不再在无线路径上传送。

一般来说，只有在MS开机、TMSI丢失或者VLR不认识用户的TMSI的情况下才使用IMSI，平时仅在无线信道上发送移动用户相应的 TMSI。这种以一个经常变化的临时识别码替代用户标识的方法，使得第三方在无线信道上通过 IMSI 来跟踪移动用户变得困难，这是另一种保护GSM用户隐私的机制。

TMSI 由 MSC/VLR 分配，并不断地进行更换，更换周期由网络运营者设置。更换的频率越快，保密性也越好。

5.5.2 位置更新和漫游管理

为了使系统在所有时刻都知道移动用户的位置，漫游管理（定位管理）的功能是必不可少的，而位置更新过程是漫游管理中的主要过程。

当MS从一个位置区移动到另一个位置区时，发现其存储器中的位置区识别码LAI与接收到的位置区识别码LAI发生了变化，便向网络进行重新登记，这个过程就叫“位置更新”。

MS在以下几种情况下进行位置更新。

（1）MS选择新的小区作为服务小区。

（2）在附着/分离功能打开的条件下，MS重新开机后，发现当前的位置区与SIM卡中所存储的LAI不一致。

（3）由小区参数T3212或T3211定义的周期性位置更新（T3212与T3211为两个计数器）。

位置更新过程由MS引发，在GSM系统中有3个地方需要知道位置信息，即HLR、VLR和MS（SIM卡），此三者需要保持位置信息的一致性。

位置更新分以下两种情况。

（1）MS位置区发生了变化，但仍在同一MSC内，此时只需更新MSC/VLR中的位置信息。

（2）移动台从一个MSC移动到了另一个MSC，此时，需更新MSC/VLR和HLR中的位置信息。

1. 越局位置更新

如果在同一MSC内进行位置更新，HLR并不参与位置更新过程，当移动用户从一个MSC漫游到另一个MSC时，就要进行越局位置更新。此时，需要HLR参与位置更新过程。一般以下几种情况的位置更新将涉及HLR。

（1）MS首次开机，在网络上登记注册。

（2）MS处于新的VLR位置区域。

（3）HLR中相关信息丢失。

不同MSC之间的位置更新比同一MSC内的位置更新稍复杂一些，为了描述方便，称用户原来所在的MSC为MSC1，漫游到的MSC为MSC2，另外将BSC、VLR和MSC一样分别称为BSC1、BSC2和VLR1、VLR2，MS进行不同MSC间的越局位置更新的程序如图5-9

所示。

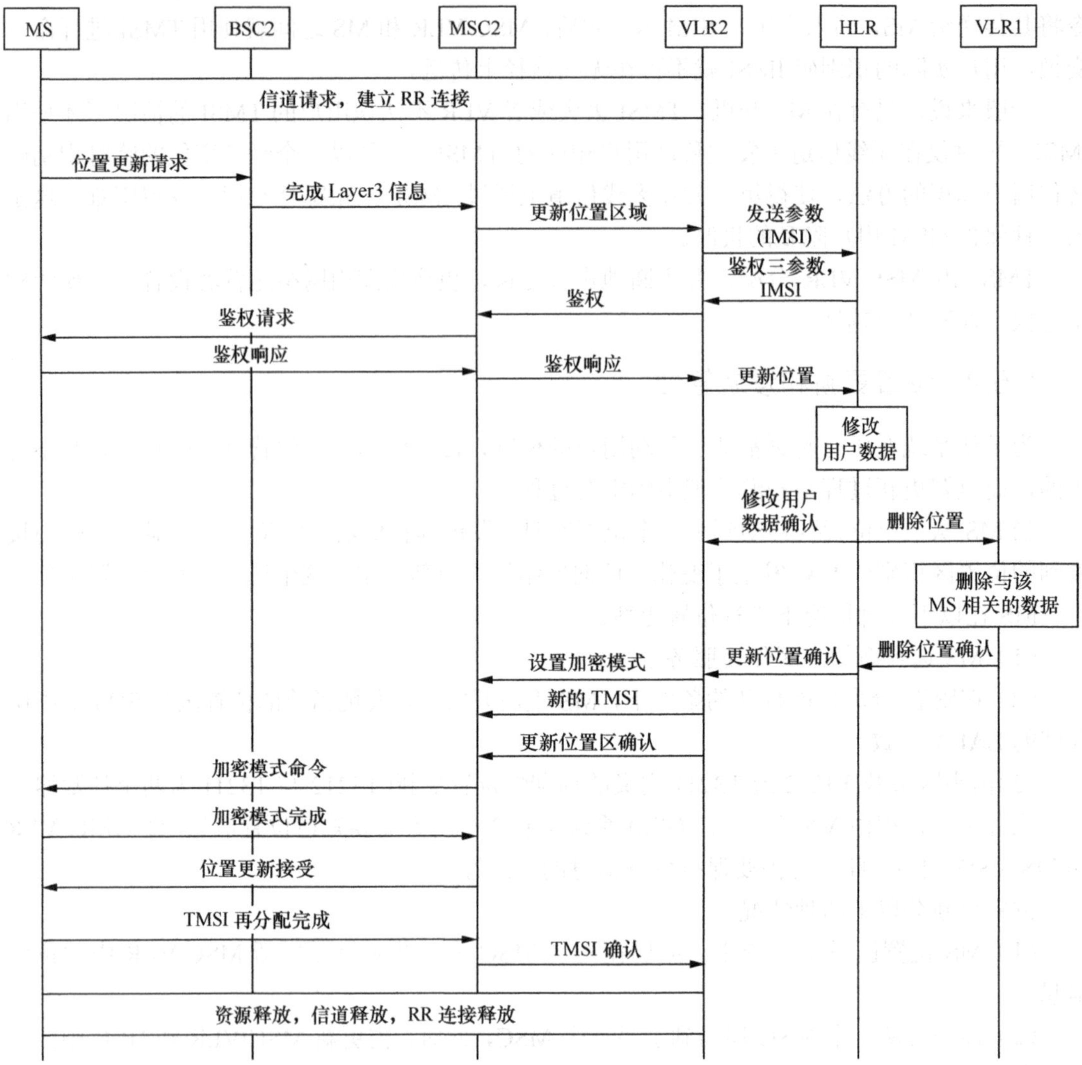

图 5-9　不同 MSC 之间的位置更新

2. 周期性位置更新

当 MS 由于断电而关机，或者当 MS 向网络发送 IMSI 分离消息时，由于无线链路质量差，系统不能正确地译出信息，而手机的最后一条消息是不需要证实的，所以系统可能认为该 MS 还是处于“附着”状态。此时，若有用户拨打该 MS，则会造成系统不断地发寻呼消息而无响应，造成无效占用无线资源，降低寻呼成功率和来话接通率。

为解决此问题，GSM 进行强制周期位置更新。采用周期性位置更新后，若 GSM 系统在一定的周期内没有接收到某 MS 的周期性登记信息，它所处的 VLR 就标记该 MS 处于“隐分离”状态，只有当再次接收到正确的周期性登记信息后，才能将它改成“附着”状态。网络通过 BCCH 通知 MS 其周期性登记的时间。

移动用户进行周期性位置更新的流程和正常位置更新流程一样。小区参数 T3223 控制服务小区内的手机进行周期性的位置更新。

5.5.3 切换

切换（HandOver）是指将一个处于呼叫建立状态或忙状态的 MS 转换到新的业务信道上的过程，切换功能保持移动用户已经建立的链路不被中断。

切换是由网络决定的，是在 MS 占用 SDCCH 信道以后，也就是 MS 发起呼叫或通话过程中产生的。GSM 系统采用的是 MS 辅助切换方式，即由 MS 监测判决，由交换中心控制完成。在切换过程中基站和 MS 均参与到切换过程，切换与否主要由 BSS 决定。MS 在通话过程中不断地向所在小区的基站报告本小区和相邻小区基站的无线电环境参数，同时 BTS 也在不停地测量上行信号质量和强度以及时间提前量（TA 值）。BTS 将测量报告送往基站控制系统（BSC），BSC 根据这些信息对周围小区进行比较排队，最后由 BCS 决定是否需要切换以及切换到哪个 BTS。

一般下面的两个原因将导致小区切换。

（1）邻小区提供更好的链路。

（2）当前的链路质量非常差或时间提前量（TA）太大，都将导致紧急切换。

在下述 3 种情况下一般要进行切换。

（1）正在通话的用户从一个小区移到另一个小区。

（2）由于外界干扰造成通话质量下降，必须从原有的语音信道转接到另一条新的空闲语音信道上，以继续保持通话。

（3）MS 在两个小区覆盖重叠区进行通话，可占用 TCH 的小区特别忙，这时 BSC 通知 MS 测试它邻近小区的信号强度、信道质量，决定将它转到另外一个小区，此是为业务平衡所需要做的切换。

小区切换可分为 BSS 内部切换、同 MSC 内不同 BSS 间的小区切换、MSC 间小区切换。其中 BSS 间的切换和 MSC 间的切换都需要由 MSC 控制完成，而 BSS 内部切换由 BSC 控制完成。MSC 间小区切换最为复杂，下面以此为例说明切换的信令流程。

MSC 间的切换包括基本切换和后续切换。

基本切换是指移动用户通信时从一个 MSC 的 BSS 覆盖范围移动到另一 MSC 的 BSS 覆盖范围内，为保持通信持续而发生的切换过程。两个 MSC 可以属于同一个 PLMN，也可以为两个不同的 PLMN，但其切换的流程是一样的。

基本切换的实现需要 MSC-A 与 MSC-B/VLR 相互配合，MSC-A 作为切换的移动用户控制方直至呼叫释放为止。图 5-10 是局间 MSC 切换的流程示意图，这种切换涉及两个 MSC，切换前 MS 所处的 MSC 为服务交换机（MSC-A），切换后 MS 所处的 MSC 为目标交换机（MSC-B）。

（1）BSS-A 对 MS 无线信道质量不满意，并查看邻近位置信息，BSC-A 经过定位算法排队后，发现当前通话的 BSS-A 需要切换到小区 BSS-B 上，于是就向 MSC-A 发送包含切换目标小区标识的切换请求消息。

（2）MSC-A 分析切换要求消息，发现目的地属于 MSC-B 覆盖范围，通过 MAP 协议和 MSC-B 建立联系，并通过 MSC-B 请求 BSS-B 做 MS 接入准备即切换请求。

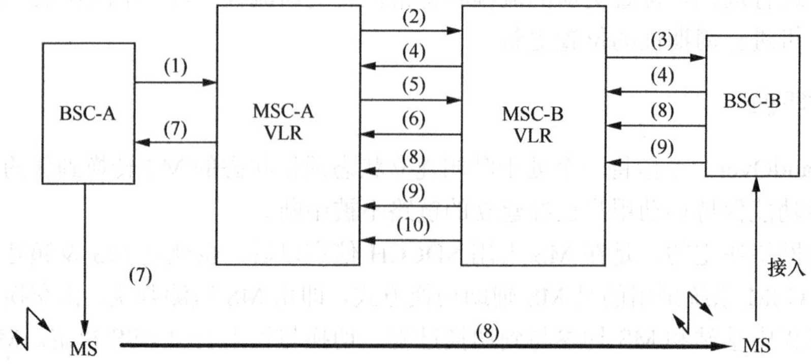

图 5-10　不同 MSC 间的切换

（3）MSC-B 接收 MSC-A 的切换请求，向 VLR 要求切换号码作为 MSC-A 到 MSC-B 电路建立的寻址信息，并向 BSC-B 发送切换请求信息。

（4）BSS-B 响应切换请求，MSC-B 向 MSC-A 转发包含切换号码的切换请求响应消息。

（5）MSC-A 根据切换请求响应中的切换号码选择 MSC-A 与 MSC-B 间的 TUP 路由，向 MSC-B 发初始地址消息，被叫号码是切换号码。

（6）MSC-B/VLR 收到初始地址消息确认切换号码，回送地址全消息到 MSC-A。

（7）MSC-A 收到地址全消息后，通过 BSC-A 指示 MS 进行切换。

（8）MS 接入 BSC-B，BSC-B 通过 MSC-B 通知 MSC-A MS 已成功接入 BSC-B。

（9）MS 与 BSS-B 间成功完成信道建立，MSC-B 通知 MSC-A 切换完成。

（10）MSC-B 完成接续并通知 MSC-A 通信建立成功，切换成功。

由于 LAI 发生了变化，因此通话结束后，MS 就立即启动位置更新，HLR 通知原 MSC/VLR 删除该用户的信息，在新的 MSC/VLR 中存储用户信息。不同 MSC 间切换的信令流程如图 5-11 所示。

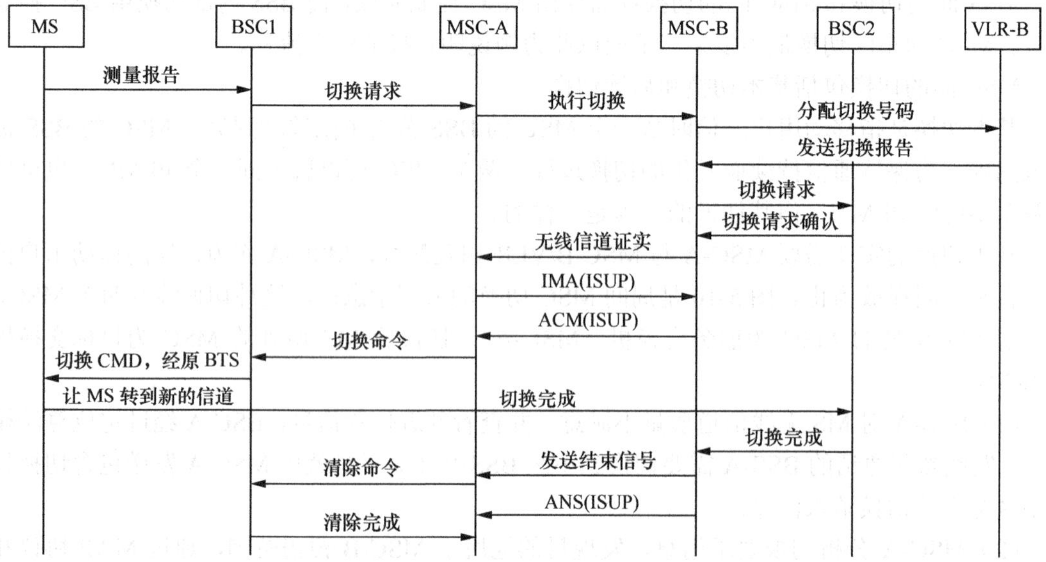

图 5-11　不同 MSC 间切换信令流程

后续切换指 MS 从 MSC-A 切换到 MSC-B 后，又从 MSC-B 切换到另外一个 MSC 或者切换回 MSC-A 的过程。局间后续切换的流程和基本切换的流程基本是一致的，初始 MSC-A 始终作为主控 MSC 来控制整个切换流程。

5.5.4 呼叫的管理

用户呼叫是 GSM 系统最基本和最重要的功能之一，移动用户作主叫（Mobile Originated，MO）时的信令过程从 MS 向 BTS 请求信道开始，到主叫用户 TCH 指配完成为止。一般主叫可分为几个大的阶段：接入阶段、鉴权加密阶段、TCH 指配阶段、取被叫用户路由信息阶段。手机主叫建立流程如图 5-12 所示。

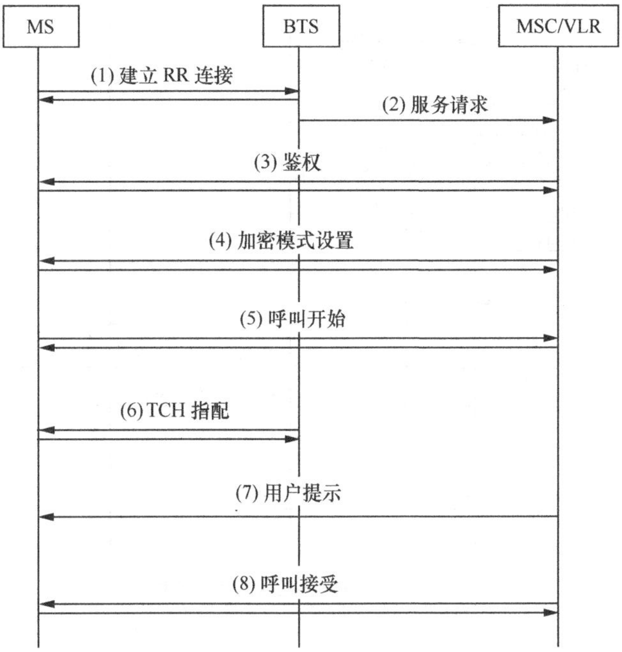

图 5-12 手机主叫建立流程

接入阶段主要包括信道请求、信道激活、信道激活响应、立即指配、业务请求等几个步骤。经过这几个步骤，MS 和 BTS（BSC）建立了暂时固定的关系。

鉴权加密阶段主要包括鉴权请求、鉴权响应、加密模式命令、加密模式完成、呼叫建立等几个步骤。经过这个阶段，主叫用户的身份已经得到了确认，网络认为主叫用户是一个合法用户，允许继续处理该呼叫。

TCH 指配阶段主要包括指配命令、指配完成。经过这个阶段，主叫用户的语音信道已经确定，如果在后面被叫接续的过程中不能接通，主叫用户可以通过语音信道听到 MSC 的语音提示。

读取被叫用户路由信息阶段主要包括向 HLR 请求路由信息、HLR 向 VLR 请求漫游号码、VLR 回送被叫用户的漫游号码、HLR 向 MSC 回送被叫用户的路由信息（MSRN），MSC 收到路由信息后，对被叫用户的路由信息进行分析，得到被叫用户的局向，然后进行话路接续。

如果 MSC 通过对被叫用户的 MSRN 的分析得知被叫用户是本局用户，就不会向其他

MSC 发送初始地址消息 IAI/IAM，而是根据被叫用户的位置区直接通知本局 BSC 对被叫用户发起寻呼；如果被叫用户非本局用户，则通过信令路由分析，通过适当的链路向目的 MSC 发 IAI 信息，以建立话路。

图 5-13 为移动呼叫固定用户信令流程。

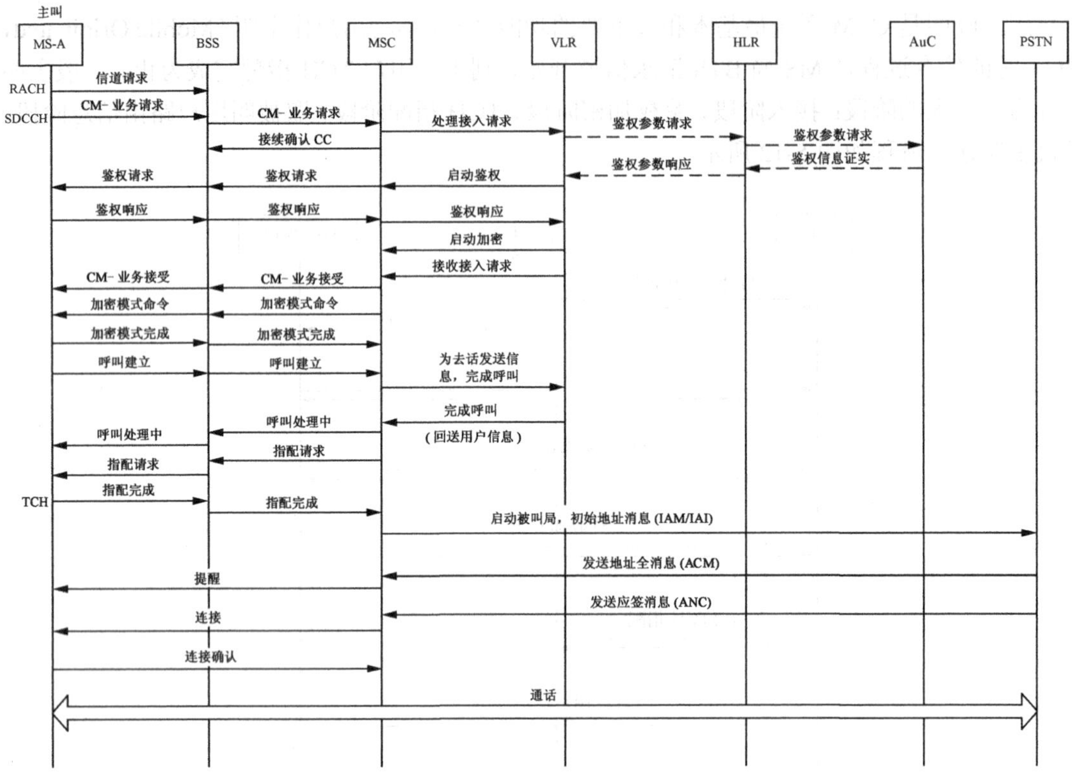

图 5-13　移动呼叫固定用户信令流程

5.5.5　移动台的状态

当 MS 处于空闲状态时，它并不像固定电话那样几乎不工作，而是要不断地和网络交换信息，有规律地监听信标通道，收听系统广播和寻呼消息，MS 这样的状态称之为移动台的守候状态。移动台的守候状态包括了网络选择、小区选择、小区重选、位置更新和寻呼等事件。

1. 网络选择

（1）网络选择的目的

因为 GSM 是一个全球移动系统，MS 可以在不同的网络、国家之间自由漫游，因此要选择一个合适的 GSM 网络进行驻留，也就是要进行网络选择才能使用网络提供的各种业务。

当 MS 驻留在一个网络中时，可实现下面的 3 个目的。

① MS 从网络收到系统信息。

② 当 MS 需要发起呼叫时，可以通过该小区接入网络。

③ 网络收到一个去往该MS的呼叫，系统知道该MS驻留在哪个位置区内，通过该位置区中所有基站向MS发寻呼信息，如果该MS驻留在该位置区中某个小区的BCCH上，就可以收到发给自己的寻呼信息，并通过控制信道进行回应。

当MS不能找到合适的小区驻留或者没有插入SIM卡时，则MS不允许在网络中进行登记，只能用于紧急呼叫。

网络选择是为了让MS接入可用的网络，然后进行通信，当出现下面情况的时候，MS进行网络选择。

① MS开机后。

② 用户手动操作进行网络选择。

③ 手机从盲区进入覆盖区。

④ 手机在进行国际漫游时，将周期性地尝试返回本国网络。

（2）网络选择的方式

网络选择分自动选择和手动选择两种。手动选择时，将根据用户的选择到可用网络中进行随机登记；在自动选择模式下，如最后登记的网络没有存储或者不可用时，将按照下面的顺序进行网络选择。

① 自身服务商网络。

② SIM卡中存储的网络列表。

③ 从接收到的强度>－85dBm的网络列表中进行随机选择。

④ 从其他的网络中按接收强度递减顺序进行选择。

若MS是第一次开机，MSC/VLR中没有该用户的信息，则MS在其数据存储卡（SIM）中找不到原来的位置区识别码（LAI），这时就需要向MSC发送"位置更新请求"消息，通知GSM系统这是一个此位置区内的新用户，MSC根据该用户发送的IMSI中的H1H2H3消息，向该用户的HLR发送"位置更新请求"，HLR记录发送请求的MSC号码，并向MSC发送"位置更新接收"消息，至此MSC认为该MS已经激活，在VLR中对该用户对应的IMSI做"附着"标记，再向MS发送"位置更新证实"消息，MS的SIM卡记录此位置区识别码。

一旦MS接入网络后，就需要选择一个合适的小区，然后驻留在该小区上，与网络保持通信连接。MS开机后，在空中接口上搜索找到正确的频率，依靠接收的频率校正和同步信息，锁定到正确的BCCH频率上，该频率上载有广播信息和可能的寻呼信息。手机根据收到的信号强度和小区系统参数进行C1、C2的值的计算，进行小区计算和小区重选。

2. 小区选择

手机完成网络选择后就要寻找网络允许的所有BCCH频点，并选择一个最合适的频点进行驻留，该过程就叫作"小区选择"。

小区选择是为了让MS在网络中选择一个最合适的小区，并把该小区作为自己的主服务小区，通过该小区进行通信。MS选择某个小区后，调谐到该小区的BCCH载频上，监听该小区的系统消息以及寻呼信息，从而得到该服务小区的LAI等信息，而且在CCCH上接收寻呼信息。

（1）小区选择的标准

① 所选择的小区必须是属于所选择的网络。

② 该小区不是被禁止的。

③ 该小区的C1>0。

④ 如果处于漫游中，检查是否处于禁止列表中。

⑤ 在没有一般小区选择的情况下，才选择优先级低的小区。

（2）小区选择的流程

小区选择分为存储列表式和普通方式。

① 存储列表式

当MS关机时，把最后的PLMN网络和最后的BA列表（BCCH分配）存储在SIM卡中。当手机再次开机进行小区选择时，将首先搜索上次关机时存储在SIM卡中的BCCH载波进行网络选择和小区选择。如果可以驻留，那就选择该小区作为服务小区；如果不能驻留，那么将对存储在BA列表（Idle表）中的BCCH频率进行搜索，BA列表分为Idle表和Active列表。

② 普通方式

如果MS在BA Idle列表中搜索不到合适的BCCH载波，那么将用普通方式进行小区选择。

MS将测量所有允许的频点，然后从不同的频点上抽取5个测试值进行平均，计算出每个频点的平均信号强度，根据不同的电平强度列出一个表，整个过程持续3～5s。MS调谐到信号强度最高的频点上，然后搜索FCCH，判断该频点是否为BCCH频点，如果是，则MS将通过解码SCH来与该BCCH同步，然后读取BCCH上的系统消息。根据读取的系统消息来判断该小区是否属于所选择的网络，以及该小区是否为禁止小区，小区的C1是否大于0。如果这3项都通过，那么MS将驻留在该小区上，否则将从次强的频点上再次进行选择。

当列表中的频率信道都被搜索后仍然没有找到合适的小区，那么MS将继续监听所有的频率信道，进行选择驻留。

一旦MS完成小区选择，MS将接收到系统广播中的BA列表，BA列表将被重置和更新。

（3）小区接入控制

在实际操作中，由于某种需要而要求禁止MS接入某些小区，如某小区话务量过大时，通过禁止MS接入可以限制话务量，但当MS处于通话过程中时，可以切换至该小区，从而防止该小区话务量过多拥塞。

在GSM系统规范中规定，可以对小区接入状态进行设置，具体由CB和CBQ两参数进行控制。CB是小区接入禁止参数，设为“YES”时，则该小区禁止手机接入，但MS通话时可以切换进入该小区；CBQ是小区接入优先级，对空闲模式下的小区接入进行优先级的设定。CB往往与CBQ组合使用。

当完成小区选择后，MS将驻留在服务小区，和系统保持通信，同时也不断测量服务小区和BA列表中邻小区的信号强度，测量过程和小区选择时的测量方法一样，对每个BCCH频点抽取5个测试值进行平均，然后排队，同时读取BSIC信息。

MS至少每30s内对服务小区的BCCH进行解码，读取BCCH的全部系统信息。

3. 小区重选

小区重选是MS在空闲模式下因位置变动、信号变化等因素引起的重新选择服务小区的过程。小区重选是根据MS的测量报告进行判断的，包括对6个邻小区的测量，并至少每30s内对邻小区进行BSIC解码，以确定邻小区没有变化。如果发现BSIC发生了变化，则判断邻小区发生了变化，接着就对其BCCH进行重新解码；每5分钟内对邻小区的BCCH进行重新解码，以保证小区重选数据的准确。

5.6 通用分组无线业务

5.6.1 GPRS特点及应用

通用分组无线业务（GPRS）网络引入了数据分组的功能，与GSM网络基于信令信道提供数据业务相比，数据传输速率更高、信息更长。GPRS系统采用与GSM系统相同的频段、频带宽度、突发结构、无线调制标准、跳频规则以及相同的TDMA帧结构。GPRS在信道分配、接口方式、数据传输等方面体现了分组业务的特点。在GSM网络的基础上构建GPRS网络时，GSM系统中的绝大部分部件都不需要做硬件改动，只需做软件升级。

1. GPRS网络特点

（1）GPRS是在GSM网络技术的基础上提供的一种端到端的分组数据交换业务。

（2）GPRS可以充分利用现有的GSM网络设施，与已有的GSM系统互相融合。

（3）GPRS可以提供高达171.2kbit/s的无线接入峰值速率。

（4）GPRS新增接口基于标准的开放接口。

2. 构建GPRS网络的方法

（1）GSM核心网中，已有的MSC是基于电路交换技术的，不能处理分组交换业务。引入GPRS技术需要在GSM核心网引入3个主要网元：GPRS服务支持节点（SGSN）、GPRS网关支持节点（GGSN）和分组控制单元（PCU）。

（2）由于GPRS在GSM网络中引入了新的网元及接口，必将会对GSM网络原有设备产生影响。GSM系统的相关部件需要进行软件升级，比如已有的基站收发信台（BTS）软件、基站控制器（BSC）软件需要升级，MSC、HLR现有软件也需升级。

（3）GSM系统移动台不能直接在GPRS网络使用，需按GPRS标准改造才可以用于GPRS系统。GPRS终端要求向后与GSM的语音呼叫兼容。GPRS系统定义了3类终端。

① A类终端可同时支持GPRS业务和GSM业务。

② B类终端可用于GPRS业务和GSM业务，但两者不能同时工作，在GPRS和GSM之间自动切换工作。

③ C类终端可在GPRS业务和GSM业务之间手动选择工作。

3. GPRS应用

移动通信技术的发展带来了网络、终端、应用类型和客户群等各方面的变化和发展。GSM网络中主要的业务是语音业务、低速数据业务和短消息业务。GPRS网络在传统的GSM基础上通过引入IP核心网络，可以处理高速数据业务。

采用 GPRS 终端可以直接使用 WAP 浏览、E-mail 收发等业务，可以进行电子图书和电子地图等程序的下载，在线玩游戏和联网进行比赛等。通过 GPRS 终端收发彩信，用户还可以及时得到各种精彩信息，体会移动生活的无限乐趣。采用无线终端所进行的无线应用种类较多，遍及各个系统和领域，如交通管理、水文探测、石油开采、银行管理、商店管理等。

5.6.2 GPRS 网络结构

1. GPRS 网络结构

GPRS 网络是在现有 GSM 网络基础上通过增加网元来实现的，使得用户能够在端到端分组方式下发送和接收数据。GPRS 网络结构如图 5-14 所示，GPRS 系统中新引入的网络单元通常分为无线部分和数据部分两大类。PCU 属于无线部分，图中包括在 BSS 中；SGSN 属于无线部分和数据部分公用单元；GGSN 则完全属于数据部分。

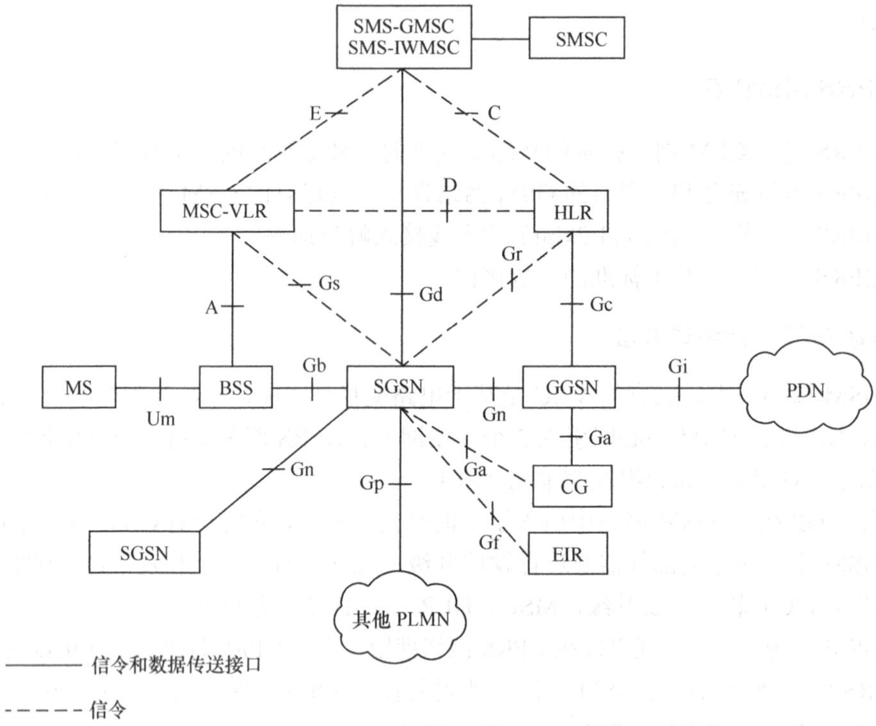

图 5-14 GPRS 网络结构

2. 主要网元及功能

（1）PCU

PCU 作为 BSC 的一部分，可以独立设置或者与 BSC 合并设置，PCU 与 BSC 之间的接口方式规范未作定义。PCU 也可以与 SGSN 合并设置。PCU 与 SGSN 间的接口为 Gb 接口。PCU 与 BSC 协同作用，提供无线数据的处理功能，通过直连或者帧中继网络实现。PCU 完成逻辑链路与物理链路的映射、数据包拆封、数据包确认和无线数据信道的分配等功能。

（2）SGSN

SGSN通过Gb接口提供与无线分组控制器PCU的连接，进行移动数据的管理及传输；通过Gr接口与HLR相连，进行用户数据库的访问及接入控制；通过Gn接口与同一PLMN内的GSN（SGSN与GGSN的简称）相连，提供IP数据包到无线网元的传输通路和协议变换功能；SGSN还可以提供与MSC的Gs接口连接，与短消息中心之间的Gd接口连接，支持数据业务和电路业务的协同工作和短信收发等功能；通过Gp接口与其他PLMN网络互通。

SGSN是GPRS网络结构中的一个节点，它与MSC处于网络体系的同一层，功能和作用与MSC具有相同点。SGSN的主要作用是记录移动台的当前位置信息，进行分组移动用户的状态管理和计费管理，负责到HLR的用户数据信息的传送，并且在移动台和GGSN之间完成移动分组数据的发送和接收。

（3）GGSN

GGSN负责GPRS网络与外部数据网的连接，提供GPRS网络与外部数据网之间的传输通路，完成移动用户与外部数据网之间数据包的转发。GGSN通过基于IP协议的GPRS骨干网连接到SGSN，是连接GSM网络和外部分组交换网（如互联网和局域网）的网关，所以GGSN具有路由器的部分功能，起网关作用。GGSN可以对GSM网络中的GPRS分组数据包进行协议转换，从而可以把这些分组数据包传送到远端的TCP/IP或X.25网络。

GGSN与其他相关网络单元如域名解析服务器（DNS）、动态地址分配服务器（DHCP）、网络时间协议服务器（NTP）、认证与鉴权服务器（Radius）等设备协同工作，完成数据业务的接入和传送等功能。

对于网络发起的数据单元传送业务，GGSN需要通过Gc接口到HLR查询用户相关信息。对于计费信息的传送工作，GGSN通过Ga接口完成。

SGSN与GGSN的功能既可以由一个物理节点全部实现，也可以在不同的物理节点上分别实现。它们都应有IP路由功能，并能与IP路由器相连。当SGSN与GGSN位于不同的PLMN时，通过Gp接口互联。SGSN可以通过任意Gs接口向MSC/VLR发送定位信息，并可以经Gs接口接收来自MSC/VLR的寻呼请求。

（4）GPRS系统中其他数据单元

其他一些数据单元虽然在GPRS规范中未定义，但在GPRS数据网络中是必不可少的，从而也是GPRS网络的一部分，简介如下。

① 域名解析服务器

GPRS网络与互联网采用TCP/IP协议进行连接时，与互联网进行数据分组交换的每个用户都需要一个IP地址。如何将GPRS网络内的地址与IP地址相对应正是域名解析服务器（DNS）需做的工作。DNS协议用以提供域名解析功能，负责进行网络域名与IP地址之间的映射和转换。

GPRS系统中，DNS主要用以进行GPRS网络接入点名称（APN）与相关GGSN地址之间的转换、内部网元IP地址与接入点名称之间的解析，以及切换时位置区信息和相关SGSN地址之间的转换。目前中国移动的GPRS网络中所使用到的公共APN为

cmnet.mnc000.mcc460.gprs

cmwap.mnc000.mcc460.gprs

② 动态地址分配协议

GPRS 网络终端用户需要使用 IP 地址建立 MS 与互联网之间的端到端的通信。IP 地址的有限性和数据通信的突发性不能满足每一 MS 分配固定 IP 地址的需求，从而引入动态地址分配协议（DHCP）。GPRS 网络采用动态地址池对接入网络的移动用户进行动态地址的分配和管理，以提供用户地址空间的有效利用。不同 APN 或企业网可采用不同的地址段，DHCP 服务器根据 APN 信息进行地址段的分配管理，从而保证了地址使用的灵活性和高效性。

③ 计费网关

GPRS 系统的计费与只提供语音业务的 GSM 系统不同，计费信息需包括终点和源点地址、无线接口的使用、外部分组数据网的使用、PDP 地址的使用等。GPRS 呼叫记录在 GPRS 业务节点产生。GGSN 和 SGSN 可以不存储计费信息，但需要处理计费信息。计费网关从 GPRS 节点搜集计费信息，产生呼叫的详细记录，然后将这些记录发送给计费系统。GPRS 系统中计费数据包括 SGSN 与 GGSN 所产生的计费信息，如 SGSN 中与移动相关的 M-CDR（详细呼叫话单记录）、与会话处理相关的 S-CDR，以及 GGSN 中的 G-CDR。

④ 防火墙

GPRS 网络采用公用 IP 地址与外部网络或企业网相连，所以网络安全非常重要。IP 网中最有效的安全措施是防火墙保护机制，主要分为数据包过滤、电路网关过滤和应用网关过滤 3 种类型。防火墙用以提供 GPRS 网络与外部网络之间的安全管理功能，保障 GPRS 网络和业务的安全性。通过过滤机制或者加密认证机制进行某些类型数据包的过滤，以防止某些网络地址或协议的非法接入，防止大量无用业务和非法用户造成的网络性能下降和系统安全性的破坏，从而保证 GPRS 网络的安全性。

⑤ 网络时间协议服务器

网络时间协议服务器（NTP）用以提供网络统一时钟，保证数据流的同步。

⑥ 操作维护中心

大型的通信网络中，需要能够维护和管理网络的网元。操作维护中心（OMC）提供方便的系统告警处理、维护管理、故障管理、统计分析、性能管理、安全管理等功能，通过友好的用户界面提供操作的简便性以及维护的灵活性，提供系统维护和管理的操作平台。

3. GPRS 网络新增接口及功能

GPRS 网络通过在 GSM 网络结构中增添 SGSN 和 GGSN 两个新的网络节点来实现。考虑到 SGSN 和 GGSN 两个网络节点引入后，与 BSS、HLR、MSC 等 GSM 系统网元和其他网络互通，需要命名新的接口。与 GPRS 网络相关的接口如图 5-14 所示。

（1）Gb 接口。提供 BSS/PCU 与 SGSN 之间的连接，用以传送小区管理和路由区切换信息等，进行 MS 与 SGSN 之间的数据传送。在 Gb 接口，多个用户可以复用一个公共物理资源；而对于 A 接口，在一个呼叫的时间段每个用户必须占有一个专用的物理资源。

（2）Gc 接口。GGSN 与 HLR 之间的接口，采用 MAP 协议。

（3）Gd 接口。SMS-GMSC/SMS-IWMSC 与 SGSN 之间的接口，采用 MAP 协议。

（4）Gi 接口。Gi 参考点是 GPRS 网络与外部数据网络的接口点，它可以采用 X.25 协议、X.75 协议或 IP 协议等方式。由于常用 GPRS 业务是基于 IP 承载的，因此 GPRS 网络的 MS 通常采用 IP 寻址方案，GPRS 支持 Internet 服务提供商（ISP）规定的全部功能。

（5）Gn/Gp 接口。Gn 为同一 GSM 网络中两个 GSN 之间的接口，采用 GTP 隧道协议；Gp 为不同 GSM 网络中两个 GSN 之间的接口，采用 GTP 隧道协议。

（6）Gr 接口。Gr 接口指 GPRS 系统中 SGSN 与 HLR 之间的接口，用于传送 MS 的加密信息、鉴权信息和用户数据库信息等，采用 SS7 进行传送，应用层采用 MAP 协议。

（7）Gs 接口。Gs 接口为 SGSN 与 MSC/VLR 之间的接口。在 Gs 接口存在的情况下，通过使用 BSSAP+协议，利用 SS7 进行传送。MS 可通过 SGSN 进行 IMSI/GPRS 联合附着、LA/RA 联合更新，并采用寻呼协调通过 SGSN 进行 GPRS 附着用户的电路寻呼，从而降低系统无线资源的利用，减少系统信令链路负荷，有效提高网络性能。

（8）Ga 接口。Ga 接口为 SGSN/GGSN 与计费网关（CG）之间的接口，用于传送计费信息，采用类似 GTP 的 GTP'协议。

（9）Um 接口。MS 与 GPRS 网络部分之间的无线接口，针对 GPRS 特点，采用分层协议结构，其原理将在随后的章节专门介绍。

5.6.3　GPRS 空中接口（Um）

1. 物理层

GPRS 网络采用与 GSM 网络相同的频段、频带宽度、突发结构、无线调制标准、跳频规则以及相同的 TDMA 帧结构。GPRS 规范中，在物理链路层引入了新的逻辑信道、复帧结构和编码方式。为了在误码率和吞吐量间达到平衡，引入了链路适配机制调整编码方案。

（1）GPRS 帧结构

GSM 系统中，复帧就是由固定数目的 TDMA 帧组合在一起以实现特定功能的集合。GSM 系统中使用的物理信道和逻辑信道的概念、映射关系仍然适用，GPRS 与 GSM 不同的地方在于 GPRS 网络可以动态地配置逻辑信道向物理信道的映射，根据网络的负荷自适应地分配或释放无线资源。

GPRS 系统中的 52 复帧由 12 个用于传输数据的无线块（B0～B11）、2 个用于传输定时提前量的 TDMA 帧（X）以及 2 个用于进行邻区 BSIC 测量的 TDMA 帧（I）组成，如图 5-15 所示。

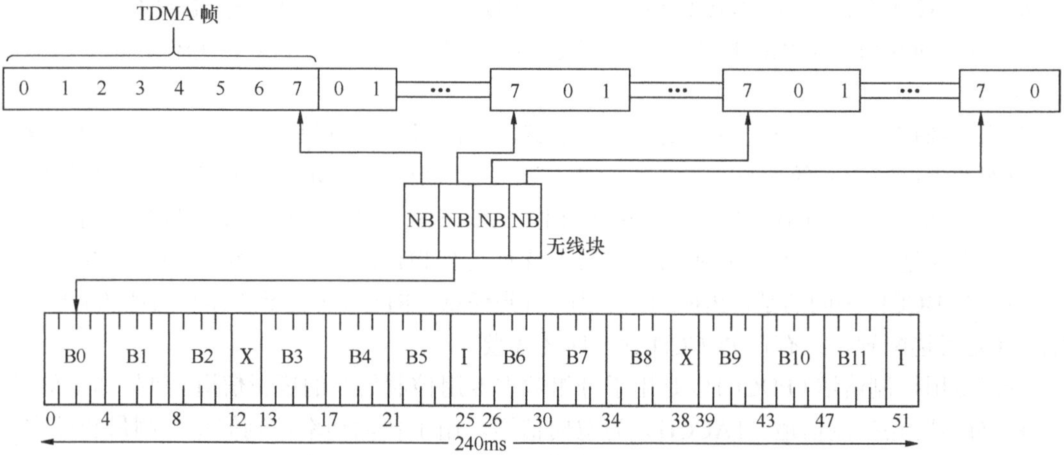

图 5-15　GPRS 系统中 52 复帧结构组成

GPRS 系统中，一个物理信道也指一个分组数据信道（Packet Data Channel，PDCH），由所在频点和时隙决定。同一 PDCH 上的 4 个连续普通突发（NB）组成无线块，用于承载逻辑信道，用来传输信令或数据。52 复帧的周期为 240ms，在每个 MS 分配一个无线块的情况下，240ms 的时间内最多可以有 12 个用户同时传输。这种情况下，用户的吞吐量将非常低，但是至少它提供了一个时隙在多个用户之间的复用机制。

（2）GPRS 逻辑信道及分类

GPRS 系统中承载分组逻辑信道的物理信道为分组数据信道（PDCH），PDCH 使用 52 复帧结构，可以根据负载情况由系统动态分配。逻辑信道是执行特定功能的一种物理信道或者一组物理信道的组合，它们主要用于传输 BSS 和 MS 之间的信令和数据业务。GPRS 的逻辑信道可分为业务信道和控制信道两大类。

① 分组业务信道

GPRS 系统中，分组业务信道即分组数据业务信道（PDTCH），PDTCH 用于在分组交换的模式下承载用户信息，主要用于传送语音业务和数据业务。通常为了有效传输数据，可以在一个物理信道上动态分配 PDTCH 的使用。PDTCH 在某个时间可以只属于一个 MS 或者一组 MS。在多个时隙工作的模式下，一个 MS 可并行使用多个 PDTCH 用于一个数据分组传输，MS 实际使用的时隙数取决于 MS 的多时隙级别。PDTCH 可以使用 4 种不同的编码方式。

PDTCH 为双向业务信道，但是在使用上，它是上下行独立分配的。与电路型双向业务信道不同，PDTCH 可以不成对使用，它或者是上行信道（PDTCH/U），用于移动台发起分组数据传输，或者是下行信道（PDTCH/D），用于移动台接收分组数据。

② 分组控制信道

分组控制信道用于承载信令、同步数据和传送控制信息，主要分为 3 类：分组公共控制信道（PCCCH）、分组广播控制信道（PBCCH）和分组专用控制信道（PDCCH）。

分组公共控制信道（PCCCH）是用于分组数据公共控制信令的逻辑信道，包括如下信道。

- 分组随机接入信道（PRACH）属于上行信道，用于移动台发送随机接入信息或对请求分配一个或多个 PDTCH 寻呼的响应。
- 分组寻呼信道（PPCH）属于下行信道，用于寻呼移动台。
- 分组接入允许信道（PAGCH）属于下行信道，用于向移动台分配 PDTCH 信道。
- 分组通知信道（PNCH）属于下行信道，用于通知移动台点到多点（PTM-M）通知信息的传送。

分组广播控制信道（PBCCH）属于下行信道，一个小区中可以只有一个 PBCCH。PBCCH 广播分组数据的特定系统信息。如果不配置 PBCCH，则由 GSM 系统原有的广播控制信道（BCCH）广播分组操作的信息，以及与接收相关的 GPRS 信息。在 BCCH 上将会给出明确的指示，本小区是否支持分组数据业务，如果支持且具有 PBCCH，则会给出 PBCCH 的组合配置信息。与 BCCH 不同的是，PBCCH 可以映射到任意 ARFCN（表示载频）的任意时隙上。PBCCH 是可选配置，只有在 PCCCH 存在时才需要。

分组专用控制信道（PDCCH）是用于分组数据专用控制信令的逻辑信道，包括如下信道。

- 分组随路控制信道（PACCH）为双向信道，用于传输功率控制信息、测量和证实等信息。每个单向的 PDTCH 都具有上下行两个方向上的 PACCH 信道。PDTCH 方向上的 PACCH 将占用 PDTCH 的资源，而相反方向上的 PACCH 则动态分配。

- 上行分组定时控制信道（PTCCH/U）传输随机接入突发脉冲，用于估计处于分组传输模式下的移动台的时间提前量。
- 下行分组定时控制信道（PTCCH/D）向多个移动台传输定时提前信息，用于定时提前更新。一个PTCCH/D可以对应多个PTCCH/U。

2．MAC协议层

（1）MAC层功能

MAC层位于RLC层和物理层之间，通过直接与物理层连接完成信道资源共享、无线链路控制和媒体接入控制等功能，使多个MS共享相同的传输媒体。MAC层主要功能如下。

① 在上行链路上，当多个MS同时申请接入时，对有限的物理资源进行合理的分配。MAC层采用时隙Aloha规程进行MS与BTS之间的接入控制功能；MAC层负责无线信道接入冲突的监测和协调。

② 在下行链路上，对接入请求进行排队并按序分配资源，不需要竞争解决机制。

③ MAC层对发送的数据进行优先级处理，信令数据比用户数据有更高的优先级。

（2）MAC层主要标识符

① 临时块流（TBF）是两个对等的无线资源管理实体之间用于传输LLC数据块的一组物理连接，标识一系列来自或去往指定移动台的RLC/MAC块。TBF可以使用一个或多个PDCH上的无线资源。TBF是唯一的，每个占用一无线信道的移动台在整个数据传输过程中使用同一个TBF；TBF是临时的，只有在数据传输时才存在，所有的RLC/MAC块传输完毕TBF将被释放。

② 临时块流标识（TFI）是为了移动台和网络都能识别TBF，网络分配给每个TBF的标识。在某一确定的方向上，每个TBF的临时块流标识（TFI）是唯一的。由TBF、TFI和RLC数据块传送方向可唯一地标识一个RLC数据块。由TBF、TFI和RLC控制消息的方向及消息类型可唯一地标识一个RLC控制块。接收端通过将TBF中包含相同TFI的信息重组得到完整的数据流。

③ 上行链路状态标识（USF）。如果上行链路采用动态分配方案时，在PDCH上，USF用来允许多个移动台的无线块复用，而且仅在下行链路方向传送。USF位于下行链路每个无线块的头部，用3个比特进行编码，因而有8种不同的取值，USF限制上行链路的每个时隙上最多有8个移动台。

3．RLC层协议

（1）RLC层功能

RLC层是LLC层和MAC层之间的接口，负责对发往空中接口的数据进行封装和解封装。由于LLC层帧太长不便于发送，RLC层将LLC PDU分段组成若干RLC/MAC数据块。一个数据块序号（BSN）标示每一个RLC/MAC块，用来安排RLC块的先后顺序，BSN包含在RLC块的域中。RLC层收到RLC块后，将RLC包头剥离出来，RLC层将改变这些数据块的顺序，对RLC块重组，形成LLC帧。RLC层负责数据块通过无线接口的传输的同时还采用自动请求重传机制（ARQ）执行后向错误校正（BEC）功能。

（2）RLC层传输模式

① RLC确认模式采用RLC数据块的ARQ机制获得较高的可靠性，在发送侧对所有要

传输的 RLC 数据块采用 BSN 进行编号，接收侧如果某些数据丢失或未正确接收，通过发送分组确认/非确认信息请求对这些 RLC 数据块重传。

② RLC 非确认模式不执行 RLC 数据块的重传，发送侧的 BSN 仅用于接收方从 RLC 数据包到 LLC 数据包的重组。接收侧通过发送分组确认/非确认信息用于进行必要的控制信息的传输（如下行传输中信道质量的监视或上行传输中的定时提前量校正），RLC 非确认模式不能保证 RLC 块的成功发送。

4. LLC 协议层

（1）LLC 层功能

逻辑链路控制层（LLC）基于 RLC/MAC 层，支持 SNDCP 层、信令和会话层，为 MS 与 SGSN 之间的高可靠性连接提供逻辑信道。但是 LLC 信道独立于 RLC/MAC 层所提供的分组数据信道，多条 LLC 信道中的数据可以在同一条 RLC/MAC 分组数据信道中传输。LLC 层对来自不同 PDP 的数据进行复用，并利用 LLC 层信道进行传送。LLC 可以提供不同服务质量（QoS）的信道，用业务接入点标识（SAPI）来表示。临时逻辑链路标识（TLLI）用来识别特定的移动台 MS，对 LLC 层进行寻址。SAPI/TLLI 一同用来标识唯一的一条 LLC 信道，用数据连接标识符（DLCI）表示。

（2）LLC 层主要标识符

① LLC 层业务接入点标识（SAPI）。LLC 层为上层协议提供了 6 个业务接入点（SAP），这些接入点可以看作是层与层之间的“隧道”。通过这些“隧道”，第二层和第三层的实体之间能够进行数据传输。

② 临时逻辑链路标识符（TLLI）。P-TMSI 只有当 MS 接入 GPRS 网络后才被分配，而在接入的起始阶段，移动台需与 SGSN 交换信令，但并不发送 IMSI。为此，规范采用了临时逻辑链路标识符（TLLI）对无线资源寻址，GMM 子层中使用 TMSI（P-TMSI）表示一个移动台。TLLI 与 P-TMSI 是一对一的关系，由 GMM 控制 TLLI 的分配。TLLI 根据来自于 LLC 和 GMM 层交互作用引起的任务需求分配、更新和删除，TLLI 在 MS 和 SGSN 之间唯一地表示逻辑链路。如果 MM 上下文中，不知道 TLLI 属于哪个路由区，那么 TLLI 就与 RAI 一起使用。

5. SNDCP 协议层

（1）SNDCP 层功能

SNDCP（子网相关汇聚协议）层位于网络层下面和 LLC 层的上面，提供了对协议的透明性。它可支持不同的网络协议，如 X.25、IP 等多种协议，可以在不更改 GPRS 协议的基础上引入新的网络层协议。SNDCP 功能简述如下。

① SNDCP 控制将一个或多个网络层实体上的 N-PDU 复用到适当的 LLC 连接。

② 完成 N-PDU 的数据传送。在 LLC 确认模式下，在 LLC 层确认数据的接收，它还管理每个网络层业务接入点（NSAPI）独立的序列传输。在 LLC 非确认模式下，数据的接收不在 SNDCP 或 LLC 层进行确认。

③ SNDCP 层支持对冗余用户数据和协议控制信息进行压缩。SNDCP 层发送侧执行控制信息压缩、用户数据压缩和压缩后的信息的封装功能。接收侧执行 SN-PDU 到 N-PDU 的解

封装、用户数据解压缩和协议控制信息解压缩功能。

（2）网络层业务接入点（NSAPI）的作用

NSAPI 为使用 SNDCP 业务的 PDP 上下文的索引，它用于对 SNDCP 层提供的业务的 PDP 类型地址组合进行标识。MS 在激活 PDP 时动态分配 NSAPI，发送侧 SNDCP 实体将在每个 N-PDU 中插入 NSAPI 值，对等 SNDCP 实体之间使用 NSAPI 标定 N-PDU。

NSAPI 接入 SAPI，SAPI 和标识移动台的特定 TTLI 组合在一起形成数据通道。移动台处于空闲状态时，不需要为 MS 保持物理链路。当需要发送或者接收一个数据时，移动台就转换到激活状态。甚至当较低层不再存在时，逻辑链路仍然保持。这就意味着频率资源只有在需要的时候才被占用，可以保证数据传输永远在线而不耗费网络的频率资源。

5.6.4 GPRS 的移动性和会话管理

GPRS 移动台的移动性管理主要包括 GPRS 附着/去附着、小区/路由区更新、路由区/位置区更新等过程。通过附着/去附着过程，MS 能够建立起与 GPRS 网络的连接，而当 MS 在 GPRS 网络中移动时，则通过小区/路由区更新过程保证自身的位置为网络所了解，所以每种移动性管理过程都不是孤立的。GPRS 会话管理包括 PDP 上下文激活/去激活、PDP 上下文修改等过程，保证 GPRS 移动台准确地连接到外部数据网络。

1．基本概念

（1）MM 上下文

GPRS 的移动性管理（MM）是指移动台在空闲状态（IDLE）、待命状态（STANDBY）和就绪状态（READY）3 种状态之间的相互转换。每种状态对应了特定的功能及相关信息。在 MS、SGSN、MSC/VLR 以及 HLR 中分别存储着移动台的相关信息，这些状态和相关信息就组成了 MM 上下文（MM Context）。比如在 SGSN 中存储的相关信息有 IMSI、MM 状态、P-TMSI、P-TMSI 签名、MSISDN、当前路由区、当前小区识别、Kc 和加密算法等。

（2）PDP 上下文

如果一个移动台所申请的 GPRS 业务涉及一个或多个外部分组交换网络，如 Internet、X.25 等，则在其 GPRS 签约数据中就将包括一个或多个与这些网络对应的分组数据协议（Packet Data Protocol，PDP）地址，每个 PDP 地址对应有一个 PDP 上下文。每个 PDP 上下文由 PDP 状态及相关信息来描述，通常包括如下内容：接入点名（APN），相关联的 GGSN；业务接入点标识（NSAPI）；LLC 业务接入点标识（LLC SAPI）；PDP 地址；请求的 QoS、射频优先级别和协议配置选项等。

PDP 上下文在 MS、SGSN、GGSN 实体中处理并保存。一个移动台可以同时激活几个 PDP 上下文，所有 PDP 上下文都与该用户唯一的一个 MM 上下文相关联。在 HLR 中将保存移动台的 PDP 上下文记录。与 PDP 相关的过程在 MS 和 SGSN 间由会话进程协议（SM）负责，在 SGSN 和 GGSN 间由 GTP 协议完成。

2．GPRS 移动台移动管理状态

GPRS 移动用户的移动管理（MM）状态在 GPRS 协议中的 GMM 层定义。GPRS 移动台的 GMM 特性由空闲状态（IDLE）、待命状态（STANDBY）和就绪状态（READY）体现。

每个 MS 的 MM 状态由 MS 和 SGSN 管理，在 MS 和 SGSN 中状态间的转换稍有不同。

（1）IDLE 状态。表明移动台已经开机，但移动台没有附着在 GPRS 网络上，MS 和 SGSN 上下文信息中没有移动台位置和路由信息，移动台无法识别 GPRS 网络，不能够执行与用户相关的移动管理过程。如果移动台进入 GPRS 盲区时，也将进入 IDLE 状态。

（2）STANDBY 状态。移动台附着在 GPRS 网络上，并且和 SGSN 建立了 MM 连接，MS 和 SGSN 中保存有与移动台 IMSI 相关的 MM 上下文信息。SGSN 对 MS 的移动性管理停留在路由区（RA）层次上。MS 可以接收点到多点广播信息、点到点信令信息和寻呼信息的传送，也可以通过 SGSN 接收电路域交换业务的寻呼信息，但是不能进行点到点数据信息的收发。

（3）READY 状态。移动台和 GPRS 网络的分组传输正在进行之中或刚刚结束，此时 SGSN 具有在小区层次上对移动台进行移动管理的能力。SGSN MM 上下文信息中的位置信息为小区，因此它了解移动用户所在的小区信息。MS 可以自主发起小区选择和重选过程，也可以由网络控制发起这个过程。小区号以及 RAC 和 LAC 信息将包含在 MS 所发送的数据包中的 BSSGP 包头中。每次改变服务小区时，只需由 SGSN 发送小区更新消息即可。

在一定的条件下，GPRS 网络中移动管理（MM）3 种状态间可互相转换。

3. GPRS 系统中的小区选择与重选

（1）小区选择

当移动台开机或从盲区进入覆盖区时，移动台将搜索 PLMN 允许的所有频点，并选择合适的小区驻留，这个过程称为小区选择。GPRS 和 GSM 的小区选择分别进行，GPRS 小区选择算法和 GSM 是一样的，但是参数是 GPRS 系统专用的参数。GPRS 小区选择算法采用与 GSM 网络相同的 C1 算法，即路径损耗准则。如果移动台的服务小区不存在 PBCCH 信道，移动台将监听 BCCH 信道的信息，与 GSM 网络的小区选择算法完全相同。

（2）小区重选

与 GSM 网络不同，GPRS 系统中不考虑切换的问题，对于 MS 的移动管理采用小区重选程序。小区重选可以由移动台自主进行，也可以由网络控制来进行。MS 通过监测服务小区和相邻小区的无线环境自主进行小区重选工作，而不必考虑网络拥塞、GPRS 可用性、MS 的支持能力和当前服务质量等因素。通过网络对小区重选过程进行干预，将使 MS 的移动管理过程更加灵活高效。

小区重选算法一种是 GSM 系统已有的（C1，C2）准则，另一种是 GPRS 系统引入的小区重选算法（C1，C31，C32），所有这些算法都基于服务区和邻区的信号强度。

4. GPRS 附着/去附着

移动台进行 GPRS 附着后才能够获得 GPRS 业务的使用权。也就是说，移动台如果通过 GPRS 网络接入互联网或查看电子邮件，首先必须使移动台附着 GPRS 网络，准确地说即与 SGSN 网元相连接。在附着过程中，MS 将提供身份标识（P-TMSI 或者 IMSI）、所在区域的路由区标识（RAI）以及附着类型。GPRS 附着完成后，MS 进入 READY 状态，并在 MS 和 SGSN 中建立起 MM 上下文，之后 MS 才可以发起 PDP 上下文激活过程。附着类型包括 GPRS 附着和 GPRS/IMSI 联合附着两种。

当移动台不再需要GPRS业务时，需要GPRS去附着过程，GPRS去附着过程可以由移动台或者网络发起，网络侧去附着过程又可分为SGSN发起和HLR发起两种类型。如果执行了GPRS去附着过程，可以删除PDP上下文。

GPRS网络中去附着类型包括IMSI去附着、GPRS去附着和联合GPRS/IMSI去附着（仅由MS发起）等3类。GPRS附着的MS可以通过发送去附着信息到SGSN请求IMSI去附着或者IMSI/GPRS联合去附着。而未附着GPRS的用户则通过A接口发起IMSI去激活过程。

5. GPRS路由区更新

当GPRS移动台长期驻留在某个路由区或者检测到新的路由区时，移动台将发起路由区（RA）更新过程。路由区更新过程包括周期性路由区更新过程、同一SGSN内部的路由区更新过程、不同SGSN之间的路由区更新过程和RA/LA联合更新过程等。

6. GPRS系统中的会话管理

GPRS系统中的会话管理层负责MS和SGSN间的PDP上下文管理，前提是针对移动台的GMM上下文已建立，否则GMM层必须先建立GMM上下文。所有的会话管理层处理的PDP上下文过程需要无线接口已建立了TBF连接。移动台只有在待命状态或就绪状态下才能使用PDP上下文的功能。

会话管理程序是指GPRS移动台连接到外部数据网络的处理程序。会话管理程序主要包括PDP上下文的激活、去激活和修改，还包括匿名接入时PDP上下文的去激活。匿名接入是指移动用户可以不经鉴权加密程序与特定的主机交换分组数据，主机可以通过支持的互联互通协议来寻址，匿名接入发生的资费应由被叫支付。

当移动台附着到GPRS网络后，如果发送电子邮件或浏览网页，移动台必须执行PDP上下文激活程序后，才能和外部数据网络进行通信。PDP上下文激活是指网络为移动台分配IP地址，使移动台成为IP网络的一部分，数据传送完成后，再删除该地址。

（1）PDP上下文管理相关的两个概念

① PDP状态

对于数据传输而言，PDP上下文可以处于激活和未激活两种状态。如果PDP状态置为未激活状态，对于特定的PDP地址的PDP上下文中没有路由或映射消息，不能在MS和GGSN间进行分组数据传输。可以通过启动PDP上下文激活程序，使PDP状态从未激活状态转移到激活状态。如果PDP状态置为激活状态，对于特定的PDP地址的PDP上下文在MS、SGSN和GGSN中已激活，PDP上下文中含有路由或映射消息，能在MS和GGSN间进行分组数据传输。用户的MM状态为待命或准备就绪时，PDP状态才能进入激活状态。当执行了PDP上下文删除程序或GPRS去附着程序时，PDP状态可以从激活转变为未激活。处于激活状态的PDP上下文可以进行修改。

② PDP地址

PDP地址通常即指IP地址，主要有两种类型，一种为静态地址，另一种为动态地址。MS与外部数据网互通时需经过GGSN，GPRS网内MS与MS通信也要经过GGSN，数据业务利用GGSN来分配PDP地址。

静态地址是通过用户与运营商签约，由运营商永久分配给移动台的PDP地址。表明归属网的网关（GGSN），在用户漫游时，数据分组先经过归属网的 GGSN 再去访问其他网络。

当 PDP 状态为激活时，由 GGSN 或按协议由其他网络运营商分配的 PDP 地址为动态地址。动态地址是运营商采用动态按需分配方式分配给用户的 IP 地址。因为每个 GPRS 网络都拥有合法 IP 地址库，动态地址是在 MS 连接期间临时分配给用户的地址，是运营商通常采用的合法有效的地址分配方法。访问用户可以由访问网络 GGSN 分配用户动态地址，不必再经过归属网的 GGSN；也可以由归属网 GGSN 分配用户动态地址，数据分组要经过归属网的 GGSN 再访问其他网络。当用户使用动态地址时，由 GGSN 分配和释放 PDP 地址。

（2）PDP 上下文激活/去激活

无论 PDP 地址为静态或动态，PDP 上下文激活过程都可以由 MS 发起。由网络发起 PDP 上文激活过程时，通常 PDP 地址为静态。

- 由 MS 发起的上下文激活：GPRS 附着的移动台，如果需要和外部数据网络进行数据传输，首先需要建立上行的 TBF 连接，并且发起 PDP 上下文激活过程。
- 由网络发起的上下文激活：当系统通过 GGSN 进行下行数据的发送时，将会启用网络请求的 PDP 上下文激活过程。当 GGSN 接收到外部 PDP PDU 时，GGSN 首先检查相应的 PDP 地址是否存在 PDP 上下文。如果不存在 PDP 上下文信息，GGSN 将通过网络请求的 PDP 上下文激活过程发送 PDU。只有当 GGSN 中有相关 PDP 地址的静态 PDP 信息时，GGSN 才支持这种功能。

PDP 上下文的去激活是指删除移动台和网络间已经存在的 PDP 上下文，结束一个分组数据业务，释放移动台和网络间的逻辑链路。PDP 上下文的去激活过程可以由 MS、SGSN 或 GGSN 发起。

（3）PDP 上下文修改

在 PDP 上下文激活过程中，PDP 上下文修改过程可以用来修正协商的 QoS 等级，改变无线优先权，也可以由 GGSN 修改 MS 的 PDP 地址。PDP 上下文修改过程可以由 MS、SGSN 和 GGSN 发起。

5.7 EDGE

5.7.1 EDGE 概述

1. EDGE 的引入

增强型数据速率 GSM 演进技术（EDGE）规范由爱立信 Ericsson 公司于 1997 年第一次向欧洲电信标准组织（ETSI）提出，同年，ETSI 批准了 EDGE 的可行性研究，这为以后 EDGE 的发展铺平了道路。EDGE 可以被认为是一个提供高比特率，并且能促进蜂窝移动系统向第三代功能演进的，有效的通用无线接口技术。EDGE 技术的演进进程如图 5-16 所示。

2. ECSD

增强电路交换数据（ECSD）业务是以高速电路交换数据（High Speed Circuit Switch Data, HSCSD）技术为基础增强的数据业务。与 HSCSD 一样，ECSD 基于电路交换，支持 HSCSD

中的数据速率（2.4kbit/s、4.8kbit/s、9.6kbit/s和14.4kbit/s）。同HSCSD相比，取得相同的速率，ECSD可以采用较少数量的时隙和更简单的移动台设备。ECSD提供的数据速率，因为基于电路交换，限制在64kbit/s以下，但是对于提供各种透明和不透明业务来说已经足够了。ECSD中的无线接口速率和每时隙用户速率最高可达43.2kbit/s。相对于基本的GSM网络来说，ECSD可以以更高的数据速率提供不同的实时图像业务，包括高精度图像的转发和可视会议业务。

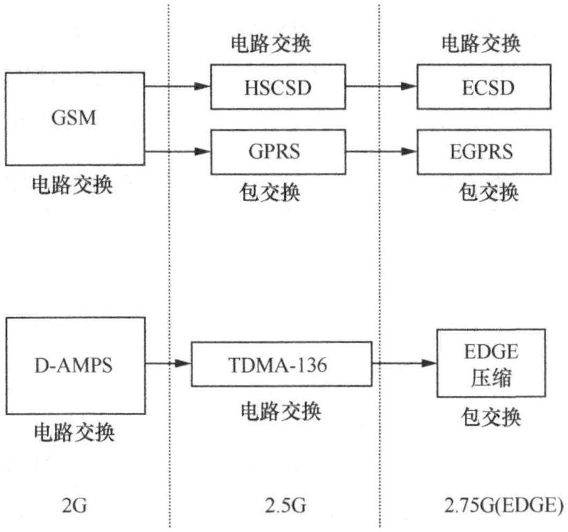

图5-16 EDGE技术演进

3. EGPRS

增强通用分组无线业务（EGPRS）是建立在GPRS之上的增强技术，它是GSM的分组交换数据业务。对一个多时隙的EGPRS终端使用8个时隙时可达到的无线接口最大数据速率为475kbit/s，它的几个比较典型的分组业务包括快速文件传输、互联网业务接入、网页浏览和远程电子邮件等。

4. EDGE压缩技术

EDGE压缩是TDMA-136标准的演进，使得已运行D-AMPS的运营商和设备制造商发展包交换网络，提供2.5 G或部分3G业务。EDGE压缩是EGPRS的一种特殊的模式。它用在窄频带中，在小于1MHz的频带范围内使用。在保证D-AMPS系统语音业务需求的基础上，利用D-AMPS系统释放的800MHz频段的一小部分带宽提供增强的分组数据业务，传输速率可达384kbit/s。EDGE压缩技术只有包交换模式，与已有的电路交换模式无关。

EDGE压缩技术和ECSD由于技术的局限性，并没有获得广泛的应用。后面的章节主要讨论EGPRS相关的内容，所提到的EDGE一般也指EGPRS。

5.7.2 EGPRS特点

EGPRS是GPRS系统的演进，与GPRS相比，通过新的调制和编码方式，显著提高了数据传输速率，增强了无线传输的管理，改善了链路质量。

1. 与GPRS一致的基本原理

（1）EGPRS网络结构基本与GPRS网络结构一致，略有不同的是基站子系统。除了无线接口的改变，GPRS网络系统信令和数据传输的分层结构同样适用于EGPRS网络。

（2）GPRS系统使用的逻辑信道概念同样引入了EGPRS系统。数据通过分组数据业务信道（PDTCH）传输，信令在分组随路控制信道（PACCH）传送，广播信道、控制信道和辅助信道也与GPRS系统相同。

2. 新的调制方式

EDGE无线接口的主要作用是使当前的蜂窝通信系统可以获得更高的数据通信速率。基本的 GSM 网络、GPRS 系统和 HSCSD 系统主要采用 GMSK 调制技术。在 EDGE 中引入八进制相移键控（8PSK）调制。8PSK 将 GMSK 的信号空间从 2 扩展到 8，每个符号可以包括的数据信息是原来的 3 倍。EGPRS 与 GPRS 特性相比如表 5-3 所示。

表 5-3　GPRS 与 EGPRS 特性比较

参　数	GPRS	EGPRS
载频间隔	200kHz	200kHz
每载频时隙数	8	8
调制方式	GMSK	8PSK/GMSK
符号速率	270.833kbit/s	270.833kbit/s
每时隙最大用户数据速率	21.4kbit/s(CS-4)	59.2kbit/s(MCS-9)
8 时隙的用户最大速率	171.2kbit/s	473.6kbit/s

EGPRS 发射机采用了调制编码方式（MCS）与信道质量相适应的机制，根据选定的 MCS 编码选用不同的 GMSK 或 8PSK 调制方式。接收端未知发射机的调制方式，需要用盲检测算法进行判断。

对 EGPRS 移动台来讲，下行方向必须支持 8PSK，上行方向 8PSK 是可选的；对于网络侧而言，无论是上行还是下行 8PSK 都是可选的。可见，系统可以不使用 8PSK 调制，但仍然支持 EDGE 技术。在这种情况下，不能得到速率的增加，只改善了无线链路的管理。

3．链路质量控制

由于信道质量是时变的，为了增强链路的强健性，有必要进行链路质量控制。链路质量控制技术包括链路适配和增加冗余度两个方面。与 GPRS 系统相比，在链路质量控制方面 EGPRS 主要的改进体现在：引入了新的 ARQ 机制、增量冗余方法和新的链路质量估计方法。

4．RLC/MAC 层的改进

EGPRS 系统沿用了 GPRS 系统中 RLC/MAC 层的基本概念，为了支持空中接口更高的数据速率、新的编码方式等，RLC/MAC 层协议所做改进如下。

（1）增大了窗口的长度

在 GPRS 网络，RLC 窗口设定为固定值 64。EGPRS 系统改进了 RLC 协议，采用了可变长度窗口。根据分配时隙的数量，窗口长度可在 64～1 024 间选择，步长为 64。

（2）改进了 EGPRS 的报告机制

对于 GPRS 网络，窗口长度为 64，全部 RLC 窗口的状态信息经 CS-1 编码后，由信令消息承载。对于 EGPRS 网络，为了高效的报告窗口的状态信息，需要考虑压缩算法。

5．EGPRS 移动终端的分类

为了降低移动终端的复杂性，又能满足 EGPRS 的需求，EGPRS 移动终端按照支持的调制方式可以大致分为两大类。

（1）上行采用 GMSK，下行采用 GMSK 或 8PSK 调制方式。

（2）上下行全部采用 8PSK 的调制方式。

6. EGPRS 业务

EGPRS 网络是一个具有无线接入的 Internet 子网，采用 Internet 地址，可提供移动台到固定 IP 网的 IP 连接。对每个 IP 连接承载者，都定义了一个 QoS 参数空间，如优先权、延时、最大和平均比特率等。这些参数的不同组合定义了不同的承载者，可满足不同应用的需要。典型的 EGPRS 业务有：E-mail、Web 浏览、增强的短消息业务、视频业务、文件和资源共享、监视业务、Internet 语音业务和广播业务等。由于不同应用、不同用户的要求不同，因此 EGPRS 必须能够支持更多的 QoS。

5.7.3 EGPRS 网络结构和无线接口

EGPRS 是 GPRS 演进的增强型数据速率业务，采用与 GPRS 相同的网络结构、相同的协议体系结构，但是在用户面和控制面有所变化。

1. EGPRS 网络结构

EGPRS 网络结构拓扑图与 GPRS 一致，但在 Um 和 Abis 接口发生了变化，其他部分与 GPRS 网络完全一致。EGPRS 网络采用全新的调制方式 8PSK，允许更高的比特率通过空中接口传送，是现有 GSM 网络的最后一个高速数据技术，其可用速率将是 GPRS 的 3 倍。

2. EGPRS 无线接口

（1）EGPRS 的主要无线接口参数

EGPRS 的主要无线接口参数如表 5-4 所示。

表 5-4　　EGPRS 的主要无线接口参数

调 制 方 式	GMSK	8PSK
每符号的比特数	1bit/符号	3bit/符号
每个突发的符号数	116	116
每脉冲的有效负荷（荷载）	116	348
每时隙的数据率	22.8kbit/s	69.2kbit/s
每帧时隙数	8	
符号速率	270.833kbit/s	
帧长度	4.615ms	
载波间隔	200kHz	

（2）EGPRS 无线信道

EGPRS 无线信道具有 GPRS 无线信道的特点，每个 PDCH 可以由多个 MS 共享。与 GPRS 网络一样，EGPRS 无线接口包含独立的上下行信道。下行信道承载网络到多个 MS 的信息，不需要冲突解决过程；上行信道由多个 MS 共享，需要冲突解决过程。无线资源的分配和使用具有如下特点。

① EGPRS 网络采用异步模式分配上下行无线资源。

② EGPRS 上行接入使用基于时隙 Aloha 的接入协议。

（3）EGPRS 协议

EGPRS 无线协议设计的策略是尽可能地利用 GSM/GPRS 的现有协议，但它需要支持更高的比特率，为了优化性能，必须对现有无线协议进行必要的修改。

小　结

1．GSM 系统由移动台（MS）、基站子系统（BSS）、网络子系统（NSS）和操作维护子系统（OSS）4 部分组成。其中移动台由移动终端（ME）和用户识别卡（SIM）组成；基站子系统（BSS）由基站收发信机（BTS）和基站控制器（BSC）两部分组成；网络子系统（NSS）则由移动交换中心（MSC）、归属位置寄存器（HLR）、访问位置寄存器（VLR）和鉴权中心（AuC）等组成。

2．GSM 系统各功能实体之间通过接口进行联系，GSM 系统中定义的接口有 Um、A、B、C、D、E、F、G 等。其中，Um 是空中接口，即移动台与基站之间的接口；A 接口是 BSC 与 MSC 之间的接口。这两个接口具有统一和公开的标准。

3．GSM 系统 8 个时隙组成一个帧，26 个业务帧组成一个业务复帧，51 个控制帧组成一个控制复帧。51 个业务复帧或者 26 个控制复帧可以组成一个超帧。一个超帧包括 1 326 个 TDMA 帧。

4．GSM 系统物理信道从逻辑上划分为业务信道和控制信道两种。控制信道包括广播信道（BCH）、公共控制信道（CCCH）和专用控制信道（DCCH）。将逻辑信道装载到物理信道上的方式就叫做信道的组合方式。逻辑信道的组合是以复帧为基础的。

5．用户鉴权和加密对于保障网络运营者和用户的利益都有极其重要的意义，采用 AuC 鉴权、PIN 码保护和信道加密等措施能有效地提高网络和移动用户的安全性。

6．漫游管理中最重要的过程就是位置更新，当 MS 从一个位置区移动到另一个位置区时，就要进行位置更新，重新登记网络。位置更新的方式与发生的位置变化有关。

7．移动用户的呼叫管理分移动用户作主叫和作被叫两种情况。移动用户作主叫时，呼叫流程一般可分为几个大的阶段：接入阶段、鉴权加密阶段、TCH 指配阶段、取被叫用户路由信息阶段。移动用户作被叫主要包括两个流程：一是对被叫寻找的过程，二是被叫找到之后的接续流程。

8．切换是保证用户通信质量的重要手段，是否要进行切换由 BSC 决定，切换的方式还与位置变化有关。

9．当移动台处于守候状态时，需要不断地和网络交换信息，有规律地监听信标通道，收听系统广播和寻呼消息。移动台的守候状态包括了网络选择、小区选择、小区重选、位置更新和寻呼等事件。

10．GPRS 网络采用与 GSM 系统相同的频段、频带宽度、突发结构、无线调制标准、跳频规则以及相同的 TDMA 帧结构。引入 GPRS 技术需要在 GSM 核心网引入 GPRS 服务支持节点（SGSN）、GPRS 网关支持节点（GGSN）和分组控制单元（PCU）等网元。

11．Um 接口包括 GSM RF 层、媒体访问控制（MAC）层、无线链路控制（RLC）层、逻辑链路控制（LLC）层和子网相关汇聚协议（SNDCP）层。GPRS 系统中，一个物理信道指一个分组数据信道（PDCH）。GPRS 的逻辑信道可分为业务信道和控制信道两大类，分组控制信道主要分为 3 类。

12．GPRS 的移动性管理主要包括 GPRS 附着/去附着、小区/路由区更新、路由区/位置区更新等过程。GPRS 会话管理包括 PDP 上下文激活/去激活、PDP 上下文修改等过程。

13．EDGE 是在 GSM 载频 200kHz、带宽不变的前提下，通过改变调制、编码方式增强数据传输速率，其对核心网的影响最小。EDGE 的引入直接影响了基站和终端的设计。

习　　题

1．简述 GSM 移动通信系统的组成部分及功能。

2．画图说明 GSM 网络的接口。

3．通常我们所说的手机号码属于 GSM 中哪个标识的一部分？

4．GSM 系统空中接口有哪些逻辑信道？请说明这些逻辑信道的中英文名称与作用。

5．鉴权的作用是什么？如何进行鉴权？加密的作用是什么？

6．简述 GPRS 网络特点，并请介绍相对于 GSM 网络，GPRS 网络新增网络单元及功能。

7．画出 GPRS 网络系统结构图，标出网元和接口，并介绍各网元和接口的功能。

8．简述 GPRS 系统中的无线信道类型，并说明各自的作用。

第6章 WCDMA 移动通信系统

宽带码分多址（Wideband Code Division Multiple Access，WCDMA）是第三代移动通信系统3种主流无线传输技术之一，为了在移动网络基础上以最大的灵活性提供高速数据业务，先后引入了HSDPA/HSUPA技术，本章主要内容如下。

① WCDMA系统的主要特点。

② WCDMA系统的网络结构、主要网元和接口功能。

③ 基于R99、R4、R5的核心网结构及接口，不同版本核心网的特点。

④ UTRAN接口协议模型。

⑤ WCDMA空中接口物理层的功能，物理信道、传输信道与逻辑信道的映射关系。

⑥ WCDMA系统中电路域和分组域呼叫的建立过程。

⑦ HSDPA/HSUPA网络的特点及演进。

⑧ HSDPA/HSUPA无线网络结构及用户协议结构。

6.1 WCDMA移动通信系统的特点

WCDMA网络架构是在GSM/GPRS网络基础上发展而来的。在GSM核心网家族中，GSM系统提供语音和基本的数据服务，GPRS或EDGE可以提供更高速率的数据服务。从技术演进的角度来看，下一代就是WCDMA。图6-1所示为从GSM到WCDMA的演进示意图。当然，作为新的移动网络运营商可以选用不同阶段、不同版本的WCDMA网络，不必遵循技术演进顺序。

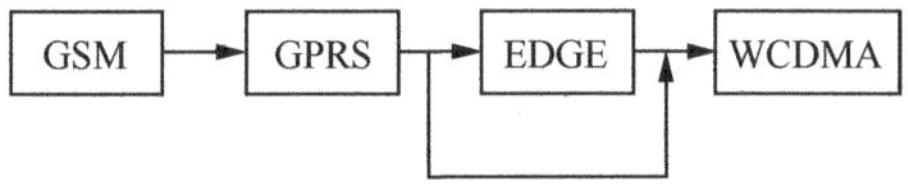

图6-1 GSM到WCDMA的演进

WCDMA是从GSM演进而来，所以许多WCDMA的高层协议和GSM/GPRS基本相同或相似，比如移动性管理（MM）、GPRS移动性管理（GMM）、连接管理（CM）、会话管理（SM）等。移动终端中通用用户识别模块（USIM）的功能也是从GSM的用户识别模块（SIM）的功能延伸而来的。WCDMA网络的主要特点如下。

1. 工作频段和双工方式

WCDMA支持两种基本的双工工作方式：频分双工（FDD）和时分双工（TDD）。

在FDD模式下，上行链路和下行链路分别使用两个独立的5MHz的载频，发射和接收频率间隔分别为190MHz和80MHz。此外，也不排除在现有的频段或别的频段使用其他的收发频率间隔。在TDD模式下只使用一个5MHz的载频，上下行信道不是成对的，上下行链路之间分时共享同一载频。载频的中心频率为200kHz的整数倍，发射和接收同在一个频率上。

2. 多址方式

WCDMA是一个宽带直扩码分多址（DS-CDMA）系统，通过用户数据与扩频码相乘，从而把用户信息比特扩展到宽的带宽上去。

WCDMA系统中，数据流用正交可变扩频码（OVSF）来扩频，扩频后的码片速率为3.84Mchip/s，OVSF码也被称作信道化码。扩频后的数据流使用Gold码为数据加扰，Gold码具有很好的互相关特性，适合用来区分小区和用户。WCDMA系统中Gold码在下行链路区分小区，在上行链路区分用户。为支持高的比特速率，WCDMA采用了可变扩频因子和多码连接。

3. 语音编码

WCDMA中的声码器采用自适应多速率（Adaptive Multi-Rate，AMR）技术。多速率声码器是一个带有8种信源速率的集成声码器，8种源码速率分别为：12.2kbit/s（GSM-EFR）、10.2kbit/s、7.95kbit/s、7.40kbit/s（IS-641）、6.70kbit/s（PDC-EFR）、5.90kbit/s、5.15kbit/s和4.75kbit/s。

AMR声码器处理基于20ms的语音帧，相当于在采样频率为8 000次/s时要处理160个样本。多速率声码器的编码方式为代数码激励线性预测编码（Algebraic Code Excited Linear Prediction Coder，ACELP）。多速率ACELP编解码器也表示为MR-ACELP。对于每160个语音样本，通过分析声音信号来提取ACELP模型的参数。语音编码器输出的语音参数比特在传输之前需要按照它们的主观重要性来重新编排顺序，并且重排后，还需要根据它们对错误的敏感性进一步重排。

根据空中接口的负荷以及语音连接的质量，无线接入网络控制AMR语音连接的比特速率。在高负荷期间，就有可能采用较低的AMR速率，在保证略低的语音质量的同时提供较高的容量。如果移动终端离开了小区覆盖范围，并且已经达到了它的最大发射功率，可以利用较低的AMR速率来扩展小区的覆盖范围。合理地利用AMR声码器，就有可能在网络容量、覆盖以及语音质量间按运营商的要求进行折中。

4. 信道编码

WCDMA系统中使用的信道编码类型有两种：卷积编码和Turbo编码。

卷积码已经被广泛使用长达几十年，很多移动通信系统均采用卷积码作为信道编码，比如GSM系统、IS-95系统以及第三代移动通信系统。

Turbo编码始于20世纪90年代初期，目前已获得广泛应用。Turbo编码在低信噪比条件下具有优越的纠错性能，能够有效降低数据传输的误码率，适于高速率且对译码时延要求不高的分组数据业务。采用Turbo编码技术，可以降低发射功率，进而增加系统容量。在第三代移动通信系统中，Turbo编码被广泛应用于数据业务。考虑到Turbo码的译码需经过多次迭代，译码时延大，在语音、低速率、对译码时延要求比较苛刻的数据链路中使用卷积码，在其他逻辑信道，如接入、控制、基本数据、辅助码信道中也都使用卷积码。

WCDMA 系统中，当业务信道（公用和专用传输信道上）的数据传输速率小于或等于 32 kbit/s 时，采用卷积编码，码率 1/2 或 1/3，约束长度 $K=9$；数据传输速率大于或等于 64 kbit/s 时，采用 Turbo 编码。

5. 功率控制

快速、准确的功率控制是保证 WCDMA 系统性能的基本要求。

功率控制解决的基本问题是远近效应，即解决接收机接收到近距离发射机的信号比较容易，而接收到远距离发射机的信号比较困难的问题。功率控制通过调整发射机的发射功率，使得信号到达接收机时，信号强度基本相等。为了能够及时地调整发射功率，需要快速的反馈，从而减少系统多址干扰，同时也降低了传输功率，可有效满足抗衰落的要求。WCDMA 系统采用的快速功率控制速率为 1 500 次/s，称为内环功率控制，同时应用在上行链路和下行链路，控制步长 0.25～4dB 可变。

相对于内环功率控制，为了保证服务质量，无论针对上行链路还是下行链路，误块率必须低于设定值，而信干比（SIR）必须高于预定的目标值。功率控制的目的就是找到合适的目标 SIR，保证每条无线链路都能达到要求的服务质量。通常处于较差无线信道条件中的用户要比处于较好无线信道条件中的用户需要更高的目标 SIR。寻找合适的目标 SIR 的机制称为外环功率控制。外环功率控制的速率要低得多，最多 100 次/s。

6. 切换

切换的目的是为了当 UE 在网络中移动时保持无线链路的连续性和无线链路的质量。WCDMA 系统支持软切换、更软切换、硬切换和无线接入系统间切换，也可以表述为同频小区间的软切换、同频小区内扇区间的更软切换、同一无线接入系统内不同载频间的硬切换和不同无线接入系统间的切换。WCDMA 系统支持与 GSM 系统之间的切换，WCDMA 系统能与 GSM 系统协同工作，能够在引入 WCDMA 后达到增加 GSM 覆盖的目的。

7. 同步方式

WCDMA 不同基站间可选择同步和异步两种方式。异步方式可以不采用 GPS 精确定时，支持异步基站运行，这样室内小区和微小区基站的布站就变得简单了，组网实现更加方便、灵活。

8. 可变数据速率

WCDMA 系统支持各种可变的用户数据速率，适应多种速率的传输，可灵活地提供多种业务，并根据不同的业务质量和业务速率分配不同的资源。在每个 10ms 期间，用户数据速率是恒定的，然而这些用户之间的数据容量帧与帧之间是可变的，如图 6-2 所示。同时对多速率、多媒体的业务可通过改变扩频比（对于低速率的 32kbit/s、64kbit/s、128kbit/s 的业务）和多码并行传送（对于高于 128kbit/s 的业务）的方式来实现。这种快速的无线容量分配一般由网络来控制，以达到分组数据业务的最佳吞吐量。

此外，WCDMA 空中接口还采用一些先进的技术，如自适应天线、多用户检测、下行发射分集、分集接收和分层式小区结构等来提高整个系统的性能。

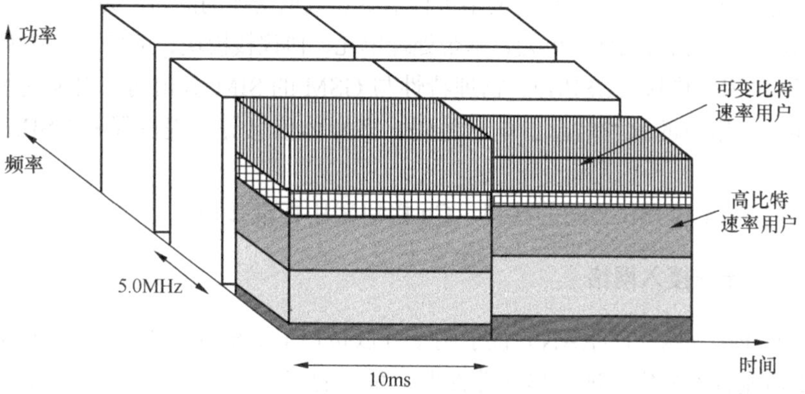

图6-2 WCDMA可变数据速率示意图

6.2 WCDMA网络结构与接口

6.2.1 UMTS系统结构

UMTS（通用移动通信系统）与第二代移动通信系统在逻辑结构上基本相同。如果按功能划分，UMTS系统由核心网（CN）、无线接入网（UTRAN）、用户设备（UE）等组成。核心网与无线接入网（UTRAN）之间的开放接口为Iu，无线接入网（UTRAN）与用户设备（UE）间的开放接口为Uu接口，下面以R99版本UMTS网络结构为例，介绍UMTS网元和接口。如图6-3所示。

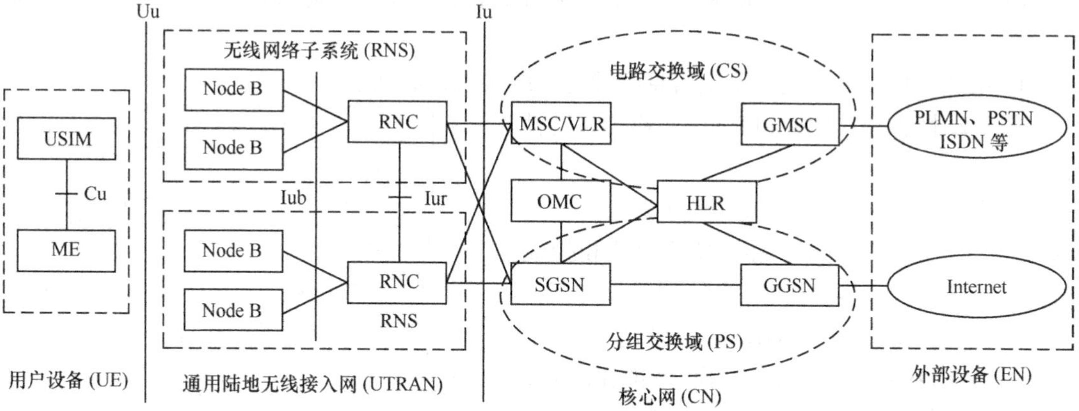

图6-3 UMTS网元和接口

1. 用户设备

用户设备（UE）完成人与网络间的交互，通过Uu接口与无线接入网相连，与网络进行信令和数据交换。UE用来识别用户身份和为用户提供各种业务功能，如普通语音通信、数据通信、移动多媒体、Internet应用等。用户设备（UE）主要由移动设备（ME）和通用用户识别模块（USIM）两部分组成。

① 移动设备（ME）。即通常所说的手机，有车载型、便携型和手持型，为用户提供与无线接

入网相连的交互界面。移动设备具有与网络进行信令和数据交换的能力，为用户实现各种业务功能和服务。移动设备包括射频处理单元、基带处理单元、协议栈模块、应用层软件模块等部件。

② 通用用户识别模块（USIM）。物理特性与 GSM 的 SIM 卡相同。用来提供 3G 用户身份识别，储存移动用户的签约信息、电话号码、多媒体信息等，提供保障 USIM 信息安全可靠的安全机制。

Cu 接口是 USIM 和 ME 之间的接口，Cu 接口采用标准接口。

2．通用陆地无线接入网络

通用陆地无线接入网（UTRAN）位于两个开放接口 Uu 和 Iu 之间，完成所有与无线有关的功能。主要功能有宏分集处理、移动性管理、系统的接入控制、功率控制、信道编码控制、无线信道的加密与解密、无线资源配置、无线信道的建立和释放等。UTRAN 由一个或几个无线网络子系统（RNS）组成，RNS 负责所属各小区的资源管理。每个 RNS 包括一个无线网络控制器（RNC）、一个或几个 Node B（即通常所称的基站，GSM 系统中对应的设备为 BTS）。

（1）节点

Node B 的主要功能是 Uu 接口物理层的处理，如扩频、信道编码、速率匹配、交织、调制和解扩、信道解码、解交织和解调，还包括基带信号和射频信号的相互转换功能，无线资源管理部分控制算法的实现等。

Node B 逻辑功能模块包括基带处理部件、射频收发放大器、射频收发系统、基带部分和天线接口单元等部件。Node B 受 RNC 控制，与 RNC 的接口为 E1 或 STM-1。

（2）无线网络控制器

RNC 主要完成连接建立和断开，切换，宏分集合并和无线资源管理控制等功能，分为如下 3 类。

① 系统信息管理。执行系统信息广播与系统接入控制功能。

② 移动性管理。切换和 RNC 迁移等移动性管理。

③ 无线资源管理与控制。宏分集合并、功率控制、无线承载分配等无线资源管理和控制功能。

（3）CRNC、SRNC、DRNC 的概念

由于 WCDMA 网络存在软切换，可能存在 1 个 UE 和 1 个或多个无线网络子系统（RNS）中的 RNC 连接的情况，因此针对 RNC 所起作用的不同，引入 CRNC、SRNC、DRNC 的概念，如图 6-4 所示。

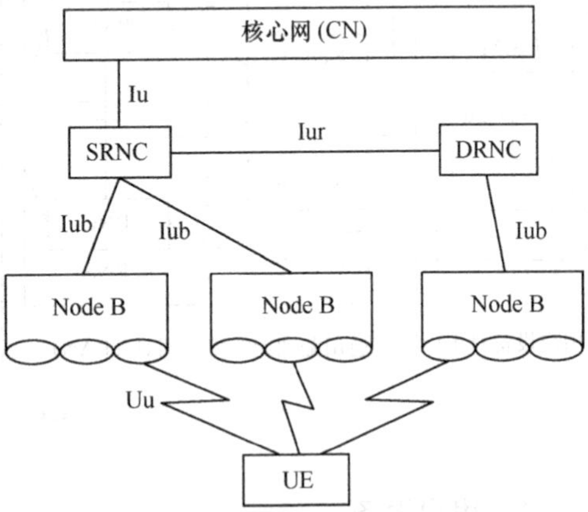

图 6-4 CRNC、SRNC、DRNC 作用示意图

① 控制无线网络控制器（CRNC）。控制 Node B 的操作与维护、接入控制等功能，并与 Node B 直接存在物理连接的 RNC 称为 Node B 的控制无线网络控制器（CRNC）。CRNC 负责管理整个小区的资源，命令 Node B 配置、重配置或删除对小区资源的使用。

② 服务无线网络控制器（SRNC）。负责 UE 和 CN 之间的无线连接的管理，一个与 UTRAN 相连的 UE 有并且只能有一个 SRNC，通常 SRNC 即是 CRNC，但在软切换过程中可以有例外。

SRNC负责启动/终止用户数据的传送、控制和CN的Iu连接以及通过无线接口协议和UE进行信令交互。SRNC执行基本的无线资源管理操作，如无线资源的分配、释放和重配置，切换判决和外环功率控制等。

③ 漂移无线网络控制器（DRNC）。除了SRNC以外，UE所用到的其他RNC称为漂移无线网络控制器（DRNC），一个UE可以没有也可以有一个或多个DRNC。一个DRNC可以与一个或多个UE相连。DRNC不与CN直接相连。DRNC控制UE使用的小区资源，可以进行宏分集合并、分裂。和SRNC不同的是，DRNC不对用户平面的数据进行数据链路层的处理，而在Iub和Iur接口间进行透明的数据传输。

需要指出以上3个概念是从逻辑上进行描述的。实际一个RNC通常包含CRNC、SRNC、DRNC的功能，这3个概念是从不同层次上对RNC的描述。CRNC是从管理整个小区公共资源的角度引出的概念；而SRNC和DRNC是针对一个具体的UE和UTRAN的连接中，从专用数据处理的角度进行区分的。

（4）UTRAN接口与协议

UTRAN接口均为开放的、标准接口，不同厂家的设备可以很容易地互连互通。

Uu接口是WCDMA系统的无线接口。UE通过Uu接口接入到UMTS系统的固定网络部分UTRAN，Uu接口是UMTS系统中最重要的开放接口。Iu接口是连接UTRAN和CN的接口。Iub接口是连接节点B与RNC的接口。Iur接口是无线网络控制器（RNC）之间连接的接口，Iur接口是UMTS系统特有的接口，用于对UTRAN中移动台的移动管理。比如在不同的RNC之间进行软切换时，移动台所有数据都是通过Iur接口从正在工作的RNC传到漂移RNC。UTRAN接口和协议如表6-1所示。

表6-1　　UTRAN接口和协议

接口名称	接口位置	协议
Iu	CN-UTRAN	RANAP
Iur	RNC-RNC	RNSAP
Iub	RNC-Node B	NBAP
Uu	Node B-UE	WCDMA

3. 核心网

核心网（CN）承担各种类型业务的提供以及定义，包括用户的描述信息、用户业务的定义还有相应的一些其他过程。UMTS核心网负责内部所有的语音呼叫、数据连接和交换，以及与其他网络的连接和路由选择的实现。不同协议版本核心网之间存在一定的差异。核心网结构将在下节专门进行分析。

4. 外部网络

核心网的电路交换域（CS）通过GMSC与外部网络（EN）相连，如公用电话交换网（PSTN）、综合业务数据网（ISDN）及其他公共陆地移动网（PLMN）。

核心网的分组交换域（PS）通过GGSN与外部的Internet网及其他分组数据网（PDN）等相连。

6.2.2 UMTS 的核心网结构

UMTS 核心网的标准化工作由 3GPP 组织完成。从网络演进的角度看，R99 网络中核心网完全继承了 GSM/GPRS 的结构，包括电路域和分组域两部分，引入了新的无线接入技术（WCDMA），兼容 GSM/GPRS 无线终端接入。R4 网络中的主要变化是在核心网电路域提出了承载和控制独立的概念，而在无线接入网没有太多变化。在 R5 网络中，核心网叠加了 IP 多媒体子系统（IMS），无线接入网引入了 HSDPA 技术，无线接入网和核心网中采用全 IP 传输。在 R6 网络中，网络架构变化不大，考虑更多的是增加了新的功能或对已有功能的增强。

1．R99 网络结构及接口

（1）R99 网络结构

R99 版本网络结构如图 6-5 所示，图中所有功能实体都可作为独立的物理设备，在实际应用中一些功能实体可以组合到同一个物理实体中，如 MSC/VLR、HLR/AuC、SGSN/MSC/VLR 等，相应接口将变为内部接口。

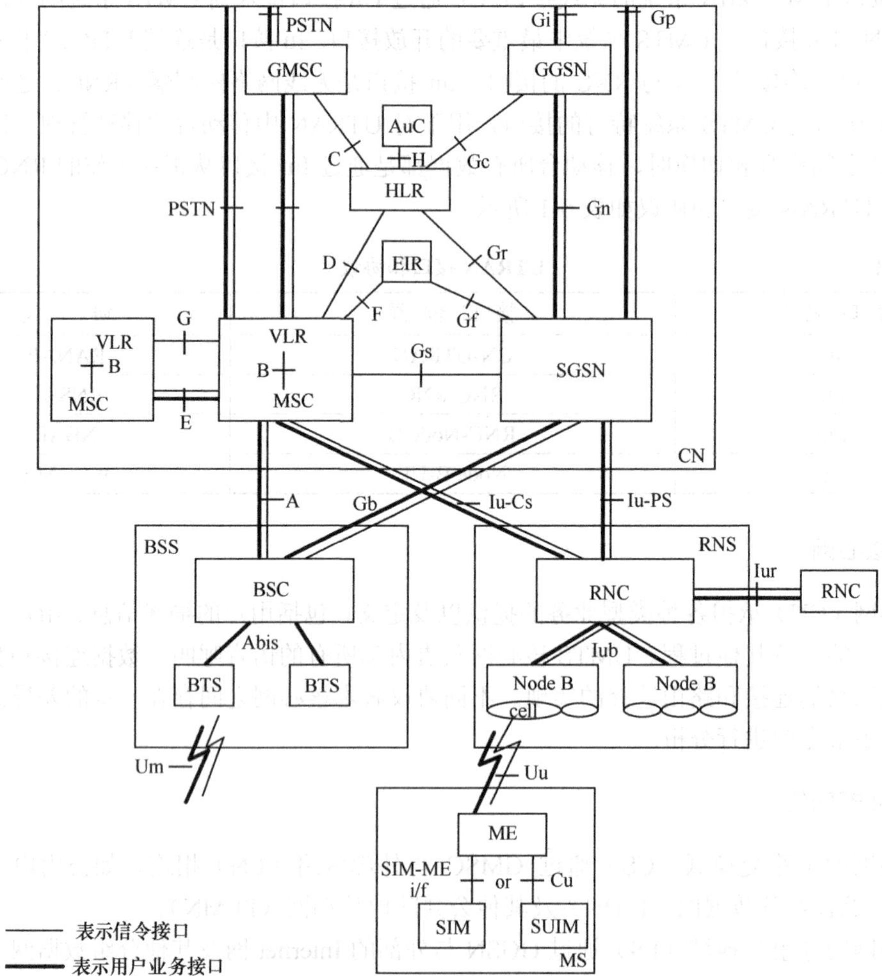

图 6-5　R99 版本网络结构图

R99 版本电路域的功能实体包括 GMSC、MSC、VLR 等。可以根据需求的不同将 MSC 设置为短消息—网关移动交换中心（SMS-GMSC）、短消息—互联移动交换中心（SMS-IWMSC）等。为实现不同网络间互通，系统配置了互操作功能（IWF），IWF 通常与 MSC 组合在一起。

R99 版本分组域的功能实体包括 GPRS 服务支持节点（SGSN）和 GPRS 网关支持节点（GGSN），作为无线用户和固定网络之间分组交换业务的桥梁，为用户提供分组数据业务。

R99 版本核心网还包括 CS 域和 PS 域共用的 HLR、AuC、EIR 等功能实体。各功能实体间通过不同的接口相连，与 GSM/GPRS 网络结构相比，增加了 Iu 接口。核心网通过 A 接口和 Gb 接口可以与 GSM/GPRS 无线网络相通，保证了系统与 GSM/GPRS 系统的兼容性。为支持 3G 业务，有些功能实体增添了相应的接口协议，另外对原有的接口协议进行了改进。

（2）R99 核心网的接口与协议

R99 核心网的接口协议如表 6-2 所示。R99 版本核心网电路域中，A 接口和 Abis 接口及协议定义在 GSM 08-series 技术规范中。B、C、D、E、F 和 G 接口是以 No.7 信令方式实现相应的移动应用部分（MAP）协议，物理连接采用 2.048Mbit/s 的 E1 链路，用来完成数据交换。H 接口未提供标准协议，为内部接口。

Iu-CS 接口定义在 UMTS 25.4xx-series 技术规范中，为新增的接口。Iu-CS 接口是 MSC 与 RNS 之间的接口，用于在 MSC—RNS 接口间信息交互，其实现的主要功能为 RNS 管理、呼叫处理和移动性管理。

表 6-2　R99 核心网的接口协议

接口名	连接实体	信令与协议	接口名	连接实体	信令与协议
A	MSC—BSC	BSSAP	Ga	GSN—CG	GTP’
Iu-CS	MSC—RNS	RANAP	Gb	SGSN—BSC	BSSGP
B	MSC—VLR		Gc	GGSN—HLR	MAP
C	MSC—HLR	MAP	Gd	SGSN—SMS-GMSC/IWMSC	MAP
D	VLR—HLR	MAP	Ge	SGSN—SCP	CAP
E	MSC—MSC	MAP	Gf	SGSN—EIR	MAP
F	MSC—EIR	MAP	Gi	SGSN—PDN	TCP/IP
G	VLR—VRL	MAP	Gp	GSN—GSN(InterPLMN)	GTP
Gs	MSC—SGSN	BSSAP+	Gn	GSN—GSN(InterPLMN)	GTP
H	HLR—AuC		Gr	SGSN—HLR	MAP
	MSC—PSTN/ISDN/PSPDN	TUP/ISUP	Iu-PS	SGSN—RNC	RANAP

R99 版本核心网分组域中，Gb 接口定义在 GSM 08.14、08.16 和 08.18 技术规范中；Gc/Gr/Gf/Gd 接口则是基于七号信令的 MAP，物理连接采用 E1 链路；Gs 实现 SGSN 与 MSC 之间的联合操作，减少系统信令链路负荷，基于 BSSAP + 协议；Ge 基于 CAP；Gn/Gp 接口采用基于 IP 的 GTP 升级后的协议；Ga/Gi 协议没有太大改动。R99 版本新增的 Iu-PS 接口定义在 UMTS 25.4xx-series 技术规范中。

Iu-PS 接口是 SGSN 与 RNC 间的接口，用于 RNC—SGSN 接口间信息交互，实现的主要功能为会话管理和移动性管理。

2. R4 网络结构及接口

(1) R4 网络结构

与 R99 版本相比，R4 网络中的主要变化是在核心网电路域提出了承载和控制独立的概念，引入了软交换技术，导致了核心网功能实体发生变化。MSC 根据需要可分成两个不同的实体：MSC 服务器（MSC Server）和电路交换媒体网关（CS-MGW）。MSC Server 和 CS-MGW 共同完成 MSC 功能，VLR 和 MSC 服务器组合到一起。GMSC 也分成 GMSC 服务器（GMSC-Server）和 CS-MGW。R4 版本中 PS 域的功能实体 SGSN 和 GGSN 没有改变，与外界的接口也没有改变。其他的功能实体 HLR、AuC、EIR 等，相互间关系也没有改变，如图 6-6 所示。

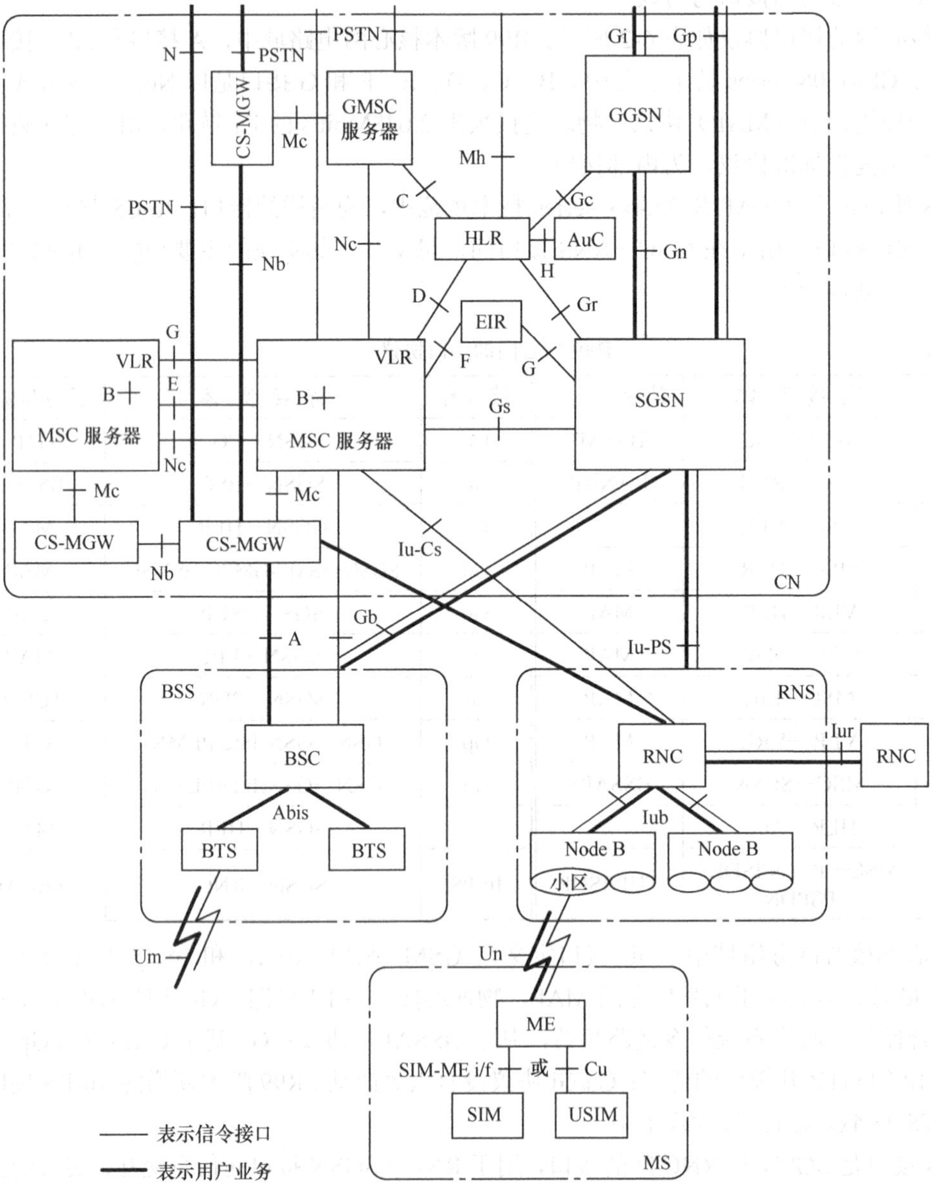

图 6-6 R4 网络结构图

R4 核心网电路域变化的实体功能介绍如下。

① MSC 服务器（MSC Server）。MSC Server 用来处理信令，独立于承载协议。它主要由 MSC 的呼叫控制和移动控制单元组成，负责完成 CS 域的呼叫、媒体网关管理、移动性管理、认证、资源分配、计费等功能，还包括 R4 版本核心网电路域提供的其他业务。MSC Server 可以与 VLR 一起配置，完成移动用户业务数据和相关移动网络增强逻辑用户化应用（CAMEL）数据的存储、查询、管理等功能。

MSC Server 终结用户—网络信令，并将其转换成网络—网络信令，位于端局时，通常与 VLR 一起配置。

② 电路交换媒体网关（CS-MGW）。CS-MGW 用来处理用户数据，可以终结电路交换网络来的承载通道，也可以终结分组交换网来的媒体流，如 IP 网中的实时协议（RTP）数据流。

CS-MGW 通过 Iu 接口使 CN 和 UTRAN 连接，负责核心网电路域和接入网间语音和数据的交互，可支持媒体转换、承载控制和有效载荷处理，如多媒体数字信号编解码器、回音消除器、会议桥等，可支持基于 ATM 的适配层 2(AAL2/ATM)，或基于 RTP/UDP/IP 的 CS 业务不同的 Iu 选项。CS-MGW 作为关口局时，处于网间互连的位置，实现语音和数据的交互，以及承载媒体的转换。如图 6-6 所示与 PSTN 网络的互通，CS-MGW 应拥有回音消除器等资源。CS-MGW 可以起到汇接局的作用，实现同质数据流和承载媒体类型的汇接，具有语音数据流和承载媒体汇接功能。CS-MGW 还应具有必要的资源来支持 UMTS/GSM 传输媒体。CS-MGW 的承载控制和有效载荷处理能力也用来支持移动性功能，如 SRNS 重分配/切换和定位。

③ 关口 MSC 服务器（GMSC Server）。GMSC Server 主要由 GMSC 的呼叫控制和移动控制单元组成，负责与其他网络（PSTN/ISDN/PLMN）的互通，实现 GMSC 的呼叫管理、路由和移动性管理，控制 MGW 交换等。

R4 版本与 R99 版本相比，增加了低码片速率的 TDD 模式，即 TD-SCDMA 系统的空中接口标准。R4 网络在无线接入网网络结构方面没有变化，但在无线接入技术方面针对 WCDMA 规范了改进。比如，增加了 Node B 的同步选项，降低了对 TDD 的干扰和网管的实施，规范了直放站的使用，增加了无线接入承载 QoS 协商等，使得无线资源管理效率更高。

（2）R4 核心网的接口与协议

R4 核心网电路域实现了控制与承载的分离，除新增接口外，R4 核心网的接口、实现方式和功能与 R99 相似。表 6-3 所示为 R4 核心网新增接口与协议。

表 6-3　R4 核心网新增接口与协议

接口名	连接实体	信令与协议
Mc	(G)MSC Server—CS-MGW	H.248
Nc	MSC Server—(G)MSC Server	ISUP、BICC
Nb	CS-MGW—CS-MGW	RTP/UDP/IP AAL2、STM、H.245

R4 版本中新增的接口在协议中也被称为参考点，但没有明确指出接口和参考点的区别，通常认为它们具有相同的含义。R4 核心网的新增接口及功能如下。

① Mc 接口。(G) MSC 服务器与 CS-MGW 间的接口，承载方式为 IP 和 ATM。遵从 H.248 标准，H.248 是媒体网关控制协议，用于物理分开的多媒体网关单元控制的协议，能把呼叫控制从媒体转换中分离出来。Mc 接口支持不同呼叫模式和媒体处理方式的灵活连接，支持开放结构，可以根据需要进行扩展，可以动态共享 MGW 物理节点资源，也支持动态共享不同域间的传输资源。能实现特殊的移动网络功能，如 SRNC 重定位和切换等。

② Nc 接口。MSC 服务器与 (G) MSC 服务器间的接口，通过该接口，使不同网络间的通话能顺利进行。如果 Nc 接口承载方式为 IP 和 ATM，Nc 接口将采用与承载无关的 BICC 协议。如果 Nc 接口承载方式为 TDM，Nc 接口将采用 ISUP。比如 Nc 的协议可以是综合业务数字网用户部分 (ISUP) 或改进 ISUP。在软交换系统间的互通协议方面，电话业务域间采用 BICC 协议，多媒体业务域之间采用 SIP，电话业务域和多媒体业务域之间采用 BICC 协议。

③ Nb 接口。CS-MGW 与 CS-MGW 间的接口，用于执行承载控制和数据传输。用户数据的传输方式可以是 RTP/UDP/IP 或 AAL2/ATM。Nb 接口上的用户数据传输和承载控制可以有不同的方式，如同步传送模式 (STM)、RTP/H.245 方式。H.245 是 H.323 多媒体通信体系中的控制信令协议，主要用于处于通信中的 H.323 终点或终端间的端到端 H.245 信息交换。

3. R5 网络结构及接口

(1) R5 网络结构

R5 版本是全 IP (或全分组化) 的第一个版本，R5 版本的 PLMN 基本网络结构 (无 IMS 部分) 如图 6-7 所示。R5 版本的网络结构和接口形式与 R4 版本基本一致，所不同的是当 PLMN 包括 IMS 时，HLR 被 HSS 所替代；BSS 和 CS-MSC、MSC 服务器之间支持 A 接口以及 Iu-CS 接口；BSC 和 SGSN 之间也同时支持 Gb 及 Iu-PS 接口。

R5 版本在无线接入网方面的改进如下。

① 提出高速下行分组接入 (HSDPA) 技术，使下行数据速率峰值可达 14.4Mbit/s。HSDPA 技术将在后续章节介绍。

② Iu、Iur、Iub 接口增加了基于 IP 的可选择传输方式，保证无线接入网实现全 IP 化。

在 CN 方面，R5 版本在 R4 基础上增加了 IP 多媒体子系统 (IMS)，它和 PS 域一起实现了实时和非实时的多媒体业务，并可实现与 CS 域的互操作，包括 IMS 子系统的 R5 版本网络结构如图 6-8 所示。

IMS 是在基于 IP 的 PS 域的基础上构架的，IMS 控制平面信令采用基于 IP 的 SIP。具有 IMS 功能的移动终端由 WCDMA 接入网 (或其他无线接入网) 接入网络，与分组域的 GGSN 经 Go 接口与 IMS 网络呼叫会话控制功能实体 (CSCF) 相连，由 IMS 网络负责信令的处理，IMS 引发的数据传输直接由 GGSN 连接到外部应用服务器或数据网。

(2) IMS 特点

IP 多媒体子系统 (IP Multimedia Subsystem，IMS)，首先由 3GPP 标准化组织在 R5 版本中提出，提出的目的是为了在移动通信网络基础上以最大的灵活性提供 IP 多媒体业务。IP 多媒体子系统 (IMS) 是建立在 Internet 工程任务小组 (IETF) 所制定的会话初始化协议 (SIP)

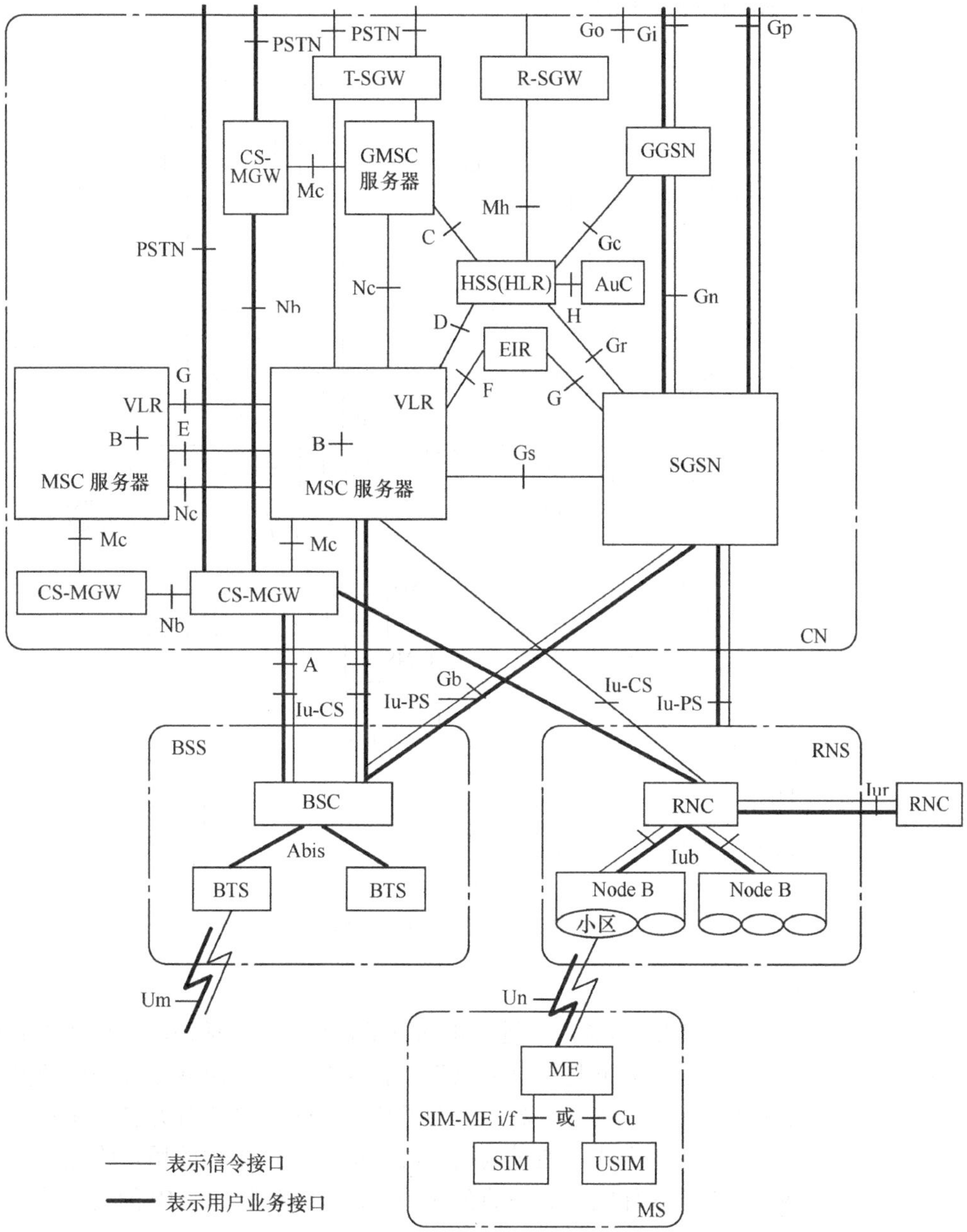

图 6-7 R5 网络结构

基础上的。IMS 能把 Internet 的发展和无线通信的发展结合起来，是一个融合了数据、语音、图像、消息、基于 Web 的技术和移动网络的体系架构。

R5 版本定义了 IMS 的核心结构、网元功能、接口、流程和 IMS 的基本功能；R6 版本增加了部分 IMS 业务特性、IMS 与其他网络的互通规范和 WLAN 接入等特性；R7 加强了对固定、移动融合的标准化制定，要求 IMS 支持 xDSL、Cable 等固定接入方式，研究了 IMS 与电路域语音平滑切换的内容等。R6 版本已经在 2005 年第一季度冻结，基于 R6 版本的 IMS

已经可以满足 IMS 在移动通信网络中的应用。

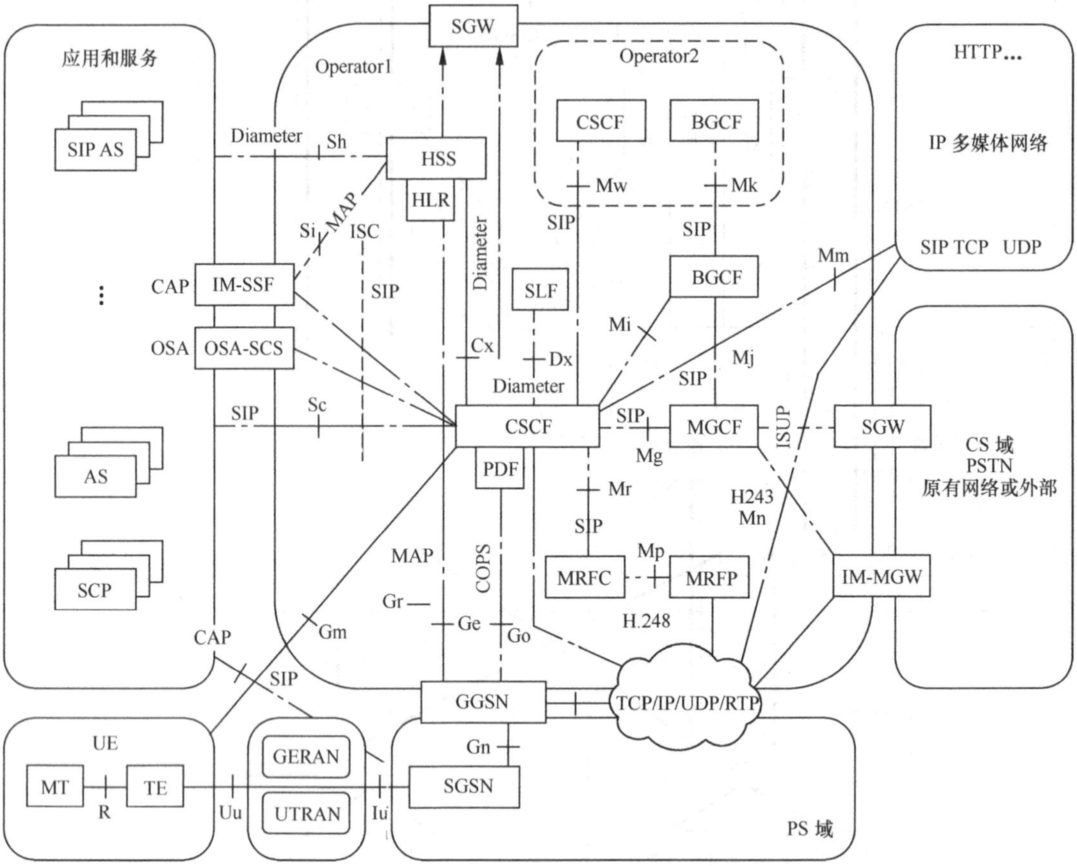

图 6-8　含 IMS 子系统的 R5 版本网络结构

IMS 主要特点如下。

① IMS 的重要特点是对控制层功能做了进一步的分解，实现了会话控制实体和承载控制实体在功能上的分离，体现了“业务与控制分离”、“控制与接入和承载分离”的原则，网络构架层次化为不同网络的互通和业务的融合奠定了基础。IMS 的设计是独立于接入网的，不依赖于任何接入技术和接入方式。通过利用核心网的设备，不同的用户终端用不同的接入方式接入 IMS 网络，支持各种融合业务的公共平台，提供新型基于 IP 的交互式多媒体业务。

② IMS 继承了移动通信系统特有的网络技术，继续使用归属网络和访问网络的概念，支持用户全程全网漫游能力、切换功能、集中用户数据管理等。

③ IMS 中重用了 IETF 组织制定的 Internet 技术和协议。如：会话控制层采用了具有灵活性和标准化的开放接口 SIP；网络层选用 IPv6 协议，同样运用 DNS 协议进行地址解析，终端用户安全认证、授权和计费沿用计算机网络中 AAA 方式，使用 RADIUS 协议基础上开发的 Diameter 协议。

④ IMS 业务应用平台支持多种业务，能为 SIP 用户提供全程全网漫游能力和虚拟归属业务环境（VHE）能力。IMS 在原有 UMTS 技术基础上，提供根据用户、业务、数据流、

内容、事件、时间等的更多计费手段，通过新的在线计费功能，运营商还可以实时控制业务流程。

⑤ IMS 由多个标准化组织定义并发展完善，如 3GPP/3GPP2、ITU-T、IETF 和 ETSI 等，IMS 越来越受到业界的关注。

3GPP IMS 的主要功能实体包括呼叫会话控制功能（CSCF）、归属用户服务器（HSS）、媒体网关控制功能（MGCF）、IP 多媒体-媒体网关功能（IM-MGW）、多媒体资源功能控制器（MRFC）、多媒体资源功能处理器（MRFP）、签约定位器功能（SLF）、出口网关控制功能（BGCF）、信令网关（SGW）、应用服务器（AS）、多媒体域业务交换功能（IM-SSF）、OSA 业务能力服务器（OSA-SCS）等。

4．R6 版本网络结构

与 R5 版本相比，R6 版本网络结构没有太大的变动，主要是对已有功能的增强，增加了一些新的功能特性。R6 研究的主要内容如下。

① 在 PS 域与承载无关的网络框架方面，研究是否在分组域也实行控制和承载的分离，将 SGSN 和 GGSN 分为 GSN Server 和媒体网关的形式。

② 在网络互操作方面，研究 IMS 与 PLMN/PSTN/ISDN 等网络的互操作，以实现 IMS 与其他网络的互连互通；研究 WLAN-UMTS 网络互通，保证用户使用不同的接入方式时切换不中断业务。

③ 在业务方面，研究包括多媒体广播/多播业务（MBMS）、Push 业务、Presence、PoC（Push-To-Talk over Cellular）业务、网上聊天业务、数字权限管理等。

④ 无线接入方面采用的新技术有正交频分复用（OFDM）调制技术、多天线技术（MIMO）、高阶调制技术、新的信道编码方案等。

R6 的高速上行分组接入 HSUPA，理论峰值数据速率可达 5.76Mbit/s；R6 的高速下行分组接入 HSDPA，理论峰值数据速率可达 30Mbit/s。

6.3 UTRAN 接口协议模型

UMTS 系统是模块化设计的，模块之间通过网络协议互连。UMTS 网络接口采用用户面与控制面分离、无线网络层与传输网络层相分离的设计原则，以保证层间和逻辑体系上的相互独立性，尽可能地满足了开放性和可升级性的要求，便于协议的修改和扩充。UTRAN 是 UMTS 系统的无线接入网部分，为 UMTS 系统设计的主要部分。UMTS 分层结构、UTRAN 接口协议的通用模型为本节的主要内容。

1．UMTS 分层结构

从功能方面考虑，UMTS 分为接入层（AS）和非接入层（NAS）两大部分，两者之间的接口称为业务接入点（SAP），如图 6-9 所示，图中各业务接入点（SAP）用椭圆来表示。

接入层（AS）是指 UE 和 UTRAN 间的无线接口协议集、UTRAN 和 CN 间的接口协议集。非接入层（NAS）指 UE 和 CN 间的核心网协议，对于 UTRAN 是透明传输的。UTRAN 只与接入层协议有关，在 UE 和核心网络之间传输数据时起中继作用。

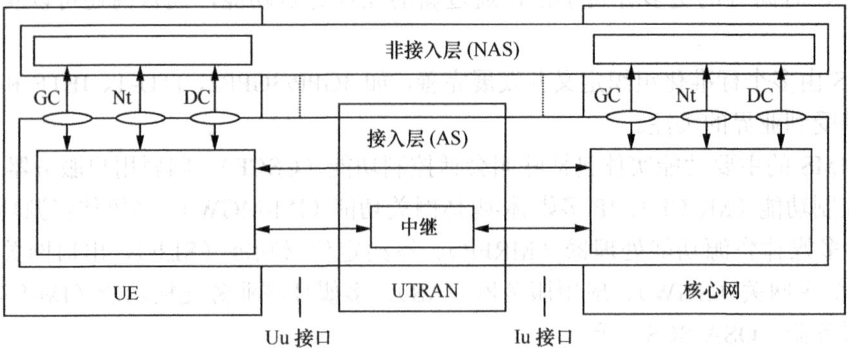

图 6-9　UMTS 分层结构

接入层为非接入层提供了以下 3 种类型的业务接入点：通用控制业务接入点（GC-SAP）、专用控制业务接入点（DC-SAP）和寻呼及通告业务接入点（Nt-SAP）。

2. UTRAN 接口协议模型

UTRAN 接口通用协议模型如图 6-10 所示。接口协议分为两层二平面。两层指从水平的分层结构来看，分为无线网络层和传输网络层。二平面指从垂直面来看，每个接口分为控制面和用户面。UTRAN 内部的 3 个接口（Iu、Iur 和 Iub）都遵循统一的基本协议模型结构。

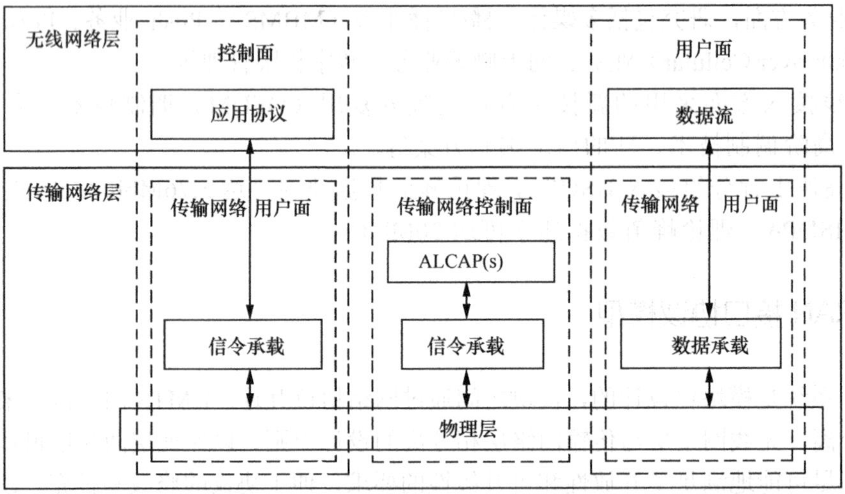

图 6-10　UTRAN 接口的协议栈模型

（1）水平面

从水平的分层结构来看，协议结构分为无线网络层和传输网络层。

① 无线网络层处理所有与 UTRAN 有关的事务，所有 UTRAN 相关的信息只有在无线网络层才是可见的。

无线网络层由控制平面和用户平面组成。无线网络层控制平面包括应用协议和用于传输这些应用协议的信令承载。无线网络层用户平面包括数据流和用于承载这些数据流的数据承载。

② 传输网络层是指 UTRAN 选用的标准传输技术，与 UTRAN 本身的功能无关，主要是已有的传输技术规范。3GPP 并不对传输层的协议进行特殊定义，3GPP 在 R99 版本中选用 ATM 传输技术。如果在传输层需要使用更先进的传输层技术，如 IP 技术，那么仅需要将无线网络层中的传输资源映射到新引入的传输技术就可以了，不需要对无线网络层进行大的修改。

传输网络层由控制平面和用户平面组成。传输网络层控制平面使得无线网络层控制平面应用协议与传输网络层用户平面的数据承载所选用的技术无关。传输网络层用户平面用于用户平面的数据承载和应用协议的信令承载。

（2）垂直面

从垂直面来看，每个接口分为控制面和用户面。考虑到处于不同层的功能不同，分为无线网络控制面、无线网络用户面，传输网络控制面和传输网络用户面。

① 无线网络控制平面用于处理接口上的控制信令协议，由各种应用协议和传输网用户面的信令承载组成。应用协议包括 Iu 接口上的无线接入网络应用部分（Radio Access Network Application Part，RANAP）协议、Iur 接口上的无线网络系统应用部分（Radio Network System Application Part，RNSAP）协议及 Iub 接口上的节点 B 应用部分（Node B Application Part，NBAP）协议。信令承载资源的建立总是通过操作维护功能来完成的，可以与传输网控制面的信令承载一样，也可以不一样。

控制平面应用协议的一个功能就是建立无线网络层的承载，应用协议使用的参数并不需要体现传输层技术实现的细节，只是一些通用的承载参数。如果传输层建立传输承载的过程比较复杂，那么这一建立无线承载的过程也不需要由应用协议来完成。在这种情况下，传输层的控制平面的接入链路控制应用部分（Access Link Control Application Part，ALCAP）协议被用来完成这一工作，无线网络层的控制平面只要将一个映射传输资源的标识传给 ALCAP 即可。

② 无线网络用户平面用于处理相应接口传输的用户数据，包括在该接口传输的数据流和与数据流对应的数据承载，数据流由接口上的一个或者多个帧协议定义。

③ 传输网络控制面不包含任何无线网络层的信息，包括 ALCAP 以及它所使用的信令承载。传输层控制面的 ALCAP 用于在接口的两个网络节点之间建立该接口上用户面的传输承载。传输层控制面是控制平面和用户平面之间的一个联系的桥梁，由于传输层控制面的引入，才使得无线网络层的应用协议完全独立于传输层技术。

ALCAP 协议用于无线网络用户面数据流的承载建立。传输网络控制面建立传输网络用户面的数据时，需要由无线网络层应用协议的信令信息触发 ALCAP 协议，再由 ALCAP 控制建立起传输网络用户面的数据承载所需要的传输承载。无线网络控制面的底层传输承载不需要 ALCAP 协议。如果没有 ALCAP 信令事务，就不再需要传输网络控制面了。

④ 传输网络用户面包括无线网络层用户面的数据承载以及应用协议的信令承载。数据承载由传输网络控制面实时控制，信令承载由操作维护功能控制完成。

6.4 WCDMA 空中接口

6.4.1 Uu 接口协议结构

WCDMA 系统中 Uu 接口，有时也称为空中接口，是指 UE 和 UTRAN 之间的接口，通过使用无线传输技术（RTT）将 UE 接入到系统固定网络部分。Uu 接口协议用于在 UE 和 UTRAN 之间传送用户数据和控制信息，建立、重新配置和释放无线承载业务。

空口接口的协议结构如图 6-11 所示（图中只包括了在 UTRAN 中可见的协议）。每一个方框代表一个协议实体，椭圆表示业务接入点（SAP），协议实体间的通信通过 SAP 进行。

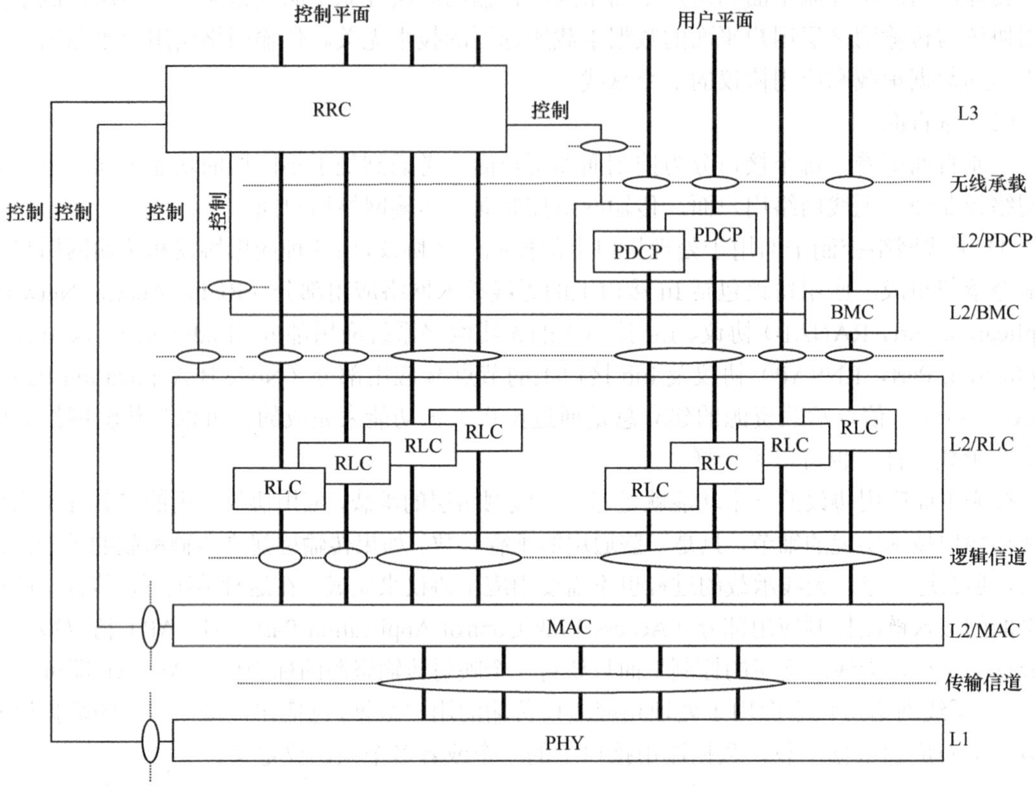

图 6-11　空口接口的协议结构

空口接口的协议结构分为两面三层。垂直方向分为控制平面和用户平面，控制平面用来传送信令信息，用户平面用来传送语音和数据。

水平方向分为三层。

第一层（L1）：物理层。

第二层（L2）：数据链路层。

第三层（L3）：网络层。

其中第二层又分为几个子层：媒体接入控制（MAC）层、无线链路控制（RLC）层、分组数据汇聚协议（PDCP）层和广播/多播控制（BMC）层。

PDCP 和 BMC 只存在于用户平面。在控制平面，L3 分为多个子层（图中没有画出），其中最低的子层是无线资源控制（RRC）子层，它与 L2 进行交互并且终止于 UTRAN。其他子层虽然属于接入层面，但是终止于核心网，因此不做介绍。

无线承载指在 RRC 和 RLC 层之间传送信令，也指在应用层和 L2 之间传送用户数据。通常，在用户平面，L2 提供给高层的业务称为无线承载（RB）；在控制平面，RLC 提供给 RRC 的无线承载称为信令无线承载（SRB）。

物理层通过传输信道向 MAC 层提供服务，传输数据的类型及特点决定了传输信道的特征，规定了如何传输数据。MAC 层通过逻辑信道向 RLC 层提供服务，逻辑信道的特征反映了传输的数据类型，将逻辑信道映射到传输信道。RLC 层在控制层面提供服务给 RRC，在用户平面提供服务给应用层，包括 PDCP、BMC 子层还有其他高层用户平面功能。不同的业务通过不同类型的 SAP 接入。

PDCP 只定义于分组交换（PS）域，它主要完成包头压缩/解压缩，为移动数据业务提供无线承载。BMC 为使用非确认模式的公共用户数据在用户平面提供广播/多播业务，提供小区消息广播。

RRC 层通过业务接入点向高层提供业务。在 UE 侧，高层协议使用 RRC 提供的业务；在 UTRAN 侧，Iu 接口上无线接入网络应用部分（Radio Access Network Application Part，RANAP）使用 RRC 提供的业务。所有高层信令（移动性管理、呼叫控制、会话管理等）都被压缩成 RRC 消息在空中接口传送。

从图 6-11 中可以看到，RRC 与 RLC、MAC 层、物理层之间存在连接，这些连接提供了 RRC 层间控制业务。RRC 也与 PDCP 和 BMC 之间存在连接。与低层的这些连接，保证 RRC 能够配置低层协议实体的参数，包括物理信道、传输信道和逻辑信道的参数。同时，通过这些控制接口，命令低层进行特定的测量，向 RRC 层发送测量报告和错误信息。

6.4.2 物理层

1. 物理层的功能

物理层位于空中接口协议模型的最底层，给 MAC 层提供不同的传输信道，并且为高层提供服务。在 3GPP 规范中，详细描述了物理层及功能。

物理层主要实现以下一些功能。

（1）为传输信道进行前向纠错编/解码。

（2）无线特性测量，如误帧率、信干比等，并通知高层。

（3）宏分集合并以及软切换实现。

（4）在传输信道上进行错误检测并通知高层。

（5）传输信道到物理信道的速率匹配。

（6）传输信道至物理信道的映射。

（7）物理信道扩频/解扩、调制/解调；

（8）频率和时间（位、码片、比特、时隙和帧）同步。

（9）闭环功率控制。

（10）RF 处理等。

物理层的基本传输单元为无线帧，持续时间为 10ms，长度为 38 400chip。无线帧又被划分为 15 个时隙的处理单元，每个时隙有 2 560chip，持续时间为 2/3ms。物理层的信息速率随着符号速率的变化而变化，而符号速率则取决于扩频因子。

2. 物理信道

物理信道的特征可由载频、扰码、信道化码（可选的）和相对相位来体现。按照信息的传送方向，物理信道可分为上行物理信道（UE 至 Node B）和下行物理信道（Node B 至 UE）；按照物理信道是由多个用户共享还是由一个用户使用分为专用物理信道和公共物理信道，如图 6-12 所示。其中，HS-SCCH、HS-PDSCH、HS-DPCCH 为在 R5 中引入的信道。

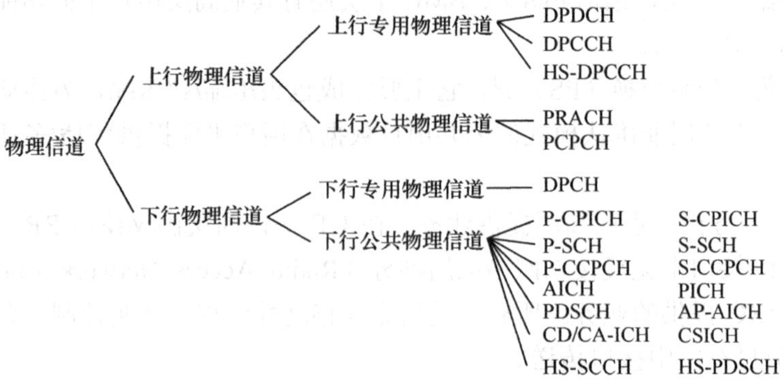

图 6-12　WCDMA 物理信道示意图

（1）上行专用物理信道

上行专用物理信道包括上行专用物理数据信道（DPDCH）和上行专用物理控制信道（DPCCH）。

上行 DPDCH 用于承载专用传输信道（DCH）的用户数据，在每个无线链路中可以有 0 个、1 个或多个上行 DPDCH，上行 DPDCH 数据速率可以逐帧改变，取决于选定的扩频因子。上行 DPCCH 用于传输物理层产生的控制信息。物理层的控制信息包括支持信道估计以进行相干检测的已知导频比特（Pilot）、发射功率控制指令（TPC）、反馈信息（FBI）以及一个可选的传输格式组合指示（TFCI）。TFCI 将复用在上行 DPDCH 上的不同传输信道的瞬时参数通知给接收机，并与同一帧中要发射的数据对应起来。在每个物理层连接中有且仅有一个上行 DPCCH。上行专用物理信道的帧结构如图 6-13 所示。

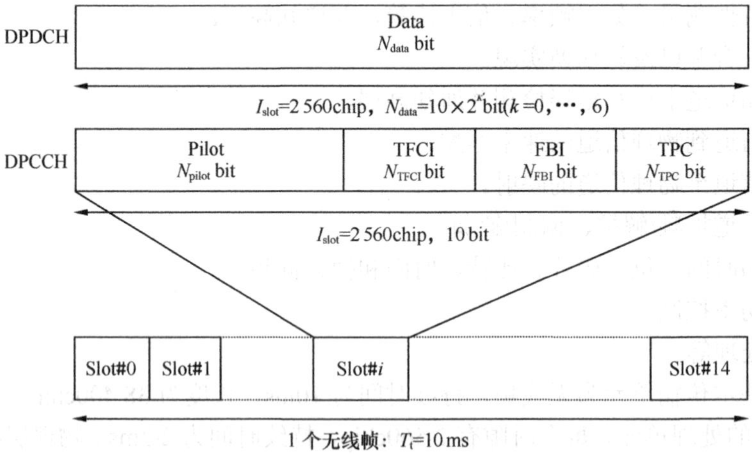

图 6-13　上行 DPDCH/DPCCH 的帧结构

图 6-13 中的参数 k 决定了每个上行 DPDCH/DPCCH 时隙的比特数。它与物理信道的扩频因子 SF 有关，$SF=256/2^k$。上行 DPDCH 的扩频因子变化范围为 256～4，DPDCH 对应的

数据速率为15～960kbit/s。DPCCH的扩频因子始终固定等于256，这样每个上行DPCCH时隙有10个比特。

在上行链路中，DPDCH和DPCCH并行传输，依靠不同的信道化码（OVSF，正交可变扩频增益码）区分。上行专用物理信道可以进行多码传输，获得更高的数据速率，最多可使用6个并行码。当使用多码传输时，几个并行使用不同信道化码的DPDCH和一个DPCCH组合起来进行传输，称为编码组合传输信道（CCTrCH）。在一个CCTrCH中，有且只有一个DPCCH。

在压缩模式下，无线帧的帧长仍然为10 ms，但其中发送数据的时隙会比正常模式下少2～3个，空出的时隙用来进行频间测量。

（2）上行公共物理信道

上行公共物理信道包括物理随机接入信道（PRACH）和物理公共分组信道（PCPCH）。

PRACH用来承载传输信道的RACH，可用于低速的数据传输。物理随机接入信道的传输是基于带有快速捕获指示的时隙ALOHA方式。物理公共分组信道（PCPCH）用来承载CPCH，CPCH是上行传输信道。物理公共分组信道的传输是基于带有快速捕获指示的数字侦听多重访问与碰撞检测（DSMA-CD）方式。

（3）下行专用物理信道

下行链路只有一种专用物理信道，即专用物理信道（DPCH），用于传送物理层控制信息和用户数据。下行链路无线帧帧长及每帧中的时隙数与上行链路相同，但下行链路中的DPDCH和DPCCH是串行传输而非上行链路中的并行传输，即DPDCH和DPCCH采用时分的方式复用在一帧中进行传输。

下行链路也可以进行多码传输，即一个CCTrCH可以映射到几个并行的使用相同扩频因子的下行DPCH，而多个CCTrCH可以映射到多个使用不同扩频因子的下行DPCH。当映射到不同的DPCH中的几个CCTrCH发射给同一个UE时，不同CCTrCH映射的DPCH可使用不同的扩频因子。

（4）下行公共物理信道

下行公共物理信道包括公共导频信道（CPICH）、同步信道（SCH）、公共控制物理信道（CCPCH）、下行物理共享信道（PDSCH）等。捕获指示信道（AICH）、接入前导捕获指示信道（AP-AICH）、寻呼指示信道（PICH）、冲突检测/信道分配指示信道（CD/CA-ICH）、CPCH状态指示信道（CSICH）均采用固定扩频因子（$SF=256$），无传输信道向它们映射，这里限于篇幅，不做介绍。

① 公共导频信道（CPICH）。CPICH为固定速率（30kbit/s，$SF=256$）的下行物理信道，用于传送预定义的比特/符号序列。CPICH又分为主公共导频信道（P-CPICH）和辅公共导频信道（S-CPICH），它们的用途不同。CPICH为其他物理信道提供相位参考，如SCH等。P-CPICH的重要功能是用于切换和小区选择/重选时进行测量，终端根据收到的CPICH的接收电平进行切换测量。CPICH没有传输信道向它映射，也不承载高层信息，帧结构如图6-14所示。

P-CPICH有以下一些特性。

- 主公共导频信道的信道化码是固定的。
- 主公共导频信道选用主扰码加扰。
- 一个小区或扇区只有一个主公共导频信道。
- 主公共导频信道在整个小区或扇区范围内广播。

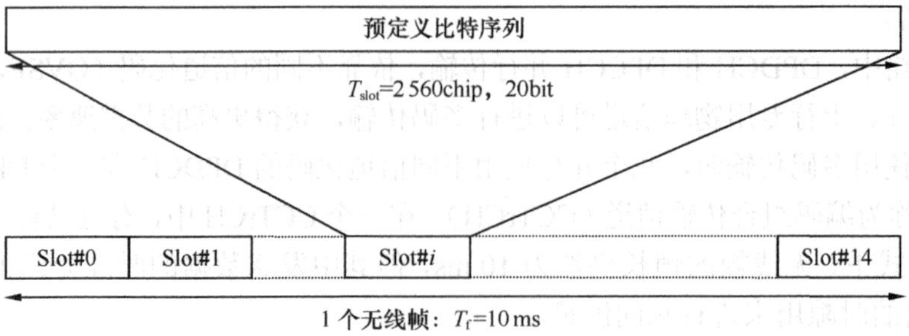

图 6-14　CPICH 帧结构

S-CPICH 有以下一些特性。

- 可以使用任意的 $SF=256$ 的信道化码。
- 可以选用主扰码或辅扰码进行加扰。
- 一个小区中可以不用辅扰码，也可以使用一个或多个辅扰码。
- 可在整个小区或扇区内发送，也可只在小区或扇区的一部分区域内发送。

② 同步信道（SCH）。SCH 包括主同步信道（P-SCH）和辅同步信道（S-SCH）。同步信道是一个用于小区搜索的下行链路信号。P-SCH 由一个长度为 256chip 的调制码组成，每个时隙发射一次，一个系统中所有小区的主同步码都是相同的。通过搜索主同步码可以确定时隙同步。S-SCH 长度为 256chip，终端一旦识别出 S-SCH，就可以获得帧同步和小区所从属组的信息。

SCH 没有传输信道向它映射，与主公共控制物理信道是时分复用的，复用时隙 2 560 chip 中的前 256 码片，如图 6-15 所示。

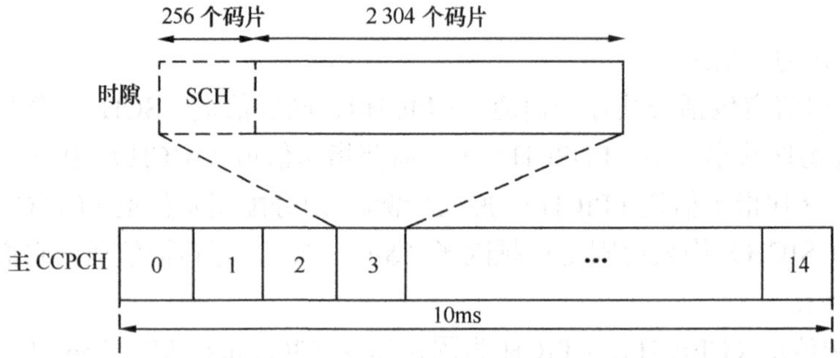

图 6-15　同步信道帧结构

③ 公共控制物理信道（CCPCH）。CCPCH 包括主公共控制物理信道（P-CCPCH）和辅公共控制物理信道（S-CCPCH）。主公共控制物理信道（P-CCPCH）用于承载广播信道（BCH），扩频因子固定为 256，速率为 30kbit/s。辅公共控制物理信道（S-CCPCH）用于承载前向接入信道（FACH）和寻呼信道（PCH），扩频因子范围为 256～4。

④ 下行物理共享信道（PDSCH）。PDSCH 用于承载下行共享信道（DSCH）。对于每一个无线帧，每一个 PDSCH 总是与一个下行 DPCH 相伴。PDSCH 允许的扩频因子的范围为 256～4。

3. 传输信道

在 WCDMA 空中接口中，高层数据由传输信道承载，物理层与 MAC 层通过传输信道进行数据交换，传输信道的特性由传输格式（TF）定义，传输格式同时也指明物理层对这些传输信道的处理方式。

传输信道分为专用传输信道和公共传输信道。专用传输信道仅存在一种形式，即 DCH（Dedicated Channel），属于双向传输信道，用来传输特定用户物理层以上的所有信息，包括业务数据以及高层控制信息，能够实现以 10ms 无线帧为单位的业务速率变化、快速功率控制和软切换。

公共传输信道包括广播信道（BCH）、前向接入信道（FACH）、寻呼信道（PCH）、随机接入信道（RACH）、公共分组信道（CPCH）和下行共享信道（DSCH）。

（1）广播信道

广播通道（BCH）是一个下行传输信道，用于广播整个网络或某小区特定的信息。广播的信息有小区中可用的随机接入码字和接入时隙，小区中其他信道采用的传输分集方式等。为了保证广播信道能够被终端正确接收，广播信道一般采用较高的功率发送，以确保所有用户都能够正确接收。

（2）前向接入信道

前向接入信道（FACH）是一个下行传输信道，它被用于向给定小区中的终端发送控制信息或突发的短数据分组。一个小区中可有多个 FACH，为了确保所有终端都能够正确接收，必须有一个 FACH 以较低的速率进行传输。FACH 没有采用快速功率控制，使用慢速功率控制。

（3）寻呼信道

寻呼信道（PCH）是一个下行传输信道，用于在网络和终端通信初始时，发送与寻呼过程相关的信息。PCH 必须保证在整个小区内都能被接收。

（4）随机接入信道

随机接入信道（RACH）是一个上行传输信道，用来发送来自终端的控制信息和少量的分组数据，如请求建立连接等，需要在整个小区内能够被接收。RACH 使用冲突检测技术，采用开环功率控制。

（5）公共分组信道

公共分组信道（CPCH）是一个上行传输信道，是 RACH 信道的扩展，用来发送少量的分组数据。CPCH 采用冲突检测技术和快速功率控制。

（6）下行共享信道

下行共享信道（DSCH）是一个下行传输信道，用来发送用户专用数据/控制信息。可以由多个 UE 共享，一个或多个 DCH 联合使用。DSCH 支持快速功率控制和逐帧可变比特速率，并不要求整个小区都能接收。

4. 传输信道映射到物理信道的基本概念

无论 MAC 层到物理层的数据流，还是物理层到 MAC 层的数据流（传输块/传输块集），都需要经过从传输信道到物理信道的映射，以便在无线传输链路上进行传输。下面介绍实现传输信道到物理信道的映射中涉及的基本概念。

① 传输块。传输块是物理层和 MAC 层交换数据的基本数据单元，物理层将为每一个传输块添加 CRC。传输块的长度称为传输时间间隔（TTI），TTI 的取值可以为 10 ms、20 ms、40 ms 和 80 ms。对于一个给定的传输信道，物理层每隔一个 TTI 从 MAC 层请求数据，然后 MAC 层决定传输块的数目。

② 传输块集合。传输块集合是在一个 TTI 时间内，在 MAC 层和物理层之间使用同一传输信道进行交流的一组传输块，它可能包含 0 个、1 个或多个传输块。

③ 传输格式。定义了 MAC 层在一个 TTI 期间内向物理层发送传输块集合的格式。

④ 传输格式集。在传输块传输的时候，可能有很多种传输格式可供选择。某一个传输信道所有传输格式（TF）的集合称为传输格式集（TFS）。在一个传输格式集中，所有传输格式的半静态部分都相同。传输格式动态部分决定了传输信道的瞬时速率，通过改变传输块的大小和传输块的个数可以改变传输信道中承载业务的速率。

⑤ 传输格式组合。物理层复用了一个或多个传输信道，多个传输信道可复用到一个编码组合传输信道（CCTrCh）上。每个传输信道都有一系列相应的传输格式集，不同传输信道的传输格式集可能不同（在给定的 TTI 内，一个传输信道使用一种传输格式），所以在映射不同的传输信道到一个 CCTrCh 上时，会出现多种不同的有效传输格式组合。每一种有效的传输格式组合称为一个传输格式组合（TFC）。

⑥ 传输格式指示（TFI）。传输格式指示对应于传输格式集（TFS）中某一特定传输格式。在 MAC 层和物理层交换传输块集（TFS）时，用来说明某一传输信道所选用的传输格式。

⑦ 传输格式组合指示（TFCI）。用来说明当前 CCTrCH 所采用的信道复用方式。MAC 在每一个传输信道发送传输块集（TFS）时会通过 TFI 向物理层说明传输格式，物理层再把所有并行传输信道的传输格式指示（TFI）进行组合构成 TFCI。

5. 上/下行链路进程

来自 MAC 层的传输信道的数据以传输块的形式传输，物理层对传输块进行信道编码等处理，形成编码组合传输信道（CCTrCH）。CCTrCH 作为一个逻辑概念不在空中接口出现，也不属于传输信道或物理信道，只是在 MAC 层向物理层映射时出现的一个逻辑概念。形成 CCTrCH 后，传输信道映射到物理信道，物理信道扩频、加扰和调制后，数据发送到空中接口。

6.4.3 数据链路层

数据链路层使用物理层提供的服务，并向第三层提供服务。数据链路层划分为媒体接入控制（MAC）子层、无线链路控制（RLC）子层、分组数据汇聚协议（PDCP）子层和广播/多播控制（BMC）子层。其中 MAC 和 RLC 由控制面与用户面共用，PDCP 和 BMC 仅用于用户面。

1. 媒体接入控制子层

（1）MAC 层功能

媒体接入控制（MAC）子层位于物理层之上，向高层提供无确认的数据传送、无线资源重分配和测量等服务，通过物理层提供的传输信道借助逻辑信道与上层交换数据，完成的主要功能如下。

① 逻辑信道与传输信道间的映射。

② 根据瞬时源速率为每个传输信道选择适当的传输格式（TF），保证高的传输效率。

③ 通过选择高比特速率或低比特速率的传输格式，实现一个 UE 的数据流之间优先级处理。

④ 通过动态调度为不同的 UE 间进行优先级处理。

⑤ 把高层来的协议数据单元（PDU）复用成传输块后发送给物理层，或者把从物理层来的传输块解复用成高层的 PDU，PDU 是对等协议层之间进行交流的基本数据单元。

⑥ 测量逻辑信道业务量并向 RRC 报告，此测量报告有可能引发对无线承载或传输信道参数的重新配置。

⑦ 在 RRC 层的命令下，MAC 层执行传输信道类型转换。

⑧ 为在 RLC 层使用透明模式传输的数据进行加密。

⑨ 为 RACH 和 CPCH 选择接入类别和等级。

（2）MAC 层结构

MAC 层是由 MAC-b、MAC-c/sh 和 MAC-d 3 个逻辑实体构成，如图 6-16 所示。

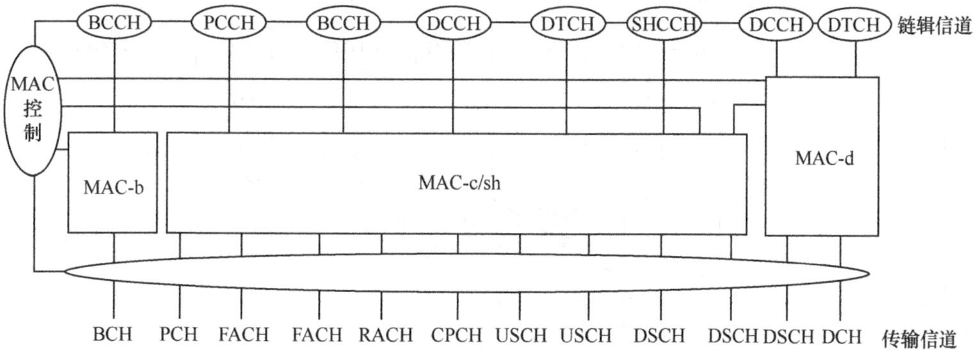

图 6-16 MAC 结构

① MAC-b 实体负责处理广播信道(BCH)。在每个 UE 中有一个 MAC-b 实体，在 UTRAN 的每个小区中有一个 MAC-b 实体，位于 Node B 中。

② MAC-c/sh 实体负责处理公共信道和共享信道，包括寻呼信道（PCH）、前向接入信道（FACH）、随机接入信道（RACH）、公共分组信道（CPCH）和下行链路共享信道（DSCH）。对于 MAC-c/sh 实体；与承载的具体业务有关，为每个正在使用共享信道的 UE 分配一个 MAC-c/sh 实体；在 UTRAN 的每个小区中有一个 MAC-c/sh 实体，位于 CRNC 中。

③ MAC-d 实体，负责处理专用传输信道（DCH）。在每个 UE 中有一个 MAC-d 实体；在 UTRAN 的每个小区中有一个 MAC-d 实体，位于 SRNC 中。

（3）逻辑信道

MAC 层通过逻辑信道与高层进行数据交互，在逻辑信道上提供不同类型的数据传输业务。MAC 子层通过逻辑信道向 RLC 子层提供数据传输业务，表述承载的任务和类型。逻辑信道根据不同数据传输业务定义逻辑信道的类型。逻辑信道通常分为两类：控制信道，用来传输控制平面信息；业务信道，用来传输用户平面信息。

① 控制信道。

- 广播控制信道（BCCH）。广播系统控制信息的下行信道。
- 寻呼控制信道（PCCH）。传输寻呼信息的下行信道。
- 公共控制信道（CCCH）。在网络和 UE 之间发送控制信息的双向信道，主要供进入一个新的小区并使用公共信道的 UE 或没有建立 RRC 连接的 UE 使用。
- 专用控制信道（DCCH）。用于在 UE 和 RNC 之间传送专用控制信息的点对点双向信道，在 RRC 连接建立的过程中建立。

② 业务信道。

- 专用业务信道（DTCH）。服务于一个 UE，传输用户信息的点对点双向信道。
- 公共业务信道（CTCH）。向全部或者一组特定 UE 传输信息的点到多点下行信道。

（4）逻辑信道、传输信道和物理信道之间的映射关系

如图 6-17 所示，逻辑信道先映射到传输信道，传输信道再映射到物理信道。根据信道类型的不同，可以是一对一的映射，也可以是一对多的映射。图中一些物理信道与传输信道之间没有映射关系（如 SCH、AICH 等），它们只承载与物理层过程有关的信息。这些信道对高层而言不是直接可见的，但对整个网络而言，每个基站都需要发送这些信道信息。

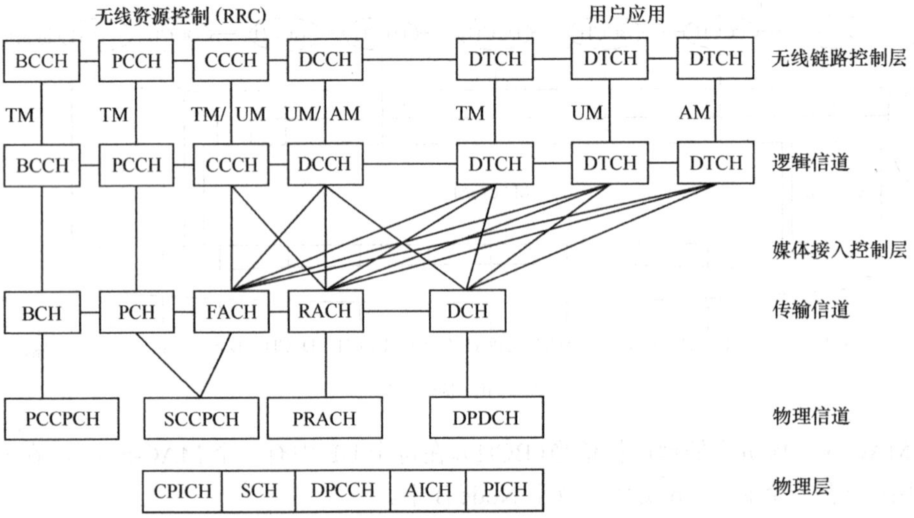

图 6-17　物理信道、传输信道和逻辑信道之间的映射（R99 版本）

2. 无线链路控制子层

（1）RLC 层主要功能

① 数据分段和重组。

② 级联和填充。

③ 用户数据传输和纠错。

④ 高层 PDU 顺序传输和复制检测。

⑤ 流量控制。

⑥ 序列检查。

⑦ 协议错误检测与恢复。

⑧ 加密。

（2）RLC 层传输模式

RLC 层支持 3 种传输模式：透明模式（TM）、非确认模式（UM）和确认模式（AM）。透明模式和非确认模式的实体是单向实体，可以配置为发送实体或者接收实体；确认模式实体是双向实体，包含发送侧和接收侧，可同时进行收发。

各种传输模式的特点如下。

① 透明模式不为高层数据增加任何开销，错误的 PDU 将被标记或丢弃，不保证数据的正确传输。在特殊的情况下，也可以具有有限的分段/重组功能，但需要在无线承载建立过程中进行协商。

② 非确认模式下发送的 PDU 添加了 RLC 的头并含有序列号，收端可以根据这个序列号判断数据的完整性。错误的 PDU 将根据配置被丢弃或者标记。因为没有使用重传机制，无法保证数据的正确传输。小区广播和基于 IP 的语音业务（VoIP）一般采用非确认模式。

③ 确认模式使用自动重传请求机制来保证数据的传输，纠错、按顺序传送、重复检测、流控制是确认模式所特有的功能。确认模式是分组业务标准的 RLC 模式，如网页浏览、电子邮件下载等一般采用确认模式。

3．分组数据汇聚协议子层

分组数据汇聚协议（PDCP）子层仅存在于用户平面，提供分组域业务。PDCP 主要功能如下。

① 分别在接收与发送实体对 IP 数据流执行头压缩和解压缩功能，头压缩协议专用于特定的网络层、传输层或高层协议的组合，如 TCP/IP 和 RTP/UDP/IP 等；使网络层协议（如 IPv4、IPv6 等）的引入独立于 UTRAN 协议。

② 用户数据传输，非接入层送来的 PDCP-SDU 与 RLC 实体间的互相转发。

③ 为无线承载（RB）提供一个序列号，支持无损的 SRNC 重定位。

4．广播/多播控制协议子层

广播/多播控制协议（BMC）子层仅存在于用户平面，以无确认方式提供公共用户的广播/多播业务。BMC 子层主要功能如下：小区广播消息的存储、为小区广播业务进行业务量检测和无线资源请求、BMC 消息的调度、向 UE 发送 BMC 消息和向高层 NAS 传递小区广播消息。

6.4.4 无线资源控制层

RRC 属于控制平面，UE 和 UTRAN 间的控制信令主要是无线资源控制（RRC）层消息，控制接口管理和对低层协议实体的配置。主要完成的功能有：接入层控制、系统信息广播、RRC 连接管理、无线承载管理、RRC 移动性管理、无线资源管理寻呼和通知、高层信息路由功能、加密和完整性保护、功率控制、测量控制和报告等。

1．RRC 层结构

RRC 层通过业务接入点向高层提供业务。在 UE 侧，高层协议使用 RRC 提供的业务；在 UTRAN 侧，Iu 接口上无线接入网络应用部分（RANAP）使用 RRC 提供的业务。所有高层信令（移动性管理、呼叫控制、会话管理等）都被压缩成 RRC 消息在空中接口传送。UE 侧 RRC 模型结构如图 6-18 所示。

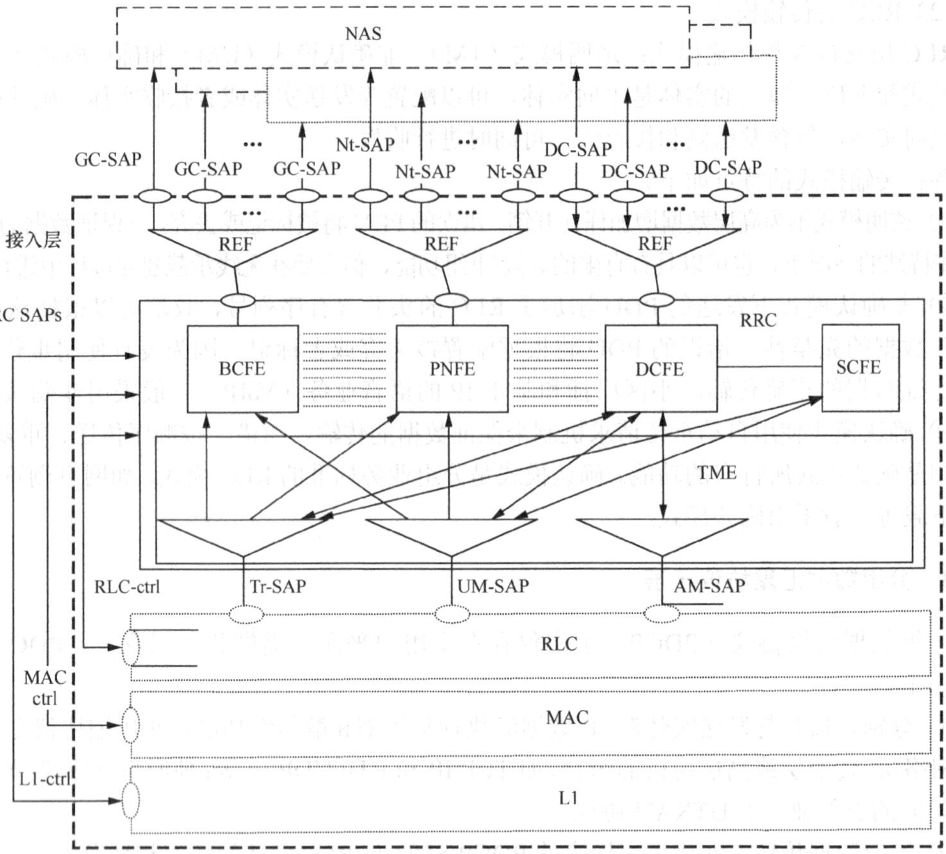

图 6-18 UE 侧 RRC 模型

RRC 子层通过通知业务接入点（Nt-SAP）、专用控制业务接入点（DC-SAP）和通用控制业务接入点（GC-SAP）向高层提供服务。RRC 层功能实体如下。

① 路由功能实体（RFE）。处理高层消息到不同的移动管理/连接管理实体（UE 侧）或不同的核心网络域（UTRAN 侧）的路由选择。

② 广播控制功能实体（BCFE）。处理系统信息的广播。在 RNC 中，每个小区都至少有一个 BCFE。

③ 寻呼及通告功能实体（PNFE）。控制对还未建立 RRC 连接的 UE 的寻呼。在 RNC 中，对由这个 RNC 控制的小区都至少有一个 PNFE 实体。

④ 专用控制功能实体（DCFE）。处理一个特定 UE 的所有功能和信令。SRNC 中，对每个与这个 RNC 连接的 UE，都有一个 DCFE 实体与之相对应。

⑤ 共享控制功能实体（SCFE）。控制 PDSCH 和 PUSCH 的分配。用于 TDD 模式。

⑥ 传输模式实体（TME）。处理 RRC 层内不同实体和 RLC 接入点之间的映射。

2. RRC 层的状态

RRC 的各种状态模式及各种模式间的转换关系如图 6-19 所示，其中包括：UTRAN 连接模式和 GSM 连接模式在电路域的状态转移；UTRAN 连接模式和 GSM 连接模式在分组域的状态转移；空闲模式和 UTRAN 连接模式间的转移；UTRAN 连接模式内的 RRC 状态转移。

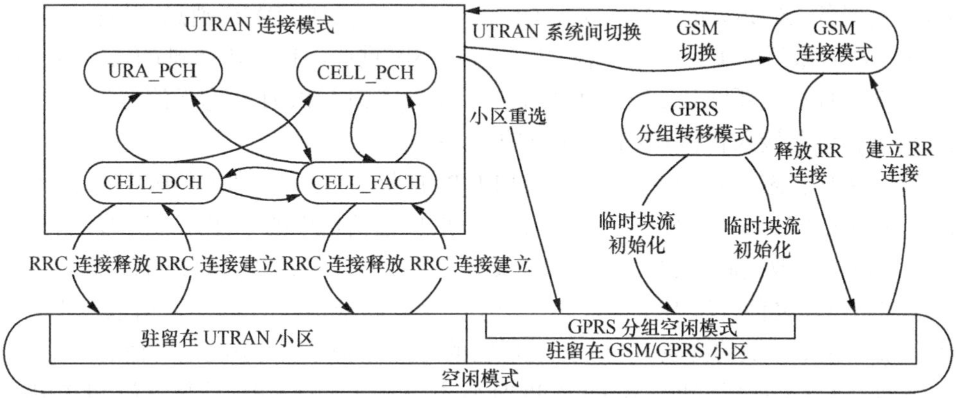

图 6-19 RRC 的各种状态模式及各种模式间的转换关系

（1）空闲模式

当 UE 处于空闲模式时，UE 与接入层之间不存在任何连接，没有激活的电路业务或分组业务。但它可能已在网络中注册，在指定的时间，监听寻呼指示信道及相关的寻呼信息。空闲模式的 UE 由非接入层标识，如 IMSI、TMSI 和 P-TMSI。

打开电源后，UE 便处于空闲模式，驻留在 UTRAN 小区。当 UE 收到系统的寻呼后，通过随机接入信道作出响应，要求 UTRAN 建立 RRC 连接。如果 UE 发起呼叫，通过随机接入信道要求 UTRAN 建立 RRC 连接。RRC 连接建立后，UE 进入连接模式。根据需要传送的数据量、分组突发是否频繁决定进入 CELL_DCH 或 CELL_FACH 状态。如果 RRC 连接建立失败，UE 回到空闲模式。

（2）UTRAN 连接模式

在连接模式时，UE 与 UTRAN 已建立了 RRC 连接，UTRAN 确知 UE 位置信息，为 UE 分配了无线网络临时标识符（RNTI），用于在公共传输信道时识别 UE。UTRAN 连接模式有 4 种状态：CELL_DCH、CELL_FACH、CELL_PCH 和 URA_PCH 状态。

① CELL_DCH 状态。处于空闲模式的 UE 通过建立 RRC 连接，或从 CELL_FACH 状态建立一个专用物理信道进入 CELL_DCH 状态。在 CELL_DCH 状态下，UE 被分配一个专用的物理信道，并且 UE 的 SRNC 知道 UE 所在小区或激活集，UE 和 UTRAN 通过专用物理信道交互数据。如果 UE 移动到其他小区，UE 与新小区建立专用物理信道并释放旧小区的专用物理信道。处于 CELL_DCH 状态的 UE 通过释放 RRC 连接进入空闲模式。

② CELL_FACH 状态。UE 可以从空闲模式或连接模式的其他 3 种状态转换到 CELL_FACH 状态。处于 CELL_FACH 状态的 UE 没有专用的物理信道，但可以使用 RACH 和 FACH 信道用于信令消息和少量用户平面数据的传输。在 CELL_FACH 状态下，UE 能监听广播信道（BCH）以捕获系统信息、执行小区重选并在重选后向 RNC 发送小区重选消息，RNC 由此获知 UE 的位置。CELL_FACH 状态通过建立专用物理信道转移到 CELL_DCH 状态，UTRAN 上层可能要求 UE 进行状态转移，如转移到 CELL_PCH 状态或 URA_PCH 状态。当 UE 释放了 RRC 连接后，UE 即进入空闲模式。

③ CELL_PCH 状态。UE 可以从 CELL_FACH 或 CELL_DCH 状态转换到 CELL_PCH 状态。CELL_PCH 状态下的 UE 没有专用的物理信道，但 SRNC 确知 UE 所属的小区位置，可以通过寻呼信道（PCH）与 UE 联系。在 CELL_PCH 状态下，UE 能监听广播信道上的系统信息，

支持小区广播服务（CBS）的 UE 应能在 CELL_PCH 状态接收 BMC 消息。但在 CELL_PCH 状态下的 UE 没有激活的上行链路。若 UE 要进行小区重选，首先转移到 CELL_FACH 状态，执行小区更新过程后重新回到 CELL_PCH 状态。处于 CELL_PCH 状态下的 UE 通过 UTRAN 寻呼或任何上行链路接入转移到 CELL_FACH 状态。

④ URA_PCH 状态。URA_PCH 状态与 CELL_PCH 状态很相似。两者的区别在于 URA_PCH 状态的 UE 在小区重选时不执行小区更新，而是读取广播信道中的 UTRAN 用户注册区（URA）标识，只有当 URA 改变时，UE 才向 RNC 发送位置信息，请求 URA 更新过程。URA 包括许多小区，但 URA 之间可以有重叠，即一个小区可以属于不同的 URA，所以在小区中通过广播信道广播 URA 标识的列表。当 UE 发现它的 URA 标识不在小区中广播的 URA 标识列表中时，就执行 URA 更新过程。在 URA_PCH 状态下不能进行 RRC 连接释放，UE 需要先转移到 CELL_FACH 状态执行释放信令。

6.5 WCDMA 系统中呼叫的建立过程

WCDMA 系统可以完成多种类型的呼叫业务，主要包括电路域的语音业务、视频业务，分组域的数据业务，语音和数据的并发业务等。语音业务采用自适应多速率（AMR）业务的形式。下面分别介绍 AMR 语音业务、视频业务和分组数据业务的呼叫流程。

6.5.1 电路域呼叫过程

1. 电路域语音呼叫过程

（1）移动用户主叫（MOC）

移动用户 AMR 语音业务主叫过程如图 6-20 所示，主要过程如下。

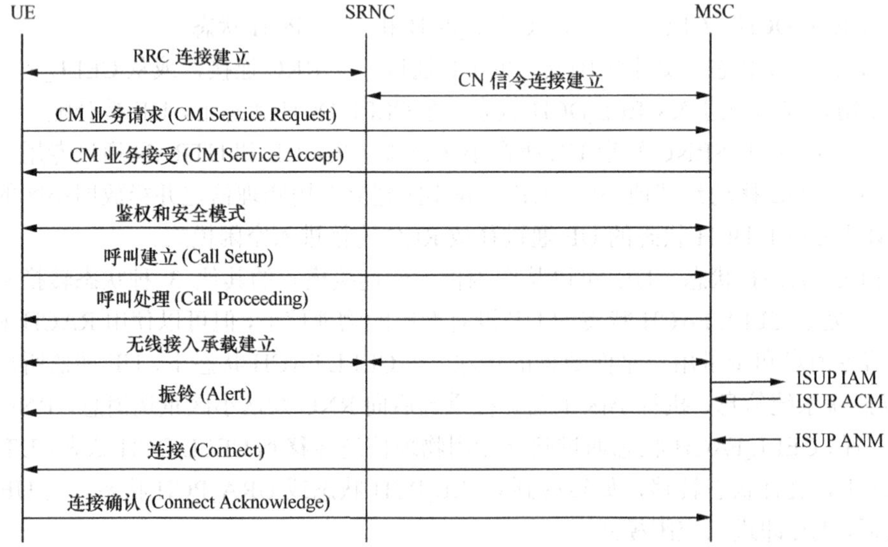

图 6-20 移动用户主叫过程

① RRC 连接建立。为了成功进行呼叫，UE 将发起 RRC 连接建立过程，建立起与 RNC 之间的信令连接。对于 NAS 协议，因为是终结于核心网的，所以 RNC 不对 RRC 消息中承

载的 NAS 消息进行解析。

② CM 业务处理。RNC 建立起与 CN 之间的信令连接后，UE 发起 CM 业务接入请求（CM Service Request）消息到核心网表明所需要的服务，其中连接管理（CM）为 UMTS 电路域非接入层的子层。CM Service Request 消息用于 UE 向网络方请求 CM 子层的服务，包括 CS 域连接的建立、短消息传输和定位服务等。此处 CM 业务接入请求消息内容为 UE 需要建立移动用户主叫过程，SRNC 直接将消息传送到核心网。

UE 和核心网间的信令交互需要建立专用的信令连接。在空中接口上，使用 RRC 连接传输 NAS 信令消息，Iu 接口上通过 SCCP 连接来实现，RANAP 消息通过 SCCP 消息来承载。系统接收 CM 业务接入请求（CM Service Request）消息后，回传 CM 业务接入/接收（CM Service Accept）消息，接着系统发起鉴权和加密过程。

③ 鉴权和安全模式。鉴权过程需要完成网络和 UE 之间相互的鉴权认证、UE 和核心网之间和安全性算法相关的键值的更新（完整性保护键 IK、加密键 CK）、安全模式的设定等。实现核心网、SRNC、UE 间有关系统完整性保护、加密需要的参数、算法的协商。

④ 呼叫控制。UE 向 MSC 发送呼叫控制（Call Contro，CC）Setup 消息，在建立（Setup）消息中主要包括主叫号码信息、被叫号码信息、呼叫需要的传输承载资源信息（语音、传真等）等。Setup 消息也可以用于其他通信系统，如 Q.931、GSM 系统等。

核心网向 UE 回送呼叫处理（Call Proceeding）消息，用于指示核心网已经确认 UE 发出的被叫号码正确与否，如果正确核心网将按照 UE 的呼叫请求进行路由处理。

⑤ 无线接入承载（RAB）建立。CN 响应 UE 的业务请求，要求 RNC 建立相应的无线接入承载（RAB），以提供业务所需的 QoS 和用户面信息。

- CN 向 UTRAN 发送 RAB 指配请求消息（Radio Access Bearer Assignment Request），请求建立 RAB。
- SRNC 收到 RAB 建立请求后，SRNC 发起建立 Iu 接口（ALCAP 建立）与 Iub 接口的数据传输承载。
- SRNC 向 UE 发起 RB 建立请求（Radio Bearer Setup）消息，UE 完成 RB 建立后，向 SRNC 返回 RB 建立完成（Radio Bearer Setup Complete）消息。
- SRNC 向 CN 返回 RAB 指配响应（Radio Access BearerAssignment Response）消息，结束 RAB 的建立过程。

RAB 建立过程中，SRNC 会给出 UE 所有与 RB 有关的 RLC 层、逻辑信道、传输信道、物理层的参数等，还会给出参数间的相互配合关系和空中接口资源的分配。

⑥ 呼叫建立成功。MSC 发送 IAM（初始地址信息）到被叫局方，IAM 含被叫号码等。对方分配 ACM（发送地址完成消息）到 MSC。

- 来自被叫的振铃（Alerting）消息通过 MSC 发送给 SRNC，SRNC 转发至 UE。
- 对方应答后，被叫方向主叫回送连接（Connect）消息和应答响应（ANM），表示可以接收呼叫。
- UE 收到连接（Connect）消息后，将发送连接确认（Connect Acknowledge）消息作为应答。

至此，主叫和被叫间成功建立了语音通路。

（2）移动用户被叫（MTC）

移动用户作为被叫时，假定用户已经附着在网络上，即 UE 通过 IMSI 附着过程完成了注册过程，移动用户处于空闲（Idle）状态，那么核心网络需要通过发送寻呼消息来请求 UE 建立相应的连接。接收到寻呼消息后，UE 将启动相应的连接建立过程，其过程与移动用户作为主叫的流程大致类似，如图 6-21 所示。下面假设被叫所在的 MSC 接收到来自主叫 MSC 的 IAM（初始地址消息），其中包含被叫移动用户的号码等信息。移动用户被叫（MTC）呼叫过程如下。

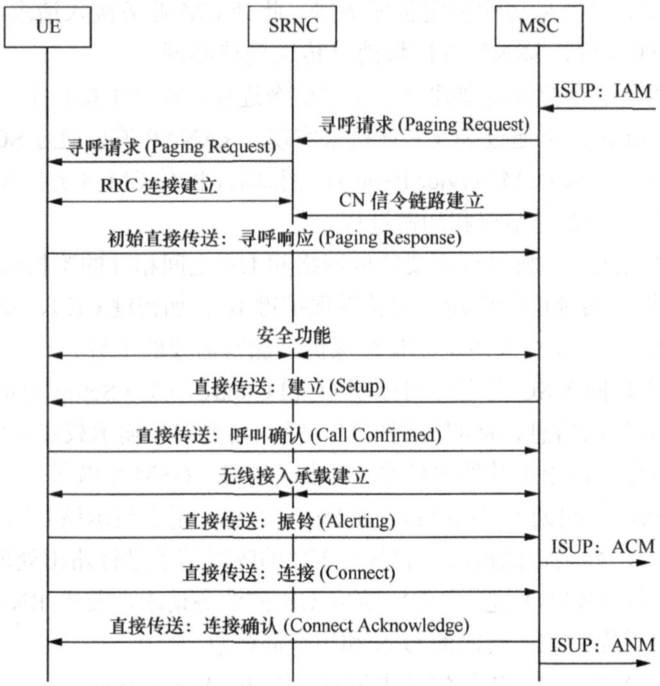

图 6-21 移动用户被叫过程

① 寻呼过程。由于 UE 处于空闲模式，因此 MSC 需要通过 RANAP 寻呼（Paging）消息，由 UTRAN 发起寻呼过程。Paging 消息中包括 CN 域指示，NAS UE 号，可选参数如临时 UE 号码、寻呼区域、寻呼原因、DRX 周期长度系数等。UE 在不同的 RRC 状态下，具有不同的寻呼过程。

② RRC 连接。如果不存在 RRC 连接，UE 需要首先发起 RRC 连接建立过程。RRC 连接建立完成后，UE 发送寻呼响应（Paging Response）消息到 MSC，此时 Iu 信令建立完成。Iu 信令连接建立完成后，如果存在 NAS UE 号（如 IMSI），则 MSC 将发送 Common ID 消息。此过程用于在 RNC 中创建起 UE 号与 UE 所使用的 RRC 连接之间的关系，以便协调 CS 或 PS 域的寻呼信息。

③ 鉴权和安全模式。实现核心网、SRNC、UE 间有关系统完整性保护、加密需要的参数、算法的协商。

④ 呼叫控制。MSC 向 UE 发送呼叫控制（Call Control，CC）Setup 消息，在 Setup 消息中主要包括承载特性、进程指示、Alert（振铃）、优先权等。

UE 向 MSC 回送呼叫证实（Call Confirmed）消息，消息中主要包括承载特性、流标识 SI（用于进行 RAB 与话务信道之间的关联）等。接收到 Call Confirmed 消息后，MSC 将启动 RAB 建立过程。

⑤ RAB 建立。RAB 建立过程同移动用户主叫过程。

⑥ 呼叫成功。

- 如果 Setup 消息中包含 Alerting 单元，则话务信道分配完成后，UE 侧发送振铃（Alerting）

消息。

- MSC 收到振铃消息后，发送地址完成消息（Address Complete Message，ACM）到主叫 MSC。UE 发送连接（Connect）消息，表示可以接收呼叫。
- 接收到连接(Connect)消息，话务信道设定和连接完成后，MSC 发送连接确认(Connect Acknowledge）消息到 UE。MSC 发送应答（Answer Message，ANM）到主叫 MSC。

至此，主叫和被叫间成功建立了语音通路。

2. 电路域视频呼叫过程

3G-324M 终端就是指采用 H.324 协议修改版的终端或者其他各种类型的终端，在 3GPP 无线电路交换网络中可以提供实时视频、语音、数据业务或者这几种业务的组合形式。3G-324M 终端间可以提供单向或者双向通信，也可以进行 3G-324M 与其他多媒体电话终端之间的通信。3G-324M 终端之间的呼叫过程与 AMR 语音建立过程类似，只是其中的无链路重配置、RAB 建立、呼叫建立（Setup）等消息具体内容有所不同，体现出视频数据业务的特性。其中包括信息传送特性、信息传送速率（64kbit/s）、传送模式（电路模式）、速率适配（H.223/H.245）、主被叫号码等。3G-324M 终端之间视频主被叫呼叫流程如图 6-22 所示。

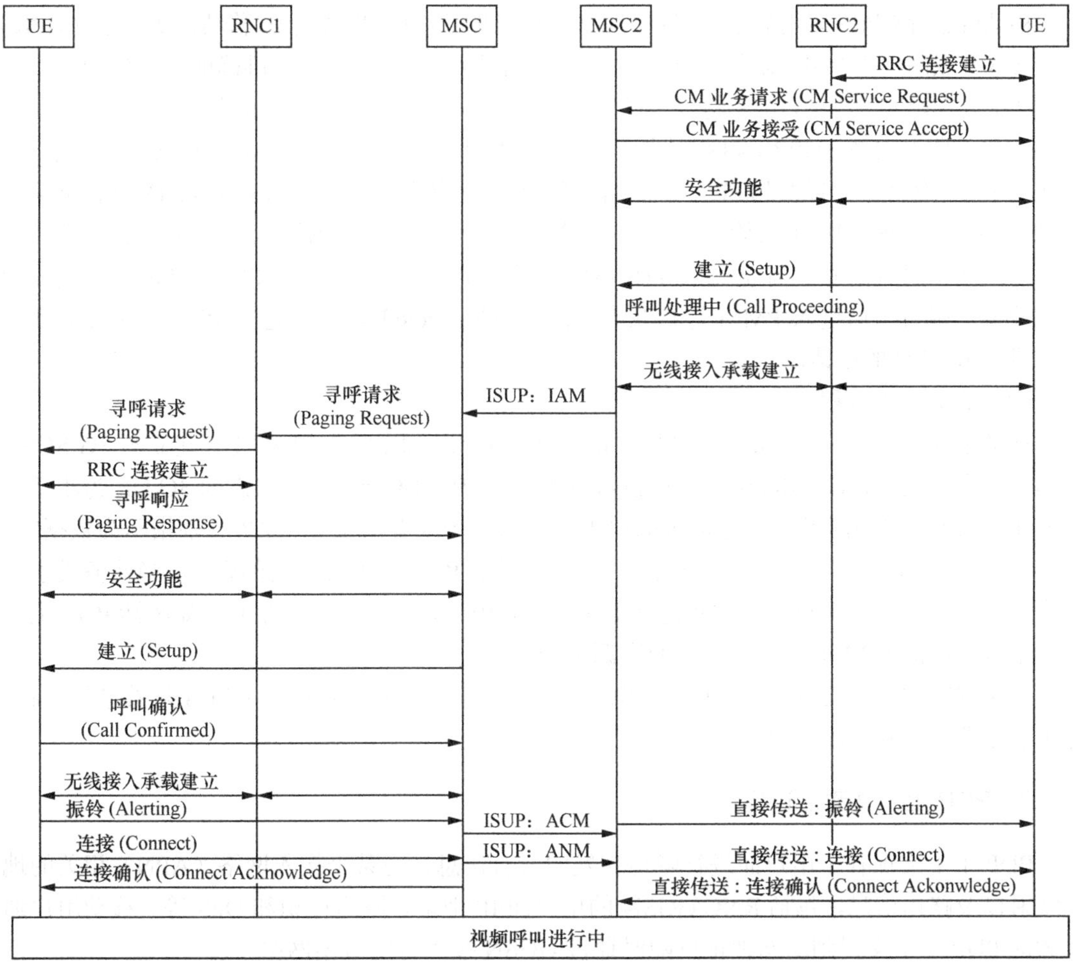

图 6-22 视频呼叫流程

6.5.2 分组域呼叫过程

分组域呼叫与电路域呼叫一样，也可以分为移动用户主叫和移动用户被叫两种情况。呼叫过程主要包括如下子过程。

① RRC 连接的建立。

② GPRS 附着/业务请求过程。

③ 鉴权和安全模式。

④ PDP 上下文激活过程。

⑤ 无线接入承载（RAB）建立。

RRC 连接的建立、鉴权和安全模式、无线接入承载（RAB）建立的应用在电路域的呼叫过程中已经进行了分析，GPRS 附着/业务请求过程和 PDP 上下文激活过程为分组域呼叫过程中新增的子过程。

1. GPRS 附着/业务请求过程

（1）GPRS 附着过程

移动台进行 GPRS 附着后才能够获得 GPRS 业务的使用权。也就是说，移动台如果通过 GPRS 网络接入互联网或查看电子邮件，首先必须使移动台附着 GPRS 网络，准确地说即与 SGSN 网元相连接。在附着过程中，MS 将提供身份标识（P-TMSI 或者 IMSI）、所在区域的路由区标识（RAI）以及附着类型。GPRS 附着完成后，MS 进入 PMM 状态，并在 MS 和 GSGN 中建立起 MM 上下文，然后才可以发起 PDP 上下文激活过程。附着类型包括 GPRS 附着、IMSI 附着后的 GPRS 附着、GPRS/IMSI 联合附着。GPRS 附着过程也可以用于开机注册、位置更新过程等。

终端在未进行附着之前脱离 UMTS 网络，处于 PMM 空闲状态（PMM-Idle），不能处理数据业务。附着之后进入 PMM 连接状态（PMM-Connected），可以进行 PDP 上下文激活过程，进行 IP 地址的申请。

（2）业务请求过程

业务请求（Service Request）过程可以用处于 PMM-Idle 状态的 3G UE 建立与 3G SGSN 之间的安全连接，Service Request 流程也可以用处于 PMM-Connected 状态的 3G UE 为激活的 PDP 上下文预留专用资源。业务请求的原因可以为信令或者数据。当业务类别指示为数据时，在移动用户和 SGSN 之间建立信令连接，且分配激活 PDP 上下文所需的资源。当业务类别指示为信令时，在 MS 和 SGSN 之间建立信令连接，用于发送上层信令信息，如激活 PDP 上下文请求等，激活 PDP 上下文所需要的资源不予分配。

分组域呼叫的建立过程中，UE 与 SGSN 之间的信令连接，可以由 GPRS 附着过程发起，也可以由业务请求过程发起。

2. PDP 上下文激活过程

PDP 上下文保存了用户面进行隧道转发的所有信息、与某个接入网络（APN）相关的地址映射以及路由信息，包括 RNC/GGSN 的用户面 IP 地址、隧道标识和 QoS 等。移动用户通过激活 PDP 上下文得到动态地址以随时通过 GGSN 接入特定数据网络。

PDP 上下文激活是指网络为移动台分配 IP 地址，使移动台成为 IP 网络的一部分，数据传送完成后，再删除该地址。PDP 上下文激活过程可以由用户发起，也可以由网络发起。

移动台收到激活 PDP 上下文接收消息后，即进入 PDP 激活状态，表明 UE 与 GGSN 间可以进行分组数据传输。

3. 分组域呼叫建立过程

分组域主叫呼叫建立过程如图 6-23 所示。

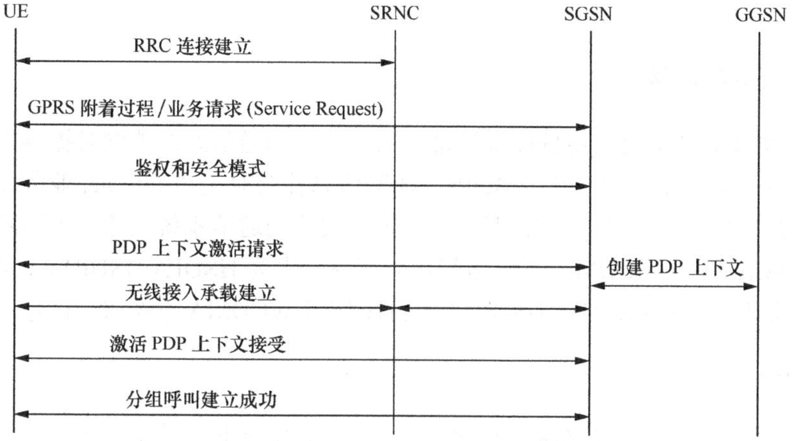

图 6-23 分组域呼叫建立过程

（1）RRC 连接的建立

如果 RRC 连接不存在，则首先需要建立 RRC 连接。

（2）GPRS 附着过程/业务请求过程

UE 可以通过初始 UE 消息发送 NAS Service Request 消息到 SGSN。其中包括 P-TMSI、RAI、密钥序列号（CKSN）、业务类别等内容。

UE 也可以通过 GPRS 附着过程接入分组域核心网，进而发起 PDP 上下文激活过程。

（3）鉴权和安全模式

完成核心网与 UE 之间的鉴权过程，在分组核心网、SRNC、UE 间实现键值与安全模式的协商。

（4）PDP 上下文激活请求

如果网络在 PMM-Connected 模式，UE 将发送 PDP 上下文激活请求消息到 SGSN，包括请求的 NSAPI、QoS、PDP 地址、APN 消息协议配置选项等。

（5）创建 PDP 上下文

GGSN 检查 UE 的 PDP 上下文是否已经存在，并根据 APN 信息为用户分配 IP 地址，或者执行可选的网络鉴权（如 Radius）过程。如果所请求的 QoS 不支持，GGSN 可以拒绝 PDP 请求。然后，GGSN 回应 Activate PDP context Response 消息到 SGSN。

（6）无线接入承载（RAB）建立

SGSN 还将发送 RAB 建立请求消息对每个激活的 PDP 上下文重新建立 RAB，包括 NSAPI、RAB 号、TEID、QoS 特性、SGSN 地址等。

（7）激活 PDP 上下文接受

SGSN 发送 Activate PDP Context Accept 消息到 UE。包括协商的 QoS、无线优先权、可

选的 PDP 地址、PDP 类别等。UE 接收到 Activate PDP Context Accept 消息后，如果网络协商后的 QoS 特性与 UE 所请求的 QoS 不同，则 UE 可以接受此 QoS，也可以重新发起 PDP 激活过程。如果 UE 接受网络侧的 QoS，则 PDP 激活过程完成，UE 就可以进行数据收发。

至此，完成了分组域主叫呼叫的建立过程。

6.6 HSPA 网络技术

6.6.1 HSPA 概述

第三代移动通信系统的主要目标就是希望第三代移动通信系统能同时提供电路交换业务和分组交换业务，最高传输速率为 2Mbit/s。随着信息社会对无线 Internet 业务需求的日益增长，2Mbit/s 的传输速率已远远不能满足需求，第三代移动通信系统正逐步采用各种速率增强型技术。WCDMA 和 TD-SCDMA 系统增强数据速率技术为 HSDPA/HSUPA，HSDPA/HSUPA 统称 HSPA。文中如不特别说明，HSDPA/HSUPA 均指 WCDMA 系统采用的速率增强技术。

1. HSDPA

3GPP 在 2002 年 3 月发布的 R5 版本中引入了高速下行链路分组接入（High Speed Downlink Packet Access，HSDPA）技术，HSDPA 技术通过使用在 GSM/EDGE 标准中已有的方法来提高分组数据的吞吐量，这些方法包括自适应调制和编码（Adaptive Modulation and Coding，AMC）技术、混合自动重传请求（Hybrid Automatic Repeat on Request，HARQ）技术。HSDPA 业务信道使用 Turbo 编码，可以在 2ms 内进行动态资源共享，包括共享码道资源和功率资源。HSDPA 增加了物理信道，并采用多码传输方式、短传输时间间隔、快速分组调度技术、先进的接收机设计等，使小区下行峰值速率达到 14.4Mbit/s。

为了实现 HSDPA 的功能特性，在物理层规范中引入了 1 个传输信道和 3 个物理信道。

① 高速下行共享信道（High Speed Downlink Shared Channel，HS-DSCH）。承载下行链路用户数据的传输信道，信道共享方式主要是时分复用和码分复用。最基本的方式是时分复用，即按时间段分给不同的用户使用，这样 HS-DSCH 信道化码每次只分配给一个用户使用。另一种方式就是码分复用，在码资源有限的情况下，同一时刻，多个用户可以同时传输数据。传输时间间隔（TTI）或交织周期恒定为 2ms。HS-DSCH 扩频因子固定为 16，考虑到预留可用的信道码，最多可映射到 15 个物理信道。除了 QPSK 调制外，引入了高阶的 16QAM 调制。HS-DSCH 可以根据信道条件快速适配传输格式，采用快速调度技术、增量冗余的 HARQ 技术等。

② 高速下行物理共享信道（High Speed Physical Downlink Share Channel，HS-PDSCH）。HS-DSCH 与 HS-PDSCH 互相映射。15 个 HS-PDSCH 信道用于承载 HS-DSCH 信道，连续 15 个 OVSF 信道码可用于 15 个 HS-PDSCH。传输时间间隔（TTI）为 2ms，扩频因子固定为 16。

③ 高速下行共享控制信道（High Speed Shared Control Channel for HS-DSCH，HS-SCCH）。承载 HS-DSCH 上用来解码的物理层控制信令，传输 HS-DSCH 信道解码所必需的控制信息。HS-SCCH 参数包括信道码和调制方式的信息、传输块尺寸和 HARQ 参数的信息。如果 HS-DSCH 没有承载数据，就不需要发送 HS-SCCH。每个 UE 最多支持 4 个 HS-SCCH。传输时间间隔（TTI）为 2ms，扩频因子为 128。

④ 高速上行专用物理控制信道（High Speed Dedicated Physical Control Channel for HS-DSCH，HS-DPCCH）。承载上行链路的控制信令，主要是HARQ ACK/NACK 信息以及下行链路质量的反馈信息（CQI）。传输时间间隔（TTI）为2ms，扩频因子为256。

在R6版本中新增了一种物理信道，部分专用物理信道（Fractional Dedicated Physical Channel，F-DPCH），当所有下行业务都已经由HS-DSCH承载时，可以启用F-DPCH。

2．HSUPA

3GPP在2004年12月发布的R6版本中引入了增强型上行链路技术，初期是在增强型上行链路专用信道(E-DCH)的项目下启动的，又可以称为高速上行链路分组接入(High Speed Uplink Packet Access，HSUPA）技术，考虑到上行链路的特点，HSUPA对如下技术进行了深入研究。

① 上行的物理层快速混合自动重传请求（HARQ）。

② 上行的基于Node B的快速调度技术。

③ 更短的传输时间间隔。

④ 上行采用高阶调制。

⑤ 快速的专用信道建立。

E-DCH的定义中引入了如下5条新的物理信道。

① 增强专用物理数据信道（E-DCH Dedicated Physical Data Channel，E-DPDCH）。负责承载E-DCH传输信道，传输用户数据。E-DPDCH采用复帧结构，由5个2ms传输时间间隔（TTI）的子帧构成，总帧长为10ms，与R99版本相同，可依据不同情况选择合适的帧长。

② 增强专用物理控制信道（E-DCH Dedicated Physical Control Channel，E-DPCCH）。负责传输与E-DPDCH有关的控制信息。E-DPCCH与E-DPDCH码分复用构成一个码分复用传输信道（CCTrCH），为Node B解码E-DPDCH提供相关信息。

③ 绝对授予信道（E-DCH Absolute Grant Channel，E-AGCH）。承载了调度产生的用于直接指定E-DCH传输速率的绝对分配信令。

④ 相对授予信道（E-DCH Relative Grant Channel，E-RGCH）。承载了调度产生的用于相对调整E-DCH传输速率的相对分配信令。

⑤ HARQ确认指示信道（E-DCH HARQ Acknowledgement Indicator Channel，E-HICH）。供Node B将HARQ ACK /NACK 消息反馈给UE。E-HICH的功能与HSDPA的HS-DPCCH类似，即用来提供HARQ反馈信息。但它不包含 CQI消息，因为HSUPA不支持自适应调制与编码。

HSUPA 技术可提高上行链路容量和数据业务传输效率，使小区上行峰值速率能达到5.76Mbit/s。HSUPA后向兼容R99/R4/R5版本，但HSUPA不依赖HSDPA，没有升级到HSDPA的网络可以直接引入HSUPA。

HSDPA/HSUPA不是一个独立的功能，其运行需要R99/R4中的基本过程，如小区选择、同步、随机接入等基本过程保持不变，改变的是从用户设备到Node B之间传送数据的方法。HSDPA/ HSUPA技术是对WCDMA技术的增强，不需对已存的WCDMA网络进行较大的改动。也可以越过WCDMA网络，直接部署HSDPA/HSUPA网络。采用HSDPA/HSUPA技术可以提供上下行的高速数据传输，满足高速发展的多媒体业务的需求。

3GPP引入的无线系统的高速解决方案（HSPA）是一些无线增强技术的集合，可以在现有技术的基础上使上下行峰值速率有很大的提高，并不针对具体的空中接口技术。HSPA 技术同时适用于 WCDMA FDD、UTRA TDD 和 TD-SCDMA 3 种不同模式。在不同系统中的实现方式是十分相似的。由于空中接口技术的不同，导致不同模式间存在具体的差异，如具体的时隙格式、扩频因子等。

3. HSPA 的演进（HSPA+）

HSPA+是在 HSPA 基础上的演进，在关键技术上，它保留了 HSPA 的如下特征：快速调度、混合自动重传（HARQ）、下行短帧（2ms）、上行可变帧长（10ms/2ms）、自适应调制和编码，同时保留了 HSPA 的所有信道及特征：HS-PDSCH、HS-SCCH、HS-DPCCH、E-DPCCH、E-DPDCH、E-RGCH、E-AGCH、E-HICH、F-DPCH 等。因此，它向下完全兼容 HSPA 技术，但为了支持更高的速率和更丰富的业务，HSPA+也引入了如下的新技术。

① MIMO 技术。

② 分组数据连续传输技术。

③ 上下行均采用更高阶调制。

④ 接入网架构的优化。

HSPA+由 3GPP R7 版本定义。通过采用新技术，HSPA+能够实现 28Mbit/s 的高速数据传输。与使用 OFDMA 技术的 LTE 不同，HSPA+和目前的 WCDMA 一样都基于 CDMA 技术。

HSPA+是一个全 IP、全业务网络，同时它后向兼容原有 R99/HSPA 网络以及相应的终端，因此 HSPA+的网络部署不会带来旧用户终端的更换，较好地保护了用户的原有投资。它与 LTE 不具有兼容扩展性，同时它们的标准进度基本相似，因此，运营商是选择直接部署 LTE 还是选择某种过度阶段的 HSPA+技术，最终取决于业务的发展、频率的规划等问题。

6.6.2 HSPA 无线网络结构

HSPA 叠加在 WCDMA 网络之上，既可以与 WCDMA 共享一个载波，也可以部署在另一个载波上。在两种方案中，HSPA 和 WCDMA 可以共享核心网和无线网的所有网元，包括基站（Node B）、无线网络控制器（RNC）、GPRS 服务支持节点（SGSN）以及 GPRS 网关支持节点（GGSN）等。WCDMA 和 HSPA 还可以共享站址、天线和馈线。从 WCDMA 到 HSPA 需要进行软件升级，基站和无线网络控制器还需要更新一些硬件。

1. 引入 HSDPA 对 R99/R4 版本无线网络结构的影响

引入 HSDPA 对 R99/R4 版本无线网络结构的影响示意图如图 6-24 所示。图中灰色部分为 R99/R4 版本无线网络结构升级为 HSDPA 网络（R5 版本）需变化的内容。

基于 R99/R4 版本无线网络结构引入 HSDPA 功能，对 Node B 改动比较多，对 RNC 主要是修改算法协议软件，硬件影响很小。

如果在 R99/R4 版本设备中已考虑了 HSDPA 功能升级要求（如 16QAM、缓冲器及处理器的性能等），那么实现 HSDPA 功能不需要硬件升级，只要软件升级即可。现在很多厂家都可通过软件升级支持 HSDPA 功能。

（1）对 Node B 的影响

① MAC 层增加了新的 MAC-hs 实体，实现 HARQ 和快速调度。

② 增加了新的传输信道（HS-DSCH）与物理信道（HS-PDSCH、HS-SCCH 和 HS-DPCCH）。

③ 引入 16QAM 调制解调方式，对射频功放提出更高要求。

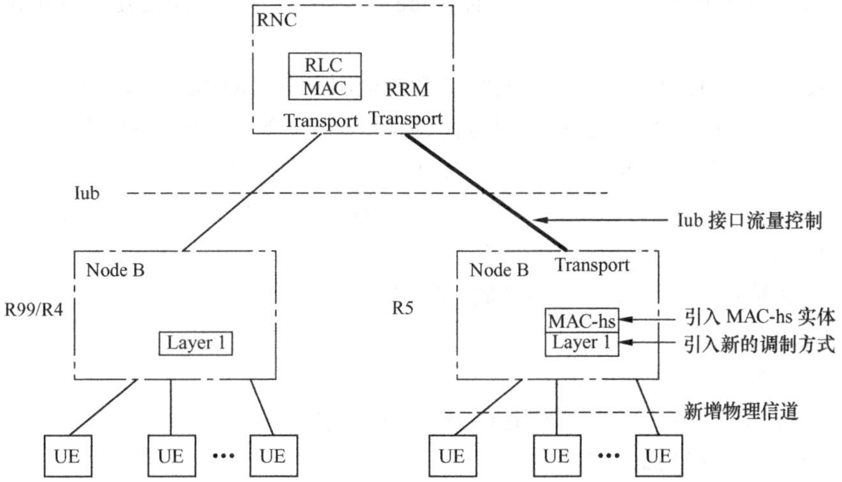

图 6-24　引入 HSDPA 对 R99/R4 版本无线网络结构的影响示意图

④ 支持 Iub 接口数据的流量控制。

（2）对 RNC 的影响

① RRM 算法增强。最基本的无线资源管理（Radio Resource Management，RRM）算法包括接纳控制、资源分配和移动性管理。

- 接纳控制。接纳控制主要用来判决 HSDPA 终端的新用户是否允许接入小区，是否使用 HSDPA 提供的服务，由 RNC 完成。

由于 HS-PDSCH 物理信道是共享信道，因此 HSDPA 接纳控制与 R99/R4 不同。在接纳控制时需要充分考虑流类、交互类和背景类业务自身的特点以及 HS-DSCH 的工作特点进行调度，充分发挥 HS-DSCH 共享信道的高速特性。RNC 实施接纳判决时需要考虑功率资源、HSDPA 承载数据吞吐量、HSDPA 业务用户数、Node B 和 UE 的功能等因素。

- 资源分配。资源分配一般指为 HSDPA 分配功率和码字的功能。如果系统规划适当，那么接入控制和分组调度可以尽量避免过载，但也不能排除无线环境恶化情况下用户的功率突发升高导致系统过载的情况。因此，无线资源管理需要通过负载控制手段使系统快速恢复到稳定状态。

HSDPA 的负载控制与 R99 的区别只是在下行，HSDPA 中下行降低负载的策略如下：降低 HSDPA 可用的总功率；减少分组业务的数据吞吐量；强制切换到另一个载频或 GSM 系统；强制某些低优先级用户掉话。

- 移动性管理。HSDPA 网络中不使用软切换，在某一个时刻，数据仅仅是从一个小区传送到用户设备（UE），需要新增针对 HSDPA 用户的移动性管理功能，切换期间需要对 Node B 缓冲区进行有效的管理。

② 传输接口信令需要修改。HSDPA 的引入还要求增加和修改 UTRAN 内部所使用的控制面协议，简介如下。

- 在 Iub/Iur 上新增数据和控制帧。

- NBAP（Iub 接口）。即 Node B 应用部分（NBAP）协议。NBAP 使 RNC 能够管理 Node B 上的资源。HS-DSCH 构成了一种额外的 Node B 资源类型，也需要使用 NBAP 协议进行管理。
- RNSAP 协议（Iur 接口）。无线网络子系统应用部分（RNSAP）在两个 RNC 的 Iur 接口上实现，也受到了 HSDPA 的影响，因为在这种情况下，Node B 中的 HSDPA 相关资源由不同 Node B 的控制 RNC（CRNC）和服务 RNC（SRNC）管理。
- RRC 协议（Uu 接口）。即无线资源控制（RRC）协议，负责一系列 UTRAN 专用功能，包括无线承载（Radio Bearer）管理等。

③ 相应的传输接口带宽需要增加（如 Iub、Iu 接口等）。

（3）对 UE 的影响

① 要求 UE 新增 MAC-hs 层。

② 对基带处理能力进行增强，使其可处理多码并传。

③ 新增对 16QAM 解调的支持。

④ 要求终端具有更大的内存。

⑤ 对更先进的接收机和接收算法的支持。

⑥ 提供 12 类 HSDPA 终端。

HS-PDSCH 的扩频因子固定为 16($SF = 16$)，采用不同调制方式（QPSK 或 QAM）时，HSDPA 终端最大峰值速率在 900kbit/s～14.4Mbit/s 间变化。

2．HSUPA 对 R99/R4 版本网络结构的影响

HSUPA 的目标是在上行方向改善容量和数据吞吐量，降低专用信道的延迟。3GPP 规范提供的主要增强功能是定义了一条新的传输信道，成为增强专用信道（E-DCH）。与 HSDPA 一样，E-DCH 同样依赖于物理层和 MAC 层的改进，但其中的区别在于 HSUPA 并没有引入新的调制方式，而是使用 WCDMA 中现有的调制方式 QPSK，因此，HSUPA 中并没有实现 AMC。与 HS-DSCH 不同，E-DCH 支持软切换，MAC 层在 Node B 和 RNC 之间的变化不同，Node B 负责 HARQ 处理和调度等即时功能，位于 RNC 中的相关 MAC-es 实体则负责顺序传送 MAC-es 帧，这些帧可能来自目前为 UE 服务的不同 Node B。E-DCH 与 HS-DSCH 还有一个显著差异是，E-DCH 可以同时支持 2 ms 和 10 ms 的 TTI（HS-DSCH 要求 2 ms 的 TTI），具体要求使用哪个 TTI，取决于 UE 的类型。

引入 HSUPA 对 R99/R4 版本网络结构的影响与 HSDPA 类似，简介如下。

（1）对 Node B 的影响

① MAC 层增加了新的 MAC-e 实体，实现 HARQ 重传和调度功能。

上行调度类似于一种非常快的功率控制机制。由于 WCDMA 的扩频作用，UE 的发射功率与发送信息的数据速率直接关联。高数据速率低扩频因子 UE 的发射功率要高于高扩频因子低码元速率 UE 所要求的发射功率。由于 E-DCH 是一条专用信道，因此极有可能各个 UE 同时传输数据，因此会在 Node B 上引入干扰。所以，Node B 必须调节 E-DCH 中各个 UE 的发射信号功率电平，以避免达到功率极限。

HSUPA 的上行调度的目的与 HSDPA 中的不同：HSDPA 中调度器的目的是为多个用户分配 HS-DSCH 资源（时隙和码字），而 HSUPA 中上行调度器的目标是为各个 E-DCH 用户

分配所需要的尽可能多的容量（发射功率），以保证 Node B 不会产生功率过载。

② 增加了新的物理信道（E-DPDCH、E-DPCCH、E-AGCH、E-RGCH 和 E-HICH）。

③ 支持 Iub 接口数据的流量控制。

（2）对 RNC 的影响

① MAC-es 实体在 RNC 中实现，完成分组数据的重排。

由于 HSUPA 的软切换和 HSUPA 物理层重传会导致分组数据顺序的错乱，因而 RNC 中也增加了新的功能实体。当多个 Node B 接收到数据后，由于软切换的原因，从不同 Node B 到达的分组的顺序可能发生改变，为了对同一分组流的顺序进行重排，就需要在 MAC-es 中添加重排功能。这样新添加的 MAC-es 的“顺序传送”功能可以保证从终端发送出来的数据以正确的顺序提供给上层。如果排序功能由 Node B 来处理，由于对于丢失的分组，Node B 必须等待激活其他 Node B 的正确接收，因此 Node B 中便会引入不必要的时延。

② 最基本的 RRM 算法包括接纳控制、资源分配和移动性管理等需要改进。

③ 传输接口信令需要修改，相应的传输接口带宽需要增加（如 Iub、Iu 接口等）。

（3）对 UE 的影响

① 要求 UE 新增 MAC-e 和 MAC-es 层。

② 对基带处理能力进行增强，使其可处理多码并传。

③ 要求终端具有更大的内存。

④ 增加上行调度功能。

⑤ 提供 6 类 HSUPA 终端。

不同类型终端之间的主要区别在于终端的多码能力和对 2ms TTI 的支持，终端最大峰值速率可达 5.76Mbit/s。

6.6.3 HSPA 用户协议结构

R99/R4 协议层的基本功能对 HSPA 来说均是有效的。HSDPA 和 HSUPA 在用户协议结构中都引入了新的组件。图 6-25 所示为 HSDPA 和 HSUPA 用户数据在无线接口中的结构，对处理用户数据的新协议实体用阴影显示。控制面信令可以简单地连接到 RLC 并通过 DCH 或者 HSPA 来承载信令。图中给出了多个 PDCP 和 RLC 实体，表示可以允许多个并行业务。

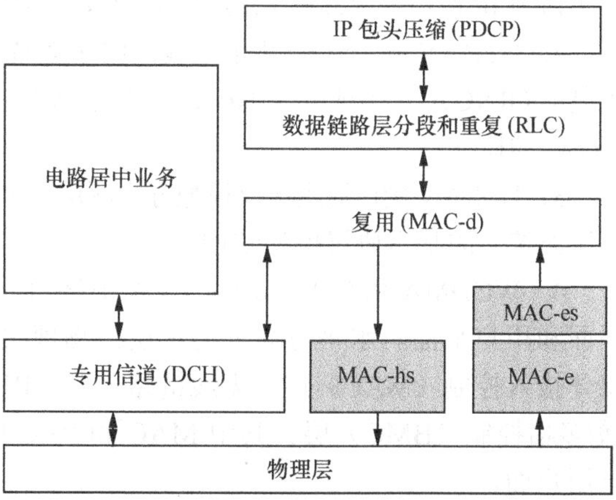

图 6-25 HSPA 用户协议架构

HSPA 中新增传输信道和物理信道关系示意图如图 6-26 所示。

在目前的 HSDPA/HSUPA 技术中，只有专用逻辑用户数据信道可以被映射到 HS-DSCH/E-DCH 上。当 DTCH 映射到 HS-DSCH/E-DCH 上时，只有非确认模式（RLC UM）和确认模式（RLC AM）可用，由于加密的原因，透明模式（RLC TM）不可用。

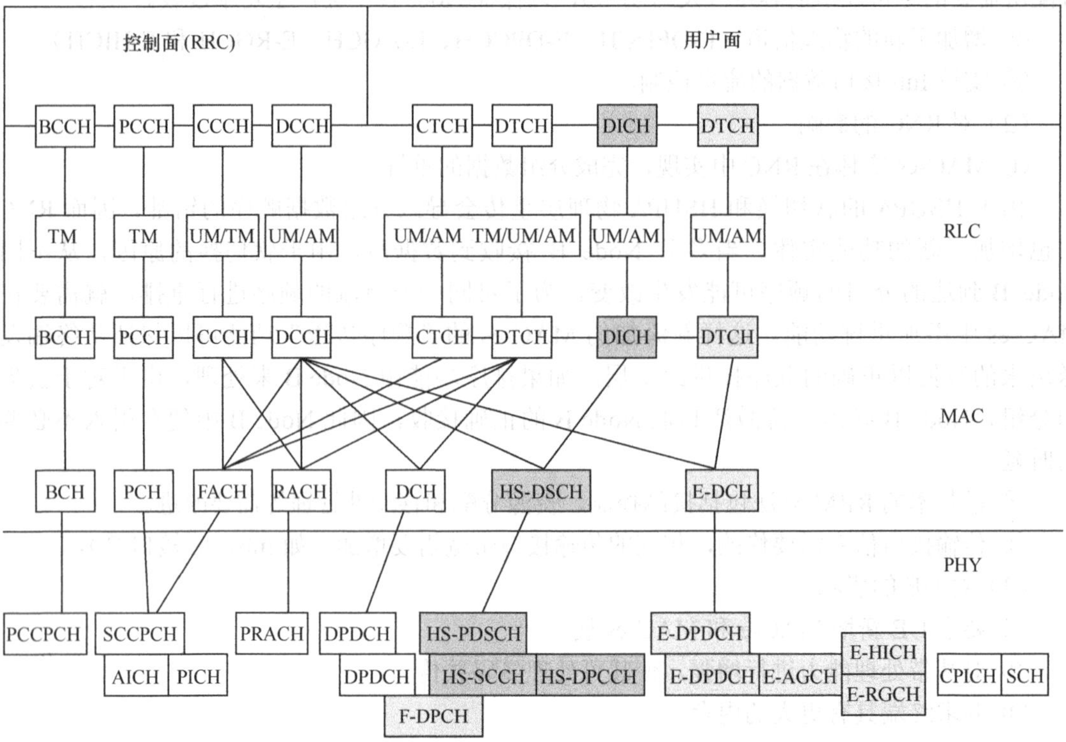

图 6-26 HSPA 中新增传输信道和物理信道关系示意图

小　　结

1．WCDMA 系统网络结构按功能划分，由核心网（CN）、无线接入网（UTRAN）、用户设备（UE）与操作维护中心（OMC）等组成。核心网与无线接入网（UTRAN）之间的开放接口为 Iu 接口，无线接入网（UTRAN）与用户设备（UE）间的开放接口为 Uu 接口。

2．UTRAN 由一个或几个无线网络子系统（RNS）组成。每个 RNS 包括一个无线网络控制器（RNC）、一个或几个 Node B。为了从逻辑上描述 RNC 的功能，引入了 SRNC、DRNC、CRNC 的概念。

3．UTRAN 接口通用协议模型分为两层二平面。UTRAN 内部的 3 个接口（Iu、Iur 和 Iub）都遵循统一的基本协议模型结构。

4．WCDMA 系统中 Uu 接口（空中接口）协议结构分为两面三层，垂直方向分为控制平面和用户平面。水平方向分为三层：物理层、数据链路层、网络层。数据链路层又包括媒体接入控制（MAC）层、无线链路控制（RLC）层、分组数据汇聚协议（PDCP）层和广播/多播控制（BMC）层。其中 MAC 和 RLC 由控制面与用户面共用，PDCP 和 BMC 仅用于用户面。

5．在 WCDMA 空中接口中，物理信道的特征可由载频、扰码、信道化码（可选的）和相对相位来体现。物理信道可分为上行物理信道和下行物理信道，也可分为专用物理信道和公共物理信道。逻辑信道、传输信道和物理信道间有特定的映射关系。

6．UE 和 UTRAN 间的控制信令主要是无线资源控制（RRC）层消息。RRC 子层通过通知业务接入点（Nt-SAP）、专用控制业务接入点（DC-SAP）和通用控制业务接入点（GC-SAP）向高层提供服务。RRC 的各种状态及各种模式间可以相互转换，UTRAN 连接模式有 4 种状态。

7．电路域语音呼叫移动用户主叫（MOC）过程主要包括 RRC 连接建立、CM 业务处理、鉴权和安全模式、呼叫控制、RAB 建立、呼叫建立成功子过程。移动用户作为被叫时，接收到寻呼消息后，UE 将启动相应的连接建立过程，其过程与移动用户作为主叫的流程大致类似。

8．分组域呼叫与电路域呼叫一样，也可以分为移动用户主叫和移动用户被叫两种情况。呼叫过程中 RRC 连接的建立、鉴权和安全模式、无线接入承载（RAB）建立与电路域的呼叫过程近似，不同的是增加 GPRS 附着/业务请求过程和 PDP 上下文激活过程。

9．基于 R99/R4 版本无线网络结构引入 HSDPA 功能，对 Node B 改动比较多，对 RNC 主要是修改算法协议软件，硬件影响很小。如果在 R99/R4 版本设备中已考虑了 HSDPA 功能升级要求（如 16QAM、缓冲器及处理器的性能等），那么实现 HSDPA 功能不需要硬件升级，只要软件升级即可。

10．HSUPA 系统结合上行链路的特点，借鉴了 HSDPA 中技术，采用物理层的快速 HARQ 技术，数据的重传在移动终端和 Node B 间直接进行。

习　题

1．简述 WCDMA 系统的主要特点。

2．画出 WCDMA 系统网络结构图，说明各网元和主要接口的功能。

3．说明 SRNC 和 DRNC 的功能和区别。

4．描述 R4 版本中，WCDMA 核心网的变化，说明 MSC Server 和 MGW 的功能。

5．画出 UTRAN 接口协议模型，说明其结构特点。

6．画出 WCDMA 系统中无线接口 Uu 的协议结构，简述各层的名称、功能和各层关系。

7．画出 WCDMA 物理信道分类图，注明信道的中文和英文缩略语名称。

8．描述 WCDMA 系统中电路域移动用户语音呼叫的主叫过程。

9．描述 WCDMA 系统中分组域移动用户的主叫过程。

10．什么是 HSPA？介绍 HSPA 技术的演进过程。

11．简述引入 HSDPA 对 R99/R4 版本无线网络结构的影响。

第7章 LTE移动通信系统

3G 技术长期演进（Long Term Evolution，LTE）与以往的移动通信系统不同，无线接入网的空中接口技术和核心网的网络结构都发生了较大的变化。本章主要内容如下。

① LTE 和 LTE-A 的主要特点

② LTE 网络结构

③ E-UTRAN 的结构，主要网元和接口的功能

④ 核心网（EPC）结构，主要网元和接口的功能

⑤ LTE 空中接口的协议结构及各层功能

⑥ 物理信道、传输信道、逻辑信道的分类及相互间的映射关系

⑦ LTE 关键技术

7.1 概述

1. LTE 概念

近年来，在传统蜂窝移动通信技术高速发展的同时，宽带无线接入技术（如移动 WiMAX）也开始提供移动功能，试图抢占移动通信的部分市场。为了保证 3G 移动通信的持续竞争力，移动通信业界提出了新的市场需求，要求进一步加强 3G 技术，提供更强大的数据业务能力，向用户提供更好的服务，同时具有与其他技术进行竞争的实力。因此，3GPP 和 3GPP2 相应启动了 3G 技术长期演进（Long Term Evolution，LTE）和空中接口演进（Air Interface Evolution，AIE），2007 年 2 月，3GPP2 鉴于新的标准与 CDMA2000 1x EV-DO 有较大差别，将新的空中接口标准命名为超移动宽带（Ultra Mobile Broadbandx，UMB），并于 2007 年 4 月正式颁布。2008 年底，美国高通公司停止了超移动宽带（UMB）无线技术的研发，专注于 LTE 的开发。至此，全世界关于后 3G/4G 技术的走向，已经基本集中于 LTE。

按照 3GPP 组织的工作流程，3G LTE 标准化项目基本上可以分为两个阶段：2004 年 12 月到 2006 年 9 月为研究项目（Study Item，SI）阶段，进行技术可行性研究，并提交各种可行性研究报告；2006 年 9 月到 2007 年 9 月为工作项目（Work Item，WI）阶段，进行系统技术标准的具体制定和编写，完成核心技术的规范工作，并提交具体的技术规范。在 2009 年到 2010 年推出成熟的商用产品。

3GPP LTE 地面无线接入网络技术规范已通过审批，被纳入 3GPP R8 版本中，2009 年 3 月份的会议上 R8 版本基本已经完成。相比于传统的移动通信网络，LTE 在无线接入技术和

网络结构上发生了重大变化。

为了实现 LTE 所需的大系统带宽，从采用的无线接入技术来看，3GPP 不得不选择放弃长期采用的 CDMA 技术，选用新的核心传输技术，即 OFDM/MIMO 技术。OFDM 和 MIMO 技术都是目前移动通信系统中没有采用的技术。要想从目前的网络平滑的演进到 LTE 是比较困难的，所以 LTE 可以被看成是移动通信的一次革命，主要原因是它采用了更先进的无线技术，摒弃了电路交换业务，采用全 IP 的结构。

从网络结构上来看，整个网络结构向着扁平化的方向发展，取消了原来的基站控制器的功能实体，整个网络只包括接入网和核心网两层结构。在无线接入网（RAN）结构层面，为了降低用户面延迟，LTE 取消了重要的网元——无线网络控制器（RNC）。在核心网（CN）层面，也取消了传统的电路交换，完全采用基于分组交换的核心网结构，也就是说无论是语音业务还是数据业务全部采用分组交换的方式。和 LTE 相对应的系统框架演进（System Architecture Evolution，SAE）项目大大改变了系统框架。由 LTE/SAE 为标志的这次变革，与其说是 Evolution（演进），不如说是 Revolution（革命）。这场“革命”使系统不可避免地丧失了大部分后向兼容性，也就是说，从网络侧和终端侧都要做大规模的更新换代。3G LTE 的研究工作主要集中在物理层、空中接口协议和网络架构等方面。

2. LTE 的主要目标

LTE 是 3GPP 主导的一种先进的空中接口技术，被认为是准 4G 技术。LTE 区别于以往的移动通信系统，它完全是为了分组交换业务来优化设计的，无论是无线接入网的空中接口技术还是核心网的网络结构都发生了较大的变化。

（1）LTE 需求

2005 年 6 月魁北克会议上 3GPP 组织最终确定了 LTE 的系统目标，LTE 的主要目标就是定义一个高效的空中接口，这些目标需求主要包括如下几点。

① 系统容量。LTE 要求使用 20MHz 的带宽，下行和上行峰值速率分别达到 100Mbit/s 和 50Mbit/s。相应的频谱效率分别为 5bit/s/Hz 和 2.5bit/s/Hz。支持 FDD 和 TDD 两种模式。除了 20MHz 带宽外，还支持 1.25MHz、1.6MHz、2.5MHz、5MHz、10MHz、15MHz 带宽，灵活的带宽支持可以满足用户对不同业务的速率要求。这里需要说明的是，在 TDD 模式中由于上下行不能同时使用整个带宽发射和接收，因此峰值速率不会到达要求的指标，而在 FDD 模式中由于上下行使用不同的频率，因此能够达到要求的指标。

② 数据传输时延。在 LTE 中，数据传输时延要求在无负载的情况下小于 5ms，无负载是指整个系统被一个用户所使用，没有其他的用户。传输时延包括手机发出信号在空中的传输时延和 LTE 基站的处理时延。对时延的强制要求主要是为了那些实时业务考虑的。在实时业务中，如语音和流媒体，通常人们能够容忍的单方向的最大时延为 400ms，大于 400ms 对语音业务来说是不可接受的。3GPP 标准中对 QoS 要求的传输时延要小于 150ms，这是一个比较理想值。150ms 指的是端到端的时延，即从用户发出信号到接收者收到信号的时延，那么对移动通信系统来说就包括无线链路传输时延、设备处理时延、核心网的传输时延，如果是和非移动用户通信，还包括 PSTN 的处理和传输时延。

③ 终端状态间转换时间。3GPP 中将终端状态间转换时间定义为控制平面时延。在传统的电路交换移动通信系统中，终端一般有两种状态。

- 空闲状态（IDLE）：在这种状态下，其他终端是可以和这个终端建立通话的，但是终端不能进行数据传输。
- 激活状态（ACTIVE）：这种状态下的终端可以进行语音通话或是基于电路交换的数据业务传输。

但是在全分组交换业务的 LTE 中，由于数据业务的突发性特点，数据传输并不是均匀的，可能终端在比较长的时间内只有少量的数据传输，但是还是要始终保持连接，如在即时通信（如 QQ）中的好友状态信息。那么就需要定义一种新的状态，这种状态一般称为等待状态（STANDBY）。在等待状态下只有少量的数据传输，并且一直处于连接状态。那么 LTE 中终端的状态就有 3 种：空闲状态、激活状态和等待状态。对这 3 种状态间的转换时延要求如下。

- 从空闲状态转换到激活状态一般要求要小于 100ms，这里不包括移动台发起通话中的寻呼过程，也不是整个的呼叫建立过程，只是移动台从空闲状态转换到激活状态的操作时延，这里的操作主要是指为移动台分配资源的过程。
- 激活状态和等待状态的相互转换时延要求小于 50ms。

④ 移动性。在 LTE 中要求移动台的移动速度在 120～350km/h 也可以保持正常的通信，在某些频段要求 500km/h 也可以保持通信。

⑤ 覆盖范围。覆盖范围主要是指小区的半径，即基站位置到小区边界上的移动台的距离。要求覆盖范围小于 5km 时，要保证用户的速率要求和移动性要求。在小区半径达到 30km 时，用户速率的轻微下降是可以接受的，但是移动性的要求是不变的。另外对小区半径达到 100km，也是允许的，但是在这种情况下，并没有提出性能要求。

⑥ 增强的多媒体广播和多播业务（MBMS）业务。在 LTE 中要求进一步增强 MBMS 业务，包括广播模式和单播模式。要求的频谱效率要达到 1bit/s/Hz，即在 5MHz 的带宽内，要提供 16 个电视业务，每个业务的速率为 300kbit/s。另外要求 MBMS 业务可以使用单独的载波，也可以和其他业务共用载波。

（2）LTE 主要性能指标

3GPP LTE 的主要性能指标描述如下。

① 支持 1.25～20MHz 带宽，提供上行 50Mbit/s、下行 100Mbit/s 的峰值数据速率。

② 提高小区边缘的比特率，改善小区边缘用户的性能。

③ 频谱效率达到 3GPP R6 的 2～4 倍。

④ 降低系统延迟，用户面延迟（单向）小于 5ms，控制面延迟小于 100ms。

⑤ 支持与现有 3GPP 和非 3GPP 系统的互操作。

⑥ 支持增强型的广播组播（MBMS）业务。

⑦ 实现合理的终端复杂度、成本和耗电。

⑧ 支持增强的 IP 多媒体子系统（IP Multimedia Subsystem，IMS）和核心网。

⑨ 取消 CS（电路交换）域，CS 域业务在 PS（分组交换）域实现，如采用 VoIP。

⑩ 以尽可能相似的技术同时支持成对和非成对频段。

⑪ 支持运营商间的简单邻频共存和邻区域共存。

3．LTE 的基本特点

LTE 的基本特点包括只支持分组交换的结构和完全共享的无线信道。

（1）只支持分组交换的结构

为了更好地理解LTE只采用分组交换的结构，我们有必要回顾一下以前和目前的移动通信系统的结构（以UMTS系统为例）。

在2G的早期阶段，移动通信主要是为了语音业务设计的，网络结构比较简单，主要包括无线接入网和核心网，无线接入网的设计主要是为语音业务和低速率的电路交换数据业务，而核心网完全是电路交换。

随着IP和Web业务的发展，GSM系统演进到能够有效地支持这类业务。无线接入网中采用了GPRS和EDGE两种演进方案，增加了分组交换的核心网结构，分组交换核心网的作用和电路交换核心网的作用是一样的，主要是支持分组交换和与互联网互通。新增加的分组交换核心网，不仅需要增加新的节点，而且增加了部署和工程费用。

3G系统与2G系统核心网结构并无太大的差别，因为在核心网中同样包含了电路交换和分组交换。只不过在分组交换的核心网上又增加了IP多媒体子系统（IMS），IMS的主要目标是为3GPP无线网络中的各种IP业务提供了一个通用的业务平台。在IMS中主要使用SIP，SIP由IETF定义。

LTE的核心网SAE的主要目标就是采用一种简化的核心网结构，即分组交换的核心网结构。在无线接入网中采用为分组交换优化的空中接口技术，即全IP业务，既支持非实时业务也支持实时业务。电路交换的核心网被取消，那些电路交换的实时业务也可采用分组交互的方式。

（2）完全共享的无线信道

LTE的无线信道完全采用共享的模式，即多用户共享同一信道，而不管业务的种类和QoS要求。因为系统要保证满足所有的用户的QoS要求，共享信道加大了资源的调度难度，但是它大大地降低了网络设计和维护的难度。

4．LTE-Advanced

LTE移动通信系统相对于3G标准在各个方面都有了不少提升，具有相当明显的4G技术特征，但并不能完全满足IMT-Advanced提出的全部技术要求，因此LTE不属于4G标准。为了实现IMT-Advanced的技术要求，在完成了LTE（R8）版本后，3GPP标准化组织在LTE规范的第二个版本（R9）中引入了附加功能，支持多播传输、网络辅助定位业务及在下行链路上波束赋形的增强。2010年底完成的LTE（R10）版本的主要目标之一是确保LTE无线接入技术能够完全满足IMT-Advanced的技术要求，因此增强型长期演进（LTE-Advanced，LTE-A）这个名称常用于LTE的第10版（R10）。那些构成LTE-Advanced的功能正是LTE规范第10版（R10）的部分内容。R10版本通过载波聚合增强了LTE的频谱灵活性，进一步扩展了多天线传输方案，引入了对中继的支持，并且提供了对异构网络部署下小区协调方面的改进。

LTE-A关注于提供更高的能力，提升指标如下：增加峰值数据率，下行3G bit/s，上行1.5G bit/s。频谱效率从R8的最大16bit/s/Hz提高到30 bit/s /Hz。同一时刻活跃的用户数、小区边缘性能都有很大提高。

LTE-A系统的几个主要目标如下。

① 在LTE系统设计的基础上进行平滑演进，使LTE与LTE-A之间实现两者的相互兼容。任何一个系统的用户都能够在这两个系统接入使用。

② 进一步增强系统性能。LTE-A系统能够全面满足ITU提出的IMT-Advanced的技术性能要求，提供更快的峰值速率和更高的频谱效率，同时显著提升小区边缘性能。

③ 可以灵活配置系统使用的频谱和带宽，充分利用现有的离散频谱，将其整合为最大100MHz 的带宽供系统使用。这些整合的离散频谱可以在一个频带内连续或者不连续，甚至是频带间的频段，这些频段的带宽同时也是 LTE 系统支持的传输带宽。

④ 网络自动化、自组织能力功能需要进一步加强。

7.2 LTE 的系统结构

7.2.1 LTE/SAE 的网络结构

LTE/SAE 的整个网络结构图如图 7-1 所示，图中不仅包含演进的分组核心网（Evolved Packet Core Network，EPC）和演进的通用地面无线接入网络（Evolved UTRAN，E-UTRAN），还包含了 3G 系统的核心网（CN）和通用地面无线接入网络（UTRAN），在结构图中为了叙述方便只画出了信令接口。在 3G 系统中，电路交换核心网和分组交换核心网分别连接电话网和互联网，IMS 位于分组交换核心网之上，提供互联网接口，通过媒体网关（MGCF）连接公共电话网。E-UTRAN 和 EPC 间主要实体的功能如图 7-2 所示。图中灰色代表逻辑节点中的各层无线协议，其他代表逻辑节点中控制平面的功能实体。

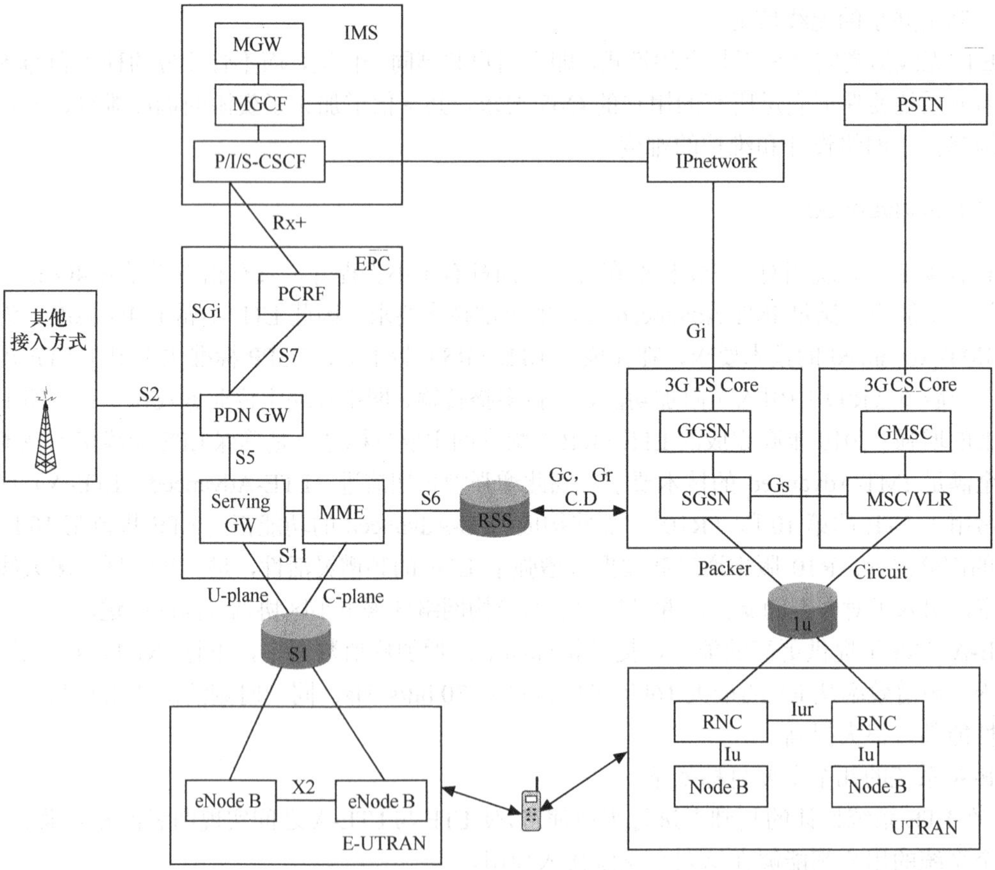

图 7-1 LTE/SAE 的网络结构图

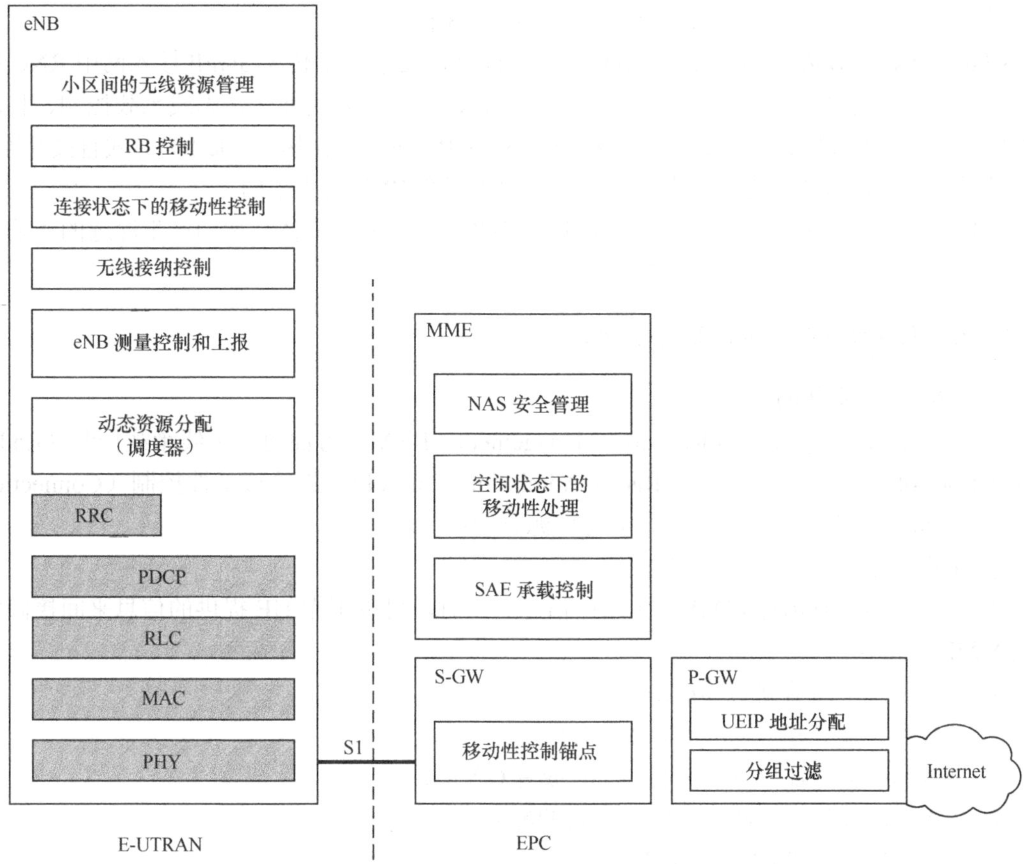

图 7-2 E-UTRAN 和 EPC 间的功能划分

后面将陆续介绍 E-UTRAN 和 EPC 的网络结构、各实体功能、接口及协议栈的特点，最后简单介绍 IMS 与 LTE 网络结构的关系。

7.2.2 E-UTRAN 的结构及接口

1. E-UTRAN 结构与 UTRAN 结构的比较

传统的 3GPP 接入网 UTRAN 由无线收发器（Node B）和无线网络控制器（RNC）组成，如图 7-1 所示。Node B 主要负责无线信号的发射和接收，RNC 主要负责无线资源的配置，网络结构为星形结构，即一个 RNC 控制多个 Node B，另外为了支持宏分集（不同 RNC 的基站间切换），在 RNC 之间定义了 Iur 接口。这样在 UTRAN 系统中 RNC 必须完成资源管理和大部分的无线协议工作，而 Node B 的功能相对比较简单。

在考虑 LTE 技术架构时，大家一致建议将 RNC 省去，采用单层无线接入网络结构，有利于简化网络结构和减小延迟。E-UTRAN 无线接入网的结构比较简单，只包含一个网络节点 eNode B，取消了 RNC，eNode B 直接通过 S1 接口与核心网相连，因此原来 RNC 的功能就被重新分配给了 eNode B 和核心网中的移动管理实体（Mobility Management Entity，MME）或是服务网关实体（Serving Gateway entities，S-GW）。S-GW 实际上是一个边界节点，如果将它看成核心网的一部分，则接入网主要由 eNode B 构成。

LTE 的 eNode B 除了具有原来 Node B 的功能外，还承担了传统 3GPP 接入网中 RNC 的大部分功能，如物理层、MAC 层、无线资源控制、调度、无线准入、无线承载控制、移动性管理和小区间无线资源管理等。eNode B 和 eNode B 之间采用网格（Mesh）方式直接互连，这也是对原有 UTRAN 结构的重大修改。核心网采用全 IP 分布式结构。

LTE 采用扁平的无线接入网络架构，将对 3GPP 系统的未来体系架构产生深远的影响，逐步趋近于典型的 IP 宽带网络结构。

2. E-UTRAN 主要网元的功能及接口

（1）eNode B 实现的功能

① 无线资源管理（Radio Resource Management，RRM）方面包括无线承载控制（Radio Bearer Control）、无线接纳控制（Radio Admission Control）、连接移动性控制（Connection Mobility Control）和 UE 的上行/下行动态资源分配；

② 用户数据流的 IP 头压缩和加密；

③ 当终端附着时选择 MME，无路由信息利用时，可以根据 UE 提供的信息来间接确定到达 MME 的路径；

④ 路由用户平面数据到 S-GW；

⑤ 调度和传输寻呼消息（来自 MME）；

⑥ 调度和传输广播信息（来自 MME 或者 O&M）；

⑦ 用于移动和调度的测量和测量报告的配置。

（2）E-UTRAN 主要的开放接口

在 eNode B 之间定义了 X2 接口，以网格的方式相互连接（所有的 eNode B 可能都会相互连接）。S1 接口是 MME/S-GW 与 eNode B 之间的接口，只支持分组交换。而 3G UMTS 系统中 Iu 接口连接 3G 核心网的分组域和电路域。LTE-Uu 接口是 UE 与 E-UTRAN 间的无线接口。

① X2 接口：实现 eNode B 之间的互连。X2 接口的主要目的是为了减少由于终端的移动引起的数据丢失，即当终端从一个 eNode B 移动到另一个 eNode B 时，存储在原来 eNode B 中的数据可以通过 X2 接口被转发到正在为终端服务的 eNode B 上。

② Sl 接口：连接 E-UTRAN 与 CN。开放的 S1 接口，使得 E-UTRAN 的运营商有可能采用不同的厂商设备来构建 E-UTRAN 与 CN。

③ LTE-Uu 接口：Uu 是 UE 接入到系统固定部分的接口，是终端用户能够移动的重要接口。

3. E-UTRAN 通用协议模型

E-UTRAN 接口的通用协议模型如图 7-3 所示，这个通用协议模型是 E-UTRAN 接口协议设计的一个总体要求，适用于 E-UTRAN 相关的所有接口，即 S1 和 X2 接口。设计原则继承了 UMTS 系统中 UTRAN 接口的定义原则，各协议层和各平面在逻辑上彼此独立。如果将来需要的话，可以对协议栈和平面的一些部分进行修改。

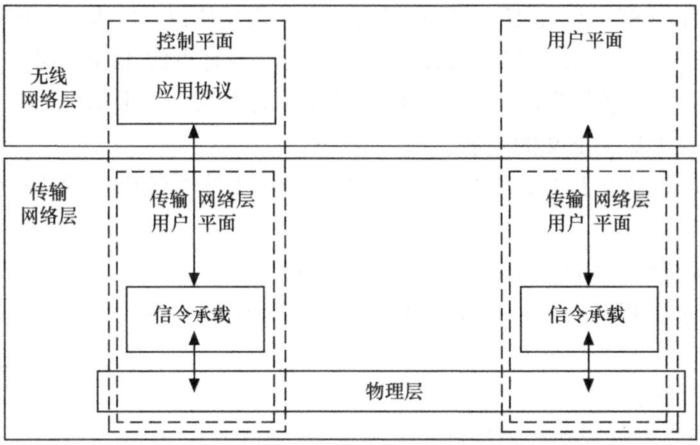

图 7-3 E-UTRAN 通用协议模型

E-UTRAN 通用协议模型由无线网络层和传输网络层两个主要层组成。E-UTRAN 功能在无线网络层实现。传输网络层利用标准的传输技术，E-UTRAN 仅仅是选择使用这些标准传输技术进行网络传输。

控制平面供所有 E-UTRAN 控制信令使用，控制平面包括应用协议，比如 Sl-AP 和 X2-AP 以及信令承载。应用协议用来在无线网络层建立承载等。

用户平面负责用户发送和接收的所有信息，即负责数据流的数据承载。在传输网络层，这些数据流是由隧道协议规范化了的数据流。

用户平面的数据承载和控制平面应用协议的信令承载均由传输网络用户平面负责。

4. E-UTRAN 主要接口的协议栈

（1）eNode B 之间的接口 X2

① X2 用户平面。X2 用户平面协议栈如图 7-4 所示。E-UTRAN 的传输网络层是基于 IP 传输的，UDP/IP 之上是利用 GTP-U（GPRS Tunneling Protocol User Plane）来传送用户面协议数据单元（Protocol Data Unit，PDU）。GTP-U 应用在 LTE 系统做了扩展。

② X2 控制平面。X2 接口的控制平面协议栈如图 7-5 所示。传输网络层是利用 IP 和流控制传输协议（Stream Control Transmission Protocol，SCTP），而应用层信令协议为 X2 接口应用协议（X2 Application Protocol，X2-AP）。

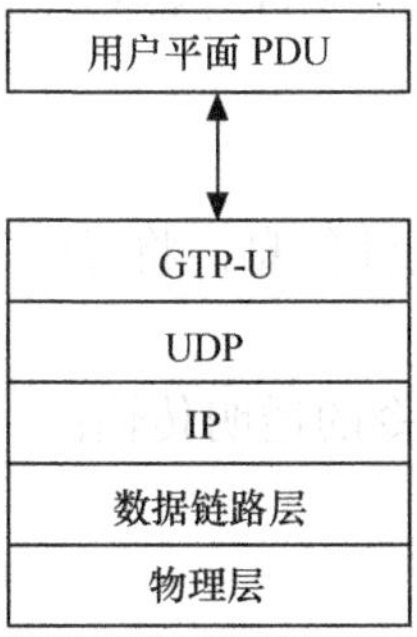

图 7-4 X2 接口用户平面

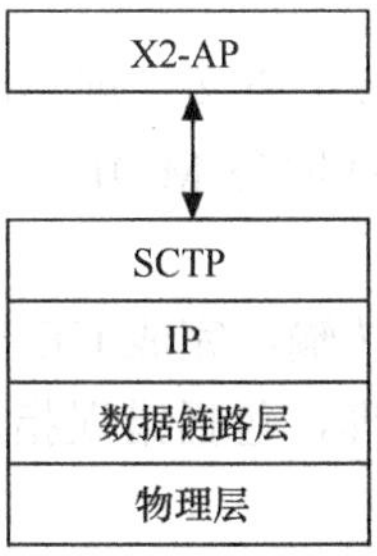

图 7-5 X2 接口控制平面

流控制传输协议（SCTP）是 IETF 新定义的一个传输层协议。作为一个传输层协议，SCTP 可以理解为和 TCP 及 UDP 相类似的协议。它提供的服务有点像 TCP，保证可靠、有序传输消息。不过 TCP 是面向字节的，而 SCTP 是针对成帧的消息。如果每个 UE 对应一个 SCTP，SCTP 可以提供寻址 UE 上下文的功能。

X2-AP 支持 UE 在激活（ACTIVE）模式下，LTE 无线系统内部的移动性。具体实现功能如下。

- 从源 eNode B 到目的 eNode B 之间的上下文传递；
- 在源 eNode B 和目的 eNode B 之间用户平面隧道的控制；
- 切换管理；
- 上行负载管理；
- X2 接口的一般管理和错误处理。

（2）eNode B 和 EPC 的接口 S1

① S1 用户平面。S1 用户平面接口位于 eNode B 和 S-GW 之间。S1 用户平面协议栈如图 7-6 所示。传输网络层是建立在 IP 传输之上的，而 UDP/IP 之上的 GTP-U 用来携带用户平面的 PDU。

② S1 控制平面。S1 控制平面接口位于 eNode B 和 MME 之间。S1 控制平面协议栈如图 7-7 所示。传输网络层是利用 IP 传输，为了可靠地传输信令信息，在 IP 层之上添加了 SCTP。应用层的信令协议为 S1 接口应用协议（S1 Application Protocol，S1-AP）。

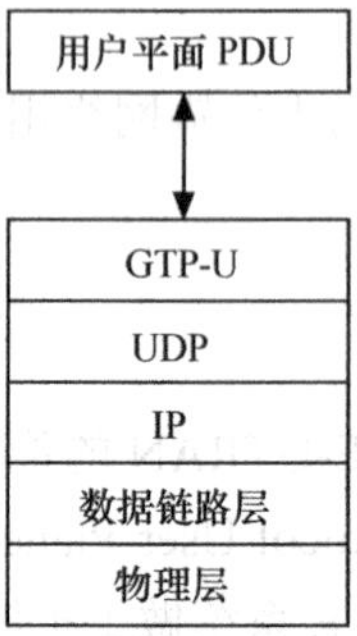

图 7-6 S1 用户平面接口

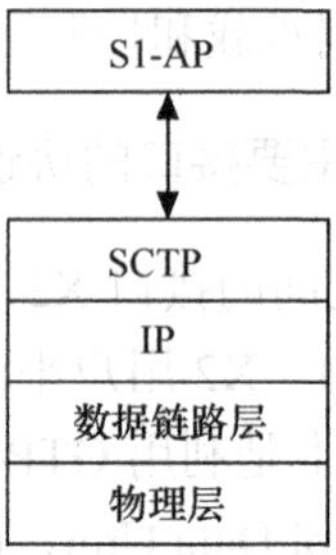

图 7-7 S1 控制平面接口

S1-AP 类似于 3G UMTS 系统 Iu 接口的 RANAP 协议，具体实现功能如下。

- SAE 承载服务的管理，包括承载建立、修改和释放；
- 激活（ACTIVE）模式下，UE 的移动性管理，包括 LTE 内部之间的切换、3GPP 内部之间的切换；
- S1 接口 UE 上下文管理功能。
- S1 寻呼，在服务 MME 中，根据 UE 上下文移动性信息，将寻呼请求信息发送到有关的 eNode B 中；
- NAS 信令传输，完成 UE 与核心网间非接入层信令的透明传输；
- S1 接口管理，包括错误指示等；
- 网络共享；
- 漫游与区域限制功能；

- NAS节点选择功能；
- 初始状态时上下文的建立，就是初始化UE所必须建立的上下文。包括SAE承载上下文、与安全有关的上下文、漫游信息、UE能力信息、UE S1的信令连接标识等，以及与MME有关的初始化上下文。

7.2.3 核心网（EPC）结构及接口

1. SAE架构的演进

在3GPP的LTE标准制定过程中，初期SAE的概念特指核心网的演进。但随着时间的推移，SAE概念的外延在逐渐扩大，某种意义上SAE的范围已经涵盖了无线接入网络和核心网络。严格说来，SAE是不包括无线接入网络的。SAE的具体含义，要根据具体情况而定。演进的SAE架构示意图如图7-8所示。

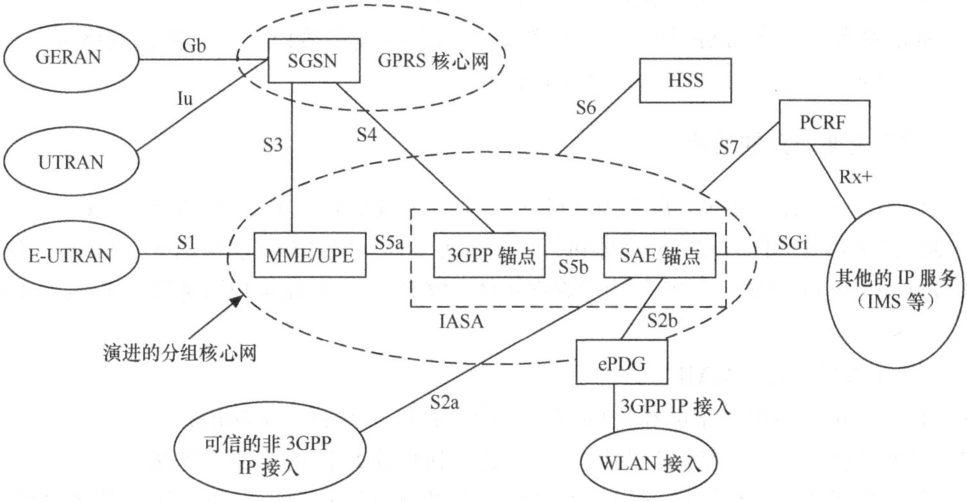

图7-8 演进的SAE架构

（1）SAE架构的主要网元

① 3GPP锚点（3GPP Anchor）是用户平面的一个支持节点，支持UE在2G/3G系统和LTE系统之间移动。

② SAE锚点（SAE Anchor）是用户平面的一个支持节点，支持UE在3GPP系统和非3GPP系统之间移动。

③ 互访锚点（Inter Access System Anchor，IASA）由3GPP锚点和SAE锚点组成。

④ 演进的分组数据网关（evolved Packet Data Gateway，ePDG）是一个转换实体，其功能相当于网关。

⑤ 用户平面实体（User Plane Entity，UPE）负责管理和存储UE的上下文。

（2）SAE架构的参考点

① S1参考点：提供对E-UTRAN无线资源的接入功能，负责传输用户平面业务和控制平面业务。S1参考点可以实现MME和UPE的分离部署和合并部署。

② S2a 参考点：在可信的非 3GPP IP 接入网络和 SAE 锚点之间提供与控制和移动性有关的用户平面支持。

③ S2b 参考点：在 ePDG 和 SAE 锚点之间提供与控制和移动性有关的用户平面支持。

④ S3 参考点：在 IDLE 和 ACTIVE 模式下，为了实现不同 3GPP 系统之间的移动性，利用该接口进行用户和承载信息的交换。

⑤ S4 参考点：在 GPRS 核心网和 3GPP 锚点之间提供与控制和移动性有关的用户平面支持。

⑥ S5a 参考点：在 MME/UPE 和 3GPP 锚点之间提供与控制和移动性有关的用户平面支持。

⑦ S5b 参考点：在 SAE 锚点和 3GPP 锚点之间提供与控制和移动性有关的用户平面支持。

⑧ S6 参考点：提供认证/鉴权数据的传递，实现对用户接入的鉴权和授权。

⑨ S7 参考点：提供 QoS 策略和计费规则的传输。

⑩ SGi 参考点：在 SAE 锚点和分组数据网络之间提供接口。分组数据网络可以是运营商的公网、私网、或运营商内部的一个网络。

2. EPC 主要网元的功能

在 LTE 中，核心网（CN）也称为演进的分组核心（Evolved Packet Core，EPC），如图 7-1 所示。演进的分组核心网（EPC）主要包括移动管理实体（MME）、服务网关（Serving GW）、分组交换网关（PDN GW）、策略和计费规则实体（PCRF）和归属用户服务器（Home Subscriber Server，HSS）等。

（1）移动管理实体（MME）

MME 主要负责与用户平面相关的用户和会话管理，具有三个功能：

① 安全管理功能，包括用户验证、初始化、协商用户使用的加密算法等；

② 会话管理功能，包括协商相关的链路参数和建立数据通信链路的所有信令流程；

③ 空闲状态的终端管理功能，主要是为了使得移动终端能够加入网络中，并对这些终端进行管理。

MME 主要完成如下工作：

① 非接入层（NAS）信令的加密和完整性保护；

② 在 3GPP 访问网络之间移动时，CN 节点之间的信令传输；

③ 空闲状态下的移动性控制；

④ P-GW 和 S-GW 的选择；

⑤ MME 选择，MME 改变带来的切换；

⑥ 切换到 2G 或者 3G 访问网络的 SGSN 选择；

⑦ 漫游；

⑧ 承载管理，包括专用承载建立等。

（2）服务网关（S-GW）

SAE 网关功能包括终端移动时的用户平面的转换。从功能的角度来看，服务网关相当于数据业务的锚点，当数据业务发生在 eNode B 之间时，数据通过服务网关在相关的 eNode B

之间进行转发，当数据业务是和其他的移动系统或是PSTN间传输时，数据通过服务网关路由到分组交换网关。S-GW具体实现的主要功能如下：

① 3GPP间的移动性管理，建立移动安全机制；

② 在E-UTRAN的IDLE模式下，下行分组缓冲和网络初始化；

③ 授权侦听；

④ 分组路由和前向转移；

⑤ 在UE和PDN间、运营商之间交换用户和QoS类别标识的有关计费信息。

（3）分组交换网关（P-GW）

与服务网关类似，P-GW主要是充当与外部数据网络交互数据的锚点。P-GW具体实现的主要功能如下：

① 用户的分组过滤；

② 授权侦听；

③ UE的IP地址分配；

④ 上下行服务管理和计费；

⑤ 基于总最大位速率（Aggregate Maximum Bit Rate，AMBR）的下行速率控制。

（4）策略和计费规则实体（PCRF）

策略控制的主要功能是决定如何使用可用的资源，计费规则实体主要负责用户的计费信息管理。

（5）归属用户服务器（HSS）

归属用户服务器（Home Subscriber Server，HSS）是3G和LTE中的核心节点，主要存储用户的注册信息，由归属位置寄存器（HLR）和鉴权中心（AUC）组成。HLR中主要存储所管辖用户的签约数据及移动用户的位置信息，可为至某终端的呼叫提供路由信息。AUC存储用以保护移动用户通信不受侵犯的必要信息。

3. UE/ eNode B /EPC间主要接口及协议栈

（1）UE/eNode B/MME的控制平面协议栈

UE/eNode B/MME的控制平面如图7-9所示，NAS协议支持移动性管理功能，以及用户平面承载激活、修改和解除激活。NAS也有义务对NAS信令加密保护等。E-UTRAN的LTE-Uu接口位于UE和eNode B之间，空中接口的分析将在空中接口一节专门介绍。

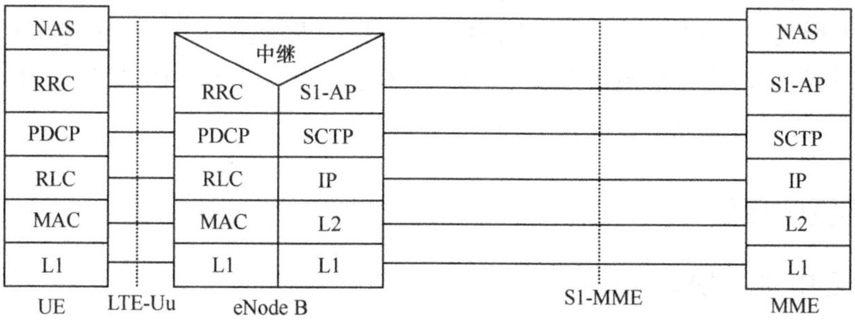

图7-9 UE/eNode B/MME的控制平面

在eNode B（S1）和MME之间，使用SCTP来保证信令消息的准确传输。eNode B（S1）

和 MME 之间协议支持如下功能。

① 控制 E-UTRAN 网络访问的连接和建立网络访问连接的属性；

② 控制建立网络连接的路由；

③ 控制网络资源的分配。

MME/MME 控制平面 S10 接口、SGSN/MME 控制平面 S3 接口、SGSN/S-GW 控制平面 S4 接口、S-GW 和 P-GW 控制平面 S5 或者 S8a 接口、MME/S-GW 控制平面 S11 接口和 MME/HSS 控制平面 S6a 接口控制平面协议栈如图 7-10 所示。

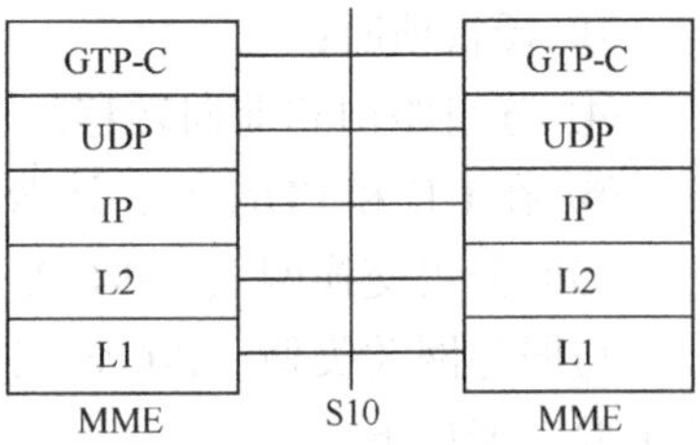

图 7-10 MME/MME 等控制面协议栈

（2）UE/eNode B/网关的用户平面协议栈

UE/P-GW 用户平面如图 7-11 所示，在 eNode B 和 S-GW 之间、S-GW 和 P-GW 之间，利用 GTP-U 协议传送用户数据。访问 3G 的 UE/P-GW 用户平面的 S12 接口、访问 3G 的 UE 和 P-GW 用户平面之间的 S4 接口的用户面协议栈与此相似。

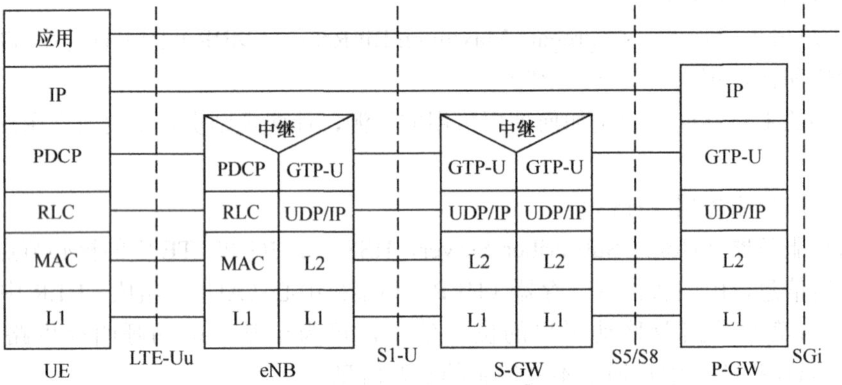

图 7-11 通过 E-UTRAN 的 UE-P-GW 用户平面

4．LTE 网络中的 IP 多媒体子系统

3GPP 对 IMS 的标准化是按照 R5、R6、R7、R8 版本的进程来发布的，IMS 首次提出是在 R5 版本中，然后在 R6、R7、R8 版本中进一步完善。IMS 中主要包括三种功能实体：呼叫会话控制功能实体（CSCF）、媒体网关控制功能（MGCF）和媒体网关（MGW）。

R8 版本中增强了 IMS 功能，核心网内部的一些边界正在消失，界限逐步变得模糊。在核心网的演进趋势中，业界普遍认为未来固定、移动的融合将基于 IMS 架构，IMS 为多媒体应用提供了一个通用的业务平台。

7.3 LTE 的空中接口

7.3.1 空中接口协议

空中接口是指终端和接入网之间的接口，一般称为 Uu 接口。空中接口协议主要是用来建立、重配置和释放各种无线承载业务的。空中接口是一个完全开放的接口，只要遵守接口规范，不同制造商生产的设备就能够互相通信。

LTE 系统的主要无线传输技术的区别体现在物理层。在设计高层时会尽量考虑不同标准的兼容性，对于 FDD 和 TDD 来说，高层的区别并不十分明显，差异集中在描述物理信道相关的消息和信息元素方面。所以本章介绍无线接口协议时不会区分是 FDD 还是 TDD。LTE 系统无线接口协议结构如图 7-12 所示。

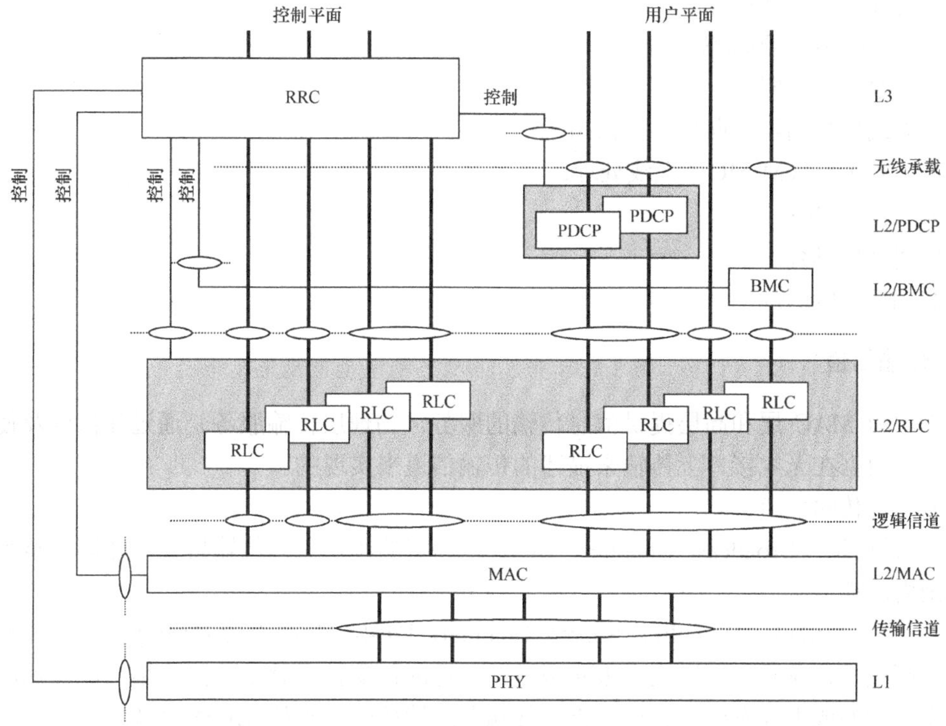

图 7-12 无线接口协议结构

与 R99/R4 协议层的分层结构基本一致，空口接口的协议结构分为两面三层，垂直方向分为控制平面和用户平面，控制平面用来传送信令信息，用户平面用来传送语音和数据；水平方向分为三层：

第一层（L1）：物理层；

第二层（L2）：数据链路层；

第三层（L3）：网络层。

其中第二层又分为几个子层：媒体接入控制（MAC）子层、无线链路控制（RLC）子层、分组数据汇聚协议（PDCP）子层和广播/多播控制（BMC）子层。

下面将依次介绍 LTE 系统空中接口各层的功能，物理信道、传输信道和逻辑信道的概念及相互的映射关系。

7.3.2 物理层

1. 物理层的功能

物理层向高层提供数据传输服务，可以通过 MAC 子层并使用传输信道来接入这些服务。

物理层提供功能如下：

（1）传输信道的错误检测并向高层提供指示；

（2）传输信道的前向纠错（FEC）编解码；

（3）混合自动重传请求（HARQ）及软合并实现；

（4）传输信道与物理信道之间的速率匹配和映射；

（5）物理信道的功率控制；

（6）物理信道的调制/解调；

（7）频率和时间同步；

（8）无线特性测量并向高层提供指示；

（9）多入多出（MIMO）天线处理；

（10）传输分集；

（11）波束赋形；

（12）射频处理等。

2. 传输信道

物理层为 MAC 层和高层提供信息传输的服务。物理层传输服务是通过如何以及使用什么样的特征数据在无线接口上传输来描述的传输信道来实现的。

（1）下行传输信道

① 广播信道（Broadcast Channel，BCH）：固定的预定义的传输格式，能够在整个小区覆盖范围内广播。

② 下行共享信道（Downlink Shared Channel，DL-SCH）：支持 HARQ 操作；能够动态地改变调制模式、编码、发送功率来实现链路自适应；支持在整个小区广播；能够使用波束赋形；支持动态或半静态资源分配；支持终端非连续接收；支持 MBMS 传输。

③ 寻呼信道（Paging Channel，PCH）：支持终端非连续接收；要求能在整个小区覆盖范围内广播发送。

④ 多播信道（Multicast channel，MCH）：要求能在整个小区覆盖范围内广播发送，支持多小区的 MBMS 传输合并；支持半静态资源分配。

（2）上行传输信道

① 上行共享信道（Uplink Shared Channel，UL-SCH）：能够使用波束赋形；能够动态地改变调制模式、编码、发送功率来实现链路自适应；支持 HARQ 操作；支持动态或半静态资源分配。

② 随机接入信道（Random Access Channel，RACH）：承载少量的控制信息；可能发生冲突碰撞。

3. 物理信道

（1）帧结构

LTE 公布了两种类型的无线帧结构：类型 1，也称做通用（Generic）帧结构，应用在 FDD 模式和 TDD 模式下；类型 2，也称做可选（Alternative）帧结构，仅应用在 TDD 模式下。

物理层规范中引入了无线帧长度 T_{f}（Radio Frame Duration）、时隙长度 T_{slot}（Slot Duration）

和基本时间单位 T_s（Basic Time Unit）的定义，$T_s = 1/(15\,000\times 2\,048)$s，$T_f = 307\,200\times T_s$。

① 类型 1 帧结构。类型 1 帧结构如图 7-13 所示。一个 10ms 的无线帧（Radio Frame）被等分成了 10 个子帧（Sub-frame），由 20 个时隙组成。每个子帧由两个时隙（Slot）组成，每个时隙的长度为 0.5ms。每个子帧可以作为上行子帧或者下行子帧来传输。在每一个无线帧的第一和第六时隙处包含同步周期。

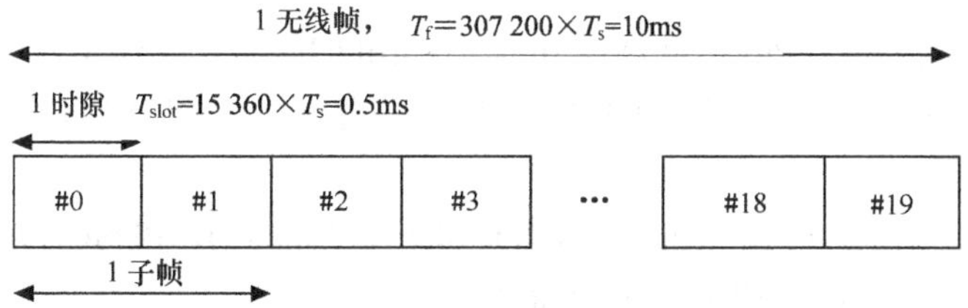

图 7-13 类型 1 帧结构

② 类型 2 帧结构。类型 2 帧结构如图 7-14 所示，一个 10ms 无线帧被分为 2 个 5ms 的半帧（Half-frame），这两个半帧是完全相同的。每个半帧分为 7 个子帧，每个子帧（对应于 FDD 模式下的一个子帧）为 0.675ms。导频和保护周期包括下行导频时隙（Downlink Pilot Time Slot，DwPTS）、保护周期（Guard Period，GP）和上行导频时隙（Uplink Pilot Time Slot，UpPTS），共 0.275ms。子帧 0 和 DwPTS 总是供下行传输用，子帧 1 和 UpPTS 总是供上行传输用。另外，每个子帧包含一个小的空闲周期，可作为上下行切换保护间隔。

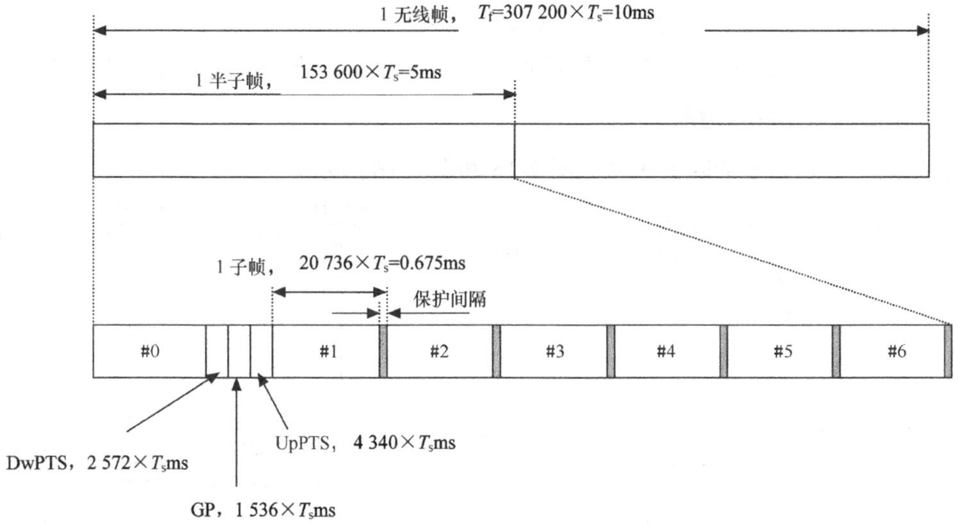

图 7-14 类型 2 的结构

类型 2 帧结构的最大特点是采用了和 FDD LTE 不同的子帧（时隙）长度，因此导致了 LTE 的 FDD 和 TDD 模式在系统参数设计上有所不同。类型 1 帧结构比较适合那些同时部署 FDD LTE 系统、但没有部署 TDD UTRA 系统的运营商，因为这种设计可以获得更高的与 FDD LTE 系统的共同性，从而获得较低的系统复杂度。但对于那些已经部署了 TDD UTRA 系统的运营商，类型 2 帧结构是更好的选择，因为这种结构可以更容易避免 TDD UTRA 和 TDD EUTRA 系统间的干扰。

（2）物理信道的分类

① 下行物理信道。

- 物理广播信道（Physical Broadcast Channel，PBCH）：承载广播信道（BCH），在 40ms 的间隔里面，将 BCH 传输块映射到 4 个子帧中，终端需要进行盲检测。
- 物理控制格式指示信道（Physical Control Format Indicator Channel，PCFICH）：通知 UE 关于 OFDM 符号的数量，供 PDCCH 使用。
- 物理下行控制信道（Physical Downlink Control Channel，PDCCH）：承载下行控制信道（DL-CCH），通知 UE 关于 PCH 和 DL-SCH 的资源分配、与 DL-SCH 有关的 HARQ 信息、上行调度的授权信息。
- 物理下行共享信道（Physical Downlink Shared Channel，PDSCH）：承载下行共享信道（DL-SCH），传送 DL-SCH 和 PCH 有关信息。
- 物理多播信道（Physical Multicast Channel，PMCH）：承载多播信道（MCH），传送 MCH 的有关信息。

② 上行物理信道。

- 物理上行控制信道（Physical Uplink Control Channel，PUCCH）：在响应下行传输时，传送 HARQ ACK/NACK 有关信息、调度请求信息和 CQI 报告。
- 物理上行共享信道（Physical Uplink Shared Channel，PUSCH）：承载上行共享信道（UL-SCH），传送 UL-SCH 有关的信息。
- 物理混合自动请求重传指示信道（Physical Hybrid ARQ Indicator Channel，PHICH）：在响应上行传输时，传送 HARQ ACK/NACK 信息。
- 物理随机接入信道（Physical Random Access Channel，PRACH）：传送随机接入序列。

4．传输信道与物理信道映射

传输信道与物理信道的映射关系如图 7-15 和图 7-16 所示。

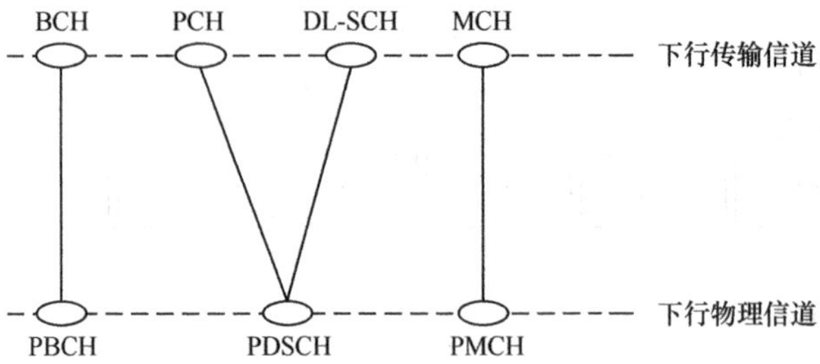

图 7-15 下行传输信道与物理信道映射图

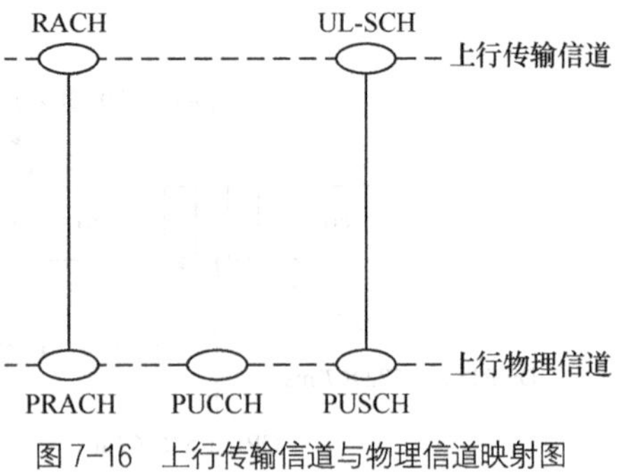

图 7-16 上行传输信道与物理信道映射图

7.3.3 数据链路层

数据链路层（层 2）主要由 MAC、RLC 以及 PDCP 等子层组成。层 2 标准的制定没有考虑 FDD 和 TDD 的差异。LTE 的协议结构进行了简化，RLC 和 MAC 层都位于 eNode B。

1．数据链路层（层 2）结构

图 7-17 和图 7-18 分别给出了 E-UTRAN 侧和 UE 侧的层 2 结构。

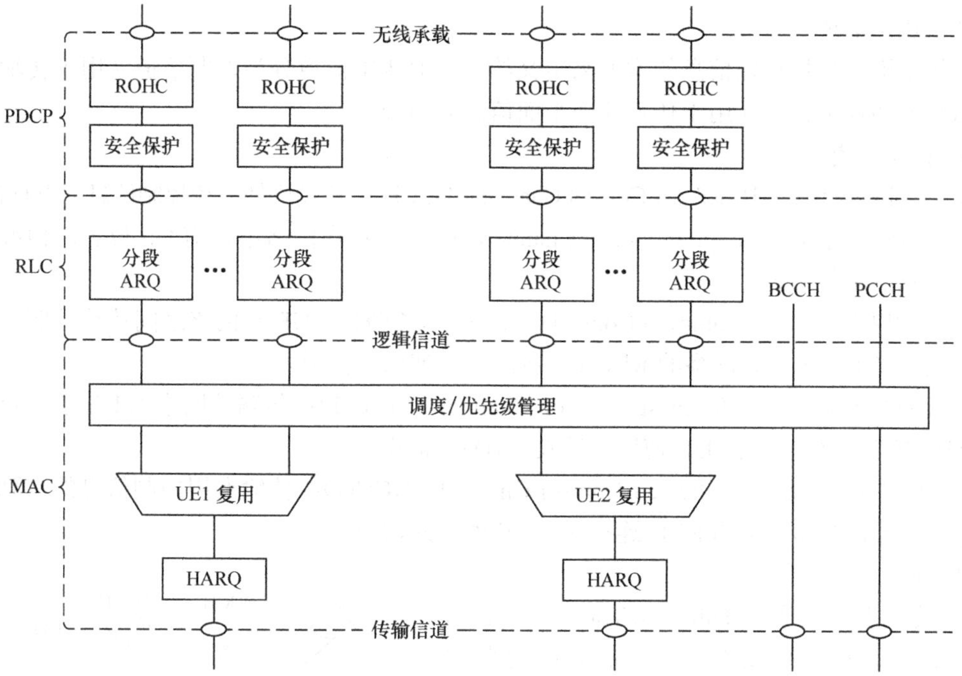

图 7-17　E-UTRAN 侧的层 2 结构

图中层与层之间的连接点称为服务接入点（SAP），用圆圈表示。RLC 与 MAC 之间的服务接入点为逻辑信道。MAC 提供逻辑信道到传输信道的复用与映射。

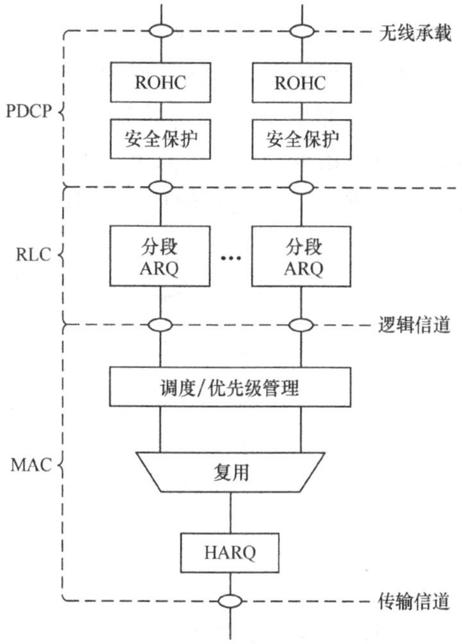

图 7-18　UE 侧的层 2 结构

2. MAC 层

（1）MAC 的功能

MAC 层向高层提供数据传输和无线资源配置服务，可以通过 RLC 子层并使用逻辑信道来接入这些服务，MAC 层提供功能如下。

① 逻辑信道与传输信道之间的映射。

② RLC 协议数据单元（Protocol Data Unit，PDU）的复用与解复用，通过传输信道复用至物理层；对来自物理层的传输块解复用，通过逻辑信道至 RLC 层。

③ 业务量测量与上报。

④ 通过 HARQ 对数据传送进行错误纠正。

⑤ 同一个 UE 不同逻辑信道之间的优先级管理。

⑥ 通过动态调度进行的 UE 之间的优先级管理。

⑦ 传输格式选择。

⑧ 逻辑信道优先级管理。

（2）逻辑信道

逻辑信道是根据传输信息的类型来定义的，一般逻辑信道分为控制信道（用于传输控制平面信息）和业务信道（用于传输业务平面信息）两类。

① 控制信道。

- 广播控制信道（Broadcast Control Channel，BCCH）：传输广播系统控制信息的下行信道。
- 寻呼控制信道（Paging control Channel，PCCH）：在网络不知道 UE 位置的情况下传输寻呼信息的下行信道。
- 公共控制信道（Common Control Channel，CCCH）：UE 与网络之间传输控制信息的上行信道。当 UE 没有和网络的 RRC 连接时，UE 使用此信道。
- 组播控制信道（Multicast Control Channel，MCCH）：传输从网络到 UE 的一点对多点的 MBMS 控制信息，供 UE 使用，接收 MBMS 业务。
- 专用控制信道（Dedicated Control Channel，DCCH）：传输专用控制信息的点到点双向信道。当 UE 有和网络的 RRC 连接时，UE 使用此信道。

② 业务信道。

- 专用业务信道（Dedicated Traffic Channel，DTCH）：专用于一个 UE 传输用户信息的点到点双向信道。
- 组播业务信道（Multicast Traffic Channel，MTCH）：点到多点下行业务信道。

（3）逻辑信道与传输信道的映射

LTE 中的逻辑信道与传输信道类型都大大减少，映射关系也变得比较简单，上行逻辑信道映射如图 7-19 所示。下行逻辑信道映射如图 7-20 所示。

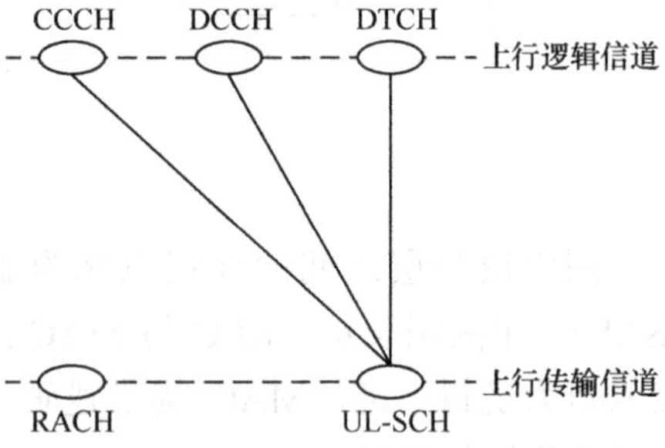

图 7-19　上行逻辑信道与传输信道映射图

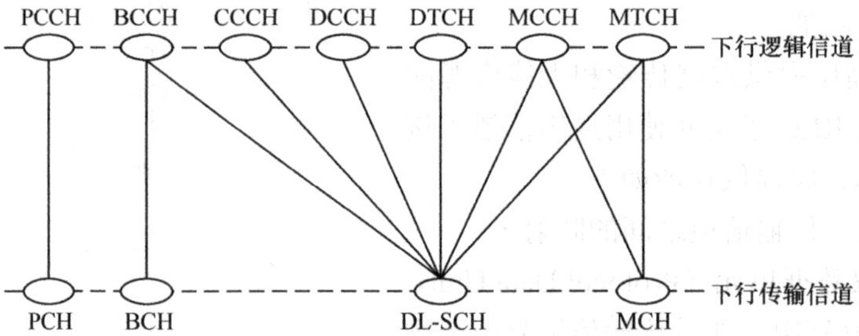

图 7-20　下行逻辑信道与传输信道映射图

3．RLC 层主要功能

（1）对上层 PDU 的数据传输支持确认模式（AM）、非确认模式（UM）和透明模式（TM）。

（2）通过 ARQ 机制进行错误修正。

（3）根据传输块（TB）大小对本层数据进行动态分段和重组。

（4）实现同一无线承载的多个业务数据单元（Service Data Unit，SDU）的串接（FFS）。

（5）顺序传送上层的 PDU（切换时除外）。

（6）数据的重复检测和底层协议错误的检测与恢复。

（7）eNode B 和 UE 间的流量控制等。

4. PDCP 层主要功能

（1）协议头压缩与解压缩，只支持 ROHC 压缩算法。

（2）NAS 层与 RLC 层间用户面数据传输。

（3）用户面数据和控制面数据加密。

（4）控制面 NAS 信令信息的完整性保护。

7.3.4 RRC 层

1. RRC 层提供的服务与功能

（1）广播 NAS 层和接入层（AS 层）的系统消息。

（2）寻呼。

（3）RRC 连接建立、保持和释放。

（4）安全功能，包括 RRC 消息的加密和完整性保护。

（5）点对点无线承载（RB）的建立、修改和释放。

（6）移动管理功能，包括 UE 测量报告、为了小区间和网络间移动进行的报告控制、小区间切换、UE 小区选择和重选及控制、eNode B 间上下文的传输。

（7）QoS 管理。

（8）广播/组播业务的通知和控制。

（9）用户和网络侧 NAS 消息的传输。

2. RRC 协议状态以及状态迁移

与 UTRAN 系统中 UE 的 5 种 RRC 状态（IDLE、CELL_DCH 状态、CELL_FACH 状态、CELL_PCH 状态和 URA_PCH 状态）相比，在 LTE 中仍然保留了 RRC 的两种状态：空闲状态（RRC_IDLE）和连接状态（RRC_CONNECTED）。

（1）空闲状态的主要特征

① NAS 配置的 UE 特定的非连续接收（DRX）。

② 系统信息广播。

③ 寻呼。

④ 小区重选的移动性。

⑤ UE 具有在跟踪区域范围内唯一的标识。

⑥ 在 eNode B 中没有保存 RRC 上下文等。

（2）连接状态的主要特征

① UE 具有 E-UTRAN 的 RRC 连接。

② E-UTRAN 拥有 UE 通信上下文。

③ E-UTRAN 知道 UE 属于哪个服务小区。

④ 网络可以与 UE 间发送/接收数据。

⑤ 网络控制的移动管理（切换）。

⑥ 相邻小区测量等。

（3）RRC 状态转移

和 UTRAN 系统类似，UE 开机后，将会从选定的 PLMN 网中选择合适的小区驻留。当 UE 驻留在某个小区后，就可以接收系统信息和小区广播信息。通常 UE 第一次开机需要执行注册过程，一方面可以互相认证鉴权，另一方面可以让网络获得此 UE 的一些基本信息。之后 UE 将一直处于空闲状态，直到需要建立 RRC 连接。

E-UTRAN、UTRAN 和 GERAN 间状态的转移过程如图 7-21 所示。

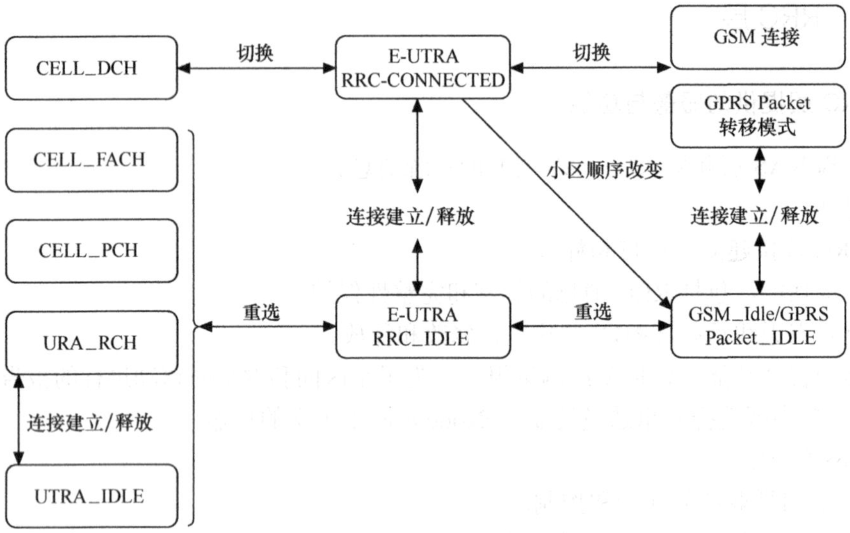

图 7-21 不同系统间 RRC 状态转移

UE 通过建立 RRC 连接才能进入 RRC_CONNECTED 状态。在 RRC_CONNECTED 状态下，UE 可以跟网络之间进行数据的交互。当 UE 释放了 RRC 连接时，UE 就会从 RRC_CONNECTED 状态转移到 RRC_IDLE 状态。

7.4 LTE 关键技术

7.4.1 OFDM 技术

正交频分复用技术（Orthogonal Frequency Division Multiplexing，OFDM）是一种特殊的多载波调制（Multi-Carrier Modulation，MCM）技术，能够有效地减少多径效应对信号的影响。

OFDM 技术起源于 20 世纪 60 年代的军事通信系统，当时并没有大范围的商用，主要是由于当时没有先进的电子电路技术和先进的信号处理器。在 20 世纪 80 年代，由于基于傅里叶变换（FFT）的数字调制器的使用，人们又重新对 OFDM 技术产生了兴趣，OFDM 曾经被 GSM 考虑过，也被作为 UMTS 的一种候选方案，但是实际上一直没有被用到移动通信中，主要是由于当时的信号处理速度还是不够快，另外即使有了合适的处理芯片，又由于价格太昂贵并且功耗较高不太适于移动终端。摩尔定律使得数字处理技术大幅进步，并且芯片价格不断地降低，OFDM 技术又重新得到了大家的重视。OFDM 作为保证高频谱效率的调制方案已被一些规范及系统采用，如数字音频广播（DAB）、数字视频广播（DVB-T）、IEEE 802.11a 及 HIPERLAN/2（高性能本地接入网）、IEEE 802.16d/e 等。OFDM 必将成为新一代无线通信系统中特别是下行链路的最优调制方案之一，也会和传统多址技术结合成为新一代无线通信系统多址技术的备选方案。

OFDM 的主要思想：将信道分成若干正交子信道，将高速数据信号转换成并行的低速子数据流，调制到每个子信道上进行传输。正交信号可以在接收端采用相关技术分离，这样可以减少子信道之间的相互干扰。每个子信道上的信号带宽小于信道的相关带宽，因此每个子信道上可以看成平坦性衰落，从而可以消除符号间干扰。而且由于每个子信道的带宽仅仅是原信道带宽的一小部分，信道均衡变得相对容易。OFDM 可以与分集、空时编码、干扰和信道间干扰抑制以及智能天线技术等相结合，最大限度地提高系统性能。

1. OFDM 信号的生成

在介绍 OFDM 信号的生成前，我们先介绍多载波传输技术。

（1）多载波传输

多载波传输，就是将宽带信号分成一些带宽较窄的信号并行传输，多载波传输方案示意图如图 7-22 所示。

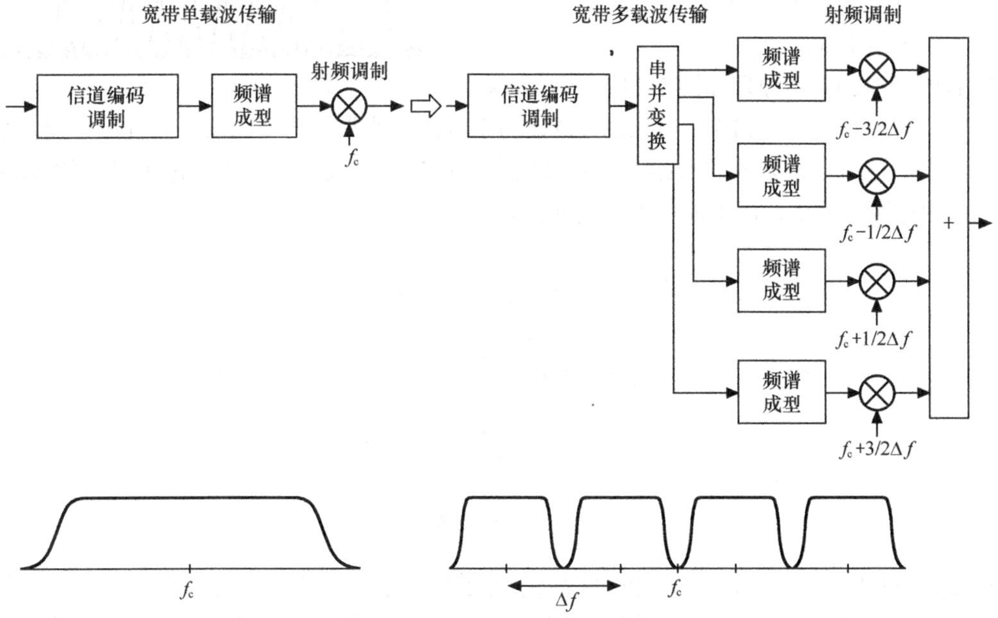

图 7-22 多载波传输

通过在同一个无线信道中并行地传送 M 路信号，总的信息速率就会相应地增加 M 倍，这样频率选择性衰落的影响就会限制在每个子载波（而不是整个带宽），在子载波中进行均衡就会大大地降低均衡的复杂度。当然这样的多载波传输有两个明显的缺点。

① 每个子载波之间需要留有一定的保护带宽来避免子载波间干扰，这样就会降低频谱效率。

② 由于多个子载波并行传输，瞬时功率的变化范围会很大，导致了功率放大器效率的下降，又增加了设计功率放大器的成本，由于发射平均功率的降低，小区的覆盖范围也随之减少，这就意味着多载波传输更适于下行链路（基站到移动终端），而不适合上行链路（在手机中功率放大器的效率是最重要的）。

多载波传输的优点就是能够支持目前的移动系统平滑的演进（不用更换现行移动设备和频谱，使用现行的技术来支持高速信息传送），尤其是对下行链路，如可以在 WCDMA 中同时使用 4 路 5MHz 带宽来为用户提供 20MHz 带宽。

（2）OFDM 子载波与多载波传输的主要区别

① 子载波的数量非常多，子载波的带宽较窄，而前面介绍的多载波传输的子载波的数量很少，子载波的带宽相对较大。例如在 WCDMA 中，在 20MHz 的带宽内进行多载波传输，只包含 4 个子载波，每个子载波带宽为 5MHz。而在 OFDM 中，在同样的带宽内可能会包含几百个子载波。

② 如图 7-23 所示，OFDM 的子载波间有一些重叠（但是它们之间是正交的），这就意味着 OFDM 的频谱效率要高于多载波传输技术。

③ 由于 OFDM 中子载波的数量非常多，每个子载波的带宽很小，那么就能很好地对抗频率选择性衰落，并且均衡的复杂度较低，在子载波带宽较窄时甚至可以不用均衡。

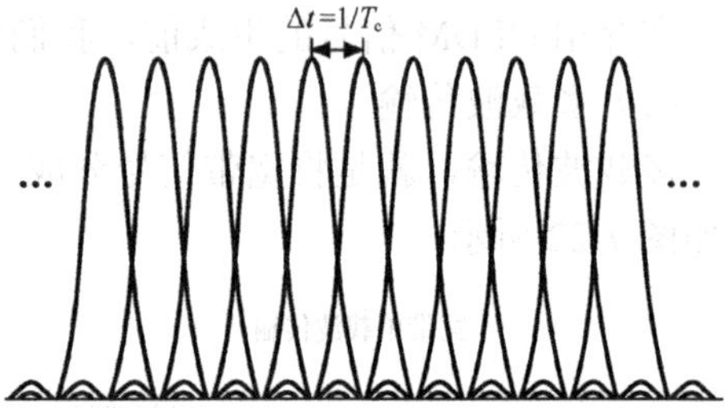

图 7-23　OFDM 子载波间隔示意图

（3）OFDM 调制原理

OFDM 调制的基本原理如图 7-24 所示，如果不使用数字处理技术（如 FFT），那么 OFDM 的系统需要非常多的调制器，而且每个设备基本上不能复用，这将导致系统非常昂贵，并且耗电量也是非常大的，这也决定了早期的 OFDM 系统只能用在军方通信，而不能用于民用通信。

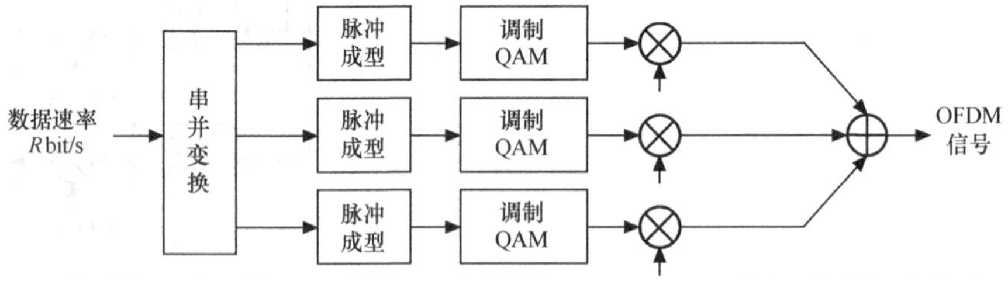

图 7-24　OFDM 调制的基本原理

由于 OFDM 的特殊结构，子载波间隔△f 等于每个子载波的符号速率 $1/T_u$，OFDM 信号非常适于用傅里叶变换（FFT）来实现。假设一个 OFDM 信号的采样频率 f_s 是子载波间隔的 N 倍，即 $f_s = 1/T_s = N \cdot \triangle f$，$N$ 的选择要满足抽样定理，而且 $N_c\triangle f$ 为 OFDM 的信号带宽，所以 N 要大于 N_c。

如图 7-25 所示，通过串并变换的信号通过插入 0，长度扩展到 N。这样 OFDM 信号就可以通过 IDFT（IFFT），然后通过数模转换设备生成。IDFT（IFFT）的使用使得 OFDM 的生成大大简化。特别是如果选择 IDFT 的长度 N 等于 2^m（m 为整数），这样就可以通过计算非常有效的 IFFT 来进行处理。N/N_c 可以被看为是 OFDM 信号的过采样率，通常它并不是一个整数。例如在 3GPP 的 LTE 中，10MHz 的带宽包含 600（N_c）个子载波，IFFT 的长度（N）可以选为 1 024 点，相应的采样率为 $f_s = N \cdot \triangle f = 15.36$MHz，LTE 的子载波间隔$\triangle f$为 15kHz。

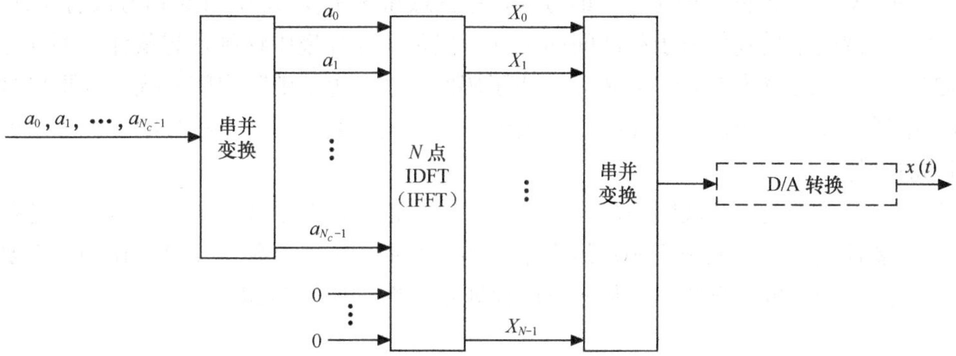

图 7-25 OFDM 信号的 IFFT 实现

理解通过 IDFT（IFFT）实现的 OFDM 信号，更确切地说是 IDFT（IFFT）的长度是非常重要的，它决定了 OFDM 信号发射端的设计，而这些是不会在无线接入标准中提到的。

未来的无线多媒体业务即要求数据传输速率较高，同时又要求保证传输质量，就要求所采用的调制解调技术既要有较高的信源速率，又要有较长的码元周期。OFDM 是一种多载波调制技术，通常可以被看作是一种调制技术，有时也被当作一种复用技术。多载波传输把数据流分解成若干子比特流，这样每个子数据流将具有低得多的比特速率，用低比特率形成的低速率多状态符号再去调制相应的子载波，就构成多个低速率符号并行发送的传输系统。正交频分复用是多载波调制的一种特例，它的特点是各子载波相互正交，所以扩频调制后的频谱可以相互重叠，不但减小了子载波间的相互干扰，还可以大大提高频谱利用率。选择 OFDM 的一个主要原因在于该系统能够很好地对抗频率选择性衰落和窄带干扰。在单载波系统中，一次衰落或者干扰会导致整个链路失效，但是在多载波系统中，某一时刻只会有少部分的子信道受到深衰落的影响。OFDM 原理示意如图 7-26 所示。

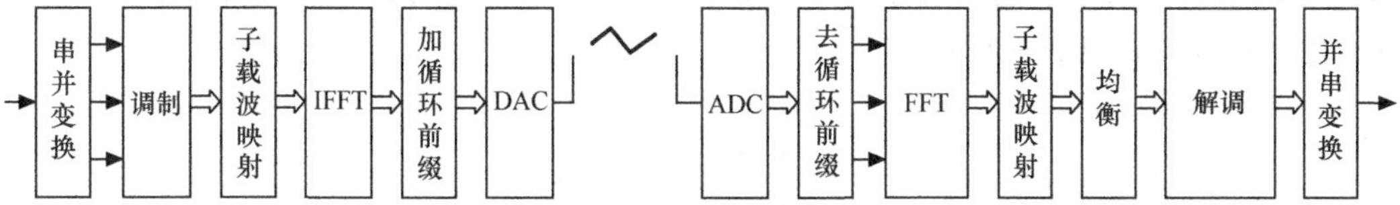

图 7-26 OFDM 原理示意图

输入数据信源的速率为 R，经过串并转换后，分成 M 个并行的子数据流，每个子数据流的速率为 R/M，把每个子数据流中的若干个比特分成一组，每组的数目取决于对应子载波上的调制方式，按照星座点进行基带调制。M 个并行的子数据编码交织后进行 IDFT 或 IFFT 变换，将频域信号转换到时域，IFFT 块的输出是 N 个时域的样点，为了消除 ISI 的影响，经过并/串转换，插入保护间隔后，再经过数/模变化后形成 OFDM 调制后的信号发射。接收端接收到的信号是时域信号，经过模/数变换后，去掉保护间隔来恢复子载波之间的正交性，再经过串/并变换和 DFT 或 FFT 后，恢复出 OFDM 的调制信号，再经过并/串变换后还原出输入的信号。

2. 保护时间和循环前缀

由于 OFDM 子载波间采用了正交的方式，那就意味这在接收端，如果信号没有受到干扰，就能完全地解调而不受到任何子载波间的干扰。但是实际环境中这种理想条件是不存在的，如图 7-27 所示，由于多径效应的影响，造成了码间干扰，为了消除码间干扰，需要在 OFDM 每个符号中插入保护时间，只要保护时间大于多径时延扩展，则一个符号的多径分量就不会干扰相邻的符号。

多径效应可以引起子载波间不能完全正交。完全正交是指子载波同时到达，但是在移动环境中由于多径效应，一般是不满足这个条件的，从而引入子载波间干扰（ICI），主要由于两个子载波的周期不再是整数倍，从而不能保证正交性，如图 7-28 所示。

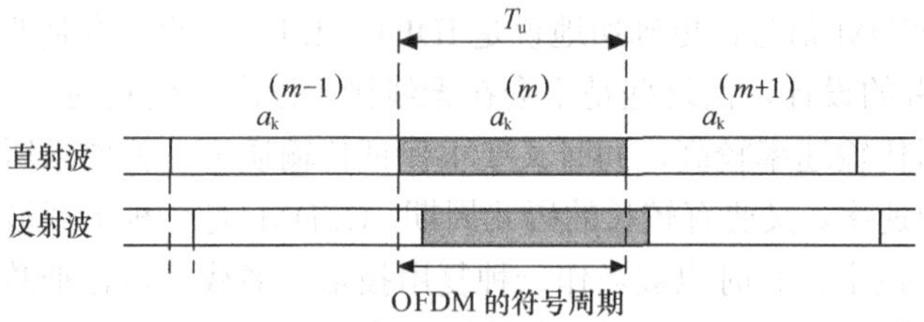

图 7-27　受多径效应影响的收端信号

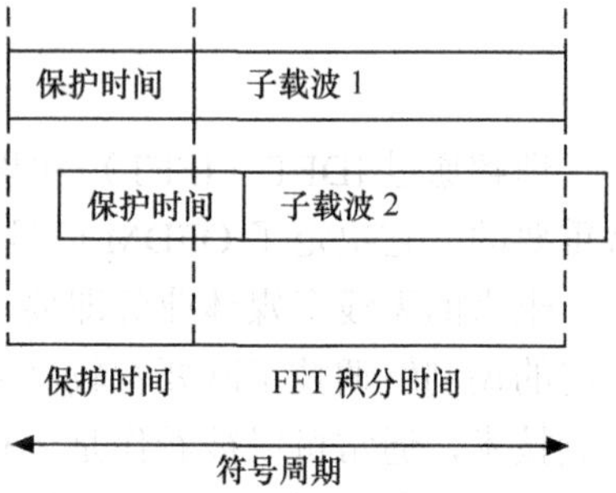

图 7-28　子载波间干扰

为了解决上述问题，OFDM 引入了循环前缀技术，如图 7-29 所示。循环前缀就是复制 OFDM 信号的后面一部分信号插入到最前面的保护时间中，循环前缀的插入增加了 OFDM 信号的周期，从 T_u 增加到 T_u+T_{CP}，T_{CP} 为循环前缀，循环前缀也相应地减小了 OFDM 的符号速率，降低了频谱利用率。例如在 LTE 系统中，OFDM 信号的符号长度为 66.7μs，循环前缀长度为 4.69μs，那么就意味着有 7%（4.69/66.7）的容量损失。显然保护时间内的冗余信息也可以复制 OFDM 信号的前面一部分信号。实际上循环前缀是在 IFFT 之后进行插入的，信息块的长度就从 N 增加到 $N+N_{CP}$。

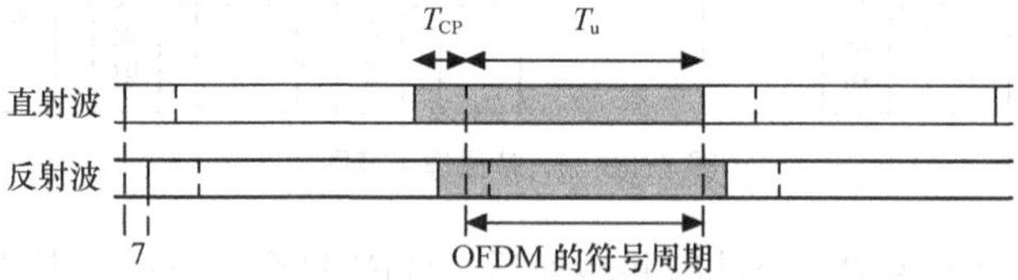

图 7-29　插入循环前缀

循环前缀的插入对 OFDM 信号是非常有用的，它使得接收端可以通过循环卷积非常容易地解调 OFDM 信号中的每个子载波。从数学上来看，OFDM 将带宽分成 N 份子载波，每份子载波传送的信号速率降低为原来的 $1/N$，在保持正交性的前提下，子载波间隔非常接近，如果子载波的带宽非常小，那么均衡就会非常简单。

只要循环前缀的长度大于由于多径效应引起的时延扩展，就不会造成载波间干扰。循环前缀的另一个缺点就是接收到的信号只有一部分功率 $T_u/(T_u+T_{CP})$ 能被用作 OFDM 信号的解调，也就意味着在解调端会有一部分的功率损失。要减少循环前缀带来的开销，可以通过增加 OFDM 的符号周期 T_u，但是由于$\Delta f = 1/T_u$，意味着子载波的带宽减少，更容易受到多普勒频移的影响。

实际上保护时间（循环前缀）不一定要大于多径效应引起的最大时延扩展（虽然理论上要求是这样）。通常需要在由于保护时间（循环前缀）引起的功率损失和由于保护时间小于时延扩展所引起的码间干扰和子载波干扰之间找到一个平衡点。在某种程度上来说，通过增加循环前缀的长度来减少信号的损伤是不合适的，因为这同时也增加了功率的损失。

在其他移动通信系统中一般来说是不采用循环前缀技术的，例如，在 OFDM 系统设计中要求符号周期要大于多径效应引起的时延扩展，符号周期和子载波的带宽成倒数关系，LTE 中采用15kHz的子载波间隔，相应的符号周期为66.7μs。在单载波系统中，如GSM采用200kHz 的带宽，270.833kbit/s 符号速率，相应的符号周期为 3.69μs，比 LTE 的符号周期小了 18 倍。在 WCDMA 系统中采用 5MHz 的带宽，码速率为 3.84Mbit/s，相应的符号周期为 0.26μs，比 LTE 系统的符号周期小了 256 倍。在这两个系统中是不适于插入循环前缀的。因为如果插入的话，那么 GSM 系统效率会下降一半以上，而在 WCDMA 系统中插入 4.69μs 循环前缀的话，系统效率只是原来的 1/20。所以在这些符号周期较短的系统中是不适于采用循环前缀的，而只能通过在接收端采用均衡技术来对抗多径效应。

综上所述，随着带宽的增加，单载波的系统越来越不容易对抗多径效应引起的时延扩展，如以 WCDMA 为例，假设时延扩展为 1μs，那么在 5MHz 的带宽内将会受到 5 个符号间干扰，而在 20MHz 的带宽内将会受到 20 个符号间干扰。符号间干扰的数量越大，均衡的复杂度和设备成本就越高，实际上目前在 WCDMA 的 5MHz 带宽内使用均衡已经达到了系统能够接受的上限。

通过保护时间可以计算出可以对抗的最大时延扩展。如在 LTE 中，标准的保护时间为 4.69μs，那么系统能处理的最大时延扩展为 8.4km（4.69μs×光速），需要说明的是 8.4km 并不是小区的半径，而是表明由于信号在不同路径反射长度的最大差别。

在 LTE 系统中，采用 15kHz 的子载波带宽，每个子载波的符号速率为 15kbit/s，假设要在 20MHz 的带宽内传送 18Mbit/s 的数据（需要 1 200 个子载波和 18MHz 带宽），使用 64QAM 的调制方式（LTE 中最复杂的调制方式），每个符号代表 6bit 信息，能够得到的容量为 108Mbit/s。

3. OFDMA

正交频分多址接入（Orthogonal Frequency Division Multiple Access，OFDMA）是 OFDM 技术的演进。在上行信道上采用 OFDMA 多址接入技术，要求从不同终端发射的 OFDM 信号要同时到达基站，更准确地说就是从不同终端发射的 OFDM 信号到达基站的时延差不能大于保护时间（循环前缀的长度），子载波间才能保持正交，避免子载波间干扰。

由于不同的移动终端到基站的距离不同，相应的传播时间也不相同（传播时延差可能远远大于 OFDM 的保护时间），因此有必要控制不同终端发射信号的时间，通过对不同终端的发射时间进行控制，使得不同的终端信号到达基站的时间基本一致，当终端在小区内移动时，传播时间也随之变化，那么发射时间控制也要随之动态变化，总之就是要保证小区内所有终端的发射信号基本同时到达基站，保证子载波间的正交性。

即使通过发射时间控制，使得不同终端发出的信号到达基站的时间基本一致，但是仍然会由于频率误差导致子载波间干扰。在上行信道上还要控制不同手机的发射功率，使得基站能够接收到大致相同的信号功率，因为在不同的移动终端离基站的距离不同，信号的传播损耗也不相同，如果使用同样的功率发射信号，基站会接收到强弱信号不同的信号，那么强信号就会对弱信号产生强干扰，除非子载波间能够完全地正交，但是在上行信道中是很难做到完全正交的。

4. OFDM 的优缺点

（1）OFDM 优点

① 由于 FFT 技术的使用，使得 OFDM 信号的产生和处理变得非常容易，较窄的子载波带宽使得均衡非常容易。

② 较长的 OFDM 符号周期，更容易对抗由于多径引起的频率选择性衰落，保护时间的引入有效减少了子载波间的干扰。

③ 正交子载波极大地提高了频谱利用率。

④ 子载波采用更有利于频谱利用的灵活性，如可以给用户分配不同的子载波数量。

⑤ 可以灵活地利用那些没有分配的频谱资源，尤其是那些在低频段的频率资源（低频率能够覆盖更大的小区范围）。

⑥ 假如在下行信道中采用了反馈机制，那么基站就可以在信噪比较好的子载波上采用更高的调制方式来获得更大的信息传送速率，为用户提供最优的信息传送速率，这也就是信息论中的注水定理，即好的信道传送更多的信息，差的信道少传送或不传送信息。

⑦ 可以通过连续使用几个低复杂度的 FFT 来减少单个 FFT 的复杂度。

⑧ 相对于单载波信号的另一个优点就是 OFDM 能够更加容易地对抗频率和相位失真，不管是由于发射端引起的损伤还是由于信道的不理想。因为 OFDM 信号是在频域中通过子载波的相位和振幅来表示的，通过在子载波中添加一些预先定义的幅度和相位的参考符号（相当于其他系统中的导频信号），那么在接收端解调前可以比较容易地纠正由于频域内引起的信号损伤。参考符号在那些高阶调制的信号中尤其重要（如 16QAM、64QAM），即使在相位和幅度上很小的差错，也会导致解调后出现判决错误。

⑨ OFDM 系统在频域上处理信号的幅度和相位非常容易（由于有参考符号），而另一种未来移动通信的关键技术 MIMO 也需要在频域内处理信号，所以 OFDM 和 MIMO 技术可以非常好地结合。

（2）OFDM 缺点

① 峰均比较高。随着子载波数量的增加，峰均比也较高（峰值功率/平均功率）。假设使用低阶调制如 QPSK，在 QPSK 中每个调制符号的功率是相同的，也就是说单个子载波在发射信号时的功率基本不变。我们必须注意到在实际的 OFDM 系统中，每个子载波是分配给不同的移动终端使用，而这些移动终端距离基站的位置可能并不相同，那么基站就会调节不同子载波的发射功率，这就导致 OFDM 系统中的每个子载波的平均功率并不相同，随着子载波数量的增加，峰值功率和平均功率的比值必然会增加，另外 OFDM 中的有些子载波可能处于空闲的状态，并没有发射信号，这样峰均比还会提高。而子载波如果采用 16QAM、64QAM 的高阶调制方式，在这两个调制方式中，首先每个调制符号的功率并不

相等，如图 7-30 所示。

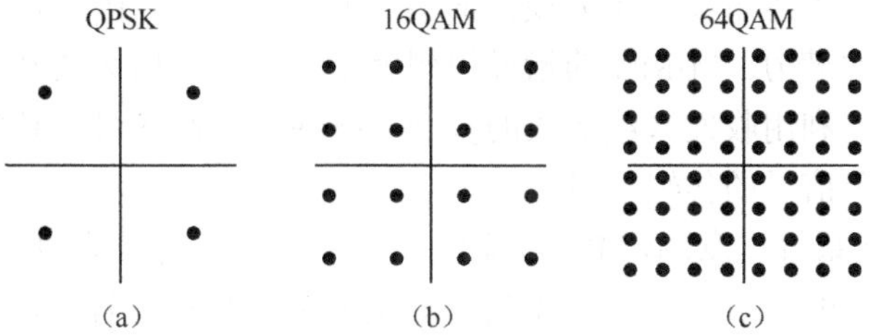

图 7-30 （a）QPSK （b）16QAM （c）64QAM 星座图

如果从一个单载波的角度来看，峰值功率和平均功率的比值就不为 1（不像 QPSK，单载波的峰均比为 1），所以调制阶数越大峰均比也就越高。峰均比越高导致功率放大器成本、体积和功耗增加，尤其是在终端更不现实。虽然目前提出了一些降低峰均比的技术，但是这些技术都有一些局限性，而且需要更多的处理功率，并且降低了信号的质量。

② 另一个缺点就是子载波的间隔引起的问题，如为了减少循环前缀带来的开销，有效的方式就是增加符号的周期，即更小的子载波间隔，除了需要增加 FFT 的处理能力外（子载波数量越多，需要的 FFT 处理能力越高），子载波间的正交性也会由于频率偏移导致正交性的丢失，同时峰均比还会增加。

由于多载波传输有一些缺点，主要就是高峰均比（峰值功率/平均功率），不太适于上行信道，上行信道一般采用单载波的传输方式，也称之为 SC-FDMA，SC-FDMA 是一种同时考虑效率和相对较低的均衡复杂度的单载波传输方案。

7.4.2 MIMO 技术

1. 多天线技术

多天线技术就是移动通信系统可以在接收端或发射端使用多天线，也可以在接收端和发射端同时使用多天线的技术。根据收发两端天线数量，可以分为普通的单输入单输出（Single-Input Single-Output，SISO）系统和多输入多输出（Multiple-Input Multiple-Output，MIMO）系统。MIMO 还可以包括单输入多输出（Single-Input Multiple-Output，SIMO）系统和多输入/单输出（Multiple-Input Single-Output，MISO）系统。另外需要说明的是，在多天线系统中或多或少的都需要使用高级的数字信号处理技术，相比单天线系统，多天线通信系统的设备复杂度和成本也会相应提高。虽然有这些缺点，但是多天线系统能够带来的好处也是非常多的。多天线系统提高了系统的容量和系统的覆盖范围，同时可以提高业务质量，提高用户信息传送速率等。特别在无线频谱资源非常缺乏和昂贵情况下，用户对高速信息传送要求越来越高，MIMO 的这些优点无疑是非常吸引人的，所以 MIMO 也为未来移动通信关键技术之一。

移动通信中信道传输条件较恶劣，调制信号在到达接收端前常常经历了严重衰落，接收信号的质量和信息判决的精确率都会剧烈下降。多输入多输出（MIMO）技术是在衰落环境下实现高数据传输速率和提高系统容量的重要途径。

MIMO 技术最早是 1908 年 Marconi 提出的，它利用多天线来抑制信道衰落。MIMO 技术充分开发空间资源，利用多个天线实现多发多收，在不需要增加频谱资源和天线发送功率的情况下，MIMO 的最大容量随最小天线数的增加而线性增加，因此，MIMO 技术对于提高系统的容量具有极大的潜力。MIMO 的指导思想就是对多个发射天线和多个接收天线形成的空间维进行开发利用，利用收发天线形成的多个数据通道提高信号的传输速率，也可以通过发射或接收分集来改善信号的传输质量。

图 7-31 是 MIMO 系统示意图，MIMO 系统将一个单数据符号流通过一定的映射方式（图中的∏完成数据处理功能，比如调制、编码等）生成多个数据符号流，相应的接收端通过反变换（图中的Π^{-1}完成数据处理功能，解调、译码等）恢复出原始的单数据符号流。

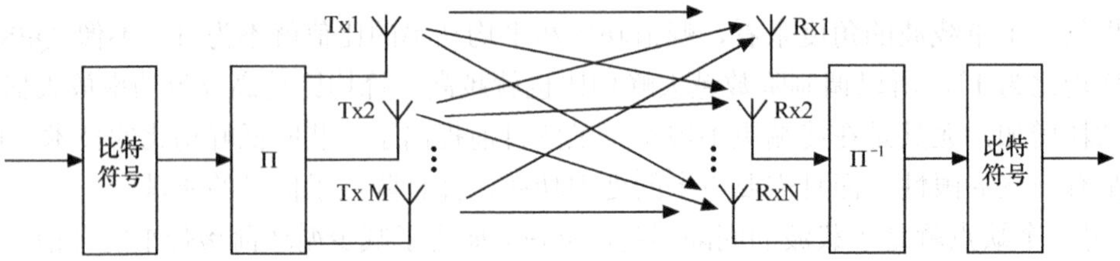

图 7-31 MIMO 系统示意图

2. 多天线的优点

MIMO 系统增益是通过在发射和接收两端使用多个天线来建立多入多出无线链路，在不增加额外发射功率的前提下，就能够获得很高的频谱效率，而且也能改善链路性能，主要指标有：阵列增益（波束赋形增益）、分集增益以及复用增益。其中阵列增益和分集增益并不是 MIMO 系统独有的，它们也存在于单入多出（SIMO）和多入单出（MISO）系统中，而复用增益则是 MIMO 系统所独有的特性。

（1）分集增益

在无线信道中信号的功率会产生随机波动，而分集则是一种克服这种无线链路传输中随机产生的深度衰落的强有力的技术。分集增益主要是依赖于多个（在时间、频率或者空间上）独立的衰落路径来传输信号。而空间分集相比时间和频率分集更有优势，因为它不会占用宝贵的时间和频率资源。只要发射端进行合理的信号设计，即使不知道信道状态，信息也能够使得接收机获得空间分集增益，这种技术就是 MIMO 系统的空时编码技术。

通过在发射端和接收端部署多天线，可以获得分集增益来对抗信道衰落，这主要是由于信号在不同的路径中传输，受到的衰落也不相同，如在一条路径上衰落比较严重频率，而在另一条路径上可能没有衰落，那么在接收端通过相应处理，就可以提高信号的信噪比。在这种情况下，天线之间距离就要较远才能获得较好的分集增益，或者是采用不同的极化方式。

（2）波束成型（阵列增益）

阵列增益是通过对发送端或者接收端的多维信号进行相干合成以提高信号与干扰噪声比（SINR）来得到的。要想获得发送或接收阵列增益，则发射机和接收机都必须要知道信道状态信息，而且也依赖于发射和接收的天线数。一般来说，信道信息对于接收端容易获得，而对于发射机来说则要相对困难一些。

通过在发射端和接收端部署多天线，采用波束成型技术，使得发射天线发出的波束对准接收天线（或是接收天线能够对准发射天线发出的波束），那么就可以使得接收天线或发射天线获得方向增益。

（3）空间复用

空间复用的基本思想是：在丰富的散射环境中，MIMO 系统相当于在空间建立几个独立的并行传输数据通道，数据可在这些通道中同时传输，进而提高了传输速率，导致系统容量的显著增长。空间复用增益即是指那种在不同的天线上传输独立的数据信号流而带来的增益。复用增益是 MIMO 信道所独有的特性，不过空间复用增益依赖于 MIMO 衰落信道条件，只有在富散射条件下，接收才能充分分离不同的信号，以使得容量得以线性增长。

与在发射端或是接收端部署多天线相比，通过在接收端和发射端同时使用多天线技术能够进一步地提高信噪比（信扰比），并且能够提供额外的增益来对抗信道的衰落。另外这种技术也被称为空间复用，除了上述优点外，还可以极大地提高信息传输速率。不管是在发射端还是在接收端部署多天线，都可以提高信噪比，这主要是通过多天线技术能够提供分集增益（波束成型也会提供增益）。一般来说如果发射端采用 N 个天线，接收端采用 M 个天线，那么信噪比的提高是与 $N\times M$ 成比例的。信噪比的提高，相应地也就提高了信息的传输速率，在频谱效率小于 1 时，这种提升非常明显，但是当频谱效率大于 1 时，信噪比的提升所带来的信息速率的提升并不明显，除非增加带宽。

香农定理提供了一个基本的理论工具来确定最大的信息速率，也被称之为信道容量，它确定了在加性高斯白噪声的无线信道的最大信道容量，信道容量 C 定义如下：

$$C = BW\ \log_2\left(1+\frac{S}{N}\right) \tag{7-1}$$

其中，BW 为信道的可用带宽、S 为接收到的信号功率，N 为加性高斯白噪声功率。从式（7-1）可以看出，有两个因素决定了信道的容量，一是接收到的信号的功率，更一般地说是信噪比，另一个是信道的可用带宽。式（7-1）可以改写为：

$$\frac{C}{BW} = \log_2\left(1+\frac{S}{N}\right) \tag{7-2}$$

其中，C/BW 为频谱效率，在高等数学中，我们知道 $\log_2(1+x)$，当 x 较小时 $\log_2(1+x)\approx x$，意味着信噪比较低时，信道容量的增长与信噪比成比例，而当 x 较大时 $\log_2(1+x)\approx\log_2 x$，信道容量的增长与信噪比的对数成比例。

在发射端和接收端都采用多天线时，假设 $N_L=\min(N_R, N_T)$，那么在空间上就可以看成有 N_L 个并行的信道，假设功率平均分发在 N_L 个空间信道上，那么接收信号的信噪比为 $N_R\times S/N_L$，每个并行信道的信道容量为：

$$\frac{C}{BW} = \log_2\left(1+\frac{N_R}{N_L}\times\frac{S}{N}\right) \tag{7-3}$$

因为有 N_L 个并行信道，每个并行信道的容量如式（7-3）所示，所以信道总容量为：

$$\frac{C}{BW} = N_L\times\log_2\left(1+\frac{N_R}{N_L}\times\frac{S}{N}\right) = \min(N_R, N_L)\times\log_2\left(1+\frac{N_R}{\min(N_R, N_L)}\times\frac{S}{N}\right) \tag{7-4}$$

通过式（7-4）可以看出，多天线系统的信道容量与天线的数量成正比，即天线的数量越多容量越大。

在通常情况下，多天线系统可以看成是空间复用，空间复用的并行信道数至少为 $\min(N_L, N_R)$。从发射端来看，N_T 个发射天线，最多可以发射 N_T 路不同的信号，那就意味着从空间上看，最多有 N_T 路空间复用信道。从接收端来看，N_R 个接收天线，每个接收天线接收的信号是相互独立的，每个接收天线最多可以抑制 N_R-1 路信号，那就意味着接收端最多可以有 N_R 路空间复用信号。

然而在大多数情况下，空间复用的信道数要小于 N_L。例如，如果信道的传输质量非常差，接收端的信噪比非常低，采用空间复用就不会带来很大的增益，这时多天线系统应该采用波束成型的方式来提高接收信号的信噪比，才能提高信道的容量。

多天线的技术就是通过多个天线发射信号，由于发射天线的位置不同，而这些信号在空间上可以看成是经过不同的空间传送到接收端，并且通过采用一些数字处理技术（如空时编码等），使得接收端能够区分这些信号，实际上就是空间复用。

7.4.3 干扰抑制技术

小区之间干扰（Inter Cell Interference，ICI）是蜂窝移动通信系统的一个固有问题，传统的解决办法是采用频率复用。LTE 被设计为单小区频率复用，即频率复用系数为 1，相邻小区都使用相同的频率资源。LTE 系统中，基本的控制信道也被设计为频率复用系数为 1 部署，信干比相对较低时也能够正常操作。这样小区边缘的干扰会严重影响系统的性能。小区间的干扰抑制技术成为影响 LTE 系统整体性能的关键技术。小区干扰抑制技术主要有波束赋形天线技术、干扰随机化技术、干扰消除技术及小区间干扰协调技术。

1. 波束赋形天线技术

普通的扇区天线波束是固定的，且覆盖整个扇区方向，因此会和相邻小区的天线波束重叠，引起小区间干扰。波束赋形天线的波束为指向活动 UE 的窄波束，只有在相邻小区的波束发生碰撞时才会造成小区间干扰，其他时候就可以有效地规避小区间干扰。但是随着小区中用户数的增加，以及用户位置的随机性，波束发生碰撞的概率增加，波束赋形对于小区间干扰的抑制效果也会降低。

2. 干扰随机化技术

干扰随机化就是将干扰信号随机化。主要的方法有加扰、交织和跳频等。这种随机化不能降低干扰的总能量，而是通过改变干扰的频域或时域特性，使得干扰具有类似“白噪声”的均匀特性，使得终端可以通过处理增益对干扰进行抑制。

（1）加扰

加扰通常是对小区的信号在信道编码和信道交织后采用不同的伪随机扰码来实现，进而获得干扰白化效果。第三代移动通信系统中广泛采用了加扰技术。

（2）交织

交织就是对各小区的信号在信道编码后采用不同的交织图案进行信道交织，以获得干扰白化效果。第二代、第三代、第四代移动通信系统中均采用了不同的交织技术方案。LTE 系统中引入了交织多址（Interleaved Division Multiple Access，IDMA）的概念。在 IDMA 方案中，利用伪交织器产生的随机种子为不同的小区产生不同的交织图案，并为每个交织图案设定一个编号。UE 通过通过检测小区的交织图案编号来确定小区的交织图案。交织图案的 ID 和小区编号是一一对应的。UE 只需要在正常的小区搜索过程中确定小区编号，就可以判断小区的交织图案。

（3）跳频

在不同的小区采用不同的跳频图案进行跳频也可以达到干扰随机化的效果。在 GSM 移动通信系统中通过采用跳频技术将干扰白化。

3. 干扰消除技术

小区间干扰消除原理一般指对干扰小区的干扰信号进行一定程度的解调或解码，然后利用接收机的处理从接收信号中消除干扰信号分量。干扰消除技术主要指基于多天线接收终端的空间干扰抑制技术和基于重构/减去的干扰消除技术。

（1）基于多天线接收终端的空间干扰抑制技术

基于多天线接收终端的空间干扰抑制技术不依靠任何额外的发射端配置，仅利用从相邻两个小区到终端的空间信道差异区分服务小区和干扰小区的信号。理论上讲，配置双天线的终端应可以分辨两个空间信道。

（2）基于重构/减去的干扰消除技术

基于重构/减去的干扰消除技术是通过将干扰信号解调/解码后，对该干扰信号进行重构，然后从接收信号中输入干扰信号。如果能将干扰信号准确减去，无疑是一种有效的干扰消除技术，但是需要完全解调/解码干扰信号，因此对系统的设计如资源块、信道估计、同步、信令等提出了更高要求或带来了更多限制。

LTE 系统中的干扰消除技术主要是基于 IDMA 的迭代干扰消除技术。

4. 小区间干扰协调技术

LTE 被设计为单小区频率复用，即同一时间、频率，资源可用于邻近的小区。这可能导致在小区范围内存在相对较大的信干比波动，导致可实现数据速率的变化，使得小区边缘只能获得相对较低的数据速率。

如果允许小区之间的调度协调，系统性能特别是小区边缘用户的质量就可以得到进一步增强。小区间干扰协调就是指在相邻小区存在同时传输的情况下，避免调度去往/来自小区边缘终端的传输，从而避免了最坏的干扰情况。为了支持小区间干扰协调，LTE 不同版本的规范中均进行了约定。

7.4.4 自动化网络技术

为了降低 LTE 网络部署和运营的成本，充分利用各项关键技术的优势优化系统的整体性能，LTE 系统引入了自优化网络技术（Self-Optimizing Network，SON）的概念，通过无线网络的自配置、自优化和自愈功能来提高网络的自组织能力，减少网络建设和运营人员的高成本人工，从而有效降低网络的部署和运营成本。

提供自优化网络功能是 LTE 区别于前面几代蜂窝系统的关键特征之一。自优化网络是一种工具，允许运营商以自动化的方式配置网络，进而减少了集中规划和人为因素的影响，特别是在变化的无线环境情形下，可以在不明显增加成本的情况下得到网络的最佳性能。因此，自动化网络技术（SON）被赋予很高的优先级，成为 LTE 空中接口、S1 和 X2 接口设计的基石。

R8 版本中引入的自动化网络技术（SON）包括自动邻区关系，eNodeB 和 MME 的自配置功能，S1 和 X2 接口流程中实现物理小区标识的自配置。R9 版本中为自动化网络技术（SON）设计的功能有移动性负载均衡（Mobility Load Balancing，MLB）、健壮性移动优化（Mobility Robustness Optimization，MRO）及随机接入信道优化等。R10 和 R11 版本中为自动化网络技术（SON）设计的功能进一步丰富，提升了家庭 eNodeB 和中继节点的自动化网络技术特性。

下面简单介绍自动化网络技术中的移动性负载均衡（MLB）优化和节能的实现。

（1）移动性负载均衡（MLB）优化

移动性负载均衡（MLB）优化通过先检测任何的业务不均衡，然后应用调整小区重选 / 切换参数等方案实现。移动性负载均衡的目的是提升全系统的容量并降低拥塞，减少相邻小区之间本地业务负载的不均衡。通常分为 LTE 内负载交换和无线接入（Radio Access Technology，RAT）间负载交换。

LTE 内负载交换首先需要在相邻 eNodeB 间通过 X2 接口交换负载信息用于比较。请求方 eNodeB 发送一个"资源状态请求"消息请求其一些邻站的负载报告。接收到请求的邻区在 X2 接口上通过"资源状态响应 / 更新"消息上报请求的负载信息。负载信息交换并检测到本地负载不均衡之后，eNodeB 将采取一些措施，例如，调整切换触发门限，使得由过载小区服务的 UE 找到轻负载的邻小区作为更合适的切换目标。为了避免乒乓切换，会将轻载小区对应的切换门限按照与上述相反方向调整触发门限的方法进行调整。

无线接入（Radio Access Technology，RAT）间负载交换是 LTE 与其他非 LTE 的 RAT 邻小区之间进行负载信息交换的方法。eNodeB 会对相邻的无线网络控制器（RNC，对 WCDMA 系统）、基站控制器（BSC，对 GSM 系统）或者演进地高速分组接入 Node B（对 HSPA 系统）触发一个"小区负载上报请求 / 响应"过程。RAT 间负载上报过程独立于切换过程，允许一个 eNodeB 在触发任何负载相关行为前评估 GSM 或 UMTS/HSPA 邻小区的负载状态。

（2）节能

节能是一个节约成本并降低对环境影响的措施。

无线接入网中的节能是在特定时间节点上根据实际业务需求自动调整网络提供的容量。例如在某些子帧上不调度传输的无线方案、关闭小区发射机或天线的网络方案等，这些方案是在 R10 版本中针对异构网络引入的。异构网络在提供广域覆盖的基础上部署容量提升的小区，而节能功能可以在不同需求情况下激活或关闭这些容量提升小区。

7.4.5 载波聚合技术

LTE-A 系统提出可以支持最大 100MHz 的带宽，而在当前频谱资源紧张的情况下，尤其是对于 FDD 系统，找到上下行对称的连续 100MHz 带宽的频谱资源已无可能，因此只能考虑将非连续频段聚合使用，在 LTE-A 中采用载波聚合技术将分散在多个频段上的频谱资源聚合形成更宽的频谱，实现对传输带宽和峰值速率的要求。

1. 载波聚合技术的特点

载波聚合（Carrier Aggregation，CA），即通过联合调度和使用多个成员载波（Component

Carrier，CC）上的资源，使得 LTE-A 系统可以支持最大 100MHz 的带宽，从而能够实现更高的系统峰值速率。如图 7-32 所示，将可配置的系统载波定义为成员载波，每个成员载波的带宽都不大于之前 LTE R8 系统所支持的上限（20MHz）。为了满足峰值速率的要求，组合多个成员载波，允许配置带宽最高可高达 100MHz，实现上下行峰值目标速率分别为 500Mbit/s 和 1Gbit/s，与此同时为合法用户提供后向兼容。

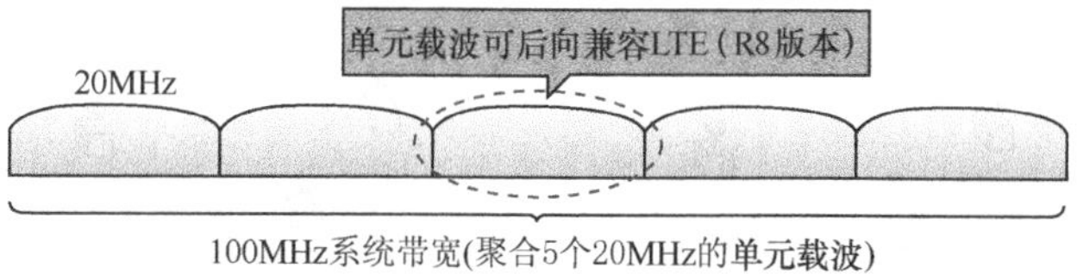

图 7-32 载波聚合示意图

载波聚合技术具有如下特点：

① 成员载波的带宽不大于 LTE 系统所支持的上限（20MHz）；

② 成员载波可以频率连续，也可以非连续，可提供灵活的带宽扩展方案；

③ 支持最大 100MHz 带宽，系统/终端最大峰值速率可达 1Gbit/s；

④ 提供跨载波调度增益，包括频率选择性增益和多服务队列联合调度增益；

⑤ 提供跨载波干扰避免能力，频谱充裕时可以有效减少小区间干扰。

2. 载波聚合的方式

LTE-A 中的载波聚合支持聚合一系列不同的 CC 组合，包括在相同频带内相邻 CC 之间的带内连续聚合 （Intra-Band：Contiguous），相同频带内不相邻 CC 之间的带内非连续聚合（Intra-Band，Non-contiguous），以及不同频带间的 CC 聚合（Inter-Band），如图 7-33 所示。每个 CC 可以采用任何 LTE Rel-8 支持的传输带宽，也就是 1.4、3、5、10、15 或者 20MHz 的带宽，分别对应 6、15、25、50、75 或者 100 个资源块（Resource Block，RB）。

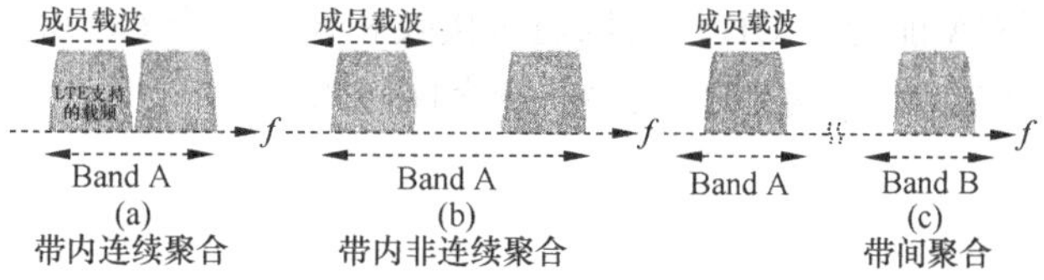

图 7-33 载波聚合的方式

在 FDD 系统中，上下行的载波数量可以是不同的，这主要取决于 UE 的聚合能力，但是上行载波数量不能超过下行载波数量。而在 TDD 系统的部署中，UE 的上下行 CC 数量和每个 CC 的带宽都必须是相同。这种灵活性使得网络运营商的一系列离散频谱能够得以聚合。

3. 载波聚合应用场景

典型的异构网络部署包括一层高功率宏小区和一层低功率小小区，而且至少有一个载波是两层公用的。在这种场景下，一个小区的传输将对另一个小区的控制信道造成很大的影响，进而影响调度和信令。采用载波聚合则可以使多个载波被某一层小区所用，避免了两层小区只能采用不同的载波这种频谱效率低下的方式，而干扰问题可以通过跨载波调度来避免。跨载波调度使得一个服务小区 CC 上的物理下行链路控制信道（Physical Downlink Control Channel，PDCCH）可以通过在 PDCCH 消息的最开始增加一个新的 3 比特的载波指示域（Carner Indicator Field，CIF）来调度指示另一个 CC 上的数据传输。3GPP 协议中，将载波聚合的典型部署场景划分成了 5 类，如图 7-34 所示。

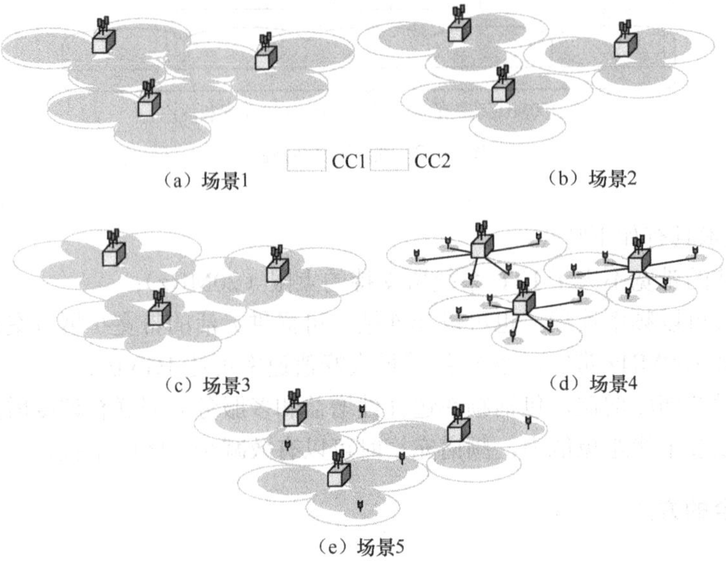

图 7-34　载波聚合的典型部署场景

R10 中所有 CC 的设计都是后向兼容的。这样，R8 的 UE 也完全可以使用 R10 的 CC，基本的 R8 信道和信令，如主 / 辅同步信道、每个 CC 特定的系统信息都在对应的 CC 上传输。后向兼容也带来了在 R10 聚合的 CC 上能够重用 R8 开发的技术这样的好处。这样，在 LTE-A 系统内，支持 CA 的 UE 可以根据其能力同时接收或发送一个或多个 CC，获得多个服务小区的服务，而 R8 不具有 CA 能力的 UE 也可以通过接收和发送单个 CC 得到一个服务小区提供的服务，解决了两种终端在同一系统中共存的兼容性问题。

4．载波管理

从高层上看，CA 就是将多个小区的资源整合在一起为一个 UE 服务，为了更好地管理多个小区的资源，引入了主服务小区（Primary serving Cell，PCell）和辅服务小区（Secondary serving Cell，SCell）的概念。PCell 的上/下行载波分别对应物理层的上/下行主载波；SCell 的上/下行载波分别对应物理层的上/下行辅载波。每个 CC 都体现为拥有自己小区 ID 的独立小区。一个支持载波聚合的 UE 连接 1 个主服务小区（Primary serving Cell，PCell）和最多 4 个辅服务小区（Secondary serving Cell，SCell）。

PCell 定义为在连接建立时初始配置的小区，它在安全、非接入层移动性信息、被配置小区的系统信息和其他一些底层的功能上发挥不可缺少的作用。服务小区可以是指 PCell，也可以是 SCell。PCell 对应的 CC 为上/下行的主 CC，即 PCC；而 SCell 对应的 CC 为上/下行的辅 CC，即 SCC。在一个给定地理位置上的小区，所有可能聚合的 CC 是假设同步且属于同一个 eNodeB 的。

当聚合的载波相对固定时，载波管理主要体现在协议过程中上/下行载波的关联关系。在 R8/R9 中，一个小区上/下行载波之间的关联是在 UE 读取系统信息中的 SIB2 获取的，称为 SIB2 关联。SIB2 在载波聚合的场景中作为很多机制的默认关联关系。

7.4.6 无线中继技术

相较于以往的移动通信系统，LTE-Advanced 可能使用覆盖能力较差的高频载波支持高数据速率业务的需求，因此可能需要部署更多的站点。如果所有的基站与核心网之间的回程链路仍然使用传统的有线连接方式，会对运营商带来较大的部署难度和部署成本，站点部署灵活性也受到较大的限制。因此 3GPP 在 LTE-A 启动了中继技术来解决上述问题，提供无线的回程链路解决方案。

1．中继技术的特点及应用场景

（1）技术特点

① 通过中继站，对基站信号进行接力传输，可扩展和改善网络覆盖，提高中高数据速率的应用范围；

② 可增加网络容量，提高小区吞吐量，尤其是边缘吞吐量，提升系统频谱效率；

③ 相较于使用传统的直放站，可抑制网络干扰；

④ 部署灵活，不需要光纤与机房；

⑤ 相较于通过小区分裂技术增加基站密度的方法，运营和维护成本低。

（2）应用场景

从应用上看，中继的作用主要体现在扩展覆盖和提高传输速率两方面，其中尤其前者是很多运营商非常看重的，例如对于难以布线的网络盲点或是临时的大容量需求等情况，中继可以以无线的方式非常灵活的实现部署。中继主要的应用场景参见表 7-1 所示。

表 7-1　　LTE-Advanced 中继的应用场景

常见应用场景	主要技术优势
密集城区	部署中继提高高速业务覆盖
乡村环境	通过中继扩展网络覆盖，降低对光纤或微波依赖
室内环境	克服穿透损耗，提升覆盖与容量，摆脱光纤制约
城市盲点	解决覆盖补盲，降低网络建设成本
高速铁路	高速率接入，避免终端频繁切换，降低资源开销

2．无线中继技术（Relay）

现在的无线小区网络不仅要为用户提供高质量的话音业务，还要为用户提供数量庞大的数据业务，这些需要网络具有更大的数据吞吐量和更高的数据传输速率，而传统小区网络不能提供足够高的信干噪比（Signal to Interference and Noise Ratio，SINR）来满足需求。

在 LTE-A 系统中，在原有基站的基础上，通过增加新的中继节点（Relay Node，RN），加大站点和天线的分布密度。新增的中继节点和原有基站可以通过无线的方式连接，由于不需要在站点间提供有线链路的连接以进行“回程传输”，因此RN可以更方便的部署。在需要数据传输时，下行数据先到达原有基站，然后再传给RN，RN再传至UE，上行则与之相反，这样相当于拉近了小区边缘用户与基站天线之间的距离，可以有效地改善小区边缘UE的链路质量，从而提高系统整体的频谱效率和边缘用户数据速率。上下行数据也可以不经过中继节点直接与基站进行交互。

RN通过Un与施主节点 （Donor eNodeB，DeNB）连接。因此，在施主小区中，DeNB和RN共享无线资源，为UE直接提供服务。从回程机制上看，Un口可以是带内的也可以是带外的，带内是指eNodeB和RN之间的链路与RN和终端之间的链路共享同一段频率，否则称为带外。根据Un口的不同，中继也分为带内中继和带外中继。目前标准更关注带内中继的场景，如图7-35所示。

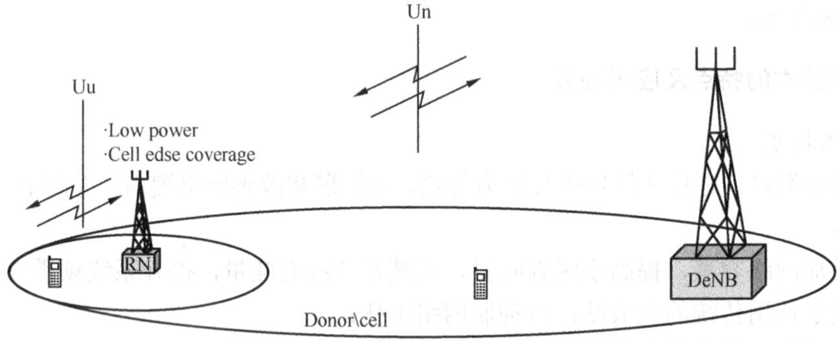

图7-35 带内中继及空中接口

按照中继执行的功能不同可以分为层1中继、层2中继和层3中继。层1中继类似增强的直放站，将下行或上行数据放大后转发给UE或eNodeB，时延小成本低且设备简单，还可以在UE直接将中继和基站的数据进行简单合并。不过层1中继也会放大噪声和干扰信号，不能提高SNR。层2中继包含了MAC层的功能，能够对数据进行解码，再编码转发。它能明显改善SINR，使得收发双方都不需要太大的功率，改善小区内的干扰水平，也节约了用户设备的电池消耗。

但是层2中继对数据进行处理，会带来很大的延时，对基站和中继间的链路准确性要求很高，设备也更复杂。层3中继也称自回传，主要是对接收到的IP数据包进行转发，与层2中继比较像，却包含了更多功能，主要依靠S1和X2信令，对eNodeB设计的影响较小。

在LTE-A研究过程中，3GPP按照中继是否具有独立的Cell ID，是否可以被UE识别，区分出两种主要的类型。

（1）类型1、1a和1b RN

这些类型的RN是层3 RN，具有独立的Cell ID，能够发射所有控制和数据信道。UE从RN接收如物理层下行链路控制信道（PDCCH）等调度信息，向RN发送如信道状态信息（CSI）和ACK/NACK等反馈信息。切换和小区重选过程与R-8相同，且调度器位于RN中以便快速响应UE的反馈。

类型1的RN是带内半双工RN，而类型1a是带外RN。类型1b的RN在接收和发射信号之间有足够的隔离度可以进行全双工操作，也就是回程和接入链路可以同时激活而无需时分复用。类型1b的RN的一个例子是：回程天线可能位于建筑物的外部，而覆盖天线位于建筑物内部用于提升对建筑物内部 UE 的支持。天线隔离也可以通过机械或者自适应波束成形来辅助获得。

（2）类型 2 RN

类型 2RN 是层 2RN。它们只发射物理下行共享信道（PDSCH），而且调度器存在于 eNodeB 中，不发射控制信道或者没有它们自己的物理层小区标识（Physical Cell Identity，PCI），不能够被 UE 识别。类型 2RN 可以和 DeNB 以非协作或协作的方式操作。在后者情况下，eNodeB 和 RN 将联合发送和接收 UE 的信号，如图 7-36 所示。从 eNodeB 来的初始传输可以被 RN 和 UE 同时接收到。由于回程链路一般都有较好的无线信道条件，RN 将可更多地接收到正确的数据。对于重传，RN 和 eNodeB 将都向 UE 发送数据，这样 UE 将合并两者的信号。因为对 UE 的控制信令依靠来自 DeNB 的控制信道，因此类型 2 RN 的覆盖必须和 DeNB 的覆盖范围重叠。

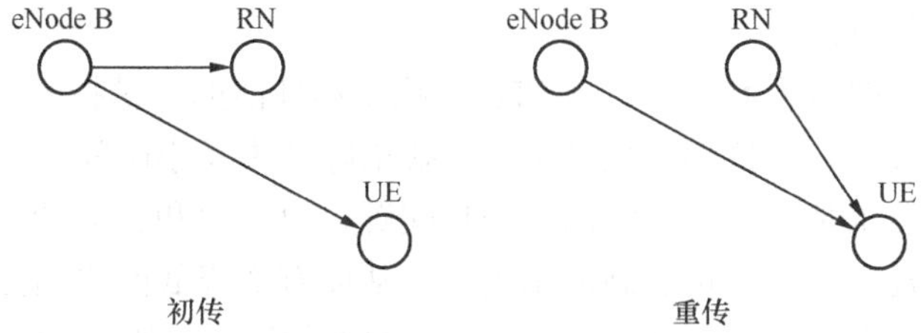

图 7-36 eNodeB 和 RN 联合发送和接收 UE 信号

本节介绍了 LTE（R8/R10）中采用的关键技术，LTE（R12）第一阶段已于 2013 年 3 月正式冻结，第二阶段预计将于 2013 年 12 月冻结。LTE 的演进不会终止，每个新的版本都将进一步增强 LTE 移动通信系统的性能，引进新的技术。

小　　结

1．LTE 的目的就是提高无线接口的数据传送速率，与之相对应的核心网结构称之为 SAE。从采用的无线接入技术来看，采用了更适合高速数据通信的 OFDM 和 MIMO 技术等。

2．LTE 的主要目标就是定义一个高效的空中接口，这些目标需求主要包括系统容量、数据传输时延、终端的状态转换时间要求、移动性、覆盖范围、增强的 MBMS。

3．LTE 的 eNode B 除了具有原来 Node B 的功能外，还承担了传统的 3GPP 接入网中 RNC 的大部分功能。eNode B 和 eNode B 之间采用网格（Mesh）方式直接互连，这也是对原有 UTRAN 结构的重大修改。核心网采用全 IP 分布式结构。

4．在 LTE 中，演进的核心网（EPC）主要包括移动管理实体（MME）、服务网关（Serving GW）、分组交换网关（PDN GW）、策略和计费规则实体（PCRF）和归属用户服务器（Home Subscriber Server，HSS）等。

5．LTE 系统的无线传输技术的区别体现在物理层。在设计高层时会尽量考虑不同标准的兼容性，对于 FDD 和 TDD 来说，高层的区别并不十分明显，差异集中在描述物理信道相关的消息和信息元素方面。

6．LTE 下行物理信道包括物理广播信道（PBCH）、物理控制格式指示信道（PCFICH）、物理下行控制信道（PDCCH）、物理下行共享信道（PDSCH）和物理多播信道（PMCH）。上行物理信道包括物理上行控制信道（PUCCH）、物理上行共享信道（PUSCH）、物理混合自动请求重传指示信道（PHICH）和物理随机接入信道（PRACH）。物理信道、传输信道和逻辑信道间有严格的对应关系。

7．与 UTRAN 系统中 UE 的 5 种 RRC 状态相比，在 LTE 中仍然保留了 RRC 的两种状态：空闲状态（RRC_IDLE）和连接状态（RRC_CONNECTED）。

8．OFDM 的主要思想是将信道分成若干正交子信道，将高速数据信号转换成并行的低速子数据流，调制到在每个子信道上进行传输。OFDM 可以与分集、时空编码、干扰和信道间干扰抑制以及智能天线技术等相结合，最大限度地提高系统性能。

9．MIMO 系统将一个单数据符号流通过一定的映射方式生成多个数据符号流，相应的接收端通过反变换恢复出原始的单数据符号流。与在发射端或是接收端部署多天线相比，通过在接收端和发射端同时使用多天线技术能够进一步提高信噪比（信扰比），并且能够提供额外的增益来对抗信道的衰落。

10．小区间的干扰抑制技术成为影响 LTE 系统整体性能的关键技术。小区干扰抑制技术主要有波束赋形天线技术、干扰随机化技术、干扰消除技术及小区间干扰协调技术。

11．自优化网络技术是指通过无线网络的自配置、自优化和自愈功能来提高网络的自组织能力，减少网络建设和运营人员的高成本人工，从而有效降低网络的部署和运营成本。

12．载波聚合通过联合调度和使用多个成员载波上的资源，使得 LTE-A 系统可以支持最大 100MHz 的带宽，从而能够实现更高的系统峰值速率。

习　题

1．简述 3GPP LTE 的主要目标。

2．画出 LTE/SAE 的系统结构图，描述 E-UTRAN 和 EPC 的功能。

3．画出物理信道、传输信道和逻辑信道的映射图。

4．画出 OFDM 的原理示意图，说明 OFDM 技术的特点。

5．画出 MIMO 的原理示意图，介绍描述 MIMO 系统增益的方法。

6．请介绍小区间干扰抑制技术。

7．描述载波聚合的实现及意义。

第 8 章 天馈系统

天线是移动通信系统主要组成部分，其主要作用是将传输线中的电磁能转化成自由空间的电磁波或将空间电磁波转化成传输线中的电磁能。按照规范性的定义，天线是一种传输模式转换器，把导行模式的射频电流变成扩散模式的空间电磁波的传输模式转换器及其逆变换。馈线的主要作用是把发射机输出的射频载波信号高效地送至天线，要求馈线的衰耗要小；另一方面要求其阻抗应尽可能与发射机的输出阻抗和天线的输出阻抗相匹配。本章主要内容如下。

① 天线的定义及分类。

② 天线性能指标。

③ 移动通信常用天线种类及特点。

④ 馈线的定义及天馈连接。

8.1 天线

8.1.1 天线原理

天线的定义：用金属导线、金属面或其他介质材料构成一定形状，架设在一定空间，将从发射机馈给的射频电能转换为向空间辐射的电磁波能，或者把空间传播的电磁波能转化为射频电能并输送到接收机的装置。

天线是一种变换器，是在无线电设备中用来发射或接收电磁波的部件。无线电通信、广播、电视、雷达、导航、电子对抗、遥感、射电天文等工程系统，凡是利用电磁波传递信息的，都依靠天线来进行工作。此外，在用电磁波传送能量方面，非信号的能量辐射也需要天线。一般天线都具有可逆性，即同一副天线既可用作发射天线，也可用作接收天线。同一天线作为发射或接收的基本特性参数是相同的。这就是天线的互易定理。

天线振子是构成天线的最基本单位。当导线上有交变电流流动时，就可以发生电磁波的辐射，辐射的能力与导线的长度和形状有关。如图 8-1（a）所示，若两导线的距离很近，电场被束缚在两导线之间，辐射很微弱；将两导线张开，如图 8-1（b）和图 8-1（c）所示，电场就散播在周围空间，辐射增强。 必须指出，当导线的长度 L 远小于波长 λ 时，辐射很微弱；导线的长度 L 增大到可与波长相比拟时，导线上的电流将大大增加，因而就能形成较强的辐射。当导线长度为信号波长的 1/4 时，辐射的强度最大，产生谐振，称作基本振子。

两臂长度相等的振子叫作对称振子。每臂长度为 1/4 波长、全长为二分之一波长的振子，称半波对称振子，如图 8-2 所示。可将半波对称振子看作几乎所有天线的基础，它也是基站主用天线的基本单元，其优点是能量转换效率高。

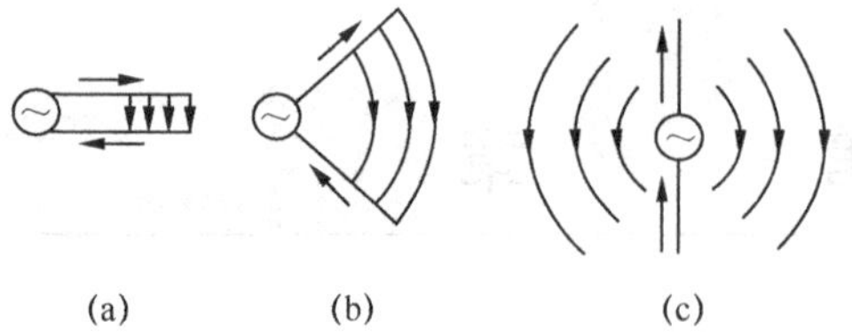

图 8-1 导线间距与辐射强度的示意图

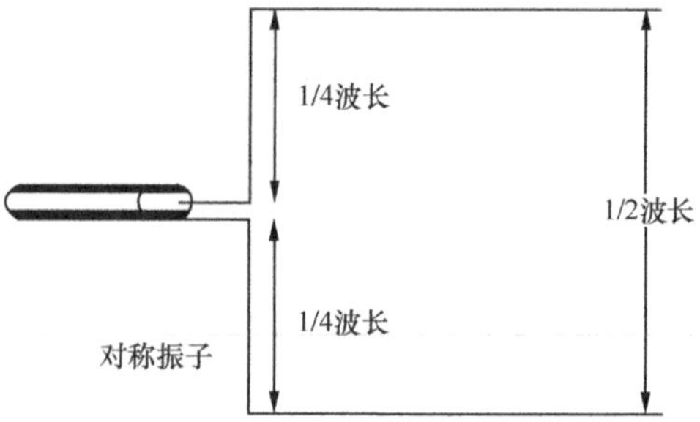

图 8-2 半波对称振子示意图

8.1.2 天线的性能指标

一般用各种参数来表征天线不同的性能。表征天线性能的主要参数包括电性能参数和机械性能参数。机械性能参数，如尺寸、重量、风载荷、工作温度、工作湿度、雷电防护、防潮、防盐雾、防霉菌等都比较直观，容易理解；而电性能参数有方向图、增益、输入阻抗、电压驻波比、回波损耗、极化方式、隔离度、波瓣宽度、前后比、下倾角等。天线性能参数解释如下。

1. 方向图

天线方向图是描述天线发出无线电波的强度与方向（角度）之间依赖关系的图形。天线方向图通常用水平或垂直截面的 3 维图（见图 8-3）或极坐标图（见图 8-4）表示。图 8-3（a）所示为理想点源在空间的三维方向图，图 8-3（b）所示为全向天线的三维辐射方向图。

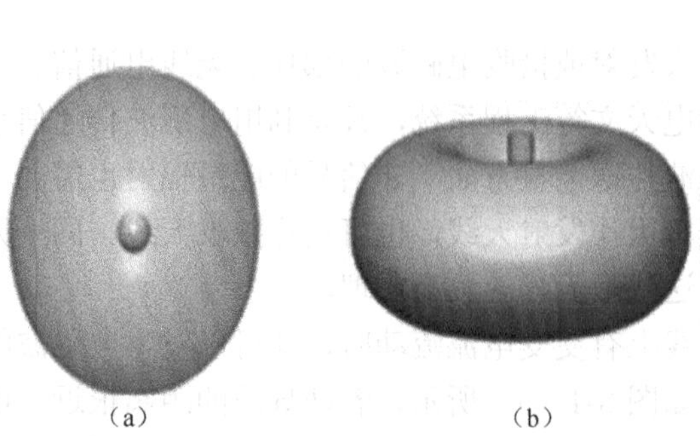

图 8-3 三维辐射方向图

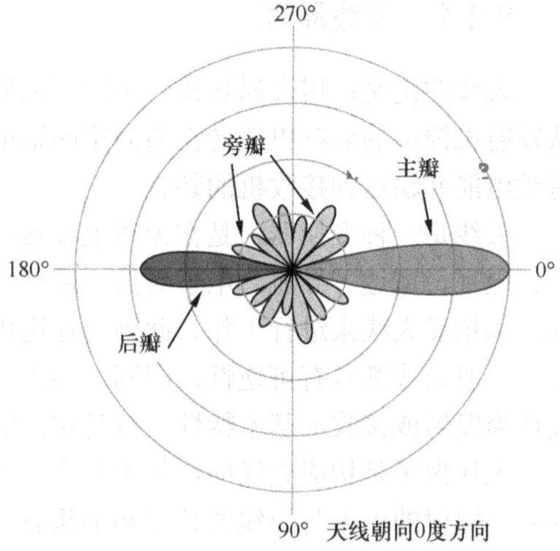

图 8-4 八木天线的水平截面极坐标图

2. 增益（Gain）

天线作为一种无源器件，仅仅起能量转化作用而不能放大信号。天线增益是作为天线的重要指标之一，是指天线将发射功率往某一指定方向集中辐射的能力，定义为：在输入功率相等的条件下，实际天线与理想点源在空间同一点处所产生的场强的平方之比，即功率之比。它定量地描述一个天线把输入功率集中辐射的程度。增益显然与天线方向图有密切的关系，在相同的条件下，方向图主瓣越窄，副瓣越小，增益越高，电波传播的距离越远。

表示天线增益的单位通常有两个：dBi、dBd。dBi 定义为实际的方向性天线（包括全向天线）相对于各向同性天线能量集中的相对能力，“i”即表示各向同性（Isotropic）。dBd 定义为实际的方向性天线（包括全向天线）相对于半波振子天线能量集中的相对能力，“d”即表示偶极子（Dipole）。两者之间的关系为：dBi=dBd+2.15。

3．电压驻波比（VSWR）

在无线电通信中，天线与馈线的阻抗不匹配或天线与发信机的阻抗不匹配，能量就会产生反射折回。为了表征和测量天线中正向波与反射波的情况，人们建立了“驻波比”这一概念。天线驻波比是表示天馈线与基站匹配程度的指标。电压驻波比（VSWR）的值在 1 到无穷大之间。驻波比为 1，表示完全匹配；驻波比为无穷大表示全反射，完全失配。

一般要求天线的驻波比小于 1.5，驻波比是越小越好，但工程上没有必要追求过小的驻波比。

4．天线带宽

虽然天线的谐振频率只是一个单一的频率点，在天线的谐振频率附近的各个频率点上，天线性能是有差异的，但一般说来，这种差异造成的性能下降是可以接受的。因此将天线的谐振频率点附近的一段频段，定义为天线带宽。

天线的频带宽度有两种不同的定义：一种是指在驻波比 SWR≤1.5 条件下，天线的工作频带宽度；另一种是指天线增益下降 3 分贝范围内的频带宽度。

在移动通信系统中，通常是按前一种定义的，具体的说，天线的频带宽度就是天线的驻波比 VSWR 不超过 1.5 时天线的工作频率范围。

5．输入阻抗

天线的输入阻抗定义为天线输入端信号电压与信号电流之比。一般天线的输入阻抗具有电阻分量和电抗分量。天线与馈线的连接，最佳情形是天线输入阻抗是纯电阻且等于馈线的特性阻抗，这时馈线终端没有功率反射，馈线上没有驻波，天线的输入阻抗随频率的变化比较平缓。电抗分量的存在会减少天线从馈线对信号功率的提取，因此，必须使电抗分量尽可能为零，也就是应尽可能使天线的输入阻抗为纯电阻。天线的匹配工作就是消除天线输入阻抗中的电抗分量，使电阻分量尽可能地接近馈线的特性阻抗。

匹配的优劣一般用 4 个参数来衡量：即反射系数、行波系数、驻波比和回波损耗。在日常维护中，用得较多的是驻波比和回波损耗。一般移动通信天线的输入阻抗为 50Ω，直流阻抗为 0Ω。

6．回波损耗（Return Loss）

回波损耗是由于因反射而导致的能量损耗，以分贝值表示。回波损耗与电压驻波比与反射系统都相关，它是表征设备或线路匹配性能的参数。回波损耗的值在 0dB 到无穷大之间，

0 表示全反射，无穷大表示完全匹配。

7. 极化方式

天线的极化是指无线电波的电场方向相对于地球表面的指向，它由天线的物理结构和指向决定。天线极化方式可分为线极化、圆极化和椭圆极化。如果无线电波的电场方向为直线则称为线极化；如果电波在传播过程中电场的方向是旋转的，就叫做椭圆极化波；旋转过程中，如果电场的幅度即大小保持不变，就称它为圆极化波。

线极化又分为水平极化、垂直极化和±45° 极化。一般情况下，移动通信中多采用垂直极化或±45° 极化方式，广播系统通常采用水平极化的极化方式，卫星通信通常采用椭圆极化的极化方式。

把垂直极化和水平极化两种极化的天线组合在一起，或者，把+45 极化和−45°极化两种极化的天线组合在一起，就构成了一种新的天线-双极化天线。

垂直极化波要用具有垂直极化特性的天线来接收，水平极化波要用具有水平极化特性的天线来接收。当来波的极化方向与接收天线的极化方向不一致时，接收到的信号都会变小，也就是说，发生极化损失。例如：当用+45°极化天线接收垂直极化或水平极化波时，或者，当用垂直极化天线接收+45°极化或−45°极化波时，都要产生极化损失。

当接收天线的极化方向与来波的极化方向完全正交时，例如用水平极化的接收天线接收垂直极化的来波时，天线就完全接收不到来波的能量，这种情况下极化损失为最大，称极化完全隔离。

8. 波瓣宽度

天线方向图通常都有两个或多个瓣，其中辐射强度最大的瓣称为主瓣，其余的瓣称为副瓣或旁瓣，如图 8-4 和图 8-5 所示。在主瓣最大辐射方向两侧，辐射强度降低 3dB（功率密度降低一半）的两点间的夹角定义为波瓣宽度（又称波束宽度或主瓣宽度或半功率角），如图 8-5 所示。波瓣宽度越窄，方向性越好，作用距离越远，抗干扰能力越强。水平波瓣宽度和垂直波瓣宽度分别定义了天线水平平面和垂直平面的波瓣（束）宽度。天线的水平波瓣宽度影响了天线水平方向的覆盖范围；天线垂直波瓣宽度决定了高度方向及纵向覆盖范围。

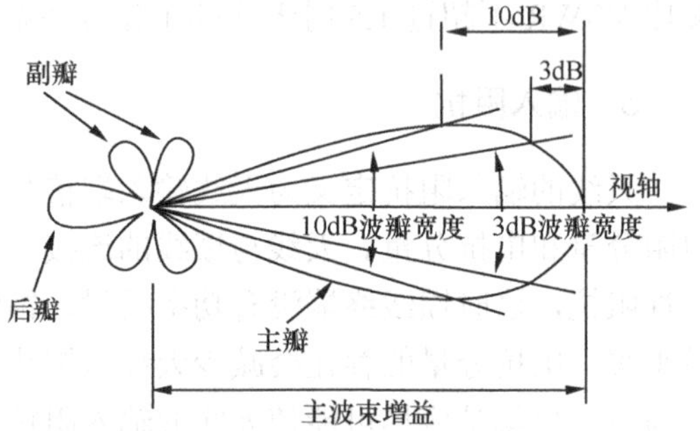

图 8-5　波瓣宽度

还有一种波瓣宽度，即 10dB 波瓣宽度，顾名思义它是方向图中辐射强度降低 10dB（功率密度降至十分之一）的两个点间的夹角。

9. 前后比

天线的方向图中，前后比定义为天线主瓣功率与天线后向（180°±30°的范围内）的副瓣功率之比。它表明了天线对后瓣抑制的能力，前后比越大，天线的后向辐射（或接收）越小。

对天线的前后比有要求时，其典型值为 18～30dB，特殊情况下则要求达 35～40dB。

10. 下倾角

天线下倾是无线电中用于将天线方向图的主瓣调低于水平面的一种手段，常用于增强主服务区信号电平、减小对其他小区干扰的手段。通常天线的下倾方式有机械下倾、电子下倾两种方式。机械下倾是通过调节天线支架将天线压低到相应位置来设置下倾角；而电子下倾是通过改变天线振子的相位来控制下倾角。当然，在采用电子下倾角的同时可以结合机械下倾一起进行。

8.1.3 天线的类型

（1）按工作性质天线可分为发射天线和接收天线。

（2）按结构形式和工作原理天线可分为线天线和面天线等。描述天线的特性参量有方向图、方向性系数、增益、输入阻抗、辐射效率、极化和带宽等。

（3）按维数天线可分可以分成一维天线和二维天线两种类型。

- 一维天线由许多电线组成，这些电线或者像手机上用到的直线，或者是一些灵巧的形状，就像出现电缆之前在电视机上使用的老兔子耳朵。
- 二维天线变化多样，有片状、阵列状、喇叭状，碟状等。

（4）根据使用场合的不同天线可以分为手持台天线、车载天线、基站天线三大类。

- 手持台天线就是个人使用手持对讲机的天线，常见的有橡胶天线和拉杆天线两大类。
- 车载天线是指原设计安装在车辆上通信天线，最常见应用最普遍的是吸盘天线。车载天线结构上也有缩短型、四分之一波长、中部加感型、八分之五波长、双二分之一波长等形式的天线。
- 基站天线在整个通信系统中具有非常关键的作用，尤其是作为通信枢纽的通信台站。常用的基站天线有玻璃钢高增益天线、四环阵天线（八环阵天线）、定向天线。图 8-6 为基站天线。

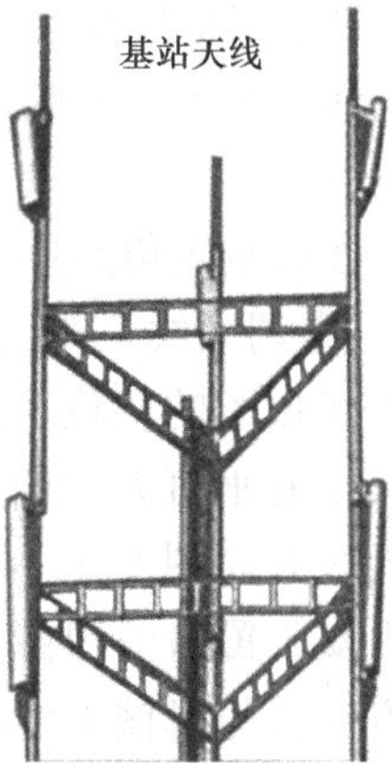

图 8-6 基站天线

（5）移动通信常用的天线

移动通信需要用到基站天线、直放站天线与室内天线等。其中室外基站天线包括有全向天线、定向天线、机械天线、电调天线、双极化天线等；室内分布天线主要有吸顶天线、壁挂天线、八木天线。此外，还有一些应用在特殊情况下的分布式天线，包括泄漏电缆、同轴馈电式分布天线、光纤馈电式分布天线和栅格抛物面天线等。

- 全向天线：即在水平方向图上表现为 360°都均匀辐射，也就是平常所说的无方向性，在垂直方向图上表现为有一定宽度的波束，一般情况下波瓣宽度越小，增益越大。全向天线在移动通信系统中一般应用于郊县大区制的站型，覆盖范围大，如图 8-7 所示。
- 定向天线：即在水平方向图上表现为一定角度范围辐射，也就是平常所说的有方向性，在垂直方向图上表现为有一定宽度的波束，同全向天线一样，波瓣宽度越小，增益越大。定向天线在移动通信系统中一般应用于城区小区制的站型，覆盖范围小，用户密度大，频率利用率高。根据组网的要求建立不同类型的基站，而不同类型的基站可根据需要选择不同类型的天线。一般在市区选择水平波束宽度 B 为 65°的天线，在郊区可选择水平波束宽度 B 为 65°、90°或 120°的天线（按照站型配置和当地地理环境而定），而在乡村选择能够实现大范围覆盖的全向天线则是最为经济的。户外定向板状天线如图 8-8 所示。

图 8-7　全向天线示例

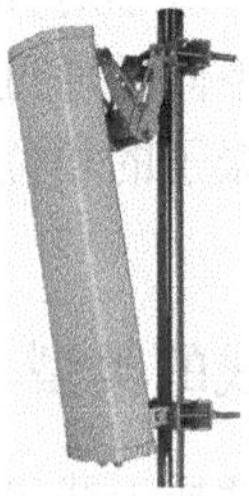

图 8-8　户外定向板状天线示例

- 机械天线：即指使用机械调整下倾角度的移动天线。机械天线与地面垂直安装好以后，如果因网络优化的要求，需要调整天线背面支架的位置改变天线的倾角来实现。在调整过程中，虽然天线主瓣方向的覆盖距离明显变化，但天线垂直分量和水平分量的幅值不变，所以天线方向图容易变形。实践证明：机械天线的最佳下倾角度为 1°～5°；当下倾角度在 5°～10°变化时，其天线方向图稍有变形但变化不大；当下倾角度在 10°～15°变化时，其天线方向图变化较大；当机械天线下倾 15°后，天线方向图形状改变很大，从没有下倾时的鸭梨形变为纺锤形，这时虽然主瓣方向覆盖距离明显缩短，但是整个天线方向图不是都在本基站扇区内，在相邻基站扇区内也会收到该基站的信号，从而造成严重的系统内干扰。另外，在日常维护中，如果要调整机械天线下倾角度，整个系统要关机，不能在调整天线倾角的同时进行监测；机械天线调整天线下倾角度非常麻烦，一般需要维护人员爬到天线安放处进行调整；机械天线的下倾角度是通过计算机模拟分析软件计算的理论值，同实际最佳下倾角度有一定的偏差；机械天线调整倾角的步进度数为 1°，三阶互调指标为-120dBc。
- 电调天线：即指使用电子调整下倾角度的移动天线。电子下倾的原理是通过改变共线阵天线振子的相位，改变垂直分量和水平分量的幅值大小，改变合成分量场强强度，从而使天线的垂直方向图下倾。由于天线各方向的场强强度同时增大和减小，保证在改变倾角后天线方向图变化不大，使主瓣方向覆盖距离缩短，同时又使整个方向性图在服务小区扇区内减小覆盖面积但又不产生干扰。实践证明，电调天线下倾角度在 1°～5°变化时，其天线方向图与机械天线的大致相同；当下倾角度在 5°～10°变化时，其天线方向图较机械天线的稍有改善；当下倾角度在 10°～15°变化时，其天线方向图较机械天线的变化较大；当机械天线下倾 15°后，其天线方向图较机械天线的明显不同，这时天线方向图形状改变不大，主瓣方向覆盖距离明显缩短，整个天线方向图都在本基站扇区内，增加下倾角度，可以使扇区覆盖面积缩小，但不产生干扰，这样的方向图是我们需要的，因此采用电调天线能够降低呼损，减小干扰。

另外，电调天线允许系统在不停机的情况下对垂直方向图下倾角进行调整，实时监测调整的效果，调整倾角的步进精度也较高（为 0.1°），因此可以对网络实现精细调整；电调天线的三阶互调指标为-150dBc，较机械天线相差 30dBc，有利于消除邻频干扰和杂散干扰。

- 双极化天线：是一种新型天线技术，组合了+45°和-45°两副极化方向相互正交的天线并同时工作在收发双工模式下，因此其最突出的优点是节省单个定向基站的天线数量；一般 GSM 数字移动通信网的定向基站（三扇区）要使用 9 根天线，每个扇形使用 3 根天线（空间分集，一发两收），如果使用双极化天线，每个扇形只需要 1 根天线；同时由于在双极化天线中，±45°的极化正交性可以保证+45°和−45°两副天线之间的隔离度满足互调对天线间隔离度的要求（≥30dB），因此双极化天线之间的空间间隔仅需 20～30cm；另外，双极化天线具有电调天线的优点，在移动通信网中使用双极化天线同电调天线一样，可以降低呼损，减小干扰，提高全网的服务质量。如果使用双极化天线，由于双极化天线对架设安装要求不高，不需要征地建塔，只需要架一根直径 20cm 的铁柱，将双极化天线按相应覆盖方向固定在铁柱上即可，从而节省基建投资，同时使基站布局更加合理，基站站址的选定更加容易。

- 吸顶天线：是移动通信系统天线的一种，主要用于室内信号覆盖。室内吸顶天线要求具有结构轻巧、外形美观、安装方便等特点。室内吸顶天线属于低增益天线，一般为 G=2dBi，如图 8-9 所示。
- 壁挂天线：室内壁挂天线应用场景类似于吸顶天线，因此同样必须具有结构轻巧、外形美观、安装方便等特点。室内壁挂天线具有一定的增益，一般约为 G=7dBi，如图 8-10 所示。

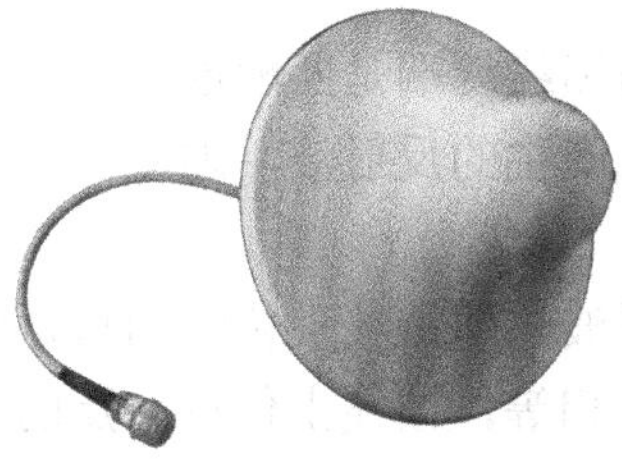
图 8-9　室内覆盖吸顶天线示例

图 8-10　壁挂天线示例

- 八木天线：具有增益较高、结构轻巧、架设方便、价格便宜等优点。因此，它特别适用于点对点的通信，例如它是室内分布系统的室外接收天线的首选天线类型。八木定向天线的单元数越多，其增益越高，通常采用 6～12 单元的八木定向天线，其增益可达 10～15dBi，如图 8-11 所示。

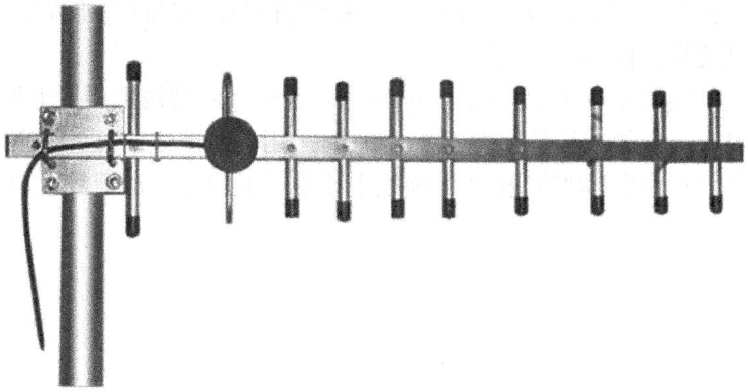
图 8-11　八木定向天线示例

- 栅状抛物面天线：由于抛物面具有良好的聚焦作用，因此抛物面天线集射能力强，直径为 1.5m 的栅状抛物面天线，在 900MHz 频段，其增益即可达 G=20dBi。它特别适用于点对点的通信，例如它常被选用为直放站的施主天线。

抛物面采用栅状结构，一是为了减轻天线的重量，二是为了减少风的阻力。

抛物面天线一般都能给出不低于 30dB 的前后比，这也正是直放站系统防自激而对接收天线所提出的必须满足的技术指标。栅状抛物面天线如图 8-12 所示。

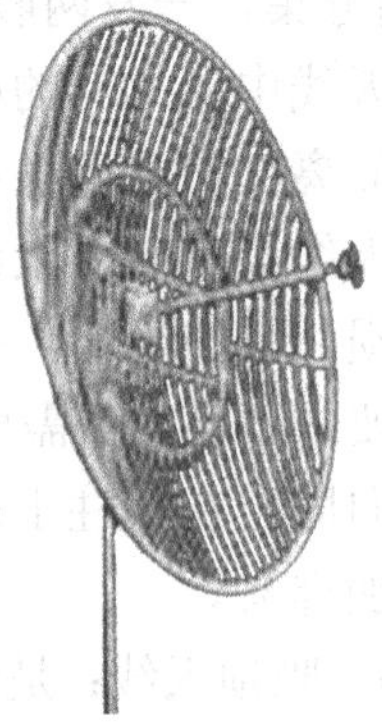

图 8–12　栅状抛物面天线示例

8.2 馈线

馈线是在发射设备和天线之间传输信号的导线。信号在馈线里传输，除有导体的电阻性损耗外，还有绝缘材料的介质损耗。这两种损耗随馈线长度的增加和工作频率的提高而增加。因此，应合理布局、尽量缩短馈线长度。

单位长度产生的损耗的大小用衰减系数表示，衰减系数的单位为 dB/m（分贝/米），电缆技术说明书上的单位大都用 dB/100m（分贝/百米）

当馈线终端所接负载阻抗等于馈线特性阻抗时，称为馈线终端是匹配连接的。匹配时，馈线上只存在传向终端负载的入射波，而没有由终端负载产生的反射波，因此，当天线作为终端负载时，匹配能保证天线取得全部信号功率。

当馈线和天线匹配时，馈线上没有反射波，只有入射波，即馈线上传输的只是向天线方向行进的波。这时，馈线上各处的电压幅度与电流幅度都相等，馈线上任意一点的阻抗都等于它的特性阻抗。

而当天线和馈线不匹配时，也就是天线阻抗不等于馈线特性阻抗时，负载就只能吸收馈线上传输的部分高频能量，而不能全部吸收，未被吸收的那部分能量将反射回去形成反射波。

在不匹配的情况下，馈线上同时存在入射波和反射波。在入射波和反射波相位相同的地方，电压振幅相加为最大电压振幅，形成波腹；而在入射波和反射波相位相反的地方电压振幅相减为最小电压振幅，形成波节。其他各点的振幅值则介于波腹与波节之间。这种合成波称为行驻波。天馈连接如图 8-13 所示。

移动通信常用馈线类型有 1/2″、7/8″、5/4″3 种。其中 7/8″馈线主要用于长度大于 20M 的馈线，但当 900MHz 系统的馈线长度大于 80 米时，采用 5/4″馈线；当 1 800MHz 系统的馈线长度大于 50 米时，应采用 5/4″馈线；1/2″馈线主要用于天线与 7/8″馈线、7/8″馈线与设备的发射单元的链接。

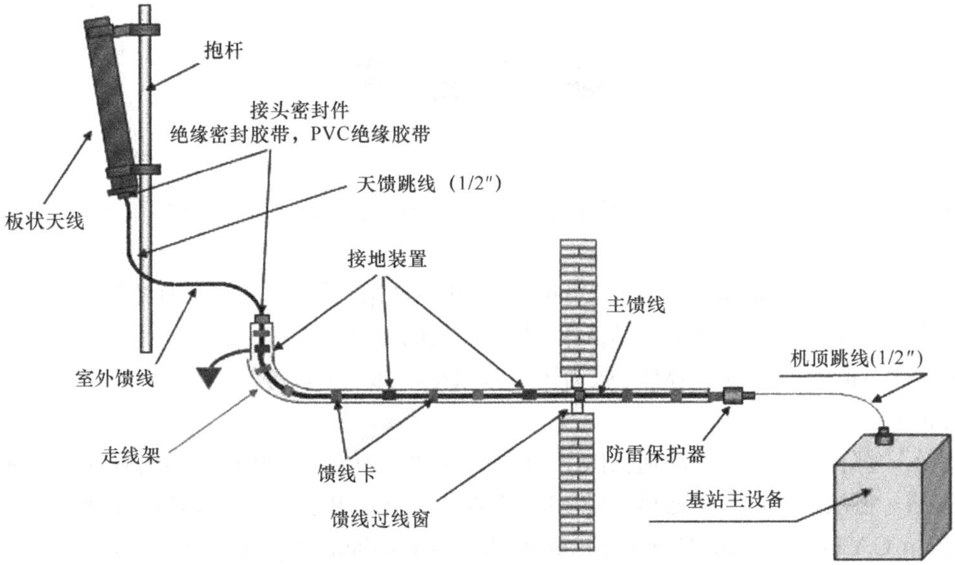

图 8-13 天馈连接示意图

小 结

1．天线是一种把导行模式的射频电流变成扩散模式的空间电磁波的传输模式转换器及其逆变换。

2．天线的电性能参数有方向图、增益、输入阻抗、电压驻波比、回波损耗、极化方式、隔离度、波瓣宽度、前后比、下倾角等。

3．根据不同方法，可将天线划分成不同的各类。其中移动通信中用到的室外基站天线包括有全向天线、定向天线、机械天线、电调天线、双极化天线等；室内分布天线主要有吸顶天线、壁挂天线、八木天线等。

4．馈线是在发射设备和天线之间传输信号的导线，馈线的主要作用是把发射机输出的射频载波信号高效地送至天线。

习 题

1．我国移动通信系统中常见的基站天线类型主要分为哪几种？

2．使用什么参数来衡量天线的匹配度？

3．在移动通信系统中，一般对驻波比和回波损耗的要求是什么？

4．馈线的主要作用是什么？馈线选取原则是什么？

参 考 文 献

[1] Theodore S. Rappaport. Wireless Communication Principles and Practice[M]. 2 版. 北京：电子工业出版社，2004.

[2] Mischa Schwartz. Mobile Wireless Communications[M]. 北京：电子工业出版社，2006.

[3] 张玉艳，方莉. 第三代移动通信[M]. 北京：人民邮电出版社，2009.

[4] John G.Proakis. 数字通信[M]. 张力军，张宗橙，郑宝玉，等. 4 版. 北京：电子工业出版社，2003.

[5] 李建东，郭梯云，等. 移动通信[M]. 4 版. 陕西：西安电子科技大学出版社，2006.

[6] 杨家玮，盛敏，等. 移动通信基础[M]. 2 版. 北京：电子工业出版社，2008.

[7] Willam C.Y.Lee. Mobile Communication Design Fundamenta[M]. Howard W Sams&Co.，1986.

[8] Willam C.Jakes. Microwave Mobile Communications[M]. New York：John Willey&Sons Inc,1974.

[9] 啜钢，王文博，等. 移动通信原理与系统[M]. 2 版. 北京：北京邮电大学出版社，2009.

[10] Andrea Goldsmith. wireless communications[M]. 北京：人民邮电出版社，2007.

[11] 方建邦，杨波. 移动通信[M]. 北京：人民邮电出版社，1996.

[12] 文志成. GPRS 网络技术[M]. 北京：电子工业出版社，2005.

[13] 张玉艳，于翠波. 数字移动通信系统[M]. 北京：人民邮电出版社，2009.

[14] 韩斌杰. GSM 原理及其网络优化[M]. 北京：机械工业出版社，2005.

[15] 张威. GSM 网络优化——原理与工程[M]. 北京：人民邮电出版社，2005.

[16] Emmanuel Seurre，Patrick Savelli，Pierre-Jean Pietri. EDGE for mobile internet. ARTECH HOUSE，2003.

[17] 叶银法，陆健贤，罗丽，等. WCDMA 系统工程手册[M]. 北京：机械工业出版社，2006.

[18] 苏信丰. UMTS 空中接口与无线工程概论[M]. 朗讯科技（中国）有限公司无线工程组，译. 北京：人民邮电出版社，2006.

[19] 姜波. WCDMA 关键技术详解[M]. 北京：人民邮电出版社，2008.

[20] Pierre Lescuyer，Thierry Lucidarme. EVOLVED PACKET SYSTEM (EPS)：THE LTE AND SAE EVOLUTION OF 3G UMTS[M]. John Wiley & Sons Ltd，2008.

[21] Erik Dahlman，Stefan Parkvall，Johan Sköld，Per Beming. 3G evolution：HSPA and LTE for mobile broadband[M]. Elsevier Ltd，2007.

[22] 广州杰赛通信规划设计院. LTE 网络规划设计手册[M]. 北京：人民邮电出版社，2013.

[23] 堵久辉，缪庆育译. 4G 移动通信技术权威指南[M]. 北京：人民邮电出版社，2013.

[24] 3GPP. Specification. http://www.3gpp.org.

[25] 3GPP2. Specification. http://www.3gpp2.org.